"十二五"
国家重点图书出版规划项目

嵌入式Linux C语言应用程序设计

（修订版）

华清远见嵌入式培训中心 孙琼 编著

人民邮电出版社
北京

图书在版编目（CIP）数据

嵌入式 Linux C语言应用程序设计 / 孙琼编著. -- 修订本. -- 北京 : 人民邮电出版社, 2014.2
ISBN 978-7-115-34279-9

Ⅰ. ①嵌… Ⅱ. ①孙… Ⅲ. ①Linux操作系统－程序设计②C语言－程序设计 Ⅳ. ①TP316.89②TP312

中国版本图书馆CIP数据核字(2013)第315092号

内 容 提 要

嵌入式系统是现在最热门的计算机应用领域之一，嵌入式 Linux 是应用最广泛的嵌入式操作系统之一，嵌入式 C 语言在其中起着至关重要的作用。

本书共分 13 章，全面讲解了嵌入式系统基础，嵌入式 Linux C 语言开发工具、语言基础，文件 I/O 相关实例，ARM Linux 进程线程开发实例，ARM Linux 网络开发实例，嵌入式 Linux 设备驱动开发以及视频监控系统实例。

本书可作为大中专院校嵌入式相关专业本科生、研究生的教材，也可供广大希望转入嵌入式领域的科研和工程技术人员使用。

◆ 编　　著　华清远见嵌入式培训中心　孙　琼
责任编辑　傅道坤
责任印制　程彦红

◆ 人民邮电出版社出版发行　　北京市丰台区成寿寺路 11 号
邮编　100164　　电子邮件　315@ptpress.com.cn
网址　http://www.ptpress.com.cn
固安县铭成印刷有限公司印刷

◆ 开本：787×1092　1/16
印张：25　　　　2014 年 2 月第 2 版
字数：607 千字　　　　2024 年 7 月河北第 2 次印刷

定价：59.00元

读者服务热线：(010)81055410　印装质量热线：(010)81055316
反盗版热线：(010)81055315
广告经营许可证：京东市监广登字20170147号

前　　言

嵌入式行业背景

进入后 PC 时代后，嵌入式系统在我们的生活中无处不在，我们每天都会接触很多的嵌入式产品，嵌入式产品方便了人们的生活，同时也给厂家带来巨大的利润。

嵌入式开发是当今计算机应用最热门的领域之一，广泛应用于汽车电子、无线通信、智能手机、便携式产品、数码相机、数字电视、数字机顶盒等领域，一时间，嵌入式开发人才非常紧缺。

嵌入式软件开发如何入门

嵌入式系统入门需要掌握嵌入式操作系统的原理并学会嵌入式应用程序的开发。

嵌入式 Linux 是源代码开放的嵌入式操作系统，是当今最优秀的嵌入式操作系统之一，得到众厂商的青睐，在工程实践中应用十分广泛，各高等院校的嵌入式系统课程也多采用嵌入式 Linux 进行教学工作。

嵌入式应用程序一般是在嵌入式操作系统之上进行开发的，在实际开发中应用广泛，是初学者入门的很好的选择。

嵌入式 C 语言至关重要

嵌入式 Linux 内核的大部分代码是由 C 语言编写的，嵌入式 Linux 应用程序也多由 C 语言编写，因此掌握嵌入式 C 语言对于嵌入式学习非常重要。

嵌入式 Linux C 语言代码编辑器、代码编译器以及代码调试器的使用对于初学者来说非常关键，本书对其进行了详细讲解，并配以实例加以说明，帮助读者尽快上手。

嵌入式 C 语言的语法是编写嵌入式应用程序的基础和规则，是读者必须掌握的内容，本书第 4 章至第 8 章对嵌入式 Linux C 语言的语法进行了详细讲解，并配合嵌入式 Linux 内核源代码进行分析、说明，使读者在嵌入式开发的实际环境中深刻理解嵌入式 C 语言的语法。

嵌入式系统结构

嵌入式系统由嵌入式硬件系统和嵌入式软件系统组成。

嵌入式硬件系统由嵌入式处理器和嵌入式系统外围器件组成。

嵌入式软件系统由嵌入式操作系统和嵌入式应用程序组成。

嵌入式系统的软硬件结构如图 1 所示。

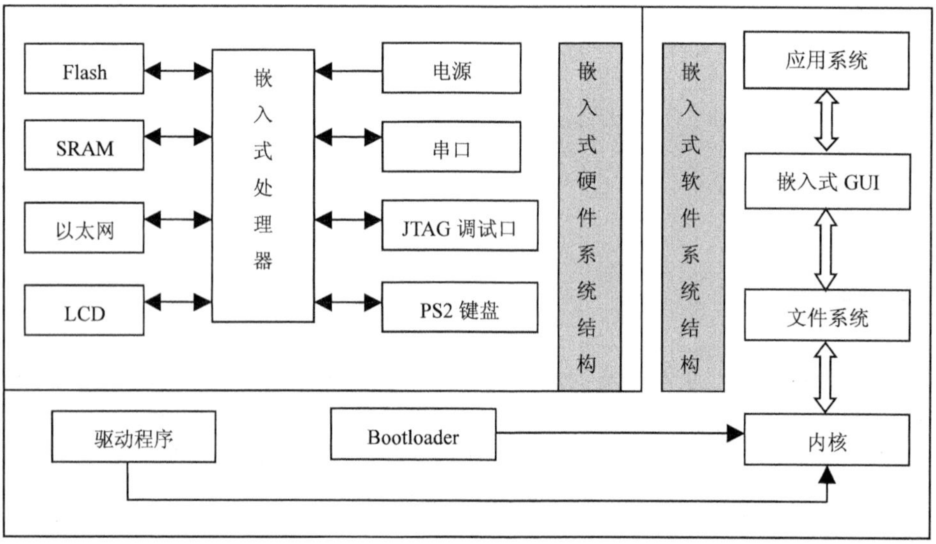

图 1 嵌入式系统软硬件结构

本书的主要内容

本书共 13 章，第 1 章主要讲解嵌入式系统的概念，通过这一章的学习，读者可以掌握什么是嵌入式系统、嵌入式系统与 PC 机的区别以及嵌入式应用软件的开发过程等。

第 2 章和第 3 章主要讲解如何构建嵌入式 Linux 的开发环境以及常见开发工具的使用方法。希望读者能够跟随本书中的实例实际动手操作，切实掌握这些开发工具的使用方法。

第 4 章至第 8 章讲解的是嵌入式 Linux C 语言的语法及常见数据结构。在这里，结合 Linux 内核源码进行讲解，读者可以看到 Linux 内核是如何规范、高效地使用 C 语言的。

本书的第 9 章至第 12 章详细讲解了嵌入式 Linux 中的文件 I/O 开发、进程线程开发、网络开发和驱动开发等，每一章都配有相应的实例进行讲解。

本书的第 13 章视频监控系统是一个综合性的实例，该实例综合运用了前面各章的内容，读者可以通过该实例综合掌握前面各章的内容。

本书适合的读者

- Linux 爱好者；
- 嵌入式系统初学者；

> ➢ 大专院校嵌入式相关专业师生；
> ➢ 嵌入式系统工程师。

本书之外的内容

本书内容来源于北京华清远见科技信息有限公司（http://www.farsight.com.cn）的培训课程资料，书中嵌入式 Linux 系统开发、嵌入式 Linux 应用开发、嵌入式 Linux 驱动开发、嵌入式系统硬件设计的相关资料，请见 http://www.farsight.com.cn/download。

本书由孙琼执笔，孙天泽、孙纪坤审定写作提纲，另外感谢以下人员为本书所做的工作：刘忠欧、孙颂武、汪荷君、林雪梅、孙明、魏小康、杨玉林、任震宇、杨林、黄昕、张全、田彦、王辉、张强、陈曦等。

由于时间仓促，加之水平有限，书中不足之处在所难免，敬请读者批评指正。

编　者

2013 年 11 月

目 录

第1章　嵌入式系统基础知识

本章目标

嵌入式系统产业作为朝阳产业正在蓬勃发展，优秀的操作系统Linux也凭借其高效、开放等优势在嵌入式领域占据了一席之地。

本章首先带领读者走近嵌入式系统，从整体上把握什么是嵌入式系统以及如何开发嵌入式系统的应用程序。通过本章的学习，读者将会掌握如下内容：

- 嵌入式系统的基本概念
- 嵌入式系统的特点以及与PC的区别
- 嵌入式系统的现状与发展前景
- 嵌入式系统的硬件架构
- 常用的嵌入式操作系统
- 嵌入式系统应用程序的特点
- 常见嵌入式处理器的特点及其选型要点
- 嵌入式系统开发的整体过程
- 嵌入式系统软件的开发流程

1.1　嵌入式系统概述

正如尼葛洛庞帝在2001年预言的一样，如今，嵌入式系统已成为最为热门的领域之一。从市场观点来看，PC已经从高速增长时期进入平稳发展时期，其年增长率由20世纪90年代中期的35%逐年下降，单纯由PC机带领电子产业蒸蒸日上的时代已经成为历史。为此，美国*Business Week*杂志提出了“后PC时代”概念，即嵌入式系统所带领的时代。

进入21世纪以来，嵌入式系统已经广泛地渗透到科学研究、工程设计、军事技术、各类产业以及人们日常生活的方方面面中。随着国内外各种嵌入式产品的进一步开发和推广，嵌入式技术将越来越与人们的生活紧密结合。

图 1.1 所示为人们日常生活中常见的嵌入式产品。

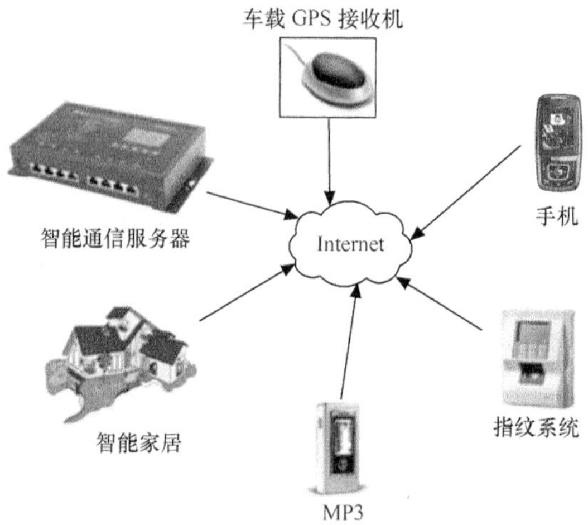

图 1.1　常见的嵌入式产品

1.1.1　嵌入式系统的发展史

本节从现代计算机发展历史的角度来讲解嵌入式系统的由来，从而使读者能够更加深刻地理解嵌入式的定义、特点以及与通用计算机的区别等。

1．始于微型机时代的嵌入式应用

电子计算机诞生于 1946 年，在其后漫长的历史进程中，计算机始终是供养在特殊的机房中、实现数值计算的大型昂贵设备。直到 20 世纪 70 年代微处理器出现后，计算机发生了历史性的变革。以微处理器为核心的微型计算机凭借其体积小、价格低、可靠性高的优势，迅速走出机房。

微型机表现出的智能化特性引起了控制专业人士的关注，他们将微型机嵌入到一个对象体系中，实现了对象体系的智能化控制。例如，将微型计算机经电气加固、机械加固，并配置各种外围接口电路，安装到大型舰船中构成自动驾驶仪或轮机状态监测系统。

这样一来，此类计算机便失去了原来的形态和通用的计算机功能。为了区别于原有的通用计算机系统，把嵌入到对象体系中、实现对象体系智能化控制的计算机称做嵌入式计算机系统。因此，嵌入式系统诞生于微型机时代，嵌入式系统的本质是将一个计算机嵌入到一个对象体系中去，这是理解嵌入式系统的基本出发点。

2．现代计算机技术的两大分支

由于嵌入式计算机系统要嵌入到对象体系中，实现的是对象的智能化控制，因此，它有着与通用计算机系统完全不同的技术要求与技术发展方向。通用计算机系统的技术要求是高速、海量的数值计算，其技术发展方向是总线速度的无限提升、存储容量的无限扩大；而嵌入式计算机系统的技术要求则是智能化控制，技术发展方向是与对象系统密切相关的嵌入性能、控制能力与控制的可靠性不断提高。

在早期，人们可以勉强地将通用计算机系统进行改装，在大型设备中实现嵌入式应用。然而，对于众多的对象系统（如家用电器、仪器仪表、工控单元）中无法嵌入通用计算机系统，而且嵌入式系统与通用计算机系统的技术发展方向完全不同，因此，必须独立地发展通用计算机系统与嵌入式计算机系统，这就形成了现代计算机技术发展的两大分支。

如果说微型机的出现使计算机进入到现代计算机发展阶段，那么嵌入式计算机系统的诞生则标志了计算机进入了通用计算机系统与嵌入式计算机系统两大分支并行发展的时代，从而使计算机行业进入了20世纪末的高速发展时期。

3. 两大分支发展的里程碑事件

通用计算机系统与嵌入式计算机系统的专业化分工发展，使20世纪末、21世纪初，计算机技术飞速发展。计算机专业领域集中精力发展通用计算机系统的软、硬件技术，不必兼顾嵌入式应用要求，通用微处理器迅速从286、386、486发展到奔腾系列；操作系统则迅速扩张计算机基于高速海量数据的文件处理能力，使通用计算机系统进入更加完善的阶段。

嵌入式计算机系统则走上了一条完全不同的道路，这条独立发展的道路就是单芯片化道路。它动员了传统电子系统领域的厂家与专业人士，承担起发展与普及嵌入式系统的历史任务，迅速从传统电子系统发展到智能化的现代电子系统时代。

因此，现代计算机技术发展的两大分支的里程碑意义在于：它不仅形成了计算机发展的专业化分工，而且将发展计算机技术的任务扩展到传统的电子系统领域，使计算机成为进入人类社会全面智能化时代的有力工具。

4. 互联网的发展繁荣了嵌入式系统的发展

嵌入式系统的发展经历了以单芯片为核心的可编程控制器形式的第一代嵌入式系统、以嵌入式CPU为基础和简单操作系统为核心的第二代嵌入式系统、以嵌入式操作系统为标志的第三代嵌入式系统以及今天的以Internet为标志的第四代嵌入式系统。

1.1.2 嵌入式系统的定义与特点

1. 什么是嵌入式系统

按照电器工程协会的定义，嵌入式系统是用来控制或者监视机器、装置、工厂等大规模系统的设备。这个定义主要是从嵌入式系统的用途方面来进行定义的，可以看到，单个嵌入式系统的功能较为单一，是专为某一具体的用途而设定的。这与通用计算机功能的“大而全”形成了鲜明的对比。

嵌入式系统更加常用的定义为：嵌入式系统是指以应用为中心，以计算机技术为基础，软件硬件可裁剪，适应应用系统对功能、可靠性、成本、体积、功耗严格要求的专用计算机系统。

它主要由嵌入式微处理器、外围硬件设备、嵌入式操作系统以及用户应用软件等部分组成。它具有“嵌入性”、“专用性”和“计算机系统”3个基本要素。

这个定义较为具体地指明了嵌入式系统的3大基本要素。

2. 嵌入式系统的步骤

“嵌入性”是指它是嵌入到对象体系中的专用计算机系统，比如，人们常用的手机就是一个具体的对象，而将专用计算机系统嵌入到手机这个对象后就形成了嵌入式系统。

“专用性”是指每一个嵌入式系统都是特定的应用，比如，手机就是专为人们的通讯服务的，自动售货机就是专为售货而用的。

“计算机系统”则强调了它是一个完整的计算机体系结构，它包括嵌入式微处理器、外围硬件设备、嵌入式操作系统以及用户应用软件 4 大部分，缺一不可。

可以说，“嵌入性”是它的特征，“专用性”是它的灵魂，而“计算机系统”则是它的实质。

1.1.3 嵌入式系统的特点

通过以上对嵌入式系统的发展历史以及嵌入式系统定义的讲解，读者可以很清楚地看到嵌入式系统有以下特点。

1. 嵌入式系统通常是面向特定应用的

嵌入式微处理器与通用型处理器的最大不同就是嵌入式微处理器大多工作在为特定用户群设计的系统中。嵌入式微处理器通常都具有低功耗、体积小、集成度高等特点，能够把通用处理器中许多由板卡完成的任务集成在芯片内部，从而有利于嵌入式系统设计趋于小型化，大大增强移动能力，跟网络的耦合越来越紧密。

2. 嵌入式系统是各种技术、各个行业融合的产物

嵌入式可以应用在人们生活的各个领域，它是将先进的计算机技术、半导体技术和电子技术与各个行业的具体应用相结合后的产物。这一点就决定了它必然是一个技术密集、资金密集、高度分散、不断创新的知识集成系统。

3. 嵌入式系统的软硬件设计高效、可裁减

嵌入式系统对成本、体积等方面有严格的要求，要求嵌入式工程师对硬件和软件进行高效地设计，量体裁衣、去除冗余，力争在同样的硅片面积上实现更高的性能，这样才能在具体应用中更具有竞争力。

4. 嵌入式系统软件固化

为了提高执行速度和系统可靠性，嵌入式系统中的软件一般都固化在存储器芯片或单片机中，而不是存储于磁盘等载体中。

5. 购买产品与技术开发相结合的实现方式

通用处理器系统多数是通过软件工程的方法，根据用户的需求进行软件开发的，用户拥有完整的技术资料，可以根据应用的需要进行相应的维护与升级。而嵌入式系统一般采用购买现成产品与自行独立开发相结合的方式来构建的。

表 1.1 所示为嵌入式系统和通用计算机的主要区别。

表 1.1　　嵌入式系统和通用计算机的区别

特　征	通用计算机	嵌入式系统
形式与类型	实实在在的计算机，按其体系结构、运算速度和规模可分为大型机、中型机、小型机和微机	“看不见”的计算机，形式多样，应用领域广泛，按应用进行分类
组成	通用处理器、标准总线和外设，软硬件相对独立	面向特定应用的微处理器，总线和外设一般集成在处理器内部，软硬件紧密结合
系统资源	系统资源充足，有丰富的编译器、集成开发环境、调试器等	系统资源紧缺，没有编译器等相关开发工具
开发方式	开发平台和运行平台都是通用计算机	采用交叉编译方式，开发平台一般是通用计算机，运行平台是嵌入式系统
二次开发性	应用程序可重新编程	一般不能重新编程开发
发展目标	编程功能电脑，普遍进入社会	变为专用电脑，实现“普及计算”

1.2　嵌入式系统的组成

嵌入式系统主要由嵌入式微处理器、外围硬件设备、嵌入式操作系统以及用户应用软件等部分组成，其体系结构如图 1.2 所示。

从该图中可以清楚地看到嵌入式系统体系结构上下层之间的关系。

其中，硬件平台包括嵌入式处理器和外围设备，它们位于嵌入式系统结构中的最底层；嵌入式操作系统与通用操作系统的功能类似，为用户屏蔽硬件底层的具体细节，提供一个透明的操作空间；而应用软件则是位于嵌入式操作系统之上的，当然，用户也可以直接在嵌入式操作系统之上进行开发。

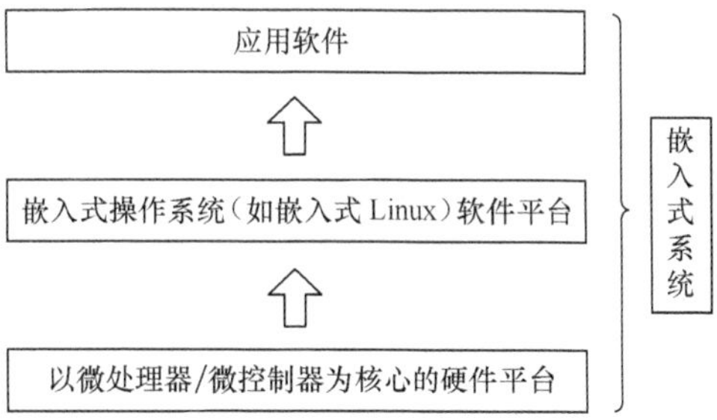

图 1.2　嵌入式系统体系结构图

下面，将通过该体系结构中的每一层，来详细讲解嵌入式系统的组成。

1.2.1　嵌入式系统的硬件架构

1. 嵌入式处理器

嵌入式处理器是各嵌入式系统的核心部件，其功耗、体积、成本、可靠性、速度、处理能力、电磁兼容性等方面均受到应用要求的制约，嵌入式处理器包含以下部分：

- 处理器内核；
- 地址总线；

- 数据总线；
- 控制总线；
- 处理器本身的辅助支持电路，如时钟、复位电路等；
- 片上I/O接口电路。

嵌入式处理器可以分为3类：嵌入式微处理器、嵌入式微控制器和嵌入式DSP（Digital Signal Processor）。

嵌入式微处理器就是和通用计算机的微处理器对应的CPU。在应用中，一般是将微处理器装配在专门设计的电路板上，母板上只保留与嵌入式相关的功能即可，这样可以满足嵌入式系统体积小、功耗低的要求。

嵌入式微控制器又称单片机，它将CPU、存储器（少量的RAM、ROM或两者都有）和其他外设封装在同一片集成电路里。

嵌入式DSP专门用来对离散时间信号进行极快地处理计算，提高编译效率和执行速度。DSP正在大量进入数字滤波、FFT、谱分析、图像处理等领域。

本书所讲的嵌入式处理器主要指嵌入式微处理器。

嵌入式微处理器与通用微处理器既有相似之处，也有不少的区别，其比较如下。

相似点有以下两项。

- 对外的接口：各类总线及辅助电路接口。
- 处理功能：相似的指令功能分类。

不同点也有以下几项。

- 指令系统中指令的个数：嵌入式微处理器的指令个数与通用处理器有很大的区别，嵌入式微处理器的指令系统往往由于成本等原因而有所精简，比如有些嵌入式处理器无浮点功能等。
- 指令的形式：嵌入式微处理器一般都使用精简指令集（RISC），而通用处理器则使用复杂指令集（CISC）。
- 处理器的结构设计：嵌入式微处理器与通用处理器在结构设计上有较大的区别，如流水线结构的设计。
- 处理器的工艺和应用指标：由于嵌入式系统通常应用在特殊的场合，因此，对处理器的工艺及应用指标（如工作的温度条件等）也有不同的要求。

小知识

常见的CPU指令集分为CISC和RISC两种。

CISC（Complex Instruction Set Computer）是“复杂指令集”。自PC机诞生以来，32位以前的处理器都采用CISC指令集方式。这种指令系统的指令不等长，指令的数目非常多，编程和设计处理器时都较为麻烦。但是基于CISC指令架构系统设计的软件已经非常普遍了，所以包括Intel、AMD在内的众多厂商至今使用的仍为CISC。

RISC（Reduced Instruction Set Computing）是“精简指令集”。研究人员在对CISC指令集进行测试时发现，各种指令的使用频度相当悬殊，其中最常使用的是一些比较简单的指令，它们仅占指令总数的20%，但在程序中出现的频度却占80%。RISC正是基于这种思想提出的。采用RISC指令集的微处理器处理能力强，并且采用超标量和超流水线结构，大大增强了并行处理能力。

嵌入式微处理器的种类极为丰富，32 位的嵌入式微处理器就有 10 多种。从图 1.3 中可以看出，全球仅有 4%的计算机处理芯片用于通用计算机中，而更多的则是用于嵌入式系统中。

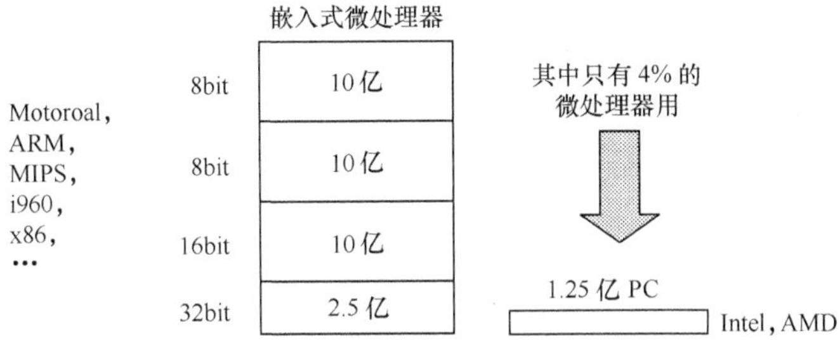

图 1.3 全球微处理器芯片用途

嵌入式微处理器内核按体系结构分类，可以分为以下几个系列。

- ARM 系列：只设计内核的英国公司（在 1.3 节会有详细介绍）。
- MIPS 系列：只设计内核的美国公司。
- PowerPC：为 IBM 公司和 Motorola 公司共有的内核。
- 68K/COLDFIRE：Motorola 公司独有内核，有 Motorola 68K 等。

各内核的特点及应用如表 1.2 所示。

表 1.2　　嵌入式处理器内核特点及应用

	ARM	MIPS	PowerPC	68K/COLDFIRE
主要特征	体积小、低功耗、低成本、高性能	高速，跨入了 64 位时代，多 core 集成	在高速与低功耗之间作了妥协，并集成丰富的外围电路接口	高性价比、高集成度、开发工具支持广泛
生产该内核的芯片厂商	授权给数百家半导体厂商生产	PMC 和 IDT	Motorola 公司	Motorola 公司
主要应用	无线局域网、3G、手机终端、手持设备、有线网络通信设备	高端路由器	中兴通信、华为等通信产品	工业控制、机器人研究、家电控制等领域

2．外围设备

外围设备是指嵌入式系统中用于完成存储、通信、调试、显示等辅助功能的其他部件。目前常用的嵌入式外围设备按功能可以分为：存储设备（如 RAM、SRAM、Flash 等）、通信设备（如 RS-232 接口、SPI 接口、以太网接口等）和显示设备（如显示屏等）。

常见的存储设备有 RAM、SRAM、ROM、Flash 等，这些存储设备在嵌入式系统开发过程中是非常重要的。

（1）RAM、SRAM、DRAM

根据掉电数据是否丢失，存储器可以分为 RAM（随机存取存储器）和 ROM（只读存储器），其中 RAM 的访问速度比较快，但掉电后数据会丢失，而 ROM 掉电后数据不会丢失。人们通常所说的内存即指系统中的 RAM。

RAM 又可分为 SRAM（静态存储器）和 DRAM（动态存储器）。

SRAM 是利用双稳态触发器来保存信息的，只要不掉电，信息是不会丢失的。

DRAM 是利用 MOS（金属氧化物半导体）电容存储电荷来储存信息的，因此必须通过不停地给电容充电来维持信息。DRAM 的成本、集成度、功耗等明显优于 SRAM。

通常人们所说的 SDRAM 是 DRAM 的一种，它是同步动态存储器，利用单一的系统时钟同步所有的地址数据和控制信号。使用 SDRAM 不但能提高系统表现，还能简化设计、提供高速的数据传输，在嵌入式系统中经常使用。

（2）ROM、Flash

Flash 是一种非易失闪存技术，由于它具有和 ROM 一样掉电数据不会丢失的特性。Flash 主要分为 NOR Flash 和 NAND Flash 两种。

NOR Flash 的特点是在芯片内执行（Execute In Place），这样应用程序可以直接在 Flash 内运行，不必再把代码读到系统 RAM 中。

NAND Flash 能提供极高的单元密度，可以达到高存储密度，NAND 读和写操作采用 512 字节的块，单元尺寸几乎是 NOR 器件的一半，同时由于生产过程很简单，大大降低了生产的成本。NAND Flash 中每个块的最大擦写次数是 100 万次，是 NOR Flash 的 10 倍，这些都使得 NAND Flash 越来越受到人们的喜爱。

它们之间的关系如图 1.4 所示。

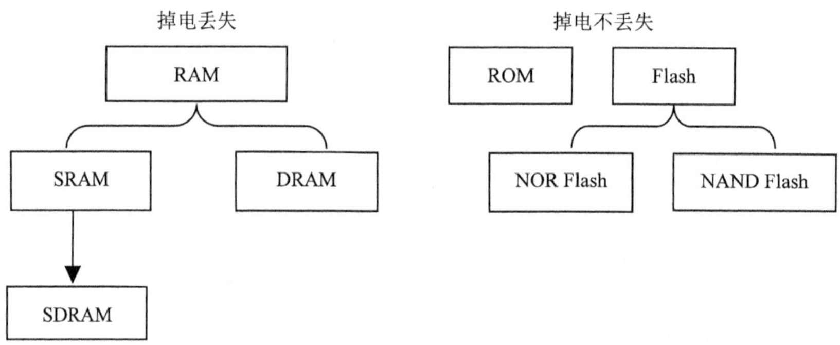

图 1.4 不同存储器分类关系图

1.2.2 嵌入式操作系统

1. 嵌入式 Linux

嵌入式 Linux（Embedded Linux）是标准 Linux 经过小型化裁剪处理之后的专用 Linux 操作系统，能够固化于容量只有几 KB 或者几 MB 的存储器芯片或者单片机中，适合于特定嵌入式应用场合。目前已经开发成功的嵌入式系统中，大约一半的系统使用嵌入式 Linux。

这与它的父辈——Linux 自身的优良特性是分不开的。

首先，Linux 系统具有鲜明的层次结构且内核完全开放。Linux 由很多体积小且性能高的微内核和系统组成。在内核代码完全开放的前提下，不同领域和不同层次的用户可以根据自己的应用需要很容易地对内核进行裁剪，在低成本的前提下，设计和开发出真正满足自己需要的嵌入式系统。

其次，Linux 具有强大的网络支持功能。Linux 诞生于因特网并具有 UNIX 的特性，这就保证了它支持所有标准因特网协议，并且可以利用Linux的网络协议栈开发出嵌入式TCP/IP网络协议栈。

再次，Linux具备一套完整的工具链，容易自行建立嵌入式系统的开发环境和交叉运行环境，并且可以跨越嵌入式系统开发中仿真工具的障碍。一般，嵌入式操作系统的程序调试和跟踪都是使用仿真器来实现的，而使用Linux系统做原型的时候就可以绕过这个障碍，直接使用内核调试器来进行操作系统的内核调试。

最后，Linux具有广泛的硬件支持特性。无论是RISC还是CISC，无论是32位还是64位处理器，Linux都能在其上运行。Linux最通常使用的微处理器是Intel X86芯片家族，但它也能运行于嵌入式处理器上，这意味着嵌入式Linux将具有更广泛的应用前景。

嵌入式Linux同Linux一样，具有低成本、多种硬件平台支持、优异的性能和良好的网络支持等优点。另外，为了更好地适合嵌入式领域的开发，嵌入式Linux还在Linux基础上做了部分改进，如将其内核结构由整体式结构改为微内核结构，并且还提高了系统的实时性。

嵌入式Linux同Linux一样，也有众多的版本，不同的版本针对不同的需要在内核等方面加入了特定的机制，嵌入式Linux的主要版本如表1.3所示。

表1.3　嵌入式Linux主要版本

版　本	简单介绍
μCLinux	专用于没有MMU的CPU，采用平板式的内存模型来去除对MMU的依赖，并为嵌入式系统做了很多小型化工作，具有良好的移植性和优秀的网络功能，对各种文件系统有完备的支持，并提供标准丰富的API
RT-Linux	由美国墨西哥理工学院开发，具有实时内核
Embedix	由嵌入式Linux行业主要厂商Luneo推出，Embedix提供了超过25种的Linux系统服务，包括Web服务器等，此外还推出了Embedix的开发调试工具包、基于图形界面的浏览器等
XLinux	内核只有143KB，而且还在不断减小。采用了“超字元集”专利技术，使Linux内核不仅能与标准字符集相容，还涵盖了12个国家和地区的字符集
PoketLinux	可以跨操作系统构造统一、标准化和开放的信息通信基础结构，在此结构上实现端到端方案的完整平台
红旗嵌入式Linux	红旗嵌入式Linux是红旗软件面向嵌入式设备而开发的通用型嵌入式平台

为了不失一般性，本书所用的嵌入式Linux是标准内核裁剪的Linux，而不是上表中的任何一种。

2．VxWorks

VxWorks操作系统是美国WindRiver公司于1983年设计开发的一种嵌入式实时操作系统（RTOS），VxWorks具有以下优点。

➢ 实时性好。其系统本身的开销很小，进程调度、进程间通信、中断处理等系统公用程序精练而有效，使得它们产生的延迟很短。另外VxWorks提供的多任务机制中对任务的控制采用优先级抢占和轮转调度机制，充分保证了可靠的实时性。

➢ 可靠性高，从而保证了用户工作环境的稳定。

➢ 集成开发环境完备、强大，方便了用户的使用。

但是，由于 VxWorks 源码不公开，它部分功能的更新（如网络功能模块）滞后。VxWorks 的开发和使用都需要交高额的专利费，这就大大增加了用户开发的成本。

3. QNX

QNX 由加拿大 QNX 软件系统有限公司开发，广泛应用于自动化、控制、机器人科学、电信、数据通信、航空航天、计算机网络系统、医疗仪器设备、交通运输、安全防卫系统、POS 机、零售机等任务关键型应用领域。

QNX 独特的微内核和消息传递结构使其运行和开发时非常方便。QNX 具有非常好的伸缩性，用户可以把应用程序代码和 QNX 内核直接编译在一起，使之为简单的嵌入式应用生成单一的映像。

4. Windows CE

Windows CE 是微软公司开发的一个开放的、可升级的 32 位嵌入式操作系统，是基于掌上型电脑类的电子设备操作系统。Windows CE 的图形用户界面相当出色，Windows CE 具有模块化、结构化、基于 Win32 应用程序接口以及与处理器无关等特点。

Windows CE 继承了传统的 Windows 图形界面，用户在 Windows CE 平台上可以使用 Windows 95/98 上的编程工具（如 Visual Basic、Visual C++等），使用同样的函数，使用同样的界面风格，Windows 上的绝大多数应用软件只需简单修改和移植就可以在 Windows CE 平台上继续使用。但是 Windows CE 开发平台较为昂贵，在一定程度上限制了其发展。

5. Palm OS

Palm OS 在 PDA 领域有着很大的用户群，一度占领 PDA 操作系统 90%以上市场份额。Plam OS 最明显的特点是精简，它的内核只有几千个字节，同时用户也可以方便地开发、定制，具有较强的可操作性。

6. μC/OS

源代码公开，代码结构清晰、明了，注释详尽，组织有条理，可移植性好，可裁剪，系统短小精悍，是研究和学习实时操作系统的首选，但在工程应用领域使用较少。

1.2.3 嵌入式应用软件

嵌入式系统上的应用软件与通用操作系统上的应用软件相比有较大的区别，这也是由嵌入式的特殊要求所决定的，其特点如下所示。

1. 嵌入式软件具有独特的实用性

嵌入式软件是为嵌入式系统服务的，这就要求它与外部硬件和设备联系紧密。嵌入式系统以应用为中心；而嵌入式软件则是应用系统，根据应用需求定向开发，面向产业、面向市场，需要特定的行业经验。每种嵌入式软件都有自己独特的应用环境和实用价值。

2. 嵌入式软件具有灵活性和适用性

嵌入式软件通常可以认为是一种模块化软件，它能够非常方便、灵活地运用到各种嵌入式系统中，而不破坏或更改原有的系统特性和功能。

3. 嵌入式软件资源有限性

由于嵌入式系统资源受限，因此对在其上的应用软件也有较高的要求，不仅要求小巧、不占用大量资源，而且要使用灵活、尽量优化配置，减小对系统的整体继承性，升级更换灵活方便。

1.3 ARM处理器平台介绍

1.3.1 ARM处理器简介

ARM（Advanced RISC Machines），既可以认为是一个公司的名字，也可以认为是一类微处理器的通称，还可以认为是一种技术的名字。

1991年ARM公司成立于英国剑桥（公司原貌如图1.5所示），主要出售芯片设计技术的授权。目前，采用ARM技术知识产权（IP）核的微处理器，即人们通常所说的ARM微处理器，已经遍及工业控制、消费类电子产品、通信系统、网络系统、无线系统等各类产品市场，基于ARM技术的微处理器应用约占据了32位RISC微处理器75%以上的市场份额，ARM技术正在逐步渗入到人们生活的各个方面。

图1.5　ARM公司原貌

ARM公司是专门从事基于RISC技术的芯片设计开发公司，作为知识产权供应商，ARM公司不直接从事芯片生产，而是转让设计许可，由合作公司生产各具特色的芯片。世界各大半导体生产商从ARM公司购买其设计的ARM微处理器核，根据各自不同的应用领域，加入适当的外围电路，形成自己的ARM微处理器芯片进入市场。

目前，全世界有几十家大的半导体公司都使用ARM公司的授权，这样既使得ARM技术获得更多的第三方工具、制造、软件的支持，又使整个系统成本降低，使产品更容易进入市场，被消费者所接受，更具有竞争力。

图1.6列出了采用ARM微处理器的部分公司名称。

目前，ARM微处理器及技术的应用已经深入到以下各个领域。

- 工业控制领域：作为32位的RISC架构，基于ARM核的微控制器芯片已经占据了高端微控制器市场的大部分市场份额，正在逐渐向低端微控制器应用领域扩展，ARM微控制器的低功耗、高性价比向传统的8位/16位微控制器提出了挑战。
- 无线通讯领域：目前已有超过85%的无线通讯设备采用了ARM技术，ARM以其高性能和低成本，在该领域的地位日益巩固。

图 1.6　采用 ARM 微处理器的部分公司

➢ 网络应用：随着宽带技术的推广，采用 ARM 技术的 ADSL 芯片正逐步获得竞争优势。此外，ARM 在语音及视频处理上进行了优化，并获得广泛支持，这也对 DSP 的应用领域提出了挑战。

➢ 消费类电子产品：ARM 技术在目前流行的数字音频播放器、数字机顶盒和游戏机中得到广泛应用。

➢ 成像和安全产品：现在流行的数码相机和打印机绝大部分都采用 ARM 技术，手机中的 32 位 SIM 智能卡也采用了 ARM 技术。

ARM 的成功，一方面得益于它独特的公司运作模式，另一方面，当然来自于 ARM 处理器自身的优良性能，ARM 处理器有如下特点。

➢ 体积小、低功耗、低成本、高性能。
➢ 支持 Thumb（16 位）/ARM（32 位）双指令集，能很好地兼容 8 位/16 位器件。
➢ 大量使用寄存器，指令执行速度更快。
➢ 大多数数据操作都在寄存器中完成。
➢ 寻址方式灵活、简单，执行效率高。
➢ 指令长度固定。

1.3.2　ARM 处理器系列

ARM 微处理器目前包括下面几个系列，图 1.7 所示为 ARM 各系列的发展历程。

➢ ARM7 系列。
➢ ARM9 系列。
➢ ARM9E 系列。
➢ ARM10E 系列。
➢ SecurCore 系列。
➢ Intel 的 Xscale 系列。

➢ Intel 的 StrongARM 系列。

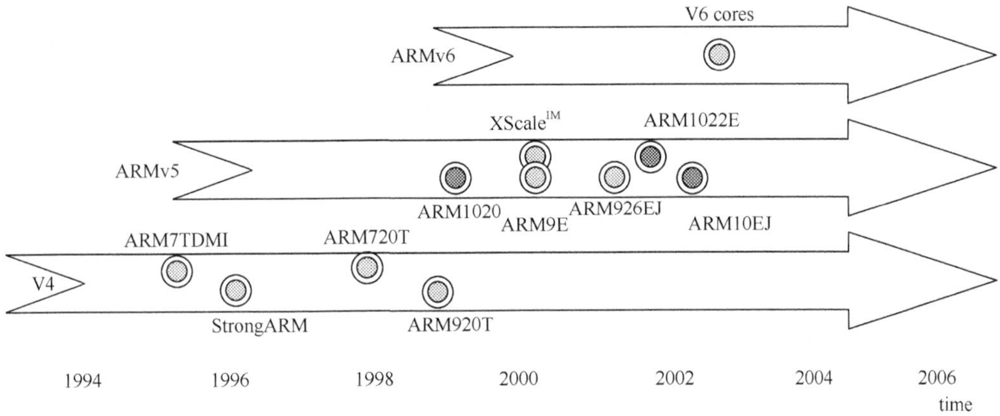

图 1.7　ARM 各系列发展历程

其中，ARM7、ARM9、ARM9E 和 ARM10 为 4 个通用处理器系列，每一个系列提供一套相对独特的性能来满足不同应用领域的需求。SecurCore 系列专门为对安全性要求较高的应用而设计。下面详细介绍各种处理器的特点及其应用领域。

1. ARM7 微处理器系列

ARM7 系列微处理器为低功耗的 32 位 RISC 处理器，最适合用于对价格和功耗要求较高的消费类应用，ARM7 微处理器系列具有如下特点。

➢ 具有嵌入式 ICE－RT 逻辑，调试、开发方便。

➢ 极低的功耗，适合对功耗要求较高的应用，如便携式产品。

➢ 能够提供 0.9 MIPS/MHz 的 3 级流水线结构。

➢ 代码密度高并兼容 16 位的 Thumb 指令集。

➢ 对操作系统的支持广泛，包括 Windows CE、Linux、Palm OS 等。

➢ 指令系统与 ARM9 系列、ARM9E 系列和 ARM10E 系列兼容，便于用户的产品升级换代。

➢ 主频最高可达 130MIPS，高速的运算处理能力能胜任绝大多数的复杂应用。

ARM7 系列微处理器的主要应用领域为：工业控制、Internet 设备、网络和调制解调器设备、移动电话等多种多媒体和嵌入式应用。

ARM7 系列微处理器包括如下几种类型的核：ARM7TDMI、ARM7TDMI-S、ARM720T、ARM7EJ。其中，ARM7TMDI 是目前使用最广泛的 32 位嵌入式 RISC 处理器，属低端 ARM 处理器核。

小知识

这里的 TDMI 的基本含义如下。

T：支持 16 为压缩指令集 Thumb。

D：支持片上 Debug。

M：内嵌硬件乘法器（Multiplier）。

I：嵌入式 ICE，支持片上断点和调试点。

2. ARM9 及 ARM9E 微处理器系列

ARM9是本书所采用的微处理器，ARM9处理器包括ARM920T、ARM922T和ARM940T，主要应用于手持设备、视频电话、PDA、机顶盒、家用网关等产品中。与ARM7处理器相比，ARM9处理器有以下特点。

（1）5级流水线

ARM7处理器采用取指、译码、执行的3级流水线设计，而ARM9则采用取指、译码、执行、缓冲、回写的5级流水线设计。使用5级流水线机制，每一个时钟周期内可以同时执行5条指令，这样就大大提高了处理性能。在同样的加工工艺下，ARM9处理器的时钟频率是ARM7的1.8～2.2倍。

5级流水线的具体内容如下。

- 取指：从存储器中取出指令并将其放入指令流水线。
- 译码：对取出的指令进行译码。
- 执行：把一个操作数移位，产生ALU的结果。
- 缓冲：如果需要则访问数据存储器，否则ALU的结果只是简单地缓冲一个时钟周期，以便所有的指令具有相同的流水线流程。
- 回写：将指令产生的结果回写到寄存器堆，包括从存储器取出的数据。

（2）采用哈佛结构

根据计算机的存储器结构及其总线连接形式，计算机系统可以分为冯·诺依曼结构和哈佛结构。

冯·诺依曼结构具有共用的数据存储空间和程序存储空间，它们共享存储器总线，这也是以往设计时常用的方式。

哈佛结构则具有分离的数据和程序空间以及分离的访问总线。哈佛结构在指令执行时，取指和取数可以并行，因此具有更高的执行效率。

ARM9采用的就是哈佛结构，而ARM7采用的则是冯·诺依曼结构。图1.8和图1.9分别为冯·诺依曼结构和哈佛结构的数据存储方式。

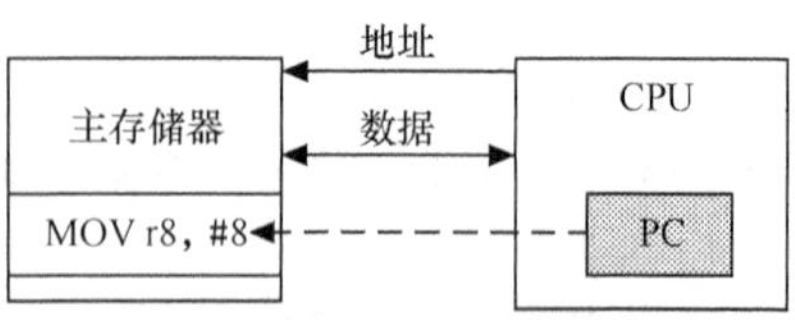

图1.8 冯·诺依曼结构

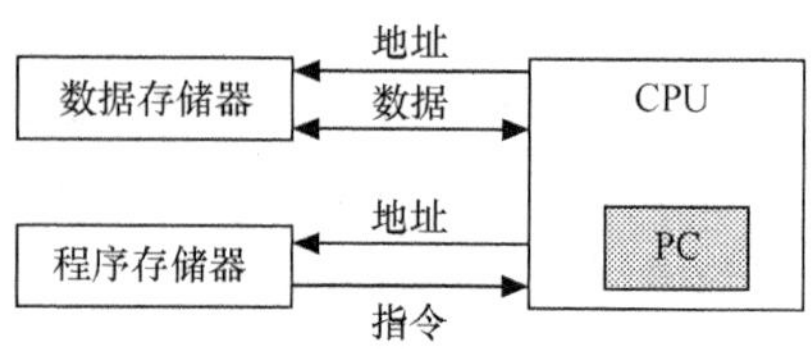

图1.9 哈佛结构

在RISC架构的处理器中大约有30%的指令是Load-Store指令，而采用哈佛结构将大大提升这两个指令的执行速度，提高系统效率。

（3）引入高速缓存和写缓存

一般来说处理器的处理速度远远高于存储器的访问速度，而当存储器访问成为系统性能的瓶颈时，处理器再快也无法发挥作用。

在这里，高速缓存（Cache）和写缓存（Write Buffer）可以很好地解决这个问题，它们存储了最近常用的代码和数据，以供CPU快速存储。

（4）支持 MMU

MMU 是存储器管理单元的缩写，是用来管理虚拟内存系统的器件。

MMU 通常是 CPU 的一部分，本身有少量存储空间存放从虚拟地址到物理地址的匹配表。所有数据请求都送往 MMU，由 MMU 决定数据是在 RAM 内还是在大容量存储器设备内。如果数据不在存储空间内，MMU 将产生页面错误中断。

MMU 的主要功能如下。

- 将虚地址转换成物理地址。
- 控制存储器存取允许，MMU 关掉时，虚地址直接输出到物理地址总线。

每当程序存取一块内存时，它会把相应的虚拟地址（virtual address）传送给 MMU，MMU 会在 PMM 中查找这块内存的实际位置，也就是物理地址（physical address），物理地址可以在内存中或磁盘上的任何位置。

如果程序要存取的位置在磁盘上，就必须把包含该地址的页从磁盘上读到内存中，并且必须更新 PMM 以反映这个变化（这被称为 pagefault，即页错）。

只有拥有了 MMU 才能真正实现内存保护。

例如，当 A 进程的程序试图直接访问属于 B 进程的虚拟地址中的数据时，MMU 会产生一个异常（Exception）来阻止 A 的越界操作。这样，通过内存保护，一个进程的失败并不会影响其他进程的运行，从而增强了系统的稳定性，如图 1.10 所示。ARM9 也正是因为拥有 MMU，才比 ARM7 有了更强的稳定性和可靠性。

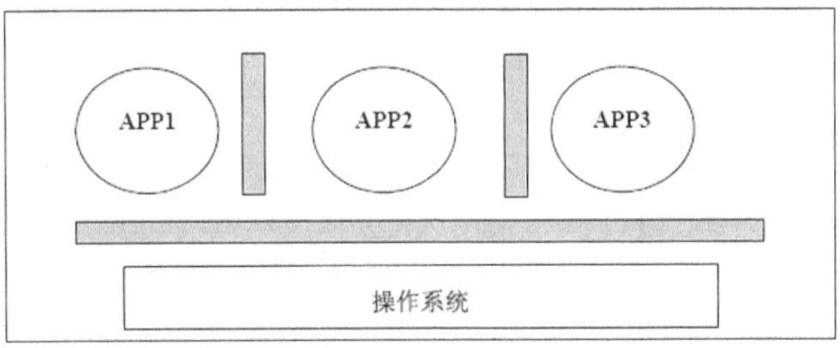

图 1.10 内存保护示意图

3. ARM10E 微处理器系列

ARM10E 系列微处理器具有高性能、低功耗的特点，由于采用了新的体系结构，与同等的 ARM9 器件相比较，在同样的时钟频率下，性能提高了近 50%，同时，ARM10E 系列微处理器采用了两种先进的节能方式，使其功耗极低。

ARM10E 系列微处理器的主要特点如下。

- 支持 DSP 指令集，适合于需要高速数字信号处理的场合。
- 6 级流水线，指令执行效率更高。
- 支持 32 位 ARM 指令集和 16 位 Thumb 指令集。
- 支持 32 位的高速 AMBA 总线接口。
- 支持 VFP10 浮点处理协处理器。
- 全性能的 MMU，支持 Windows CE、Linux、Palm OS 等多种主流嵌入式操作系统。
- 支持数据 Cache 和指令 Cache，具有更高的指令处理和数据处理能力。

- 主频最高可达400MIPS。
- 内嵌并行读/写操作部件。

ARM10E系列微处理器主要应用于下一代无线设备、数字消费品、成像设备、工业控制、通信和信息系统等领域。

ARM10E系列微处理器包含ARM1020E、ARM1022E和ARM1026EJ-S，适用于不同的应用场合。

4．SecurCore微处理器系列

SecurCore系列微处理器专为安全需求而设计，提供了完善的32位RISC技术的安全解决方案，因此，SecurCore系列微处理器除了具有ARM体系结构的低功耗、高性能的特点外，还具有其独特的优势，即提供了安全解决方案的支持。

SecurCore系列微处理器除了具有ARM体系结构主要特点外，还在系统安全方面具有如下的特点。

- 带有灵活的保护单元，以确保操作系统和应用数据的安全。
- 采用软内核技术，防止外部对其进行扫描探测。
- 可集成用户自己的安全特性和其他协处理器。

SecurCore系列微处理器主要应用于一些对安全性要求较高的应用产品及应用系统，如电子商务、电子政务、电子银行业务、网络和认证系统等领域。

SecurCore系列微处理器包含SecurCore SC100、SecurCore SC110、SecurCore SC200和SecurCore SC210，适用于不同的应用场合。

5．StrongARM微处理器系列

Intel StrongARM SA-1100处理器是采用ARM体系结构高度集成的32位RISC微处理器。Intel StrongARM处理器是便携式通讯产品和消费类电子产品的理想选择，已成功应用于多家公司的掌上电脑系列产品。

6．Xscale微处理器系列

Xscale处理器是基于ARMv5TE体系结构的解决方案，是一款全性能、高性价比、低功耗的处理器。它支持16位的Thumb指令和DSP指令集，已使用在数字移动电话、个人数字助理和网络产品等场合。

1.3.3 ARM体系结构简介

1．ARM微处理器工作状态

ARM微处理器的工作状态一般有两种，可以在两种状态之间切换。

- 第一种为ARM状态，此时处理器执行32位的字对齐的ARM指令。
- 第二种为Thumb状态，此时处理器执行16位的半字对齐的Thumb指令。

当ARM微处理器执行32位的ARM指令集时，工作在ARM状态；当ARM微处理器执行16位的Thumb指令集时，工作在Thumb状态。

在程序的执行过程中，微处理器可以随时在两种工作状态之间进行切换，并且，处理器工作状态的转变并不影响处理器的工作模式和相应寄存器中的内容。

2. ARM体系结构的存储格式

ARM体系结构将存储器看作是从0地址开始的字节的线性组合。从0字节到3字节放置第一个存储的字数据，从第4个字节到第7个字节放置第二个存储的字数据，依次排列。作为32位的微处理器，ARM体系结构所支持的最大寻址空间为4GB（232字节）。

ARM体系结构可以用两种方法存储字数据，称之为大端格式和小端格式，具体说明如下。

- 大端格式：在这种格式中，字数据的高字节存储在低地址中，而字数据的低字节则存放在高地址中。
- 小端格式：与大端存储格式相反，在小端存储格式中，低地址中存放的是字数据的低字节，高地址存放的是字数据的高字节。

3. ARM处理器模式

ARM微处理器支持以下7种运行模式。

- 用户模式（usr）：ARM处理器正常的程序执行状态。
- 快速中断模式（fiq）：用于高速数据传输或通道处理。
- 外部中断模式（irq）：用于通用的中断处理。
- 管理模式（svc）：操作系统使用的保护模式。
- 数据访问终止模式（abt）：当数据或指令预取终止时进入该模式，可用于虚拟存储及存储保护。
- 系统模式（sys）：运行具有特权的操作系统任务。

ARM微处理器的运行模式可以通过软件改变，也可以通过外部中断或异常处理改变。

大多数的应用程序运行在用户模式下，当处理器运行在用户模式下时，某些被保护的系统资源是不能被访问的。

除用户模式以外，其余的6种模式为非用户模式或特权模式（Privileged Modes）。其中除去用户模式和系统模式以外的5种又称为异常模式（Exception Modes），常用于处理中断或异常，以及需要访问受保护的系统资源等情况。

1.3.4 S3C2410处理器简介

本书所采用的处理器是三星公司的S3C2410X。S3C2410X是使用ARM920T核、采用0.18μm工艺CMOS标准宏单元和存储编译器开发而成的。

由于采用了由ARM公司设计的16/32位ARM920T RISC处理器，S3C2410X实现了MMU和独立的16KB指令和16KB数据哈佛结构的缓存，每个缓存均为8个字长度的流水线。它的低功耗、精简而出色的全静态设计特别适用于对成本和功耗敏感的领域。

S3C2410X提供全面的、通用的片上外设，大大降低系统的成本，下面列举了S3C2410X的主要片上功能。

- 1.8V ARM920T内核供电，1.8V/2.5V/3.3V存储器供电。

- 16KB 指令和 16KB 数据缓存的 MMU 内存管理单元。
- 外部存储器控制（SDRAM 控制和芯片选择逻辑）。
- 提供 LCD 控制器（最大支持 4K 色的 STN 或 256K 色 TFT 的 LCD），并带有 1 个通道的 LCD 专用 DMA 控制器。
- 提供 4 通道 DMA，具有外部请求引脚。
- 提供 3 通道 UART（支持 IrDA1.0、16 字节发送 FIFO 及 16 字节接收 FIFO）、2 通道 SPI 接口。
- 提供 1 个通道多主 I^2C 总线控制器和 1 通道 IIS 总线控制器。
- 兼容 SD 主机接口 1.0 版及 MMC 卡协议 2.11 版。
- 提供两个主机接口的 USB 口、1 个设备 USB 口（1.1 版本）。
- 4 通道 PWM 定时器、1 通道内部计时器。
- 提供看门狗定时器。
- 提供 117 个通用 I/O 口、4 通道外部中断源。
- 提供电源控制不同模式：正常、慢速、空闲及电源关闭模式。
- 提供带触摸屏接口的 8 通道 10 位 ADC。
- 提供带日历功能的实时时钟控制器（RTC）。
- 具有 PLL 的片上时钟发生器。

图 1.11 所示为 S3C2410X 系统结构图。

下面依次对 S3C2410X 的系统管理器、NAND Flash 引导装载器、缓冲存储器、时钟和电源管理及中断控制进行讲解，其中所有模式的选择都是通过相关寄存器的特定值的设定来实现的，因此，当读者需要对此进行修改时，请参阅三星公司提供 S3C2410X 用户手册。

1. 系统管理器

S3C2410X 系统管理器有以下功能。

- 支持小/大端模式。
- 寻址空间：每个 bank 有 128MB。
- 支持可编程的每个 bank 8/16/32 位数据总线宽度。
- bank0 ~ bank6 都采用固定的 bank 起始寻址。
- bank7 具有可编程的 bank 起始地址和大小。
- 8 个存储器 bank（6 个适用于 ROM、SRAM，另两个适用于 ROM、SRAM 和同步）。
- 所有的 bank 都具有可编程的操作周期。
- 支持外部等待信号延长总线。

2. Flash 引导装载器

S3C2410X NAND Flash 存储器启动特性如下所示。

- 支持从 NAND Flash 存储器启动。
- 采用 4KB 内部缓冲器进行启动引导。
- 支持启动之后 NAND 存储器仍然作为外部存储器使用。

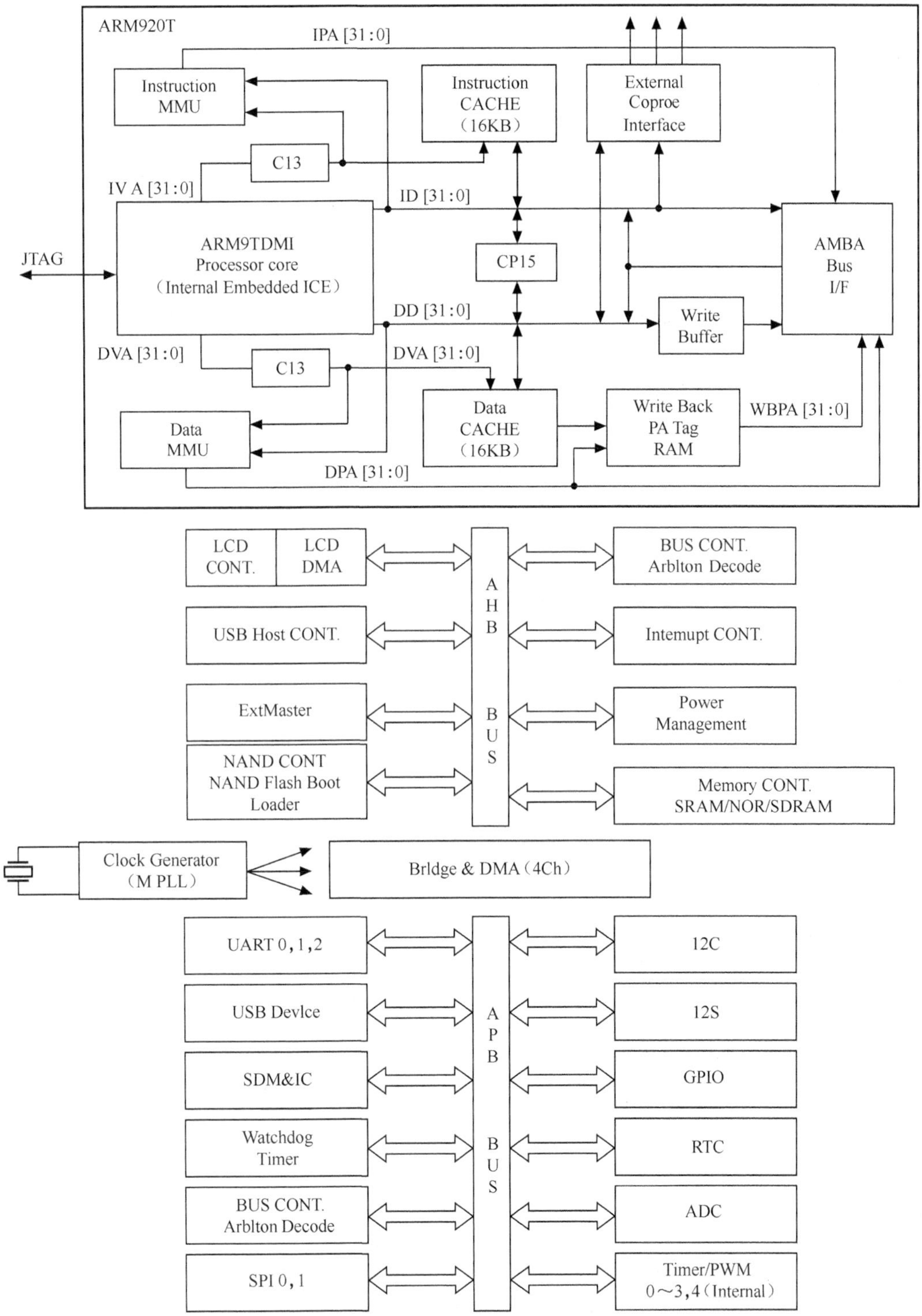

图 1.11　S3C2410X 系统结构图

同时，S3C2410X 也支持从外部 nGCS0 片选的 NOR Flash 启动，如在优龙的开发板上将 JP1 跳线去掉就可从 NOR Flash 启动（默认从 NAND Flash 启动）。在这两种启动模式下，各片选的存储空间分配是不同的，如图 1.12 所示。

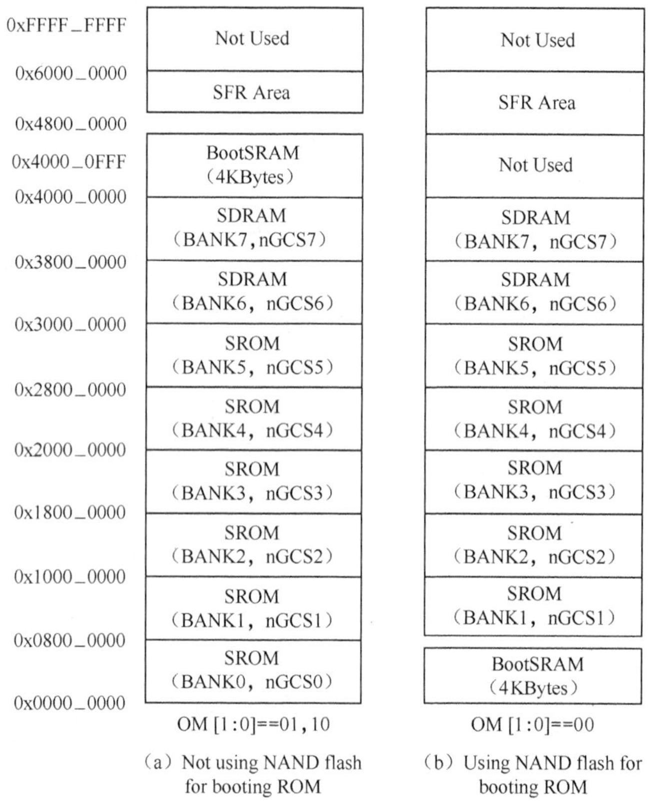

图 1.12 S3C2410 两种启动模式的地址映射

3. Cache 存储器

S3C2410X Cache 存储器特性如下所示。

- 64 项全相连模式，采用 I-Cache（16KB）和 D-Cache（16KB）。
- 每行 8 字长度，其中每行带有一个有效位和 dirty 位。
- 伪随机数或轮转循环替换算法。
- 采用写穿式（write-throught）和写回式（write-back）cache 操作来更新主存储器。
- 写缓冲器可以保存 16 个字的数据和 4 个地址。

4. 时钟和电源管理

S3C2410X 采用独特的时钟管理模式。

- 采用片上 MPLL 和 UPLL，其中 UPLL 产生操作 USB 主机/设备的时钟，而 MPLL 产生最大 266MHZ（在 2.0V 内核电压下）的时钟。
- 通过软件可以有选择性地为每个功能模块提供时钟。

S3C2410X 的电源模式分为正常、慢速、空闲和掉电模式。

- 正常模式：正常运行模式。
- 慢速模式：不加 PLL 的低时钟频率模式。
- 空闲模式：只停止 CPU 的时钟。
- 掉电模式：所有外设和内核的电源都切断了。

另外，S3C2410X 对片内的各个部件采用独立的供电方式。

- 1.8V 的内核供电。
- 3.3V 的存储器独立供电（通常对 SDRAM 采用 3.3V，对移动 SDRAM 采用 1.8/2.5V）。
- 3.3V 的 VDDQ。
- 3.3V 的 I/O 独立供电。

在嵌入式系统中电源管理非常关键，它直接涉及功耗等各方面的系统性能，而 S3C2410X 的电源管理中独立的供电方式和多种模式可以有效地处理系统的不同状态，从而达到最优的配置。

5. 中断控制

S3C2410 的中断处理器有如下特点。

- 55 个中断源（1 个看门狗定时器、5 个定时器、9 个 UARTs、24 个外部中断、4 个 DMA、2 个 RTC、2 个 ADC、1 个 I^2C、2 个 SPI、1 个 SDI、2 个 USB、1 个 LCD 和 1 个电池故障）。
- 电平/边沿触发模式的外部中断源。
- 可编程的边沿/电平触发极性。
- 支持为紧急中断请求提供快速中断服务。

1.4 嵌入式系统硬件平台选型

正如前文中所述，嵌入式系统由硬件和软件两大部分组成。嵌入式系统的硬件核心部件是各种类型的嵌入式微处理器；嵌入式系统的软件一般由嵌入式操作系统和应用软件组成，而嵌入式系统的功能软件则集成于硬件系统之中，系统的应用软件与硬件一体化。

因此，在嵌入式系统中，处理器的选择是最为重要的，通常它将限制操作系统的选择。本节将着重介绍嵌入式硬件平台以及 ARM 处理器系列的选型原则及方法。

1.4.1 硬件平台的选择

本书在 1.2.1 节介绍了嵌入式处理器的不同种类以及它们各自的特点，在一个系统中使用什么样的嵌入式处理器内核主要取决于应用的领域、用户的需求、成本、开发的难易程度等因素。读者可以从以下各个角度来考虑选择处理器。

1. 处理器的性能

一个处理器的性能取决于多个方面的因素，如时钟频率、内部寄存器的大小、指令系统等。如果设计者设计的是面向高性能的应用，那么建议考虑某些新的处理器，其价格极为低廉，如 IBM 和 Motorola 的 PowerPC。

2. 处理器的功耗

在嵌入式系统的设计中，低功耗设计是许多设计人员所追求的，其原因在于嵌入式系统已被广泛应用于便携式和移动性较强的产品中，如手持设备、电子记事本、PDA、手机、GPS 导航器、智能家电等消费类电子产品。而这些产品并不是一直都有充足的电源供应，往往是靠电池来供电，所以这些产品中的微处理器要求高性能、低功耗。

3. 处理器的算法

处理器的算法是嵌入式系统确保系统实现性能目标的一个关键因素，某些处理器能够非常高效地处理某类算法，因此最好选择能够与应用最佳匹配的处理器。如具有许多控制代码的有限状态机应该映射为类似 ARM 处理器的 RISC 器件；编码、解码和回波抵消等信号处理应该映射为数字信号处理器或具有信号处理加速器的某种器件。

4. 外围设备的选择

在外围设备的选择时主要考虑总线有怎样的需求、是否有通用串行接口、是否需要 USB 总线、是否有以太网接口、系统内部是否需要 I^2C 总线、系统内部是否需要 SPI 总线、是否需要音频 D/A 连接的 IIS 总线、是否有外设接口、系统是否需要 A/D 或者 D/A 转换器等。

5. 成本

成本也是一个需要考虑的关键问题。作为一个系统的设计者，在对系统进行必要的功能分析，选用适当的硬件来完成所需要的实时处理任务的同时，一定要考虑产品的整体成本，应该制定一个合理的预算。另外，还要综合考虑处理器的寻址空间，以及仿真调试工具的成本和易用性等。

1.4.2 ARM 处理器选型

1. ARM 处理器内核选型

从前面所介绍的内容可知，ARM 微处理器包含一系列的内核结构，以适应不同的应用领域，用户如果希望使用 Windows CE 或标准 Linux 等操作系统以减少软件开发时间，就需要选择 ARM720T 以上带有 MMU（Memory Management Unit）功能的 ARM 芯片，ARM720T、ARM920T、ARM922T、ARM946T、Strong-ARM 都带有 MMU 功能。而 ARM7TDMI 则没有 MMU，不支持 Windows CE 和标准 Linux，但目前有μClinux 等不需要 MMU 支持的操作系统可运行于 ARM7TDMI 硬件平台之上。

2. 系统的工作频率

系统时钟决定了 ARM 芯片的处理速度。ARM7 的处理速度为 0.9MIPS/MHz，常见的 ARM7 芯片系统主时钟为 20MHz～133MHz，ARM9 的处理速度为 1.1MIPS/MHz，常见的

ARM9 的系统主时钟为 100MHz～233MHz，ARM10 最高可以达到 700MHz。

不同芯片对时钟的处理不同，有的芯片只有一个主时钟频率，这样的芯片可能不能同时顾及 UART 和音频时钟准确性，如 Cirrus Logic 的 EP7312 等；有的芯片内部时钟控制器可以分别为 CPU 核、USB、UART、DSP、音频等功能部件提供同频率的时钟，如 Philips 公司 SAA7750 等芯片。

3．芯片内存储器的容量

大多数的 ARM 微处理器片内存储器的容量都不太大，需要用户在设计系统时外扩存储器，但也有部分芯片具有相对较大的片内存储空间，如 ATMEL 的 AT91F40162 就具有高达 2MB 的片内程序存储空间，各芯片的片内存储容量如图 1.13 所示。

芯片型号	供应商	Flash 容量	ROM 容量	SRAM 容量
AT91F40162 AT91FR4081 SAA7750 PUC3030A HMS30C7202 ML67Q4001 LC67F500	ATMEL ATMEL Philips Micronas Hynix OKI Snayo	2MB 1MB 384KB 256KB 192KB 256KB 640KB	256KB	4KB 128KB 64KB 56KB 32KB

图 1.13 各芯片存储容量

4．中断控制器

ARM 内核只提供快速中断（FIQ）和标准中断（IRQ）两个中断向量。但各个半导体厂家在设计芯片时加入了自己的中断控制器，以便支持诸如串行口、外部中断、时钟断等硬件中断。

外部中断控制是选择芯片必须考虑的重要因素，合理的外部中断设计可以很大程度地减少任务调度工作量。

以 Philips 公司的 SAA7750 为例，所有 GPIO 都可以设置成 FIQ 或 IRQ，并且可以选择升沿、下降沿、高电平、低电平 4 种中断方式。这使得红外线遥控接收、指轮盘和键盘等任务都可以作为背景程序运行。

而 Cirrus Logic 公司的 EP7312 芯片，只有 4 个外部中断源，并且每个中断源都只能是低电平或者高电平中断，这样在用于接收红外线信号的场合时，就必须用查询方式，而且会浪费大量 CPU 时间。

5．IIS（Integrate Interface of Sound）接口

IIS 接口是集成音频接口。如果设计者频应用产品，IIS 总线接口是必需的。

6．nWAIT 信号

nWAIT 信号是外部总线速度控制信号。不是每个 ARM 芯片都提供这个信号引脚，利用

这个信号与廉价的 GAL 芯片配合就可以实现与符合 PCMCIA 标准的 WLAN 卡和 Bluetooth 卡的接口，而不需要外加高成本的 PCMCIA 专用控制芯片。另外，当需要扩展外部 DSP 协处理器时，此信号也是必需的。

7．RTC（Real Time Clock）

很多 ARM 芯片都提供实时时钟功能，但方式不同。如 Cirrus Logic 公司的 EP7312 的 RTC 只是一个 32 位计数器，需要通过软件计算出年月日时分秒；而 SAA7750 和 S3C2410 等芯片的 RTC 直接提供年月日时分秒格式。

8．LCD 控制器

有些 ARM 芯片内置 LCD 控制器，有的甚至内置 64K 彩色 TFT LCD 控制器。在设计 PDA 和手持式显示记录设备时，选用内置 LCD 控制器的 ARM 芯片如 S3C2410 较为适宜。

9．UART 和 IrDA

几乎所有的 ARM 芯片都具有 1～2 个 UART 接口，可以用于和 PC 机通信或用 Angel 进行调试。一般的 ARM 芯片通讯数据传输率为 115 200bit/s，少数专为蓝牙技术应用设计的 ARM 芯片的 UART 通讯数据传输率可以达到 920Kbit/s，如 Linkup 公司的 L7205。

10．DSP 协处理器及 FPGA

有些 ARM 芯片内置 DSP 协处理器及 FPGA，这些芯片比较适合通信等领域，图 1.14 所示为 ARM 处理器常见的应用领域。

应用	第一选择方案	第二选择方案	注释
高档 PDA	S3C2410	Dragon ball MX1	
便携 CDMP3 播放器	SAA7750		USB 和 CD-ROM 解码器
FLASH MP3 播放器	SAA7750	PUC3030A	内置 USB 和 FLASH
WLAN 和 BT 应用产品	L7205，L7210	Dragon ball MX1	高速串口和 PCMCIA 接口
VOIP	STLC1502		
数字式照相机	TNS320DSC24	TMS320DSC21	内置高速图像处理 DSP
便携式语音 E-mail 机	AT75C320	AT75C310	内置双 DSP，可以分别处理 MODEM 和语音
GSM 手机	VWS22100	AD20MSP430	专为 GSM 手机开发
ADSL Modem	S5N8946	MTK-20141	
电视机顶盒	GMS30C3201		VGA 控制器
3G 移动电话机	MSN6000	ONAP1510	
10G 光纤通信	MinSpeed 公司系列 ARM 芯片		多 ARM 核+多 DSP 核

图 1.14　ARM 处理器常见应用领域

1.5 嵌入式系统开发概述

1.5.1 嵌入式系统开发流程

嵌入式系统的开发流程与通用系统的开发流程有较大的区别，其设计流程如图 1.15 所示。

下面对系统各个模块进行简要说明。

- 系统需求分析：根据需求，确定设计任务和设计目标，制定设计说明书。
- 体系结构设计：描述系统如何实现所述的功能需求，包括对硬件、软件和执行装置的功能划分以及系统的软件、硬件选型等。
- 硬件/软件协同设计：基于体系结构的设计结果，对系统的硬件、软件进行详细设计。一般情况下嵌入式系统设计的工作大部分都集中在软件设计上，现代软件工程经常采用的方法是面向对象技术、软件组件技术和模块化设计。
- 系统集成：把系统的硬件、软件和执行装置集成在一起进行调试，发现并改进设计过程中的不足之处。
- 系统测试：对设计好的系统进行测试，检验系统是否满足实际需求。

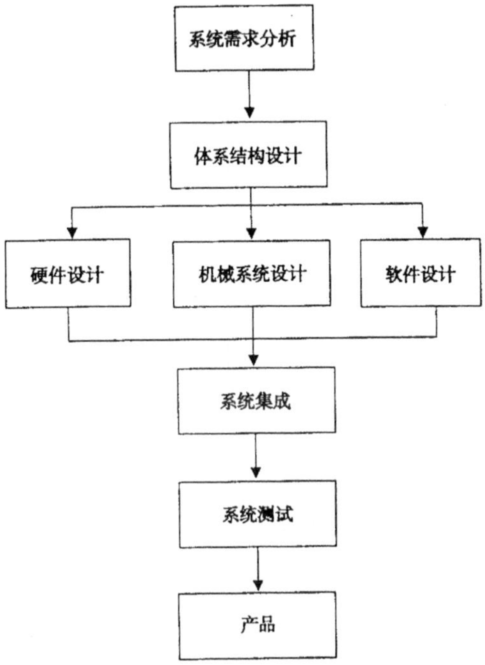

图 1.15 嵌入式系统的开发流程

1.5.2 嵌入式软件开发流程

按照软件工程的原理，嵌入式软件开发的一般流程为需求分析、软件概要设计、软件详细设计、软件实现和软件测试。与一般的软件开发区别主要在于软件实现的编译和调试两部分，下面分别对这两部分进行讲解。

1. 交叉编译

由于宿主机和目标机的体系结构不同，在宿主机 X86 平台上可以运行的程序在目标机 ARM 平台上无法运行，因此嵌入式软件开发采用交叉编译方式在一个平台上生成可以在另一个平台上执行的代码。编译的最主要的工作就是将程序转化成运行该程序的 CPU 所能识别的机器代码，嵌入式系统交叉编译环境如图 1.16 所示。

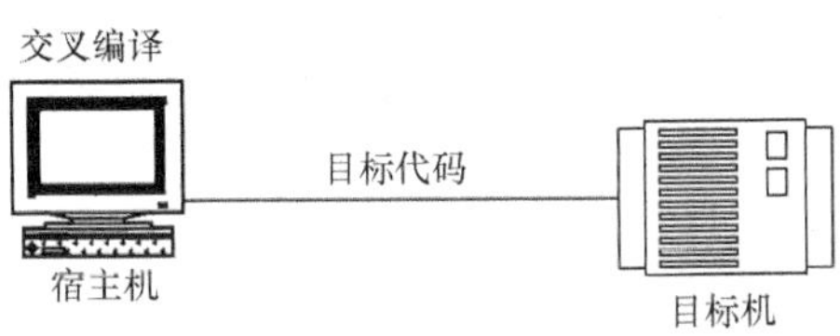

图 1.16 交叉编译环境

进行交叉编译的主机称为宿主机，也就是普通的通用计算机，宿主机系统资源丰富，使用方便地集成开发环境和调试工具等。

程序实际的运行环境称为目标机，也就是嵌入式系统环境。嵌入式系统的系统资源非常紧缺，存储空间、处理器运行速度等都很有限，并且没有相关的编译工具，因此，嵌入式系统的开发需要借助宿主机（通用计算机）来编译出目标机的可执行代码。

由于编译的过程包括编译、链接等几个阶段，因此，嵌入式的交叉编译也包括交叉编译和交叉链接等过程，通常，ARM 的交叉编译器为 arm-elf-gcc，交叉链接器为 arm-elf-ld，图 1.17 显示了交叉编译的这几个过程。

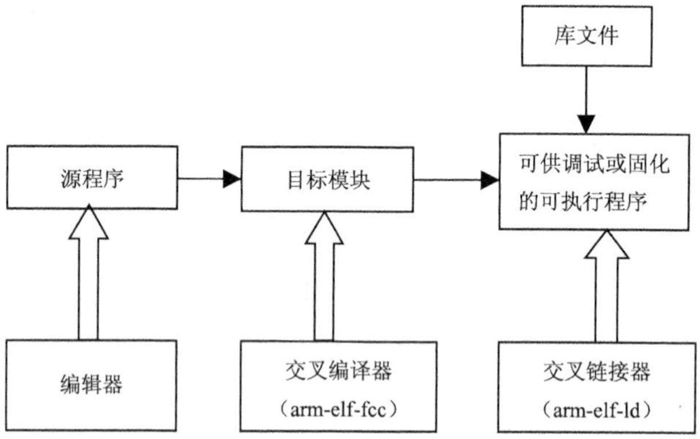

图 1.17　嵌入式交叉编译过程

一般而言，可执行文件是 ELF 格式文件。

2. 交叉调试

嵌入式软件编译和链接完成后即进入调试阶段。调试器与被调试的程序一般运行在同一台计算机上，调试器是一个单独运行着的进程，它通过操作系统提供的调试接口来控制被调试的进程。

在嵌入式软件开发中的调试方式采用的是交叉调试，调试器运行在宿主机的通用操作系统之上，被调试的进程运行在基于特定硬件平台的嵌入式操作系统中。

宿主机与目标机通过串口或者网络进行通信。调试器可以控制、访问被调试进程，读取被调试进程的当前状态，并能够改变被调试进程的运行状态。

嵌入式系统的交叉调试方法主要有硬件和软件两种，它们的共同特点如下。

- 调试器运行在宿主机上，而被调试的进程则运行在目标机上。
- 调试器通过串口、并口、网络、JTAG 等控制被调试进程。
- 在目标机上一般会具备某种形式的调试代理与调试器共同配合对目标机上的进程进行调试。这种调试代理可能是某些支持调试功能的硬件设备，也可能是某些专门的调试软件（如 gdbserver）。
- 目标机可能是某种形式的系统仿真器，通过在宿主机上运行目标机的仿真软件，整个调试过程可以在一台计算机上运行。此时物理上虽然只有一台计算机，但逻辑上仍然存在着宿主机和目标机的区别。

下面详细讲解硬件片上调试和软件调试桩方式。

（1）硬件片上调试

硬件调试器有强大的调试功能和优秀的调试性能。硬件调试器的基本原理是通过仿真硬件的执行过程，让开发者在调试时可以随时了解系统的当前执行情况。

目前嵌入式系统开发中最常用到的硬件调试器是ROMMonitor、ROMEmulator、In-Circuit-Emulator和In-CircuitDebugger，其详细介绍如下。

① ROMMonitor方式

采用ROMMonitor方式进行交叉调试需要在宿主机上运行调试器，在目标机上运行ROM监视器（ROMMonitor）和被调试程序，宿主机通过调试器与目标机上的ROM监视器遵循远程调试协议建立通信连接。

ROM监视器可以是一段运行在目标机ROM上的可执行程序，也可以是一个专门的硬件调试设备，它负责监控目标机上被调试程序的运行情况，能够与宿主机端的调试器一同完成对应用程序的调试。

在使用这种调试方式时，被调试程序首先通过ROM监视器下载到目标机，然后在ROM监视器的监控下完成调试。

优点：ROM监视器功能强大，，能够完成设置断点、单步执行、查看寄存器、修改内存空间等各项调试功能。

缺点：使用ROM监视器目标机和宿主机必须建立通信连接。

其原理如图1.18所示。

② ROMEmulator方式

采用ROMEmulator方式进行交叉调试时需要使用ROM仿真器，它通常被插入到目标机上的ROM插槽中，专门用于仿真目标机上的ROM芯片。

在使用这种调试方式时，被调试程序首先下载到ROM仿真器中，因此等效于下载到目标机的ROM芯片上，然后在ROM仿真器中完成对目标程序的调试。

优点：避免了每次修改程序后都必须重新烧写到目标机的ROM中。

缺点：ROM仿真器本身比较昂贵，功能相对来讲又比较单一，只适应于某些特定场合。

其原理图如图1.19所示。

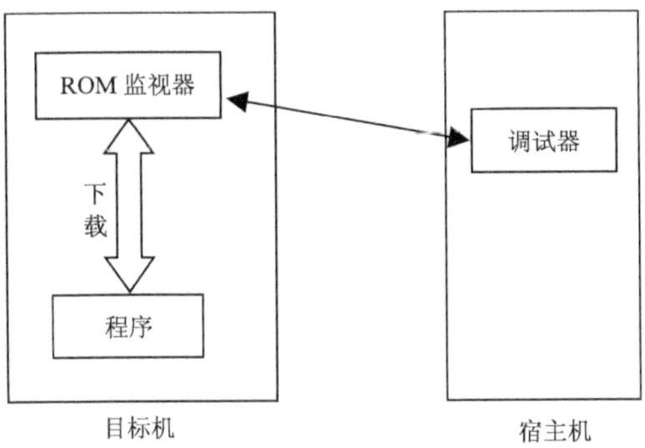

图1.18 ROMMonitor调试方式

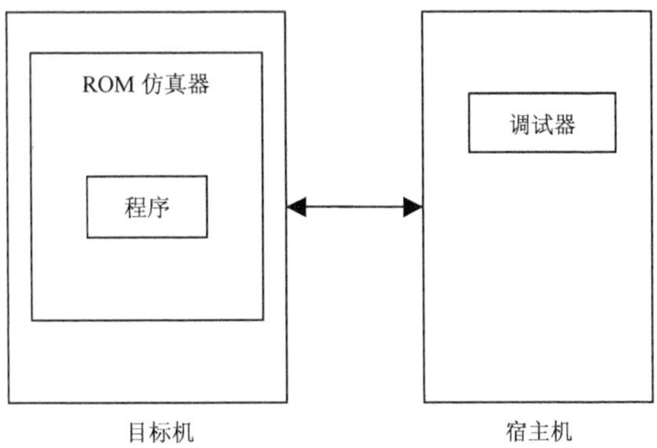

图1.19 ROMEmulator调试方式

③ In-CircuitEmulator（ICE）方式

采用In-CircuitEmulator（ICE）方式进行交叉调试时需要使用在线仿真器，它是目前最为有效的嵌入式系统的调试手段。它是仿照目标机上的CPU而专门设计的硬件，可以完全仿真处理器芯片的行为。

仿真器与目标板可以通过仿真头连接，与宿主机可以通过串口、并口、网线或 USB 口等连接方式。由于仿真器自成体系，调试时既可以连接目标板，也可以不连接目标板。

在线仿真器提供了非常丰富的调试功能。在使用在线仿真器进行调试的过程中，可以按顺序单步执行，也可以倒退执行，还可以实时查看所有需要的数据，从而给调试过程带来了很多的便利。

嵌入式系统应用的一个显著特点是与现实世界中的硬件直接相关，存在各种异变和事先未知的变化，从而给微处理器的指令执行带来各种不确定因素，这种不确定性在目前情况下只有通过在线仿真器才有可能发现。

优点：功能强大，软硬件都可做到完全实时在线调试。

确定：价格昂贵。

其原理图如图 1.20 所示。

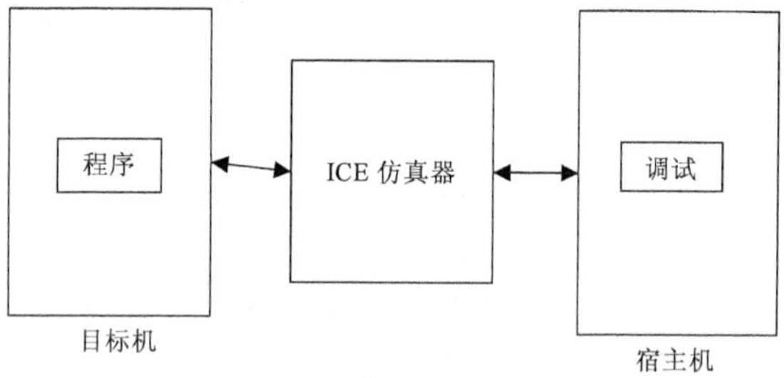

图 1.20 ICE 调试方式

④ In-CircuitDebugger（ICD）方式

采用 In-CircuitDebugger（ICD）方式进行交叉调试时需要使用在线调试器。

由于 ICE 的价格非常昂贵，并且每种 CPU 都需要一种与之对应的 ICE，使得开发成本非常高，一个比较好的解决办法是让 CPU 直接在其内部实现调试功能，并通过在开发板上引出的调试端口发送调试命令和接收调试信息，完成调试过程。如在采用非常广泛的 ARM 处理器的 JTAG 端口技术就是由此而诞生的。

JTAG 是 1985 年指定的检测 PCB 和 IC 芯片的一个标准。1990 年被修改成为 IEEE 的一个标准，即 IEEE1149.1。

JTAG 标准所采用的主要技术为边界扫描技术，它的基本思想就是在靠近芯片的输入输出管脚上增加一个移位寄存器单元。因为这些移位寄存器单元都分布在芯片的边界上(周围)，所以被称为边界扫描寄存器（Boundary-Scan Register Cell）。

当芯片处于调试状态时候，这些边界扫描寄存器可以将芯片和外围的输入输出隔离开来。通过这些边界扫描寄存器单元，可以实现对芯片输入输出信号的观察和控制。

对于芯片的输入脚，可通过与之相连的边界扫描寄存器单元把信号（数据）加载到该管脚中去；对于芯片的输出管脚，可以通过与之相连的边界扫描寄存器单元“捕获”(CAPTURE）该管脚的输出信号。这样，边界扫描寄存器提供了一个便捷的方式用于观测和控制所需要调试的芯片。

现在较为高档的微处理器都带有 JTAG 接口，包括 ARM7、ARM9、StrongARM、DSP 等，通过 JTAG 接口可以方便地对目标系统进行测试，同时，还可以实现 Flash 的编程，是非常受人欢迎的调试方式。

优点：连接简单，成本低。

缺点：特性受制于芯片厂商。

其原理图如图 1.21 所示。

（2）软件方式

软件方式调试主要是通过插入调试桩的方式来进行的。调试桩方式进行调试是通过目标操作系统和调试器内分别加入某些功能模块，二者互通信息来进行调试。该方式的典型调试器有 Gdb 调试器。

Gdb 的交叉调试器分为 GdbServer 和 GdbClient，其中的 GdbServer 就作为调试桩在安装在目标板上，GdbClient 就是驻于本地的 Gdb 调试器。

它们的调试原理图如图 1.22 所示。

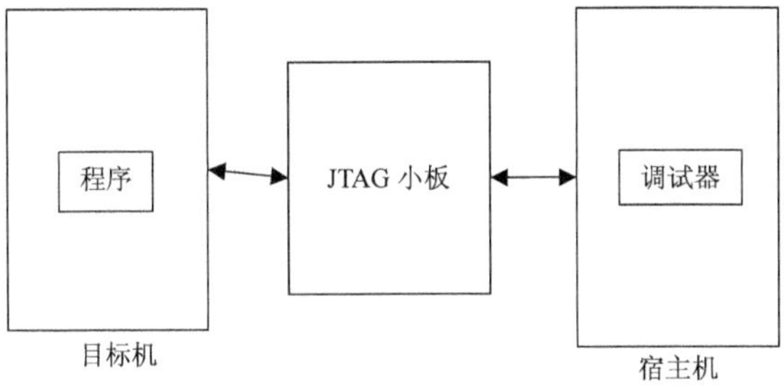

图 1.21 JTAG 调试方式

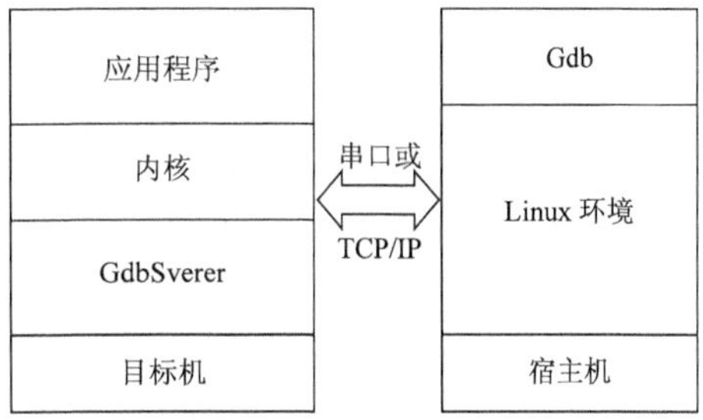

图 1.22 Gdb 远程调试原理图

Gdb 调试桩的工作流程如下。

➢ 首先，建立调试器（本地 Gdb）与目标操作系统的通信连接，可通过串口、网卡、并口等多种方式。

➢ 接着，在目标机上开启 Gdbserver 进程，并监听对应端口。

➢ 在宿主机上运行调试器 Gdb，这时，Gdb 就会自动寻找远端的通信进程，也就是 Gdbserver 的所在进程。

➢ 在宿主机上的 Gdb 通过 Gdbserver 请求对目标机上的程序发出控制命令。这时，Gdbserver 将请求转化为程序的地址空间或目标平台的某些寄存器的访问，这对于没有虚拟存储器的简单的嵌入式操作系统而言，是非常十分容易。

➢ Gdbserver 把目标操作系统的所有异常处理转向通信模块，告知宿主机上 Gdb 当前异常号。

➢ 宿主机上的 Gdb 向用户显示被调试程序产生了哪一类异常。

这样就完成了调试的整个过程。这个方案的实质是用软件接管目标机的全部异常处理及部分中断处理，在其中插入调试端口通信模块，与主机的调试器进行交互。

它只能在目标机系统初始化完毕、调试通信端口初始化完成后才能起作用，因此，一般只能用于调试运行于目标操作系统之上的应用程序，而不宜用来调试目标操作系统的内核代码及启动代码。而且，它必须改变目标操作系统，因此，也就多了一个不用于正式发布的调试版。

本章小结

本章首先从现代计算机发展的角度介绍了嵌入式系统发展的历史，读者可以清楚地了解到嵌入式系统和通用计算机这两大分支的区别。

接下来，本章介绍了嵌入式系统的定义、特点，嵌入式系统的硬件架构和常见的嵌入式操作系统。在这里，读者要着重掌握嵌入式系统与通用计算机在各个方面的区别，掌握嵌入式系统的特征。

接下来，本章介绍了 ARM 处理器系列、ARM 处理器的工作状态、存储格式、处理器模式以及 S3C2410 处理器的基本功能。ARM 处理器是非常成功的一类微处理器，关于这部分的内容读者简单了解即可，在以后实际应用中会有更为深入的学习。

再接下来，本章介绍了常见的嵌入式系统硬件选型及 ARM 处理器选型的一些经验以及需要着重考虑的方面。通过这一部分的学习，读者可以清楚地了解到选择处理器时注意要点。

最后，本章介绍了嵌入式系统开发以及嵌入式软件开发的基本过程。这里，读者需要重点掌握交叉编译的概念，这一概念将会贯穿嵌入式开发的整个过程。

动手练练

1．总结嵌入式系统与通用处理器的异同点，并从具体参数上（如处理器功耗、片上资源等）进行比较。

2．嵌入式 Linux 为什么能够获得广泛的认可？

3．嵌入式系统开发为什么要采用交叉编译的方式？

第2章　嵌入式 Linux C 语言开发工具

本章目标

任何应用程序的开发都离不开编辑器、编译器及调试器，嵌入式 Linux 的 C 语言开发也一样，它也有一套优秀的编辑、编译及调试工具。

掌握这些工具的使用是至关重要的，它直接影响到程序开发的效率。因此，希望读者能自己动手操作，切实熟练掌握这些工具的使用。通过本章的学习，读者将会掌握如下内容：

- C 语言的产生历史背景
- 嵌入式 Linux 下 C 语言的开发环境
- 嵌入式 Linux 下的编辑器 vi
- 嵌入式 Linux 下的编译器 GCC
- 嵌入式 Linux 下的调试器 GDB
- 嵌入式 Linux 下的工程管理器 make
- 如何使用 autotools 来生成 Makefile
- 嵌入式 Linux 下的综合编辑器 Emacs

2.1　嵌入式 Linux 下 C 语言概述

读者在第一章中已经了解了嵌入式开发的基本流程，在嵌入式系统中应用程序的主体是在宿主机中开发完成的，就嵌入式 Linux 而言，此过程则一般是在安装有 Linux 的宿主机中完成。

在本章中介绍的实际是嵌入式 Linux 下 C 语言的开发工具，用户在开发时往往是在 Linux 宿主机中对程序进行调试，然后再进行交叉编译的。

2.1.1　C 语言简史

C 语言于 20 世纪 70 年代诞生于美国的贝尔实验室。在此之前，人们编写系统软件主要是使用汇编语言。

汇编语言编写的程序依赖于计算机硬件，其可读性和可移植性都比较差。而高级语言的可读性和可移植性虽然较汇编语言好，但一般高级语言又不具备低级语言能够直观地对硬件实现控制和操作而且执行速度快等特点。

在这种情况下，人们迫切需要一种既具有一般高级语言特性，又具有低级语言特性的语言，于是C语言就应运而生了。

由于C语言既具有高级语言的特点又具有低级语言的特点，因此迅速普及，成为当今最有发展前途的计算机高级语言之一。C语言既可以用来编写系统软件，也可以用来编写应用软件。现在，C语言已经被广泛地应用在除计算机行业外的机械、建筑和电子等各个行业中。

C语言的发展历程如下。

- C语言最初是美国贝尔实验室的D.M.Ritchie在B语言的基础上设计出来的，此时的C语言只是为了描述和实现UNIX操作系统的一种工作语言。在一段时间里，C语言还只在贝尔实验室内部使用。
- 1975年，UNIX第6版公布后，C语言突出的优点引起人们的普遍注意。
- 1977年出现了可移植的C语言。
- 1978年UNIX第7版的C语言成为后来被广泛使用的C语言版本的基础，被称为标准C语言。
- 1983年，美国国家标准化协会（ANSI）根据C语言问世以来的各种版本，对C语言进行发展和扩充，并制定了新的标准，称为ANSI C。
- 1990年，国际标准化组织ISO制定了ISO C标准，目前流行的C语言编译系统都是以它为标准的。

2.1.2 C语言特点

C语言兼有汇编语言和高级语言的优点，既适合于开发系统软件，也适合于编写应用程序。被广泛应用于事务处理、科学计算、工业控制、数据库技术等领域。

C语言之所以能存在和发展，并具有强大的生命力，这都要归功于其鲜明的特点。这些特点是多方面的，归纳如下。

1. C语言是结构化的语言

C语言采用代码及数据分隔的方式，使程序的各个部分除了必要的信息交流外彼此独立。这种结构化方式可使程序层次清晰，便于使用、维护以及调试。

C语言是以函数形式提供给用户的，这些函数可方便地调用，并具有多种循环、条件语句控制程序流向，从而使程序完全结构化。

2. C语言是模块化的语言

C语言主要用于编写系统软件和应用软件。一个系统软件的开发需要很多人经过几年的时间才能完成。一般来说，一个较大的系统程序往往被分为若干个模块，每一个模块用来实现特定的功能。

在C语言中，用函数作为程序的模块单位，便于实现程序的模块化。在程序设计时，将一些常用的功能模块编写成函数，放在函数库中供其他函数调用。模块化的特点可以大大减少重复编程。程序设计时，只要善于利用函数，就可减少劳动量、提高编程效率。

3．程序可移植性好

C 语言程序便于移植，目前 C 语言在许多计算机上的实现大都是由 C 语言编译移植得到的，不同机器上的编译程序大约有 80%的代码是公共的。程序不做任何修改就可用于各种型号的计算机和各种操作系统。因此，特别适合在嵌入式开发中使用。

（4）C 语言运算符丰富、代码效率高

C 语言共有 34 种运算符，使用各种运算符可以实现在其他高级语言中难以实现的运算。在代码质量上，C 语言可与汇编语言媲美，其代码效率仅比用汇编语言编写的程序的代码低 10%～20%。

2.1.3　嵌入式 Linux C 语言编程环境

嵌入式 Linux C 语言程序设计与在其他环境中的 C 程序设计很类似，也涉及编辑器、编译链接器、调试器及项目管理工具的使用。现在我们先对这 4 种工具进行简单介绍，后面会对其一一进行讲解。

1．编辑器

嵌入式 Linux 下的编辑器就如 Windows 下的 Word、记事本等一样，完成对所录入文字的编辑功能，最常用的编辑器有 vi（vim）和 Emacs，它们功能强大，使用方便，本书重点介绍 vi 和 Emacs。

2．编译链接器

编译过程包括词法、语法和语义的分析、中间代码的生成和优化、符号表的管理和出错处理等。在嵌入式 Linux 中，最常用的编译器是 GCC 编译器。它是 GNU 推出的功能强大、性能优越的多平台编译器，其执行效率与一般的编译器相比平均效率要高 20%～30%。

3．调试器

调试器可以方便程序员调试程序，但不是代码执行的必备工具。在编程的过程当中，调试所消耗的时间远远大于编写代码的时间。因此，有一个功能强大、使用方便的调试器是必不可少的。GDB 可以方便地设置断点、单步跟踪等，足以满足开发人员的需要。

4．项目管理器

嵌入式 Linux 中的项目管理器“make”类似于 Windows 中 Visual C++里的“工程”，它是一种控制编译或者重复编译软件的工具，另外，它还能自动管理软件编译的内容、方式和时机，使程序员能够把精力集中在代码的编写上而不是在源代码的组织上。

2.2　嵌入式 Linux 编辑器 vi 的使用

vi 是 Linux 系统的第一个全屏幕交互式编辑程序，它从诞生至今一直得到广大用户的青睐，历经数十年后仍然是人们主要使用的文本编辑工具，足见其生命力之强，其强大的编辑功能可以同任何一个最新的编辑器相媲美。

虽然用惯了 Windows 中的 Word 等编辑器的读者在刚刚接触时会有或多或少地不适应，但只要习惯之后，就能感受到它的方便与快捷。

小知识　Linux 系统提供了一个完整的编辑器家族系列，如 Ed、Ex、Vi 和 Emacs 等，按功能它们可以分为两大类：行编辑器（Ed、Ex）和全屏幕编辑器（Vi、Emacs）。行编辑器每次只能对一行进行操作，使用起来很不方便。而全屏幕编辑器可以对整个屏幕进行编辑，用户编辑的文件直接显示在屏幕上，从而克服了行编辑的那种不直观的操作方式，便于用户学习和使用，具有强大的功能。

2.2.1　vi 的基本模式

vi 编辑器的使用按不同的使用方式可以分为 3 种状态，分别是命令行模式（Command Mode）、插入模式（Insert Mode）和底行模式（Last Line Mode），各模式的功能区分如下。

1．命令行模式（Command Mode）

在该模式下用户可以输入命令来控制屏幕光标的移动，字符、字或行的删除，移动复制某区段，也可以进入到底行模式或者插入模式下。

2．插入模式（Insert Mode）

用户只有在插入模式下才可以进行文字输入，用户按［Esc］键可回到命令行模式下。

3．底行模式（Last Line Mode）

在该模式下，用户可以将文件保存或退出 vi，也可以设置编辑环境，如寻找字符串、列出行号等。这一模式下的命令都是以“：”开始。

不过在一般使用时，人们通常把 vi 简化成两个模式，即将底行模式（Last Line Mode）也归入命令行模式中。

2.2.2　vi 的基本操作

1．进入与离开 vi

进入 vi 可以直接在系统提示字下键入 vi＜文档名称＞，vi 可以自动载入所要编辑的文档或是开启一个新的文档。如在 shell 中键入 vi hello.c（新建文档）则可进入 vi 画面。如图 2.1 所示。

进入 vi 后屏幕左方会出现波浪符号，凡是具有该符号就代表此列目前是空的。此时进入的是命令行模式。

要离开 vi 可以在底行模式下键入“:q”（不保存离开），“:wq”（保存离开）指令则是存档后再离开（注意冒号）。如图 2.2 所示。

图 2.1 在 vi 中打开/新建文档

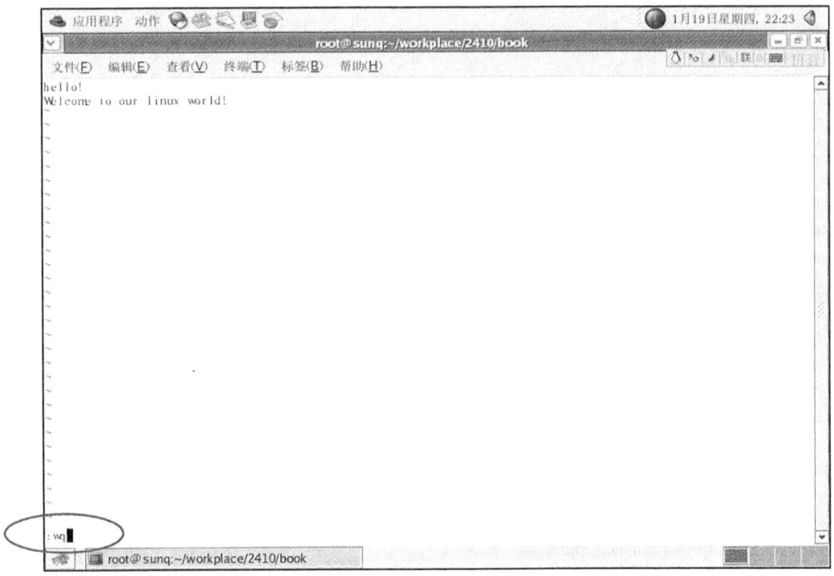

图 2.2 在 vi 中退出文档

2. vi 中 3 种模式的切换

vi 的使用中 3 种模式的切换是最为常用的，在处理的过程中，读者要时刻注意屏幕左下方的提示。在插入模式下，左下方会有“插入”字样，而在命令行或底行模式下则无提示。

（1）命令行模式、底行模式转为插入模式

在命令行模式或底行模式下转入到插入模式有 3 种方式，如表 2.1 所示。

表 2.1　　命令行模式转到插入模式

特　征	ARM	作　用
新增	a	从光标所在位置后面开始新增资料，光标后的资料随新增资料向后移动
	A	从光标所在列最后面的地方开始新增资料
插入	i	从光标所在位置前面开始插入资料，游标后的资料随新增资料向后移动
	I	从光标所在列的第一个非空白字元前面开始插入资料
开始	o	在光标所在列下新增一列，并进入插入模式
	O	在光标所在列上方新增一列，并进入插入模式

在这里，最常用的是“i”，在转入插入模式后如图 2.3 所示。

图 2.3　命令模式转入插入模式

（2）插入模式转为命令行模式、底行模式

从插入模式转为命令行模式、底行模式比较简单，只需使用［Esc］键即可。

（3）命令行模式与底行模式转换

命令行模式与底行模式间的转换不需要其他特别的命令，而只需要直接键入相应模式中的命令键即可。

3．vi 的删除、修改与复制

在 vi 中进行删除、修改都可以在插入模式下使用键盘上的方向键及［Delete］键，另外，vi 还提供了一系列的操作指令可以大大简化操作。

这些指令记忆起来比较复杂，希望读者能够配合操作来进行实验。以下命令都是在命令行模式下使用的。

表 2.2 所示为 vi 的删除、修改与复制命令。

表 2.2　　vi 的删除、修改与复制命令

特　征	ARM	作　用
删除	x	删除光标所在的字符
	dd	删除光标所在的行
	s	删除光标所在的字符，并进入输入模式
	S	删除光标所在的行，并进入输入模式
修改	r 待修改字符	修改光标所在的字符，键入 r 后直接键入待修改字符
	R	进入取代状态，可移动光标键入所指位置的修改字符，该取代状态直到按［Esc］才结束
复制	yy	复制光标所在的行
	nyy	复制光标所在的行向下 n 行
	p	将缓冲区内的字符粘贴到光标所在位置

4．vi 的光标移动

由于许多编辑功能都是通过光标的定位来实现的，因此，掌握 vi 中光标移动的方法很重要。虽然使用方向键也可以实现 vi 的操作，但 vi 的指令可以实现复杂的光标移动，只要熟悉以后都非常方便，希望读者都能切实掌握。

表 2.3 所示为 vi 中的光标移动指令，这些指令都是在命令行模式下使用的。

表 2.3　　vi 中光标移动的命令

指　令	作　用
0	移动到光标所在行的最前面
$	移动到光标所在行的最后面
［Ctrl］d	光标向下移动半页
［Ctrl］f	光标向下移动一页
H	光标移动到当前屏幕的第一行第一列
M	光标移动到当前屏幕的中间行第一列
L	光标移动到当前屏幕的最后行第一列
b	移动到上一个字的第一个字母
w	移动到下一个字的第一个字母
e	移动到下一个字的最后一个字母
^	移动到光标所在行的第一个非空白字符
n-	向上移动 n 行
n+	向下移动 n 行
nG	移动到第 n 行

5．vi 的查找与替换

在 vi 中的查找与替换也非常简单，其操作有些类似在 Telnet 中的使用。其中，查找的命令在命令行模式下，而替换的命令则在底行模式下（以“：”开头），其命令如表 2.4 所示。

表 2.4　vi 的查找与替换命令

特　征	ARM	作　用
查找	/<要查找的字符>	向下查找要查找的字符
	?<要查找的字符>	向上查找要查找的字符
替换	:0,$s/string1/string2/g	0，$：替换范围从第 0 行到最后一行 s：转入替换模式 string1/string2:把所有 string1 替换为 string2 g：强制替换而不提示

6．vi 的文件操作指令

vi 中的文件操作指令都是在底行模式下进行的，所有的指令都是以“：”开头，其命令如表 2.5 所示。

表 2.5　vi 的文件操作指令

指　令	作　用
：q	结束编辑，退出 vi
：q!	不保存编辑过的文档
：w	保存文档，其后可加要保存的文件名
：wq	保存文档并退出
：zz	功能与“：wq”相同
：x	功能与“：wq”相同

2.2.3　vi 的使用实例分析

本节给出了一个 vi 使用的完整实例，通过这个实例，读者一方面可以熟悉 vi 的使用流程，另一方面也可以熟悉 Linux 的操作，希望读者能够首先自己思考每一步的操作，再看后面的实例解析答案。

1．vi 使用实例内容

（1）在/root 目录下建一个名为/vi 的目录。

（2）进入/vi 目录。

（3）将文件/etc/inittab 复制到/vi 目录下。

（4）使用 vi 打开/vi 目录下的 inittab。

（5）将光标移到该行。
（6）复制该行内容。
（7）将光标移到最后一行行首。
（8）粘贴复制行的内容。
（9）撤销第 9 步的动作。
（10）将光标移动到最后一行的行尾。
（11）粘贴复制行的内容。
（12）光标移到“si::sysinit:/etc/rc.d/rc.sysinit”。
（13）删除该行。
（14）存盘但不退出。
（15）将光标移到首行。
（16）插入模式下输入“Hello,this is vi world!”。
（17）返回命令行模式。
（18）向下查找字符串“0:wait”。
（19）再向上查找字符串“halt”。
（20）强制退出 vi，不存盘。

2. vi 使用实例解析

在该实例中，每一步的使用命令如下所示。
（1）mkdir /root/vi
（2）cd /root/vi
（3）cp /etc/inittab ./
（4）vi ./inittab
（5）17<enter>（命令行模式）
（6）yy
（7）G
（8）p
（9）u
（10）$
（11）p
（12）21G
（13）dd
（14）:w（底行模式）
（15）1G
（16）i 并输入“Hello,this is vi world!”（插入模式）
（17）Esc
（18）/0:wait（命令行模式）
（19）?halt
（20）:q!（底行模式）

2.3 嵌入式 Linux 编译器 GCC 的使用

2.3.1 GCC 概述

作为自由软件的旗舰项目，Richard Stallman 在十多年前刚开始写作 GCC 的时候，还只是仅仅把它当作一个 C 程序语言的编译器，GCC 的意思也只是 GNU C Compiler 而已。

经过了这么多年的发展，GCC 已经不仅仅能支持 C 语言，它现在还支持 Ada 语言、C++ 语言、Java 语言、Objective C 语言、PASCAL 语言、COBOL 语言，并支持函数式编程和逻辑编程的 Mercury 语言等。而 GCC 也不再单只 GNU C 语言编译器的意思了，而是变成了 GNU 编译器家族了。

正如前文中所述，GCC 的编译流程分为了 4 个步骤，分别为。

- 预处理（Pre-Processing）。
- 编译（Compiling）。
- 汇编（Assembling）。
- 链接（Linking）。

编译器通过程序的扩展名可分辨编写原始程序码所用的语言，由于不同的程序所需要执行编译的步骤是不同的，因此 GCC 根据不同的后缀名对它们进行分别处理，表 2.6 指出了不同后缀名的处理方式。

表 2.6　GCC 所支持后缀名解释

后　缀　名	所对应的语言	编 译 流 程
.c	C 原始程序	预处理、编译、汇编
.C/.cc/.cxx	C++原始程序	预处理、编译、汇编
.m	Objective-C 原始程序	预处理、编译、汇编
.i	已经过预处理的 C 原始程序	编译、汇编
.ii	已经过预处理的 C++原始程序	编译、汇编
.s/.S	汇编语言原始程序	汇编
.h	预处理文件（头文件）	（不常出现在指令行）
.o	目标文件	链接
.a/.so	编译后的库文件	链接

2.3.2 GCC 编译流程分析

GCC 使用的基本语法为：

```
gcc [option | filename]
```

这里的 option 是 GCC 使用时的一些选项，通过指定不同的选项 GCC 可以实现其强大的功能。这里的 filename 则是 GCC 要编译的文件，GCC 会根据用户所指定的编译选项以及所识别的文件后缀名来对编译文件进行相应的处理。

本节从编译流程的角度讲解 GCC 的常见使用方法。

首先，这里有一段简单的 C 语言程序，该程序由两个文件组成，其中“hello.h”为头文件，在“hello.c”中包含了“hello.h”，其源文件如下所示。

```
/*hello.h*/
#ifndef _HELLO_H_
#define _HELLO_H_

typedef unsigned long val32_t;

#endif
/*hello.c*/
#include <stdio.h>
#include <stdlib.h>
#include "hello.h"

int main()
{
        val32_t i = 5;
        printf("hello, embedded world %d\n",i);
}
```

1．预处理阶段

GCC 的选项“-E”可以使编译器在预处理结束时就停止编译，选项“-o”是指定 GCC 输出的结果，其命令格式为如下所示。

```
gcc -E -o [目标文件] [编译文件]
```

表 2.6 指出后缀名为“.i”的文件是经过预处理的 C 原始程序。要注意，“hello.h”文件是不能进行编译的，因此，使编译器在预处理后停止的命令如下所示。

```
[root@localhost gcc]# gcc -E -o hello.i hello.c
```

在此处，选项‘-o’是指目标文件，由 2.6 表可知，‘.i’文件为已经过预处理的 C 原始程序。以下列出了 hello.i 文件的部分内容。

```
# 2 "hello.c" 2
# 1 "hello.h" 1

typedef unsigned long val32_t;
# 3 "hello.c" 2

int main()
{
 val32_t i = 5;
 printf("hello, embedded world %d\n",i);
}
```

由此可见，GCC 确实进行了预处理，它把“hello.h”的内容插入到 hello.i 文件中了。

2．编译阶段

编译器在预处理结束之后，GCC 首先要检查代码的规范性、是否有语法错误等，以确定代码的实际要做的工作，在检查无误后，就开始把代码翻译成汇编语言，GCC 的选项“-S”能使编译器在进行完汇编之前就停止。由表 2.6 可知，“.s”是汇编语言原始程序，因此，此处的目标文件就可设为“.s”类型。

```
[root@localhost gcc]# gcc -S -o hello.s hello.i
```

以下列出了 hello.s 的内容，可见 GCC 已经将其转化为汇编了，感兴趣的读者可以分析一下这一行简单的 C 语言小程序用汇编代码是如何实现的。

```
        .file   "hello.c"
        .section        .rodata
.LC0:
        .string "hello, embedded world %d\n"
        .text
.globl main
        .type   main, @function
main:
        pushl   %ebp
        movl    %esp, %ebp
        subl    $8, %esp
        andl    $-16, %esp
        movl    $0, %eax
        addl    $15, %eax
        addl    $15, %eax
        shrl    $4, %eax
        sall    $4, %eax
        subl    %eax, %esp
        movl    $5, -4(%ebp)
        subl    $8, %esp
        pushl   -4(%ebp)
        pushl   $.LC0
        call    printf
        addl    $16, %esp
        leave
        ret
        .size   main, .-main
        .section        .note.GNU-stack,"",@progbits
        . .ident  "GCC: (GNU) 4.0.0 20050519 (Red Hat 4.0.0-8)"
```

可以看到，这一小段 C 语言的程序在汇编中已经复杂很多了，这也是 C 语言作为中级语言的优势所在。

3．汇编阶段

汇编阶段是把编译阶段生成的“.s”文件生成目标文件，读者在此使用选项“-c”就可看到汇编代码已转化为“.o”的二进制目标代码了。如下所示。

```
[root@localhost gcc]# gcc -c hello.s -o hello.o
```

4．链接阶段

在成功编译之后，就进入了链接阶段。在这里涉及一个重要的概念：函数库。

在这个程序中并没有定义“printf”的函数实现，在预编译中包含进的“stdio.h”中也只有该函数的声明，而没有定义函数的实现，那么，是在哪里实现“printf”函数的呢？

最后的答案是：系统把这些函数实现都已经被放入名为 libc.so.6 的库文件中去了，在没有特别指定时，GCC 会到系统默认的搜索路径"/usr/lib"下进行查找，也就是链接到 libc.so.6 库函数中去，这样就能实现函数"printf"了，而这也就是链接的作用。

完成了链接之后，GCC 就可以生成可执行文件，其命令如下所示。

```
[root@localhost gcc]# gcc hello.o -o hello
```

运行该可执行文件，出现正确的结果。

```
[root@localhost gcc]# ./hello
hello, embedded world 5
```

2.3.3　GCC 警告提示

本节主要讲解 GCC 的警告提示功能。GCC 包含完整的出错检查和警告提示功能，它们可以帮助 Linux 程序员写出更加专业和优美的代码。

读者千万不能小瞧这些警告信息，在很多情况下，含有警告信息的代码往往会有意想不到的运行结果。

首先读者可以先看一下以下这段代码：

```
#include<stdio.h>

void main(void)
{
        long long tmp = 1;
        printf("This is a bad code!\n");
}
```

虽然这段代码运行的结果是正确的，但还有以下问题。

- main 函数的返回值被声明为 void，但实际上应该是 int。
- 使用了 GNU 语法扩展，即使用 long long 来声明 64 位整数，不符合 ANSI/ISO C 语言标准。
- main 函数在终止前没有调用 return 语句。

GCC 的警告提示选项有很多种类型，主要可分为"-Wall"类和非"-Wall"类。

1．Wall 类警告提示

这一类警告提示选项占了 GCC 警告选项的 90%以上，它不仅包含打开所有警告等功能，还可以单独对常见错误分别指定警告，这些常见的警告选项如表 2.7 所示（这些选项可供读者在实际操作时查阅使用）。

表 2.7　　GCC 的 Wall 类警告提示选项

选　项	作　用
-Wall	打开所有类型语法警告，建议读者养成使用该选项的习惯
-Wchar-subscripts	如果数组使用 char 类型变量做为下标值的话，则发出警告。因为在某些平台上可能默认为 signed char，一旦溢出，就可能导致某些意外的结果
-Wcomment	当'/*'出现在 '/* ... */'注释中，或者'\'出现在'// ...'注释结尾处时，使用-Wcomment 会给出警告，它很可能会影响程序的运行结果

续表

选　　项	作　　用
-Wformat	检查 printf 和 scanf 等格式化输入输出函数的格式字符串与参数类型的匹配情况，如果发现不匹配则发出警告。某些时候格式字符串与参数类型的不匹配会导致程序运行错误，所以这是个很有用的警告选项
-Wimplicit	该警告选项实际上是-Wimplicit-int 和-Wimplicit-function-declaration 两个警告选项的集合。前者在声明函数却未指明函数返回类型时给出警告，后者则是在函数声明前调用该函数时给出警告
-Wmissing-braces	当聚合类型或者数组变量的初始化表达式没有充分用括号{}括起时，给出警告
-Wparentheses	这是一个很有用的警告选项，它能帮助用户从那些看起来语法正确但却由于操作符优先级或者代码结构“障眼”而导致错误运行的代码中解脱出来
-Wsequence-point	关于顺序点（sequence point），在 C 标准中有解释，不过很晦涩。我们在平时编码中尽量避免写出与实现相关、受实现影响的代码便是了。而-Wsequence-point 选项恰恰可以帮我们这个忙，它可以帮我们查出这样的代码来，并给出其警告
-Wswitch	这个选项的功能浅显易懂，通过文字描述也可以清晰地说明。当以一个枚举类型（enum）作为 switch 语句的索引时但却没有处理 default 情况，或者没有处理所有枚举类型定义范围内的情况时，该选项会给出警告
-Wunused-function	警告存在一个未使用的 static 函数的定义或者存在一个只声明却未定义的 static 函数
-Wunused-label	用来警告存在一个使用了却未定义或者存在一个定义了却未使用的 label
-Wunused-variable	用来警告存在一个定义了却未使用的局部变量或者非常量 static 变量
-Wunused-value	用来警告一个显式计算表达式的结果未被使用
-Wunused-parameter	用来警告一个函数的参数在函数的实现中并未被用到
-Wuninitialized	该警告选项用于检查一个局部自动变量在使用之前是否已经初始化了或者在一个 longjmp 调用可能修改一个 non-volatile automatic variable 时给出警告

这些警告提示读者可以根据自己的不同情况进行相应的选择，这里最为常用的是“-Wall”，上面的这一小段程序使用该警告提示后的结果是：

```
[root@ft charpter2]# gcc -Wall wrong.c -o wrong
wrong.c:4: warning: return type of 'main' is not 'int'
wrong.c: In function 'main':
wrong.c:5: warning: unused variable 'tmp'
```

可以看出，使用‘-Wall’选项找出了未使用的变量 tmp 以及返回值的问题，但没有找出无效数据类型的错误。

2．非 Wall 类警告提示

非 Wall 类的警告提示中最为常用的有以下两种：“-ansi”和“-pedantic”。

（1）“-ansi”

该选项强制 GCC 生成标准语法所要求的告警信息，尽管这还并不能保证所有没有警告的程序都是符合 ANSI C 标准的。使用该选项的运行结果如下所示：

```
[root@ft charpter2]# gcc -ansi wrong.c -o wrong
wrong.c: In function 'main':
wrong.c:4: warning: return type of 'main' is not 'int'
```

可以看出，该选项并没有发现“long long”这个无效数据类型的错误。

（2）“-pedantic”

该选项允许发出 ANSI C 标准所列的全部警告信息，同样也保证所有没有警告的程序都是符合 ANSI C 标准的。使用该选项的运行结果如下所示：

```
[root@ft charpter2]# gcc -pedantic wrong.c -o wrong
wrong.c: In function 'main':
wrong.c:5: warning: ISO C90 does not support 'long long'
wrong.c:4: warning: return type of 'main' is not 'int'
```

可以看出，使用该选项查看出了“long long”这个无效数据类型的错误。

2.3.4 GCC 使用库函数

1. Linux 函数库介绍

函数库可以看做是事先编写的函数集合，它可以与主函数分离，从而增加程序开发的复用性。Linux 中函数库可以有 3 种使用的形式：静态、共享和动态。

静态库的代码在编译时就已连接到开发人员开发的应用程序中，而共享库只是在程序开始运行时才载入。

动态库也是在程序运行时载入，但与共享库不同的是，动态库使用的库函数不是在程序运行使开始载入，而是在程序中的语句需要使用该函数时才载入。动态库可以在程序运行期间释放动态库所占用的内存，腾出空间供其他程序使用。

由于共享库和动态库并没有在程序中包括库函数的内容，只是包含了对库函数的引用，因此代码的规模比较小。

系统中可用的库都存放在/usr/lib 和/lib 目录中。库文件名由前缀 lib 和库名以及后缀组成。根据库的类型不同，后缀名也不一样。

注意

共享库和动态库的后缀名由.so 和版本号组成。

静态库的后缀名为.a。

如：数学共享库的库名为 libm.so.5，这里的标识字符为 m，版本号为 5，libm.a 则是静态数学库。在 Linux 系统中系统所用的库都存放在/usr/lib 和/lib 目录中。

2. 相关路径选项

由于库文件的通常路径不是在系统默认的路径下，因此，首先要使用调用路径选项来指定相关的库文件位置，这里首先讲解两个常用选项的使用方法。

（1）“-I dir”

在 GCC 中使用头文件在默认情况下是在主程序中所设定的路径，那么如果想要改变该路径，用户则可以使用“-I”选项。“-I dir”选项可以在头文件的搜索路径列表中添加 dir 目录。这时，GCC 就会到相应的位置查找对应的目录。

比如在“/root/workplace/gcc”下有两个文件：

```
hello.c
#include<my.h>
```

```
int main()
{
    printf("Hello!!\n");
    return 0;
}
my.h
#include<stdio.h>
```

这样，就可在 GCC 命令行中加入“-I”选项，其命令如下所示。

```
[root@localhost gcc] gcc hello.c -I /root/workplace/gcc/ -o hello
```

这样，GCC 就能够执行出正确结果。

小技巧　在 include 语句中，“<>”表示在标准路径中搜索头文件，在 Linux 中默认为“/usr/include”。故在上例中，可把 hello1.c 的“#include<my.h>”改为“#include "my.h"”，这样就不需要加上“-I”选项了。

（2）“-L dir”

选项“-L dir”的功能与“-I dir”类似，其区别就在于“-L”选项是用于指明库文件的路径。例如有程序 hello_sq.c 需要用到目录“/root/workplace/gcc/lib”下的一个动态库 libsunq.so，则只需键入如下命令即可。

```
[root@localhost gcc] gcc hello_sq.c -L /root/workplace/gcc/lib -lsunq -o hello_sq
```

注意　‘-I dir’和‘-L dir’都只是指定了路径，而没有指定文件，因此不能在路径中包含文件名。

3. 使用 3 种类型链接库

使用上述 3 种类型的链接库的方法很相似，都是使用选项是“-l”（注意这里是小写的“L”）。该选项是用于指明具体使用的库文件。由于在 Linux 中函数库的命名规则都是以“lib”开头的，因此，这里的库文件只需填写 lib 之后的内容即可。

如：有静态库文件 libm.a，在调用时只需写作“-lm”；同样对于动态库文件 libm.so；在调用时也只需写作“-lm”即可，其整体调用命令类似如下：

```
[root@localhost gcc] gcc -o dynamic -L /root/lq/testc/lib/dynamic.o -lmydynamic
```

那么，若系统中同时存在文件名相同的静态库文件和动态库文件时，该链接选项究竟会调用静态库文件还是动态库文件呢？

经测试后可以发现，系统调用的是动态库文件，这是由于 Linux 系统中默认的是采用动态链接的方式。这样，若用户要调用含有同名动态库文件的静态库文件，则在“-l”后需要显示地写出包含后缀名的文件名，如：要调用 libm.a 库文件时就需写作“-llibm.a”。

2.3.5 GCC 代码优化

GCC 可以对代码进行优化，它通过编译选项-On 来控制优化代码的生成，其中 n 是一个代表优化级别的整数。对于不同版本的 GCC 来讲，n 的取值范围及其对应的优化效果可能并不完全相同，比较典型的范围是从 0 变化到 2 或 3。

不同的优化级别对应不同的优化处理工作，如使用优化选项-O 主要进行线程跳转（Thread Jump）和延迟退栈（Deferred Stack Pops）两种优化。

使用优化选项-O2 除了完成所有-O1 级别的优化之外，同时还要进行一些额外的调整工作，如处理器指令调度等；选项-O3 则还包括循环展开和其他一些与处理器特性相关的优化工作。

虽然优化选项可以加速代码的运行速度，但对于调试而言将是一个很大的挑战。因为代码在经过优化之后，原先在源程序中声明和使用的变量很可能不再使用，控制流也可能会突然跳转到意外的地方，循环语句也有可能因为循环展开而变得到处都有，所有这些都将使调试工作异常坚难。

建议在调试的时候最好不使用任何优化选项，只有当程序在最终发行的时候才考虑对其进行优化。

2.4　嵌入式 Linux 调试器 GDB 的使用

在程序编译通过生成可执行文件之后，就进入了程序的调试环节。调试一直来是程序开发中的重中之重，如何使程序员能够迅速找到错误的原因是一款调试器的目标。

GDB 是 GNU 开源组织发布的一个强大的 Linux 下的程序调试工具，它是一种强大的命令行调试工具。

一个出色的调试器需要有以下几项功能。

- 能够运行程序，设置所有能影响程序运行的参数。
- 能够让程序让指定的条件下停止。
- 能够在程序停止时检查所有参数的情况。
- 能够根据指定条件改变程序的运行。

2.4.1　GDB 使用实例

下面通过一个简单的实例使读者对 GDB 有一个感性的认识，这里所介绍的指令都是 GDB 中最为基本也是最为常用的指令，希望读者能够动手操作，掌握 GDB 的使用方法。

首先，有以下程序段。

```
#include <stdio.h>

/*子函数 add: 将自然数从 1 ~ m 相加*/
int add(int m)
{
        int i,n=0;
        for(i=1; i<=m;i++)
            n += i;
        printf("The sum of 1-%d in add is %d\n", m,n);
}

int main()
{
      int i,n=0;
      add(50);
      for(i=1; i<=50; i++)
          n += i;
```

```
    printf("The sum of 1-50 is %d \n", n );
}
```

注意将此程序用 GCC 进行编译时要加上“-g”选项。

1. 进入 GDB

进入 GDB 只需输入 GDB 和要调试的可执行文件即可，如下所示：

```
[root@localhost gdb]# gdb test
GNU gdb Red Hat Linux (6.3.0.0-1.21rh)
Copyright 2004 Free Software Foundation, Inc.
GDB is free software, covered by the GNU General Public License, and you are
welcome to change it and/or distribute copies of it under certain conditions.
Type "show copying" to see the conditions.
There is absolutely no warranty for GDB.  Type "show warranty" for details.
This GDB was configured as "i386-redhat-linux-gnu"...Using host libthread_db
library "/lib/libthread_db.so.1".
(gdb)
```

可以看出，在 GDB 的启动画面中指出了 GDB 的版本号、使用的库文件等信息，接下来就进入了由“(gdb)”开头的命令行界面了。

2. 查看文件

在 GDB 中键入‘l’（list）就可以查看所载入的文件，如下所示：

```
(gdb) l
4       {
5               int i,n=0;
6               for(i=1; i<=m;i++)
7                 n += i;
8               printf("The sum of 1-%d in add is %d\n", m,n);
9       }
10
11      int main()
12      {
13            int i,n=0;
(gdb) l
14            add(50);
15            for(i=1; i<=50; i++)
16             {
17               n += i;
18             }
19            printf("The sum of 1-50 is %d \n", n );
20
21      }
22
```

可以看出，GDB 列出的源代码中明确地给出了对应的行号，这样可以大大地方便代码的定位。

> **注意** 在一般情况下，源代码中的行号与用户书写程序中的行号是一致的，但有时由于用户的某些编译选项会导致行号不一致的情况，因此，一定要查看在 GDB 中的行号。

3. 设置断点

设置断点可以使程序到一定位置暂停它的运行，程序员在该位置处可以方便地查看变量的值、堆栈情况等，从而找出代码的症结所在。

在 GDB 中设置断点非常简单，只需在“b”后加入对应的行号即可（这是最常用的方式，另外还有其他方式设置断点），其命令如下所示：

```
(gdb) b 6
Breakpoint 1 at 0x804846d: file test.c, line 6.
```

要注意的是，在 GDB 中利用行号设置断点是指代码运行到对应行之前暂停，如上例中，代码运行到第 5 行之前暂停（并没有运行第 5 行）。

4．查看断点处情况

在设置完断点之后，用户可以键入“info b”来查看设置断点情况，在 GDB 中可以设置多个断点。

```
(gdb) info b
Num Type           Disp Enb Address    What
1   breakpoint     keep y   0x0804846d in main at test.c:6
```

5．运行代码

接下来就可运行代码了，GDB 默认从首行开始运行代码，可键入“r”（run）即可，在“r”后面加上行号即可从程序中指定行开始运行。

```
(gdb) r
Starting program: /home/yul/book/test

Breakpoint 1, add (m=50) at test.c:6
6              for(i=1; i<=m;i++)
```

可以看到，程序运行到断点处就停止了。

6．查看变量值

在程序停止运行之后，程序员需要查看断点处的相关变量值。在 GDB 中只需键入“p+变量值”即可，如下所示：

```
(gdb) p n
$1 = 0
(gdb) p i
$2 = 134518440
```

在此处，为什么变量“i”的值为如此奇怪的一个数字呢？原因就在于程序是在断点设置的对应行之前停止的，那么在此时，并没有把“i”的数值赋为 0，而只是一个随机的数字。但变量“n”是在第 5 行赋值的，故在此时已经为 0。

> 小技巧　GDB 在显示变量值时都会在对应值之前加上“$N”标记，它是当前变量值的引用标记，所以以后若想再次引用此变量就可以直接写作“$N”，而无需写冗长的变量名。

7．观察变量

在某一循环处，程序员往往希望能够观察一个变量的变化情况，这时就可以键入命令“watch”来观察变量的变化情况，如下所示：

```
(gdb) watch n
Hardware watchpoint 2: n
```

可以看到，GDB 在“n”设置了观察点。

> 注意　在此处必须键入完整的命令“watch”，因为在 GDB 中有不少以‘w’开头的命令，如“where”、“while”等。

8. 单步运行

单步运行是指一次只运行一条语句，这样可以方便程序员来查看程序运行的结果，在此处只需键入“n”（next）即可。

```
(gdb) n
7                  n += i;
(gdb) n
Hardware watchpoint 2: n

Old value = 15
New value = 21
```

可以看到，随着程序的单步运行，当“n”的值发生变化时，GDB 就会自动显示出 n 的变化情况。

9. 程序继续运行

命令“c”（continue）可以使 GDB 继续运行以下的程序，程序在再次遇到断点时停止，如下所示：

```
(gdb) c
Continuing.
The sum of 1-50 is 1275

Program exited with code 031.
```

10. 退出 GDB

退出 GDB 只需使用指令“q”（quit）即可，如下所示：

```
(gdb) q
[root@localhost gcc]
```

到此为止，使用 GDB 的整体过程已经结束了。以上所讲述的命令是 GDB 中最为常见的命令，下面几节将会详细讲解 GDB 的命令。

2.4.2 设置/删除断点

GDB 中有丰富的断点设置、删除命令，可以满足用户各个方面的需求。表 2.8 列出了 GDB 中常见的断点设置及删除命令。

表 2.8　GCC 中常见断点设置与删除指令

命令格式	作用
break+设置断点的行号	用于在程序中对应行设置断点
tbreak+行号或函数名	设置临时断点，到达后被自动删除

续表

命 令 格 式	作　　用
break+filename+行号	用于在指定文件的对应行设置断点
break+<0x…>	用于在内存某一位置处暂停
break+行号+if+条件	用于设置条件断点，在循环中使用非常方便
info breakpoints/watchpoints	查看断点/观察点的情况
clear+要清除断点的行号	用于清除对应行的断点
delete+要清除断点的编号	用于清除断点和自动显示的表达式的命令。与 clear 的不同之处：clear 要给出断点的行号，delete 要给出断点的编号。用 clear 命令清除断点时 GDB 会给出提示，而用 delete 清除断点时 GDB 不会给出任何提示
disable+断点编号	让所设断点暂时失效。如果要让多个编号处的断点失效可将编号之间用空格隔开
enable+断点编号	与 disable 相反
awatch+变量	设置一个观察点，当变量被读出或写入时程序被暂停
rwatch+变量	设置一个观察点，当变量被程序读时，程序被暂停
watch+变量	同 awatch

小知识　在多线程的程序中，观察点的作用很有限，gdb 只能观察在一个线程中的表达式的值。如果用户确信表达式只被当前线程所存取，那么使用观察点才有效。gdb 不能注意一个非当前线程对表达式值的改变。

2.4.3 数据相关命令

在 GDB 中也有丰富的数据显示相关命令，他们可以使用户可以以各种形式显示所要查看的数据，数据相关命令如表 2.9 所示。

表 2.9　　GDB 中数据相关指令

命 令 格 式	作　　用
display+表达式	该命令用于显示表达式的值，使用了该命令后，每当程序运行到断点处都会显示表达式的值
info display	用于显示当前所有要显示值的表达式的有关情况
delete+display 编号	用于删除一个要显示值的表达式，调用这个命令删除一个表达式后，被删除的表达式将不被显示
disable+display 编号	使一个要显示的表达式暂时无效
enable+display 编号	disable diplay 的反操作
undisplay+display 编号	用于结束某个表达式值的显示
whatis+变量	显示某个表达式的数据类型
print(p)+变量或表达式	用于打印变量或表达式的值
set+变量＝变量值	改变程序中一个变量的值

小技巧

在使用 print 命令时，可以对变量按指定格式进行输出，其命令格式为：print /变量名+格式

其中格式有以下几种方式。

X：十六进制；d：十进制；u：无符号数；o：八进制；

T：二进制；a：十六进制打印；c：字符格式；f：浮点数。

2.4.4 调试运行环境相关命令

在 GDB 中控制程序的运行也是非常方便地，用户可以自行设定变量值、调用函数等，其具体命令如表 2.10 所示。

表 2.10 GDB 调试运行环境相关命令

命令格式	作　用
set args	设置运行参数
show args	参看运行参数
set width+数目	设置 GDB 的行宽
cd+工作目录	切换工作目录
run	程序开始执行
step（s）	进入式（会进入到所调用的子函数中）单步执行
next（n）	非进入式（不会进入到所调用的子函数中）单步执行
finish	一直运行到函数返回
until+行数	运行到函数某一行
continue（c）	执行到下一个断点或程序结束
return<返回值>	改变程序流程，直接结束当前函数，并将指定值返回
call+函数	在当前位置执行所要运行的函数

2.4.5 堆栈相关命令

gdb 中也提供了多种堆栈相关的命令，可以查看堆栈的情况、寄存器的情况等，其具体命令如表 2.11 所示。

表 2.11 GDB 中堆栈相关命令

命令格式	作　用
backtrace 或 bt	用来打印栈侦指针，也可以在该命令后加上要打印的栈侦指针的个数
frame	该命令用于打印栈侦
info reg	查看寄存器使用情况
info stack	查看堆栈情况
up	跳到上一层函数
down	与 up 相对

2.5 make 工程管理器

前面几节主要讲解如何在嵌入式 Linux 下使用编辑器编写代码，如何使用 GCC 把代码编译成可执行文件，以及如何使用 GDB 来调试程序，那么，所有的工作看似已经完成了，为什么还需要 make 这个工程管理器呢？

工程管理器用来管理较多的文件。读者可以试想一下，有一个上百个文件的代码构成的项目，如果其中只有一个或少数几个文件进行了修改，按照之前所学的 GCC 编译工具，就不得不把这所有的文件重新编译一遍，因为编译器并不知道哪些文件是最近更新的，而只知道需要包含这些文件才能把源代码编译成可执行文件，于是，程序员就不能不再重新输入数目如此庞大的文件名以完成最后的编译工作。

人们希望有一个工程管理器能够自动识别更新了的文件代码，同时又不需要重复输入冗长的命令行，于是 make 工程管理器也就应运而生了。

实际上，make 工程管理器就是个自动编译管理器，能够根据文件时间戳自动发现更新过的文件而减少编译的工作量，同时，它通过读入 Makefile 文件的内容来执行大量的编译工作。

用户只需一次编写简单的编译语句即可。它大大提高了实际项目的工作效率，几乎所有嵌入式 Linux 下的项目编程均会涉及它，希望读者能够认真学习本节内容。

2.5.1 Makefile 基本结构

Makefile 用来告诉 make 怎样编译和连接成一个程序，是 make 读入的惟一配置文件，本节主要讲解 Makefile 的编写规则。

在一个 Makefile 中通常包含如下内容。

- 需要由 make 工具创建的目标体（target），目标体通常是目标文件、可执行文件或是一个标签。
- 要创建的目标体所依赖的文件（dependency_file）。
- 创建每个目标体时需要运行的命令（command）。

它的格式为：

```
target: dependency_files
    command
```

例如，有两个文件分别为 hello.c 和 hello.h，希望创建的目标体为 hello.o，执行的命令为 gcc 编译指令：gcc –c hello.c，那么，对应的 Makefile 就可以写为以下形式：

```
#The simplest example
hello.o: hello.c hello.h
    gcc -c hello.c -o hello.o
```

接着就可以使用 make 了。使用 make 的格式为：make target，这样 make 就会自动读入 Makefile（也可以是首字母小写 makefile）执行对应 target 的 command 语句，并会找到相应的依赖文件，如下所示：

```
[root@localhost makefile]# make hello.o
gcc -c hello.c -o hello.o
```

```
[root@localhost makefile]# ls
hello.c  hello.h  hello.o  Makefile
```

可以看到，Makefile 执行了“hello.o”对应的命令语句，并生成了“hello.o”目标体。

> 注意　在 Makefile 中的每一个 command 前必须有“Tab”符，否则在运行 make 命令时会出错。

上面示例的 Makefile 在实际中是几乎不存在的，因为它过于简单，仅包含两个文件和一个命令，在这种情况下完全不需要编写 Makefile 而只需在 Shell 中直接输入即可，在实际中使用的 Makefile 往往是包含很多的文件和命令的，这也是 Makefile 产生的原因。

下面就对较复杂的 Makefile 进行讲解，以下这个工程包含有 3 个头文件和 8 个 C 文件，其 Makefile 如下所示：

```
edit : main.o kbd.o command.o display.o \
        insert.o search.o files.o utils.o
        gcc -o edit main.o kbd.o command.o display.o \
                insert.o search.o files.o utils.o

main.o : main.c defs.h
        gcc -c main.c -o main.o
kbd.o : kbd.c defs.h command.h
        gcc -c kbd.c -o kbd.o
command.o : command.c defs.h command.h
        gcc -c command.c -o command.o
display.o : display.c defs.h buffer.h
        gcc -c display.c -o display.o
insert.o : insert.c defs.h buffer.h
        gcc -c insert.c -o insert.o
search.o : search.c defs.h buffer.h
        gcc -c search.c -o search.o
files.o : files.c defs.h buffer.h command.h
        gcc -c files.c -o files.o
utils.o : utils.c defs.h
        gcc -c utils.c -o utils.o
clean :
        rm edit main.o kbd.o command.o display.o \
          insert.o search.o files.o utils.o
```

这里的反斜杠“\”是换行符的意思，用于增加 Makefile 的可读性。读者可以把这些内容保存在文件名为“Makefile”或“makefile”的文件中，然后在该目录下直接输入命令“make”就可以生成执行文件 edit。如果想要删除执行文件和所有的中间目标文件，那么，只需要简单地执行一下“make clean”即可。

在这个 makefile 中，目标文件（target）包含以下内容：执行文件 edit 和中间目标文件“*.o”，依赖文件（dependency_file）就是冒号后面的那些“.c”文件和“.h”文件。

每一个“.o”文件都有一组依赖文件，而这些“.o”文件又是执行文件“edit”的依赖文件。依赖关系的实质上就是说明了目标文件是由哪些文件生成的，换言之，目标文件是哪些文件更新的。

在定义好依赖关系后，后续的那一行命令定义了如何生成目标文件的系统命令。请读者注意，这些命令都是以一个 Tab 键作为开头的。

另外值得注意的是，make 工程管理器其实并不处理命令是具体如何工作的，它只负责执行用户所定义的命令。同时，make 还会比较目标文件和依赖文件的修改日期，如果依赖文件的日期要比目标文件的日期更新，或者目标文件并不存在的话，那么，make 就会执行后续定义的命令。

这里要说明一点的是，clean 不是一个文件，它只不过是一个动作名字，也可称其为标签，其冒号后什么也没有。这样，make 就不会自动去查找文件之间的依赖性，因此也就不会自动执行其后所定义的命令。

若用户想要执行其后的命令，就要在 make 命令后显示地指出这个标签的名字。这个方法非常有用，通常用户可以在一个 Makefile 中定义不用的编译或是和编译无关的命令，比如程序的打包、程序的备份命令等。

2.5.2 Makefile 变量

为了进一步简化编辑和维护 Makefile，make 允许在 Makefile 中创建和使用变量。变量是在 Makefile 中定义的名字，用来代替一个文本字符串，该文本字符串称为该变量的值。

在具体要求下，这些值可以代替目标体、依赖文件、命令以及 Makefile 文件中其他部分。在 Makefile 中的变量定义有两种方式：一种是递归展开方式，另一种是简单方式。

递归展开方式定义的变量是在引用在该变量进行替换的，即如果该变量包含了对其他变量的引用，则在引用该变量时一次性将内嵌的变量全部展开。虽然这种类型的变量能够很好地完成用户的指令，但是它也有严重的缺点，如不能在变量后追加内容，因为语句“CFLAGS = $(CFLAGS) –O”在变量扩展过程中可能导致无穷循环。

为了避免上述问题，简单扩展型变量的值在定义处展开，并且只展开一次，因此它不包含任何对其他变量的引用，从而消除了变量的嵌套引用。

递归展开方式的定义格式为：VAR=var。

简单扩展方式的定义格式为：VAR: =var。

Make 中的变量使用均使用格式为：$(VAR)

> 注意
>
> 变量名是不包括‘:’，‘#’，‘=’、结尾空格的任何字符串。同时，变量名中包含字母、数字以及下划线以外的情况应尽量避免，因为它们可能在将来被赋予特别的含义，
>
> 变量名是大小写敏感的，例如变量名‘foo’、‘FOO’和‘Foo’代表不同的变量。
>
> 推荐在 Makefile 内部使用小写字母作为变量名，预留大写字母作为控制隐含规则参数或用户重载命令选项参数的变量名。

在上面的例子中，先来看看 edit 这个规则：

```
edit : main.o kbd.o command.o display.o \
          insert.o search.o files.o utils.o
       cc -o edit main.o kbd.o command.o display.o \
                  insert.o search.o files.o utils.o
```

读者可以看到“.o”文件的字符串被重复了两次，如果在工程需要加入一个新的“.o”文件，那么用户需要在这两处分别加入（其实应该是有 3 处，另外一处在 clean 中）。

当然，这个实例的 Makefile 并不复杂，所以在这两处分别添加也没有太多的工作量，但如果 Makefile 变得复杂，那么用户就很有可能会忽略一个需要加入的地方，从而导致编译失败。所以，为了使 Makefile 易维护，推荐在 Makefile 中尽量使用变量这种形式。

这样，用户在这个实例中就可以按以下的方式来定义变量：

```
OBJS = main.o kbd.o command.o display.o \
          insert.o search.o files.o utils.o
```

这里是以递归展开的方式来进行定义的。在此之后，用户就可以很方便地在 Makefile 中以“$(objects)”的方式来使用这个变量了，于是改良版 Makefile 就变为如下所示：

```
OBJS = main.o kbd.o command.o display.o \
          insert.o search.o files.o utils.o

edit : $(objects)
          gcc -o edit $(objects)
main.o : main.c defs.h
          gcc -c main.c -o main.o
kbd.o : kbd.c defs.h command.h
          gcc -c kbd.c -o kbd.o
command.o : command.c defs.h command.h
          gcc -c command.c -o command.o
display.o : display.c defs.h buffer.h
          gcc -c display.c -o display.o
insert.o : insert.c defs.h buffer.h
          gcc -c insert.c -o insert.o
search.o : search.c defs.h buffer.h
          gcc -c search.c -o search.o
files.o : files.c defs.h buffer.h command.h
          gcc -c files.c -o files.o
utils.o : utils.c defs.h
          gcc -c utils.c -o utils.o
clean :
          rm edit $(OBJS)
```

可以看到，如果这时又有新的“.o”文件需要加入，用户只需简单地修改一下“OBJS”变量就可以了。

Makefile 中的变量分为用户自定义变量、预定义变量、自动变量及环境变量。如上例中的 OBJS 就是用户自定义变量，自定义变量的值由用户自行设定，而预定义变量和自动变量为通常在 Makefile 都会出现的变量，其中部分有默认值，也就是常见的设定值，当然用户可以对其进行修改。

预定义变量包含了常见编译器、汇编器的名称及其编译选项，表 2.12 列出了 Makefile 中常见预定义变量及其部分默认值。

表 2.12　　Makefile 中常见预定义变量

命令格式	含义
AR	库文件维护程序的名称，默认值为 ar
AS	汇编程序的名称，默认值为 as
CC	C 编译器的名称，默认值为 cc
CPP	C 预编译器的名称，默认值为$(CC) –E
CXX	C++编译器的名称，默认值为 g++
FC	FORTRAN 编译器的名称，默认值为 f77

续表

命 令 格 式	含 义
RM	文件删除程序的名称，默认值为 rm –f
ARFLAGS	库文件维护程序的选项，无默认值
ASFLAGS	汇编程序的选项，无默认值
CFLAGS	C 编译器的选项，无默认值
CPPFLAGS	C 预编译的选项，无默认值
CXXFLAGS	C++编译器的选项，无默认值
FFLAGS	FORTRAN 编译器的选项，无默认值

上例中的 CC 和 CFLAGS 是预定义变量，其中由于 CC 没有采用默认值，因此，需要把“CC=gcc”明确列出来。

由于常见的 gcc 编译语句中通常包含了目标文件和依赖文件，而这些文件在 Makefile 文件中目标体的一行已经有所体现，因此，为了进一步简化 Makefile 的编写，引入了自动变量。

自动变量通常可以代表编译语句中出现目标文件和依赖文件等，并且具有本地含义（即下一语句中出现的相同变量代表的是下一语句的目标文件和依赖文件），表 2.13 列出了 Makefile 中常见自动变量。

表 2.13　Makefile 中常见自动变量

命 令 格 式	含 义
$*	不包含扩展名的目标文件名称
$+	所有的依赖文件，以空格分开，并以出现的先后为序，可能包含重复的依赖文件
$<	第一个依赖文件的名称
$?	所有时间戳比目标文件晚的依赖文件，并以空格分开
$@	目标文件的完整名称
$^	所有不重复的依赖文件，以空格分开
$%	如果目标是归档成员，则该变量表示目标的归档成员名称

自动变量的书写比较难记，但是在熟练了之后会非常地方便，请读者结合下例中的自动变量改写的 Makefile 进行记忆。

```
OBJS = main.o kbd.o command.o display.o \
          insert.o search.o files.o utils.o
CC = gcc
CFLAGS = -Wall -O -g
edit : $(objects)
          $(CC) $^ -o $@
main.o : main.c defs.h
          (CC) $(CFLAGS) -c $< -o $@
kbd.o : kbd.c defs.h command.h
          (CC) $(CFLAGS) -c $< -o $@
command.o : command.c defs.h command.h
          (CC) $(CFLAGS) -c $< -o $@
```

```
display.o : display.c defs.h buffer.h
        (CC) $(CFLAGS) -c $< -o $@
insert.o : insert.c defs.h buffer.h
        (CC) $(CFLAGS) -c $< -o $@
search.o : search.c defs.h buffer.h
        (CC) $(CFLAGS) -c $< -o $@
files.o : files.c defs.h buffer.h command.h
        (CC) $(CFLAGS) -c $< -o $@
utils.o : utils.c defs.h
        (CC) $(CFLAGS) -c $< -o $@
clean :
        rm edit $(OBJS)
```

另外，在 Makefile 中还可以使用环境变量。使用环境变量的方法相对比较简单，make 在启动时会自动读取系统当前已经定义了的环境变量，并且会创建与之具有相同名称和数值的变量。但是，如果用户在 Makefile 中定义了相同名称的变量，那么用户自定义变量将会覆盖同名的环境变量。

2.5.3 Makefile 规则

Makefile 的规则包括目标体、依赖文件及其间的命令语句，是 make 进行处理的依据。Makefile 中的一条语句就是一个规则。

在上面的例子中显示地指出了 Makefile 中的规则关系，如“$(CC) $(CFLAGS) -c $< -o $@”，为了简化 Makefile 的编写，make 还定义了隐式规则和模式规则，下面就分别对其进行讲解。

1．隐式规则

隐含规则能够告诉 make 怎样使用传统的技术完成任务，这样，当用户使用它们时就不必详细指定编译的具体细节，而只需把目标文件列出即可。make 会自动搜索隐式规则目录来确定如何生成目标文件，如上例可以写成：

```
OBJS = main.o kbd.o command.o display.o \
          insert.o search.o files.o utils.o
CC = gcc
CFLAGS = -Wall -O -g
edit :$(objects)
          $(CC) $^ -o $@
main.o : main.c defs.h
kbd.o : kbd.c defs.h command.h
command.o : command.c defs.h command.h
display.o : display.c defs.h buffer.h
insert.o : insert.c defs.h buffer.h
search.o : search.c defs.h buffer.h
files.o : files.c defs.h buffer.h command.h
utils.o : utils.c defs.h
clean :
          rm edit $(OBJS)
```

为什么可以省略“(CC) $(CFLAGS) -c $< -o $@”这句呢？

因为 make 的隐式规则指出：所有“.o”文件都可自动由“.c”文件使用命令“$(CC) $(CPPFLAGS) $(CFLAGS) -c file.c –o file.o”生成。因此，Makefile 就可以进一步地简化了。

注意 在隐式规则只能查找到相同文件名的不同后缀名文件，如“kang.o”文件必须由“kang.c”文件生成。

表 2.14 给出了常见的隐式规则目录。

表 2.14 **Makefile 中常见隐式规则目录**

对应语言后缀名	规则
C 编译：.c 变为.o	$(CC) –c $(CPPFLAGS) $(CFLAGS)
C++编译：.cc 或.C 变为.o	$(CXX) -c $(CPPFLAGS) $(CXXFLAGS)
Pascal 编译：.p 变为.o	$(PC) -c $(PFLAGS)
Fortran 编译：.r 变为-o	$(FC) -c $(FFLAGS)

2．模式规则

隐式规则仅仅能够用 make 默认的变量来进行操作。

模式规则不同于隐式规则，是用来定义相同处理规则的多个文件的，模式规则能引入用户自定义变量，为多个文件建立相同的规则，简化 Makefile 的编写。

模式规则的格式类似于普通规则，这个规则中的相关文件前必须用“%”标明，然而在这个实例中，并不能使用这个模式规则。

2.5.4 make 使用

使用 make 管理器非常简单，只需在 make 命令的后面键入目标名即可建立指定的目标，如果直接运行 make，则建立 Makefile 中的第一个目标。

此外 make 还有丰富的命令行选项，可以完成各种不同的功能，表 2.15 列出了常用的 make 命令行选项。

表 2.15 **make 的命令行选项**

命令格式	含义
-C dir	读入指定目录下的 Makefile
-f file	读入当前目录下的 file 文件作为 Makefile
-i	忽略所有的命令执行错误
-I dir	指定被包含的 Makefile 所在目录
-n	只打印要执行的命令，但不执行这些命令
-p	显示 make 变量数据库和隐含规则
-s	在执行命令时不显示命令
-w	如果 make 在执行过程中改变目录，打印当前目录名

2.6 Emacs 综合编辑器

因为 Emacs 不仅仅是一款功能强大的编译器，而是一款集编辑、编译、调试于一体的开发环境。它可以在没有图形显示的终端环境下出色地工作，适合追求强大功能和工作效率的用户。

Emacs 的使用和 vi 截然不同。在 Emacs 里，没有类似于 vi 的 3 种“模式”。Emacs 只有一种模式，也就是编辑模式，而它的命令全靠功能键完成。因此，功能键也就相当重要了。

在 Emacs 中的功能键基本上都是由 C（[Ctrl] 键）或 M（[Alt] 键）的组合完成的，例如在文中“C-x”就代表按住 [Ctrl] 键再同时按住 [x] 键，而“C-x C-c”则代表先按住 [Ctrl] 键再同时按住 [x] 键，再按住 [Ctrl] 键再同时按住 [c] 键。

2.6.1 Emacs 的启动与退出

启动 Emacs 很简单，只需在命令行中键入 emacs ［文件名］即可（若缺省文件名，也可在 emacs 编辑文件后另存时指定），也可从“应用程序”→“编程”→“emacs”打开，如图 2.4 中所示的就是从“编程”→“emacs”打开的 Emacs 欢迎界面。

图 2.4 Emacs 欢迎界面

单击任意键进入 Emacs 的工作窗口，如图 2.5 所示。

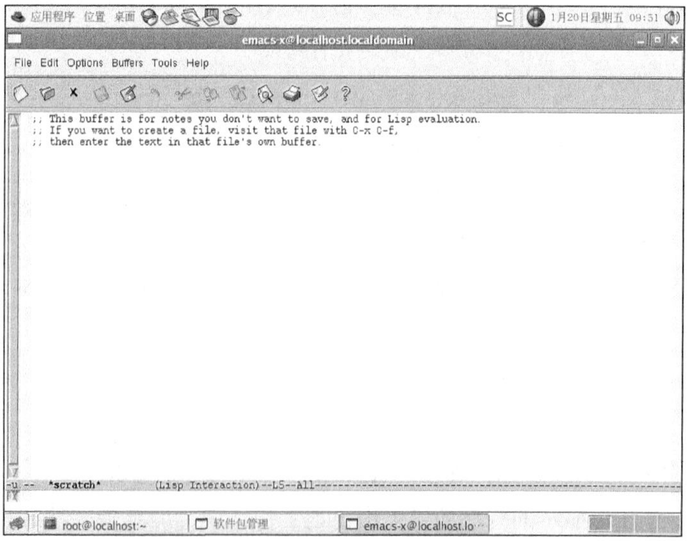

图 2.5 Emacs 的工作窗口

若想要退出 Emacs 的工作窗口，则可使用功能键“C-x C-c”退出，若当时所编辑的文件还未保存，则系统会提示是否要保存该文件等。

2.6.2 Emacs 的基本编辑

Emacs 只有一种编辑模式，因此用户无需进行模式间的切换，下面详细介绍 Emacs 中基本编辑功能键。

1．移动光标

掌握移动光标对应的功能键后，可以在所有类型的终端上工作，工作效率比使用“上”、“下”、“左”、“右”方向键移动光标更高，表 2.16 所示为 Emacs 中光标移动的常见功能键。

表 2.16　Emacs 光标移动功能键

目　录	目 录 内 容
C-f	向前移动一个字符
C-b	向后移动一个字符
C-p	移动到上一行
C-n	移动到下一行
M-f	向前移动一个单词
M-b	向后移动一个单词
C-a	移动到行首
C-e	移动到行尾
M-<（M 加“小于号”）	移动光标到整个文本的开头
M->（M 加“大于号”）	移动光标到整个文本的末尾

2．剪切和粘贴

在 Emacs 中可以使用“Delete”和“BackSpace”删除光标前后的字符，这和用户之前的习惯一致，表 2.17 所示为以词和行为单位的剪切和粘贴功能键。

表 2.17　Emacs 剪切和粘贴

目　录	目 录 内 容
M-Delete	剪切光标前面的单词
M-d	剪切光标前面的单词
C-k	剪切从光标位置到行尾的内容
M-k	剪切从光标位置到句尾的内容

续表

目　录	目录内容
C-y	将缓冲区中的内容粘贴到光标所在的位置
C-x u	撤销操作（先操作 C-x，接着再单击 u）

注意　在 Emacs 中对单个字符的操作是“删除”，而对词和句的操作是“剪切”，即保存在缓冲区中，以备后面的“粘贴”所用。

3．复制文本

在 Emacs 中的复制文本包括两步：选择复制区域和粘贴文本。

选择复制区域的方法是：首先在复制起始点(A)按下“C-Spase”或“C-@(C-Shift-2)”使它成为一个表示点，再将光标移至复制结束点(B)，再按下“M-w”，就可将 A 与 B 之间的文本复制到系统的缓冲区中。再使用功能键 C-y 将其粘贴到指定位置。

4．查找文本

查找文本的功能键如表 2.18 所示。

表 2.18　　Emacs 查找文本的功能键

目　录	目录内容
C-s	查找光标以后的内容，并在对话框的“I-search:”后输入查找字符串
C-r	查找光标以前的内容，并在对话框的“I-search backward:”后输入查找字符串

5．文档相关

在 Emacs 中与文档相关的指令如表 2.19 所示。

表 2.19　　Emacs 文档相关功能键

目　录	目录内容
C-x C-f+文件路径文档名	查找到相关文档，并将其打开
C-x C-i+文件路径文档名	插入相关文档到当前窗口中
C-x C-s	保存当前文档
C-x s	保存所有的文档

小知识　Emacs 在编辑时还会为每个文件提供“自动保存(auto save)”的机制，而且自动保存的文件的文件名前后都有一个“#”，例如，编辑名为“hello.c”的文件，其自动保存的文件的文件名就叫“#hello.c#”。当用户正常的保存了文件后，Emacs 就会删除这个自动保存的文件。这个机制当系统发生异常时非常有用。

6．窗口相关

在 Emacs 的编辑时通常会涉及几个窗口，因此，掌握与窗口相关的指令也是非常重要的，

表 2.20 列出了 Emacs 中与窗口相关的指令。

表 2.20 Emacs 查找文本功能键

目 录	目 录 内 容
C-x 0	关闭当前窗口
C-x 1	使当前窗口满屏，关闭其他窗口
C-x o	将光标从一个窗口跳转到另一个窗口
C-x 2	把当前窗口水平分割
C-x 3	把当前窗口垂直分割

7．取消指令

最后介绍一个非常实用也非常简单的指令——取消指令“C-g”，当用户写错了一个指令想要取消它的执行时，就可以使用它。

2.6.3 Emacs 的 C 模式

正如本节前面所提到的，Emacs 不仅仅是个强大的编译器，它还是一个集编译、调试等于一体的工作环境。

1．进入 C 模式

进入 Emacs 的 C 模式有两种方法：用户可以直接打开一个后缀名为“.c”的文件使 Emacs 进入到默认的 C 模式中，也可以在其他模式键入命令“M-x c-mode”即可。这里的“c-mode”是在底部窗口出现“M-x”提示符后用户自行键入的，当然也可以键入其他模式，如“c++”、“shell”等。图 2.6 所示为由普通模式转为 C 模式的过程。

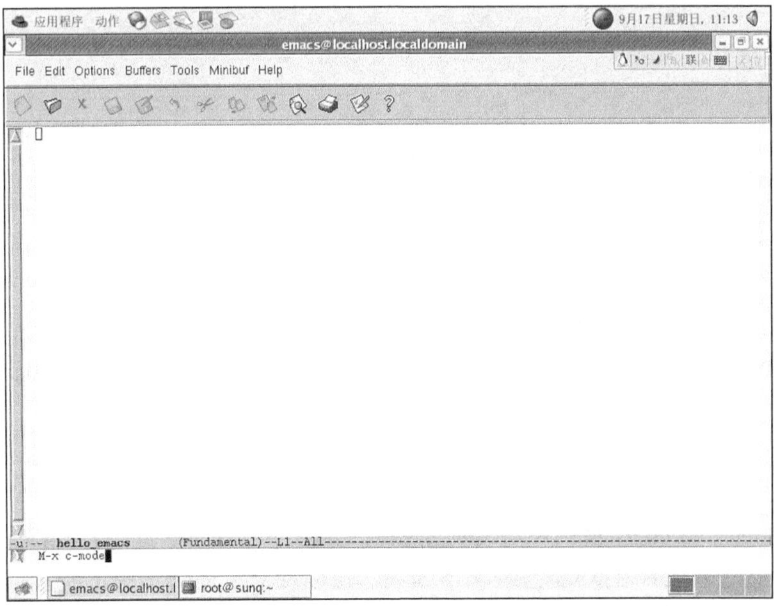

图 2.6 进入 Emacs 的 C 模式

在强大的 C 模式下，用户拥有自动缩进、注释、预处理扩展、自动状态等强大功能。在 C 模式下编辑代码时，可以用 Tab 键自动地将当前行的代码产生适当的缩进，使代码结构清晰、美观，也可以指定缩进的规则。

源代码要有良好的可读性，必须要有良好的注释。在 Emacs 中，用“M-”可以产生一条右缩进的注释。C 模式下是“/*comments*/”形式的注释，C++模式下是“//comments”形式的注释。当用户高亮选定某段文本，然后操作“C-c C-c”，就可以注释该段文字。

2．C 模式中的编译

在 C 模式中可以对源代码进行编译，使用命令“M-x compile”或者单击“Tools”下的“Compile”即可。在 Emacs 中，默认是使用“make -k”进行编译，用户也可以自行修改编译命令（Compile command），如图 2.7 所示为使用“gcc”命令进行编译的效果。

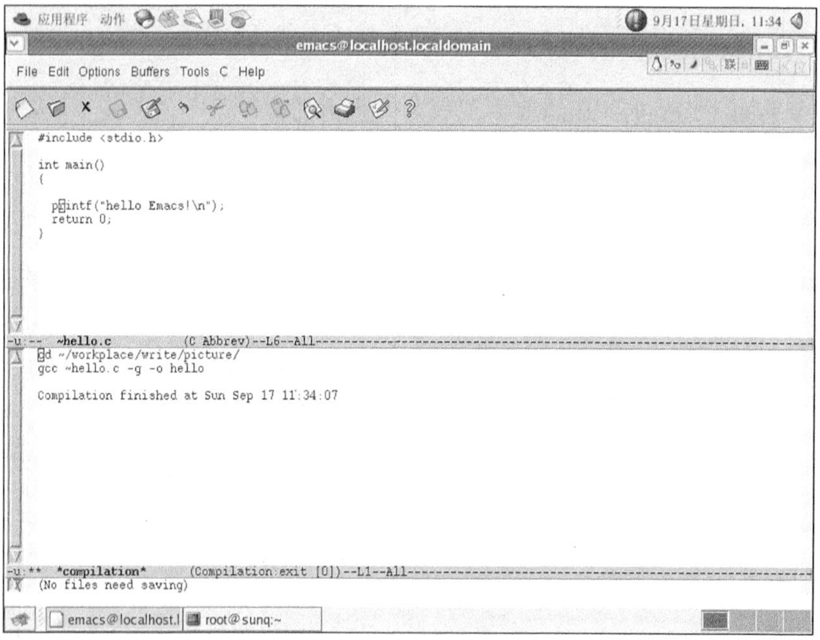

图 2.7 在 Emacs 中进行编译

3．C 模式中的调试

在 C 模式中，还可以对源代码使用 GDB 进行调试，这时可调用命令“M-x gdb”或单击“Tools”下的“Debugger”即可此时在底部窗口处如图 2.8 所示。

用户在空白处键入要调试的文件名即可进入到 GDB 的调试窗口，这时，源代码的窗口就关闭了，如图 2.9 所示。

用户在 Emacs 的 GDB 窗口中可以使用任何 GDB 中的命令，此外，Emacs 还有一些另外的增强功能，由于 GDB 的功能已经非常强大，足以应对程序调试中的各项问题了，因此，这些增强功能在此处就不再赘述，感兴趣的读者可以自行查阅相关功能。

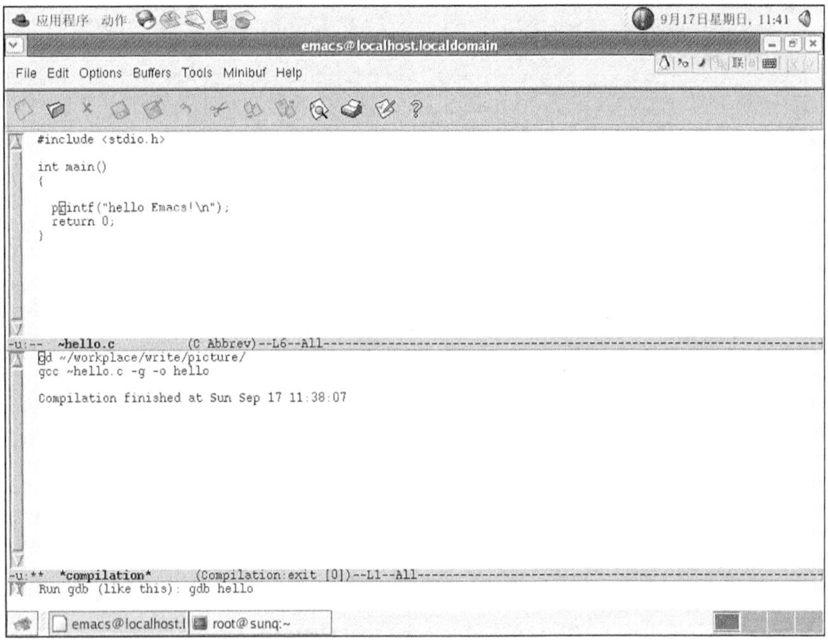

图 2.8　在 Emacs 中调试

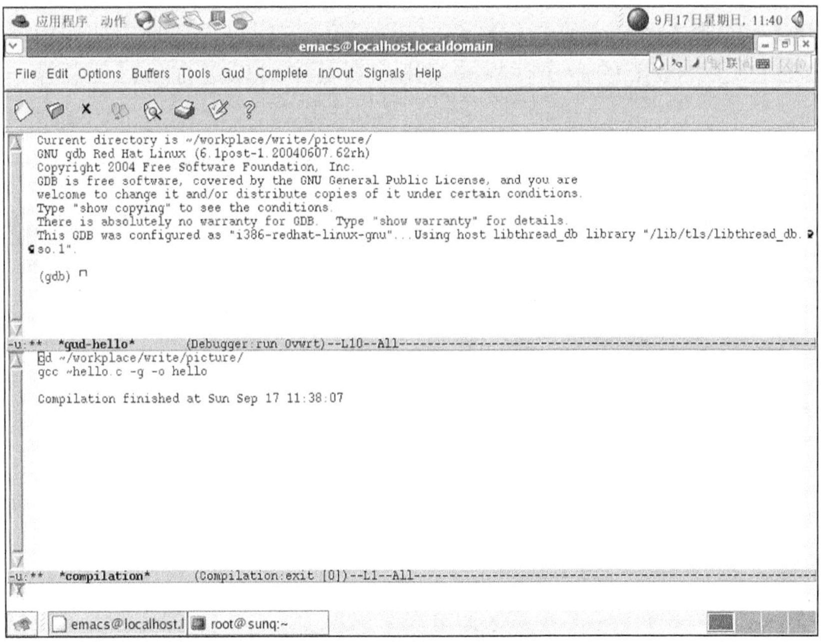

图 2.9　进入 Emacs 中的 gdb 窗口

在 Emacs 中 GDB 调试过程中，下半部分的窗口会显示出程序的运行情况，这样就大大方便了用户的使用，如图 2.10 所示。

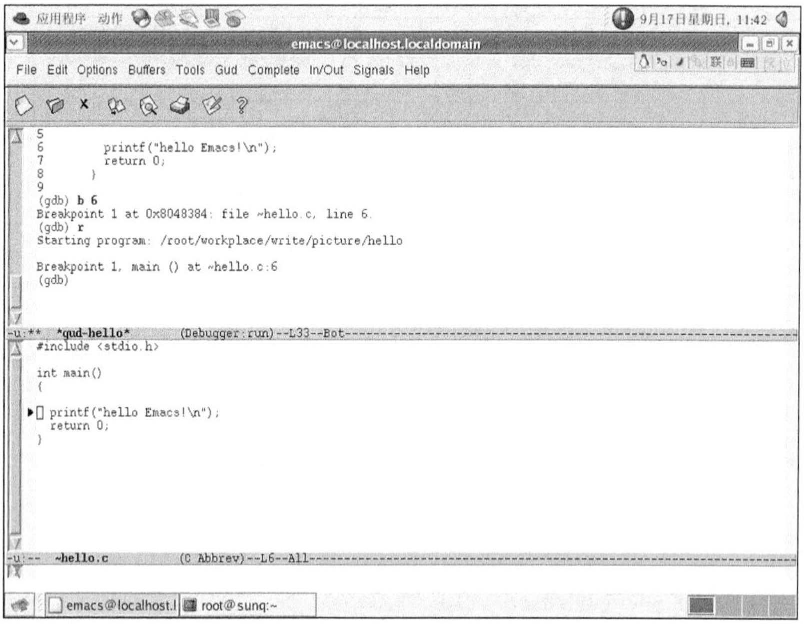

图 2.10 用 Emacs 中的 GDB 调试

2.6.4 Emacs 的 Shell 模式

此外，Emacs 的强大还在于它可以运行 shell 命令，用户只需要使用切换模式的命令“M-x shell”就可以进入到 shell 的命令行界面，用户在其中可以进行自己任意操作，如图 2.11 所示。

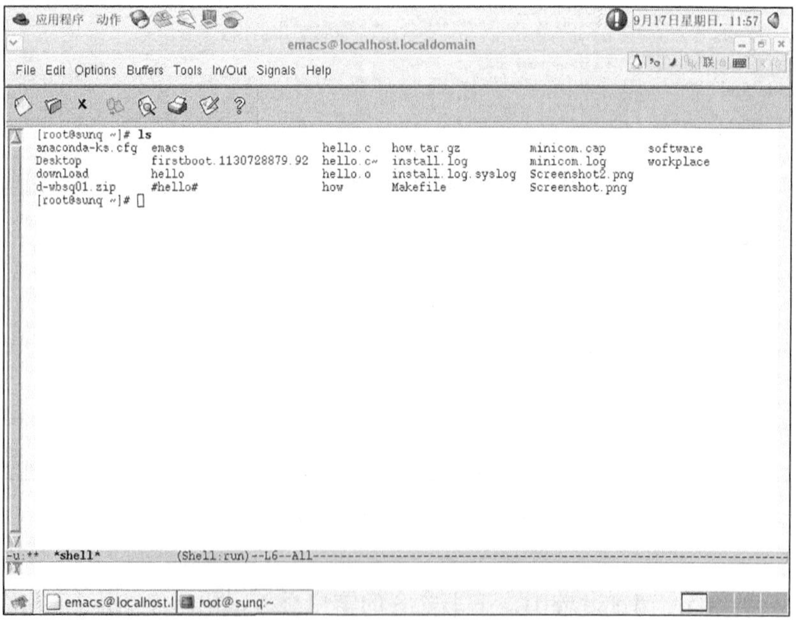

图 2.11 在 Emacs 中进入 shell 模式

此外，Emacs 还有其他众多功能，如发送邮件、查看 BBS、标记标签等，感兴趣的读者可以查阅《Learning GNU Emacs,Second Edition》进一步学习。

本章小结

熟练使用开发工具是进行嵌入式 Linux C 语言开发的第一步。本章详细介绍了嵌入式 Linux C 语言开发常见的编辑器 vi、编译器 GCC、调试器 GDB、工程管理器 make 和综合编辑器 Emacs。

对于这些工具的使用方法，读者一定要通过实际动手操作来熟练掌握。本章在每个工具的讲解中都有一个完整的实例，希望读者能够完整操作这些实例。

动手练练

1．在 vi 中编辑如下代码（命名为 test.c），并自行编写 Makefile 运行该程序。

```
#include <stdio.h>
#include <stdlib.h>

int x = 0;
int y = 5;

int fun1()
{
        extern p, q;
        printf("p is %d, q is %d\n", p, q);
        return 0;
}

int p = 8;
int q = 10;

int main()
{
        fun1();
        printf("x is %d, y is %d\n", x, y);
}
```

2．在 Emacs 中再次编辑以上同样的代码，分别使用 GCC、已编辑的 Makefile 运行该程序。

第3章 构建嵌入式 Linux 系统

本章目标

通过前两章的学习，读者了解了嵌入式 Linux 的基本概念、开发流程以及嵌入式 Linux 开发环境中编辑器、编辑器、调试器和工程管理器的使用，在本章中，读者将会实际动手操作，搭建起嵌入式 Linux 的开发环境。通过本章的学习，读者将会掌握以下内容:

- 嵌入式交叉编译环境的搭建
- 嵌入式主机通信环境的配置
- 制作交叉编译工具链
- 配置 Linux 下的 minicom 和 Windows 下的超级终端
- 在 Linux 下和 Windows 下配置 TFTP 服务
- 配置 NFS 服务
- 编译 Linux 内核
- 搭建 Linux 的根文件系统
- 嵌入式 Linux 的内核相关代码的分布情况
- Bootloader 的原理

3.1 嵌入式系统开发环境的构建

3.1.1 嵌入式交叉编译环境搭建

搭建交叉编译环境是嵌入式开发的第一步，也是关键的一步。不同的体系结构、不同的操作内容甚至是不同版本的内核，都会用到不同的交叉编译器。选择交叉编译器非常重要，有些交叉编译器经常会有部分的 BUG，都会导致最后的代码无法正常运行。

对于一般的开发板，厂商都会提供在该开发板上能够正常运行的交叉编译工具，其安装的过程比较简单，一般在厂商中提供的用户手册中会有详细说明，这里就不再赘述。另外，如μClinux 也有制作成单一脚本工具，安装时只需执行该脚本就可以了。

在这里，首先来讨论一下关于选择 gcc 版本的问题。gcc 的版本有很多种，其中低于 3.3.2 版本的只能编译 Linux 2.4 版本的内核，而 3.3.2 版本既能支持 Linux 2.4 版本的内核，也能支持 Linux 2.6 版本的内核，在本书采用的 gcc 版本为 3.3.2。

构建交叉编译环境涉及多个软件，以下列出了本书中用到的具体软件以及它们对应的版本和下载地址。

binutils：生成一些辅助工具，如 objdump、as、ld 等。

下载地址：ftp://ftp.gnu.org/gnu/binutils/binutils-2.14.tar.bz2。

版本：2.14

gcc：用来生成交叉编译器，主要生成 arm-linux-gcc 交叉编译工具。

下载地址：ftp://ftp.gnu.org/gnu/gcc/gcc-3.3.2.tar.bz。

版本：3.3.2

glibc：用来提供用户程序所使用的一些基本的函数库。

下载地址：ftp://ftp.gnu.org/gnu/glibc/glibc-2.2.5.tar.bz2。

版本：2.2.5

glibc-linuxthreads：提供 Linux 线程库。

下载地址：ftp://ftp.gnu.org/gnu/glibc/glibc-linuxthreads-2.2.5.tar.bz2。

版本：2.2.5

再接下来，用户需要为这些工具准备好它们的工作目录。在这里，首先建立一个～/cross 目录，之后，用户再在～/cross 目录下建立以下目录。

```
# mkdir ~/cross/scource
# mkdir ~/cross/patches
# mkdir ~/cross/linux-2.6.x
```

做好这些准备工作之后，下面就可以开始正式开始操作了。

1．编译 binutils

用户可以按照以下步骤编译 binutils。

```
# cd ~/cross
# tar -jxvf ./scource/binutils-2.14.tar.bz2
# cd binutils-2.14
# mkdir arm-linux
# cd arm-linux
# ../configure -target=arm-linux -prefix=/usr/local/arm/3.3.2
# make
# make install
```

这些步骤主要用于解压 binutils 压缩包，编译 arm-linux-常用工具链。在这里用“./configure”命令生成相关的 Makefile，其中的“target”是指明交叉编译的目标板体系结构，而“prefix”是指明编译完成后的安装目录。

这个编译过程一般会比较顺利，此后编译出来的工具在目录“/usr/local/arm/3.3.2/bin”下，用户可以使用命令“ls –l /usr/local/arm/ 3.3.2/bin”来查看该目录下文件的详细信息，其结果如下所示。

```
total 17356
-rwxr-xr-x    1 root     root      1292966  9月 18 14:59 arm-linux-addr2line
```

```
-rwxr-xr-x   2 root    root       1176999  9月 18 14:59 arm-linux-ar
-rwxr-xr-x   2 root    root       1770363  9月 18 14:59 arm-linux-as
-rwxr-xr-x   1 root    root       1276926  9月 18 14:59 arm-linux-c++filt
-rwxr-xr-x   2 root    root       1694878  9月 18 14:59 arm-linux-ld
-rwxr-xr-x   2 root    root       1329428  9月 18 14:59 arm-linux-nm
-rwxr-xr-x   1 root    root       1672338  9月 18 14:59 arm-linux-objcopy
-rwxr-xr-x   1 root    root       1831938  9月 18 14:59 arm-linux-objdump
-rwxr-xr-x   2 root    root       1178266  9月 18 14:59 arm-linux-ranlib
-rwxr-xr-x   1 root    root        538114  9月 18 14:59 arm-linux-readelf
-rwxr-xr-x   1 root    root       1111103  9月 18 14:59 arm-linux-size
-rwxr-xr-x   1 root    root       1146484  9月 18 14:59 arm-linux-strings
-rwxr-xr-x   2 root    root       1672337  9月 18 14:59 arm-linux-strip
```

可以看到，这些工具都是以“arm-linux”开头的，这是与体系结构相一致的。接下来，用户需要把所生成工具的目录添加到环境变量中去，其命令如下所示。

```
# export PATH=$PATH:/usr/local/arm/3.3.2/bin
```

用户还可以使用命令“echo $PATH”来查看添加后的情况，如下所示。

```
# echo $PATH
# /usr/local/sbin:/usr/local/bin:/sbin:/bin:/usr/sbin:/usr/bin:/usr/X11R6/bin
:/home/software/jdk1.3.1/bin/:/home/software/mysql/bin/:/root/bin:/usr/lo
cal/arm/3.3.2/bin
```

小知识 用以上方法添加的环境变量在机器重启后就会无效，要使这些环境变量在重启之后继续有效的话可以在以下 3 处之一进行添加。

/etc/profile：是系统启动过程执行的一个脚本，对所有用户都有效。

~/.bash_profile：是用户的脚本，在用户登陆时生效。

~/.bashrc：也是用户的脚本，在前一脚本中调用生效。

2. 初次编译 gcc

gcc 的编译分两次。由于此时还没有编译 glibc，因此还不能完整地编译 gcc，但 glibc 的编译有离不开 gcc，因此，在这里需要首先编译出一个具体最基本功能的 gcc，在编译完 glibc 之后再完整编译 gcc。

在这里，按以下步骤进行编译。

```
# tar -jxvf ./source/gcc-3.3.2-tar.bz2
# cd gcc-3.3.2
```

之后再修改“gcc/config/arm/t-linux”这个配置文件，使其不对 libc 和 gthr_posix.h 文件进行编译。

```
# vi gcc/config/arm/t-linux
# Just for these, we omit the frame pointer since it makes such a big
# difference. It is then pointless adding debugging.
TARGET_LIBGCC2_CFLAGS = -fomit-frame-pointer -fPIC -Dinhibit_libc -D__gthr_
posix_h
LIBGCC2_DEBUG_CFLAGS = -g0

# Don't build enquire
ENQUIRE=
```

```
LIB1ASMSRC = arm/lib1funcs.asm
LIB1ASMFUNCS = _udivsi3 _divsi3 _umodsi3 _modsi3 _dvmd_lnx

# MULTILIB_OPTIONS = mhard-float/msoft-float
# MULTILIB_DIRNAMES = hard-float soft-float

# If you want to build both APCS variants as multilib options this is how
# to do it.
# MULTILIB_OPTIONS += mapcs-32/mapcs-26
# MULTILIB_DIRNAMES += apcs-32 apcs-26

# EXTRA_MULTILIB_PARTS = crtbegin.o crtend.o

# LIBGCC = stmp-multilib
# INSTALL_LIBGCC = install-multilib
T_CFLAGS = -Dinhibit_libc -D__gthr_posix_h
```

其中加粗的部分是用户添加的，“-Dinhibit_libc”是用于禁止 glibc 库。

再接下来，就可以编译 gcc 了，其具体步骤如下所示。

```
# mkdir arm-linux
# cd arm-linux
# ../configure -target=arm-linux \
#  --prefix=/usr/local/arm/3.3.2 \
#  --with-header=~/cross/linux-2.6.x/include \
#  --disable-shared -disable-threads -enable-languages="c"
# make
# make install
```

这里的“configure”命令较为复杂，由于包含了众多的选项，因此可以使用“\”换行符，使其格式清晰。

在该命令中的“target”是指定交叉工具的目标板体系结构，“prefix”是要安装的路径，“disable-shared”指定不依赖共享库，“disable-threads”是指定不使用现成，最后的“enable-language”是指定仅支持 C 语言。

在编译成功之后，可以看到在“/usr/local/arm/3.3.2/bin”目录下增加了几个“arm-linux-gcc”工具，如下所示。

```
-rwxr-xr-x  1 root root  164213 Sep 18 16:39 arm-linux-cpp
-rwxr-xr-x  2 root root  162534 Sep 18 16:39 arm-linux-gcc
-rwxr-xr-x  2 root root  162534 Sep 18 16:39 arm-linux-gcc-3.3.2
```

3．编译 glibc

接下来编译 glibc 库，可按照以下步骤进行。

```
# tar zxvf ~/cross/source/glibc-2.2.5.tar.gz
# cd glibc-2.2.5
# tar zxvf ~/cross/source/glibc-linuxthreads-2.2.5.tar.gz
```

在这里要注意的是，需要把 linuxthreads 解压到 glibc-2.2.5 目录里，接下来就可以开始编译 glibc 了。由于 glibc 有一些 bug，用户最好能找到其补丁文件再进行编译。

```
# mkdir arm-linux
# cd arm-linux
```

```
# CC=arm-linux-gcc \
AS=arm-linux-as \
LD=arm-linux-ld \
../configure -host=arm-linux \
    --with-headers=~/cross/linux-2.6.x/include \
    --enable-add-ons=linuxthreads -enable-shared \
    --prefix=/usr/local/arm/3.3.2/arm-linux
# make
# make install
```

这里 configure 的选项与之前类似，其中的“enable-add-ons= linuxthreads”是指支持线程库。编译 glibc 的过程比较漫长，在编译通过之后，就会在“/usr/local/arm/3.3.2/arm-linux”目录下安装上 glibc 共享库等文件。

4. 完整编译 gcc

在编译完成 glibc 之，用户就可以编译完整的 gcc 了。用户需要首先修改之前修改过的“t-linux”文件，将之前加上的那两句语句去掉，再按以下步骤进行。

```
# cd gcc-3.3.2/arm-linux
# make distclean
# rm -rf ./*
# ../configure -target=arm-linux \
#  --prefix=/usr/local/arm/3.3.2 \
#  --with-header=~/cross/linux-2.6.x/include \
#  --enable-shared \
#  -enable-threads=pthreads \
#  --enable-static \
#  -enable-languages="c,c++"
# make
# make install
```

可以看到，这时“configure”中的选项中可以支持线程等操作了。由于编译条件较多，请读者一定要细心配置，编译时间也比较长。最后就可以在“/usr/local/arm/3.3.2/bin”下生成完整的“arm-linux-gcc”和“arm-linux-g++”（用于编译 C++语言）。

到此为止，交叉编译环境就完全建立起来了。可以看到，这个自行建立交叉编译环境的步骤比较复杂，所以建议初学者使用开发厂商提供的交叉编译工具搭建交叉编译环境。

3.1.2 minicom 和超级终端配置及使用

前文已知，嵌入式系统开发的程序运行环境是在硬件开发板上的，那么如何把开发板上的信息显示给开发人员呢？最常用的就是通过串口线输出到宿主机的显示器上，这样，开发人员就可以看到系统的运行情况了。

在 Windows 和 Linux 中都有不少串口通信软件，可以很方便地对串口进行配置，其中最主要的配置参数就是数据传输率、数据位、停止位、奇偶校验位和数据流控制位等，但是它们一定要根据实际情况进行相应配置。

下面介绍 Windows 中典型的串口通信软件 Linux 下的“minicom”和 Windows 下的“超级终端”。

1. minicom

minicom 是 Linux 下串口通信的软件，它的使用完全依靠键盘的操作。minicom 的操作有些类似于 Emacs，通常是使用组合键来进行操作，如“Ctrl-A Z”，这表示先同时按下 Ctrl 和“A”（大写），然后松开此二键再按下“Z”。

minicom 有很多功能，下面主要讲解 minicom 的进行串口参数的配置及常用使用方法。

（1）启动 minicom

minicom 的启动有多种方式，最常用的一种就是在命令行中键入“minicom”，如图 3.1 所示。这时，minicom 在会进行默认的初始化配置。

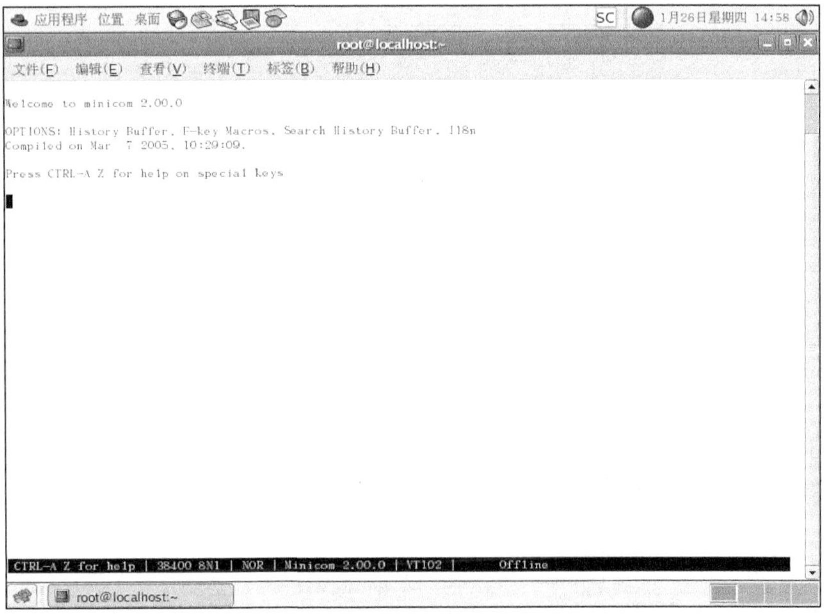

图 3.1　minicom 启动

此外，用户还可以使用以下参数来启动 minicom，如表 3.1 所示。

表 3.1　命令行模式转到插入模式

命令参数	作用
minicom -s	root 使用此选项在/etc/minirc.dfl 中编辑系统范围的缺省值。使用此参数后，minicom 将不进行初始化，而是直接进入配置菜单。如果因为用户的系统被改变，或者第一次运行 minicom 时，minicom 不能启动，这时使用这个参数就会比较有用。但对于多数系统，基本都已经设定了比较合适的缺省值
minicom -o	使用该选项时 minicom 将跳过初始化代码不进行初始化。如果用户未复位（reset）就退出了 minicom，又想重启一次会话（session）时，那么可以使用这个选项（不会再有错误提示：modem is locked）

（2）查看帮助

在进入 minicom 后，该屏幕已经提示可按键 Ctrl+A Z，来查看 minicom 的帮助，如图 3.2 所示。

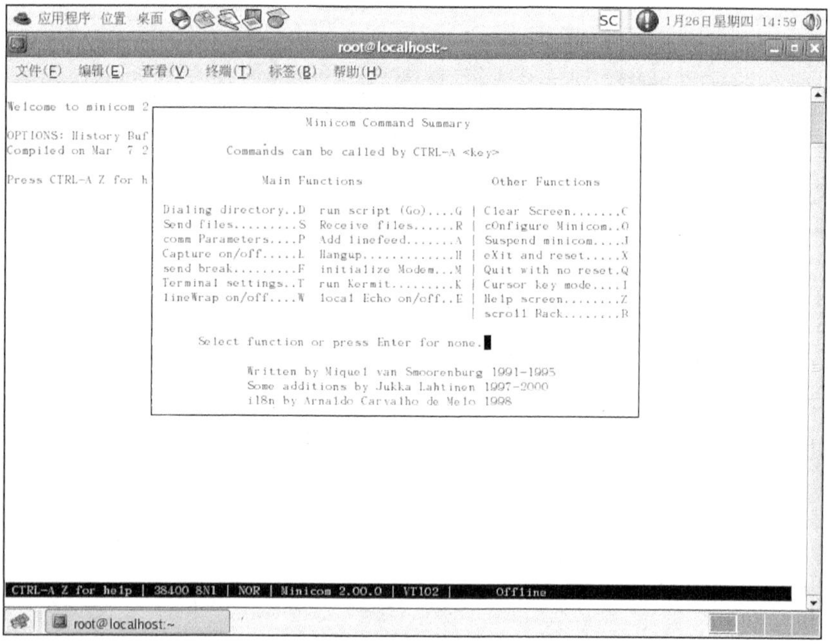

图 3.2 minicom 帮助

（3）配置 minicom 串口属性

与串口相关的属性主要包括串口号、数据传输率、数据位和停止位这几部分，这些属性在开发板的用户手册中都会有此说明，用户可以进行查看。

按照上图的帮助所示，用户可键入“O”（代表 Configure Minicom）来配置 minicom 的串口参数，当然也可以直接键入“Ctrl-A O”来进行配置，如图 3.3 所示。

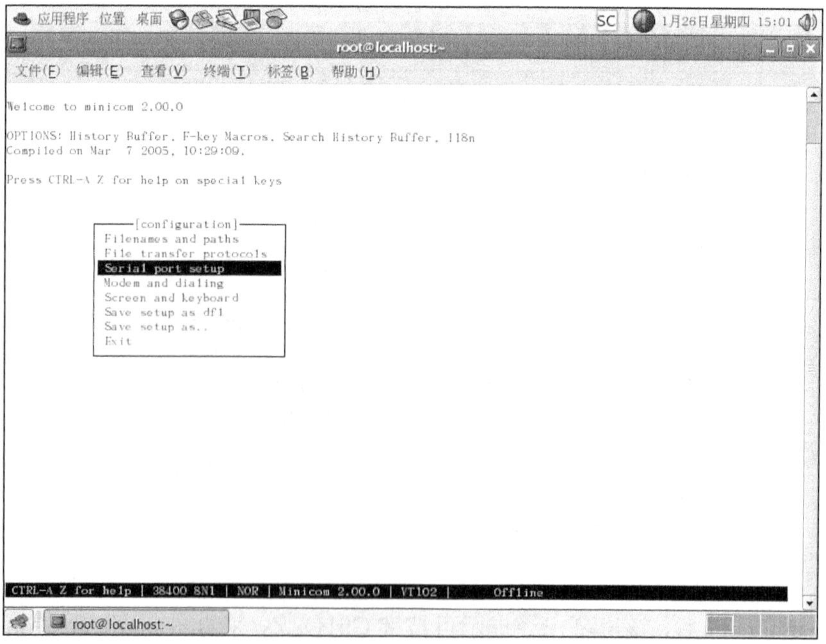

图 3.3 minicom 配置界面

在这个配置框中选择“Serial port setup”子项，进入如图 3.4 所示配置界面。这个配置框图也是命令“minicom -s”进入的界面，用户在设置保存后可以查看 minicom 的配置文件“/etc/minirc.dfl”。

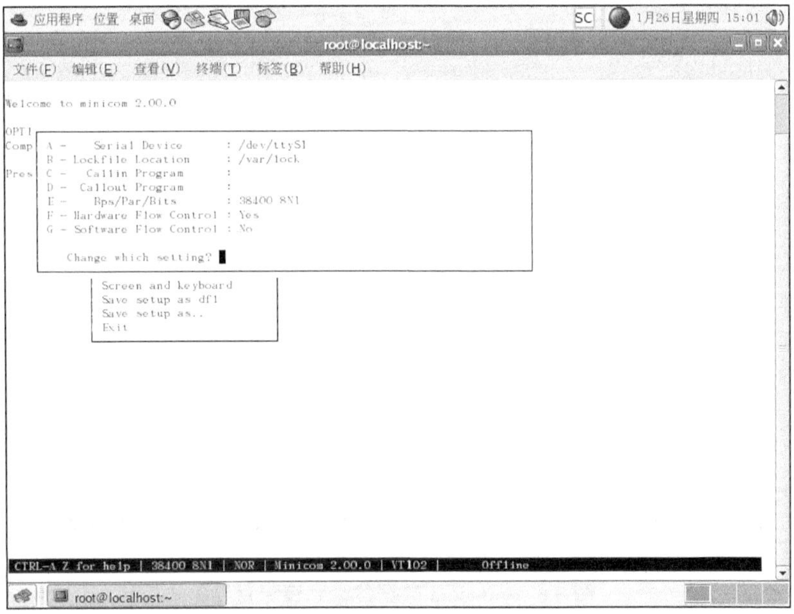

图 3.4 minicom 串口属性配置界面

上面列出的配置是 minicom 启动是的默认配置，用户可以通过键入每一项前的大写字母，分别对每一项进行更改。如图 3.5 所示就是在“Change which setting 中”键入了“A”，此时光标转移到第 A 项的对应处。要注意，这时 ttyS0 代表串口 1，而 ttyS1 代表串口 2。

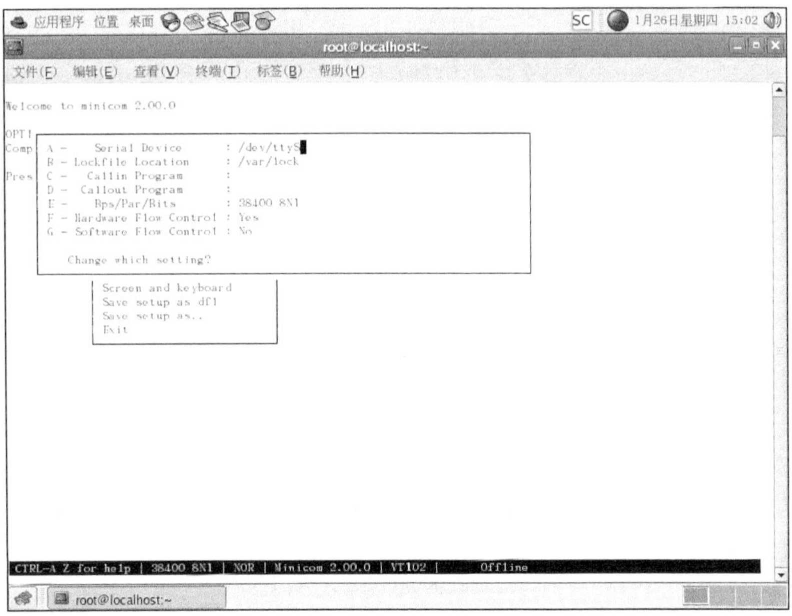

图 3.5 minicom 串口号配置

接下来，要对数据传输率、数据位和停止位进行配置，键入“E”，进入如图3.6所示的配置界面。

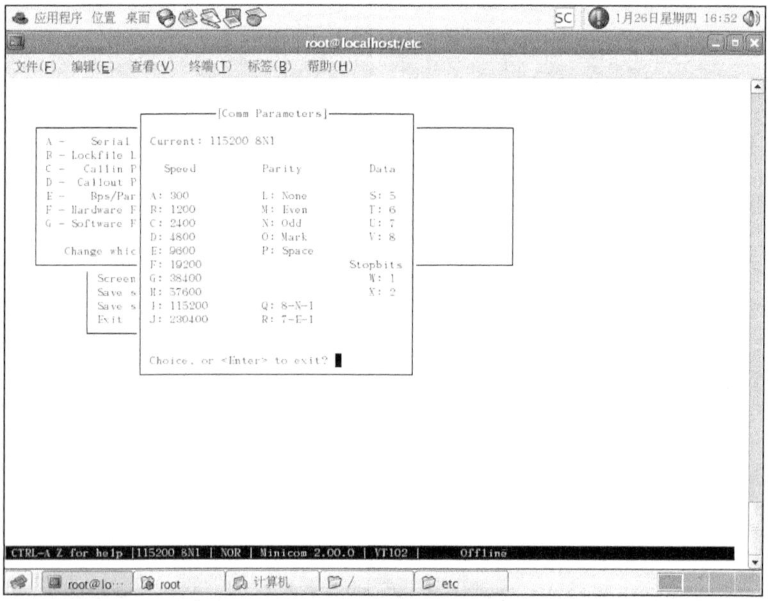

图3.6　minicom数据传输率等配置界面

在该配置界面中，可以键入相应数据传输率、停止位等对应的字母，即可实现配置，配置完后按回车就退出了该配置界面，在上层界面中显示如图3.7所示配置信息，要注意与图3.4进行对比，确定相应参数是否已被重新配置。

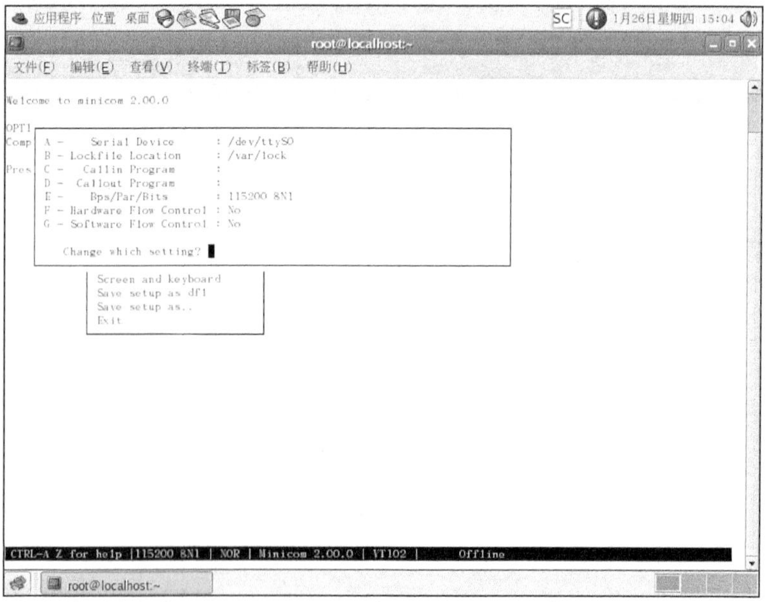

图3.7　minicom配置完成后界面

在确认配置正确后，可键入回车返回上级配置界面，并将其保存为默认配置，如图3.8所示。

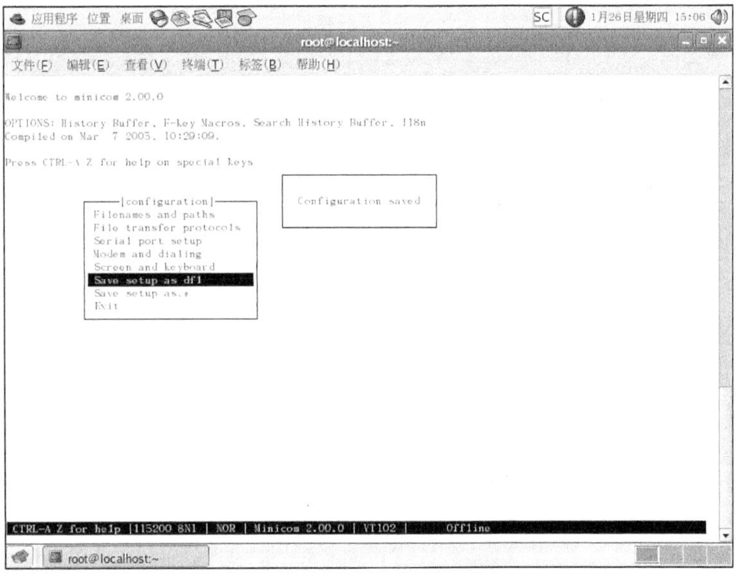

图 3.8　minicom 保存配置信息

之后，可重新启动 minicom 使刚才配置生效，此时的 minicom 配置文件“/etc/minirc.dfl”如下所示：

```
# Machine-generated file - use "minicom -s" to change parameters.
pu baudrate          115200
pu bits              8
pu parity            N
pu stopbits          1
```

在连上开发板的串口线之后，就可在 minicom 中打印出正确的串口信息，如图 3.9 所示。

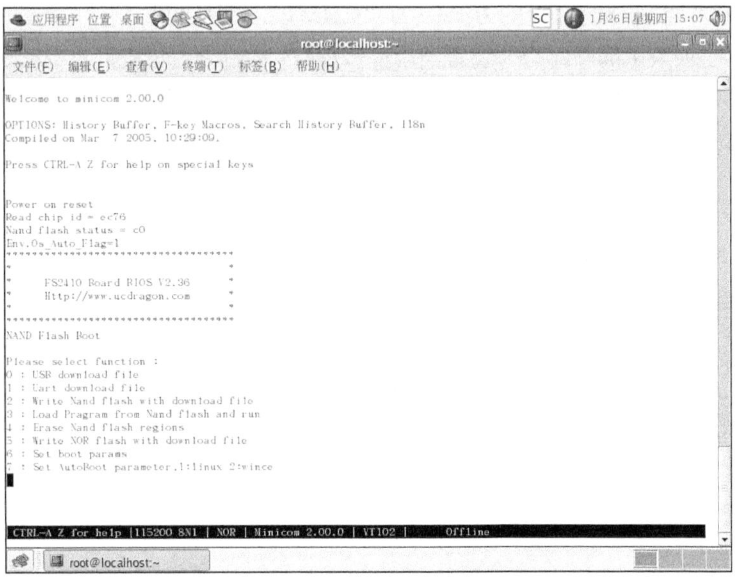

图 3.9　minicom 显示串口信息

到此为止，读者已经能将开发板的系统情况通过串口打印到宿主机上了，这样，就能很好地了解硬件的运行状况。

2．超级终端

超级终端是 Windows 下的常用软件，它可以使用户能够通过使用调制解调器或零调制解调器电缆（即直接连接的电缆）连接到其他计算机、Internet telnet 站点、公告牌服务、联机服务或计算机主机等。

这里的配置步骤比较简单。首先，打开 Windows 下的“开始”→“附件”→“通讯”→“超级终端”，这时会出现如图 3.10 所示的新建超级终端界面，在“名称”处可随意输入该连接的名称。

图 3.10 新建超级终端界面

接下来，将“连接时使用”的方式改为“COM1”，即通过串口 1，如图 3.11 所示。

接下来就到了最关键的一步——设置串口连接参数。要注意，每块开发板的连接参数有可能会有差异，其中的具体数据在开发商提供的用户手册中会有说明。如优龙的这款 FS2410 采用的是数据传输率：115200，数据为 8 位，无奇偶校验位，停止位 1，无硬件流，其对应配置如图 3.12 所示。

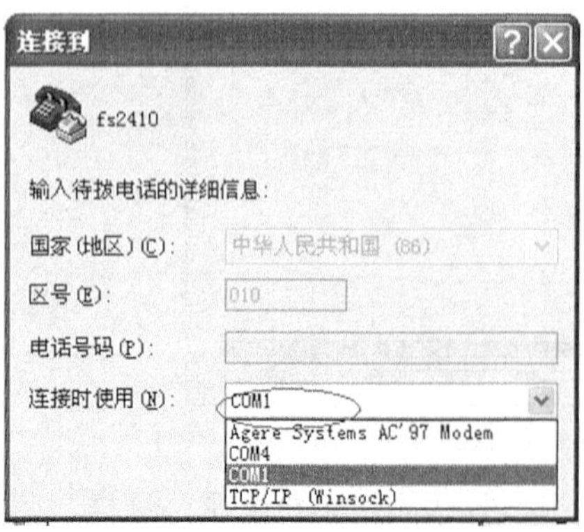

图 3.11 选择连接时使用方式

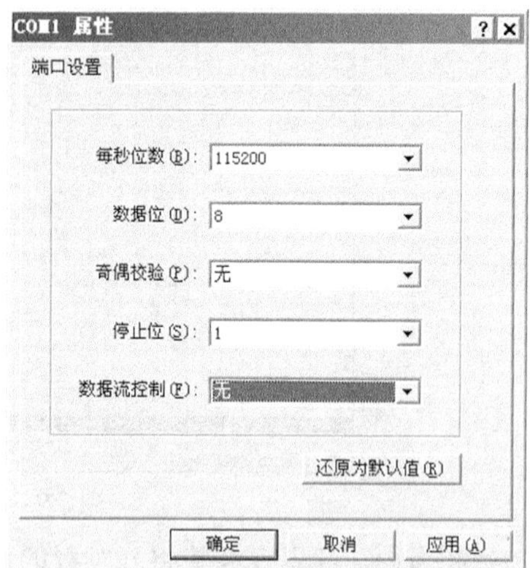

图 3.12 配置串口相关参数

这样，就基本完成了配置，最后一步“单击”确定就可以了。这时，读者可以把开发板的串口线和 PC 机相连，若配置正确，在开发板上电后在超级终端的窗口里应能显示如图 3.13 所示的串口信息。

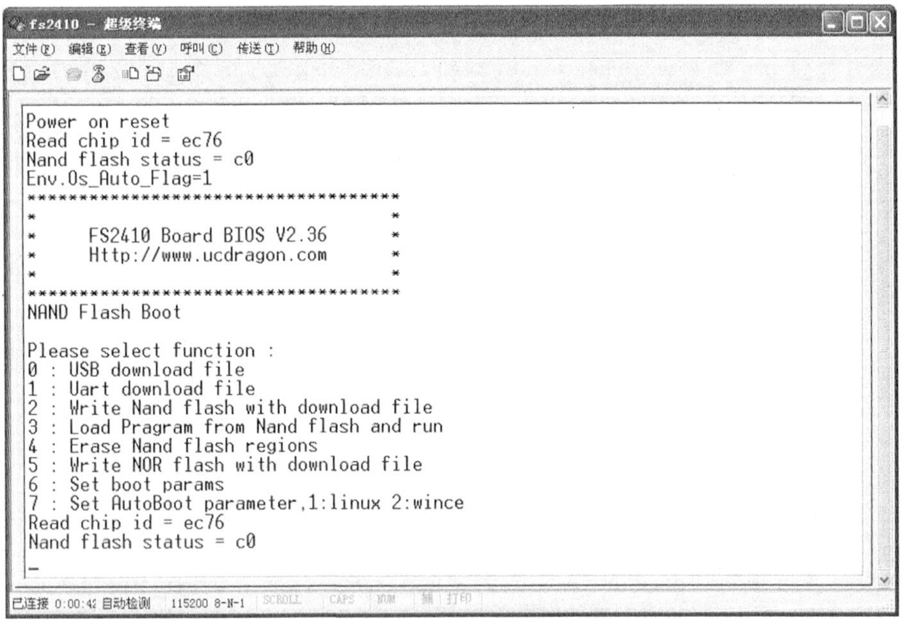

图 3.13　串口相关信息

> 注意　要分清开发板上的串口 1，串口 2，如在优龙的开发板上标有“UART1”、“UATR2”，否则串口无法打印出信息。

3.1.3　宿主机服务配置

为了交叉编译环境建立的方便，在此，需要对宿主机的服务进行一定的配置，以下主要介绍两种常见服务的配置：tftp 和 NFS。

1. tftp

tftp 是一个传输文件的简单协议，它基于 UDP 协议而实现。此协议设计的时候是进行小文件传输的，因此它不具备通常的 FTP 的许多功能，它只能从文件服务器上获得或写入文件，不能列出目录，不进行认证，传输 8 位数据。tftp 传输中有 3 种模式。

- netascii：8 位的 ASCII 码形式。
- octet：8 位源数据类型。
- mail：这种模式已经不再支持，它将返回的数据直接返回给用户，而不是保存为文件。

tftp 分为客户端和服务器端两种。通常，首先在宿主机上开启 tftp 服务器端服务，设置好 tftp 的根目录内容（也就是供客户端下载的文件），接着，在目标板上开启 tftp 的客户端程序（现在很多开发板都已经提供了该项功能）。这样，把目标板和宿主机用直连线相连之后，就可以通过 tftp 协议传输可执行文件了。

下面分别讲述在 Linux 下和 Windows 下的配置方法。

（1）Linux 下 tftp 服务配置

Linux 下 tftp 的服务器服务是由 xinetd 所设定的，默认情况下是处于关闭状态。

首先，要修改 tftp 的配置文件，开启 tftp 服务，如下所示：

```
[root@sunq tftpboot]# vi /etc/xinetd.d/tftp
# default: off
# description: The tftp server serves files using the trivial file transfer \
#       protocol.  The tftp protocol is often used to boot diskless \
#       workstations, download configuration files to network-aware printers, \
#       and to start the installation process for some operating systems.
service tftp
{
        socket_type             = dgram
        protocol                = udp
        wait                    = yes
        user                    = root
        server                  = /usr/sbin/in.tftpd
        server_args             = -s /tftpboot
        disable                 = no
        per_source              = 11
        cps                     = 100 2
        flags                   = IPv4
}
```

在这里，主要要将“disable=yes”改为“no”，另外，从“server_args”可以看出，tftp 服务器端的默认根目录为“/tftpboot”，用户若需要可以更改为其他目录。

接下来，重启 xinetd 服务，使刚才的更改生效，如下所示：

```
[root@sunq tftpboot]# service xinetd restart
关闭 xinetd:                                               [  确定  ]
启动 xinetd:                                               [  确定  ]
```

接着，使用命令“netstat -au”以确认 tftp 服务是否已经开启，如下所示：

```
[root@sunq tftpboot]# netstat -au
Active Internet connections (servers and established)
Proto Recv-Q Send-Q Local Address          Foreign Address          State
udp       0      0 *:32768                 *:*
udp       0      0 *:831                   *:*
udp       0      0 *:tftp                  *:*
udp       0      0 *:sunrpc                *:*
udp       0      0 *:ipp                   *:*
```

这时，用户就可以把所需要的传输文件放到“/tftpboot”目录下，这样，主机上的 tftp 服务就可以建立起来了。

用交叉线（即网卡对网卡时采用的）（注意：不可以使用普通网线）把目标板和宿主机连起来，并且将其配置成一个网段的地址，再在目标板上启动 tftp 客户端程序（注意：不同的开发板所使用的命令可能会不同，读者可以查看帮助来获得确切的命令名及格式），如下所示：

```
=>tftpboot 0x30200000 zImage
TFTP from server 192.168.1.1; our IP address is 192.168.1.100
Filename 'zImage'.
Load address: 0x30200000
Loading: #################################################################
```

```
        ####################################################################
        ####################################################################
done
Bytes transferred = 881988 (d7544 hex)
```

可以看到，此处目标板使用的 IP 为“192.168.1.100”，宿主机使用的 IP 为“192.168.1.1”，下载到目标板的地址为 0x30200000，文件名为“zImage”。

（2）Windows

在 Windows 下配置 tftp 服务需要安装使用 tftp 服务器软件，常见的可使用 tftpd32，网上有很多下载该软件的地方，读者可以自行下载。要注意的是，该软件是 tftp 的服务器端，而目标板上则是 tftp 的客户端。打开该软件，如图 3.14 所示。

接下来，用户可以在 setting 中配置服务器端的各个选项，如 IP 地址等，如图 3.15 所示。

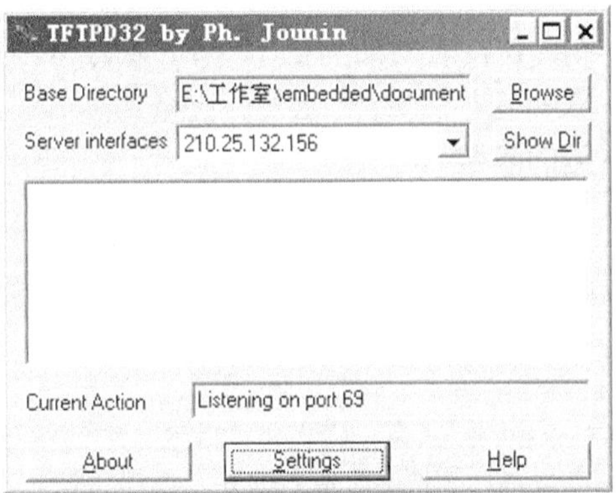

图 3.14　串口相关信息

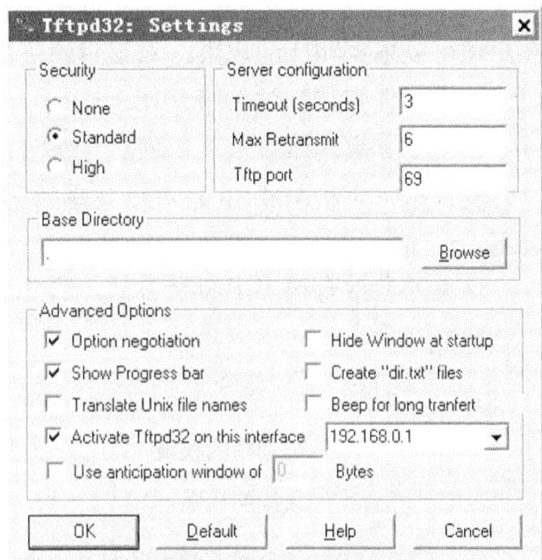

图 3.15　串口相关信息

另外，还需要在 Browse 中选择 tftp 的服务器端根目录。这时，tftpd 会提示用户重启该软件，使修改的参数生效。到此这样，tftp 的服务就配置完毕了。

常见出错　有时，tftpd 重启时系统会提示“Error: can’t bind the TFTP port!”。此时，用户需要检查 tftpd 的端口 69 是否被占用，如使用“netstat -an”命令。若 69 端口仍未被占用，用户可打开注册表，把“HKEY_LOCAL_MACHINE”、“SOFTWARE”下的“TFTPD32”文件夹删除即可。

这时，就可以用直连线连接目标机和宿主机，且在目标机上开启 tftp 服务进行文件传输，这时，tftp 服务器端如图 3.16 和图 3.17 所示。

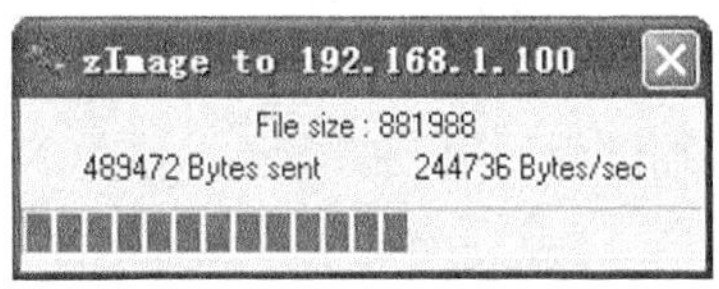

图 3.16　tftp 文件传输

2．NFS 文件系统

NFS 为 Network FileSystem 的简称，最早是由 Sun 公司提出发展起来的，其目的就是让不同的机器、不同的操作系统之间可以彼此共享文件。

NFS 可以让不同的主机通过网络将远端的 NFS 服务器共享出来的文件安装到自己的系统中，从客户端看来，使用 NFS 的远端文件就像是使用本地文件一样。在嵌入式中使用 NFS

会使应用程序的开发变得十分方便，并且不用反复地进行烧写镜像文件。

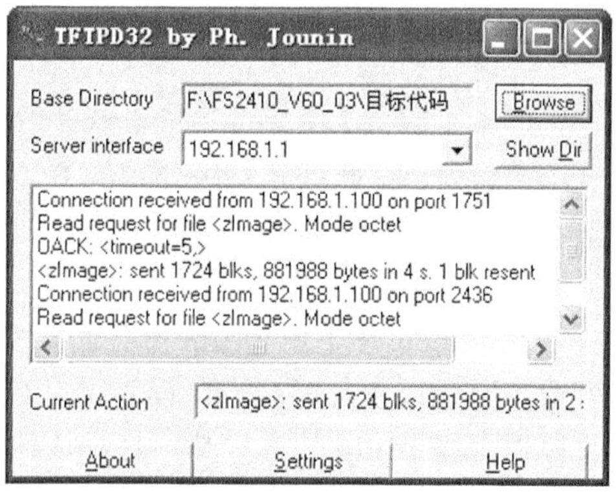

图 3.17　tftp 服务器端显示情况

NFS 的使用分为服务器端和客户端，其中服务器端提供要共享的文件，而客户端则通过挂载“mount”这一动作来实现对共享文件的访问操作。下面主要介绍 NFS 服务器端的使用。

NFS 服务器端是通过读入它的配置文件“/etc/exports”来决定所共享的文件目录的。下面首先讲解这个配置文件的书写规范。

在这个配置文件中，每一行都代表一项要共享的文件目录以及所指定的客户端对其的操作权限。客户端可以根据相应的权限，对该目录下的所有目录文件进行访问。

配置文件中每一行的格式如下：

```
[共享的目录] [主机名称或 IP] [参数 1, 参数 2…]
```

在这里，主机名或 IP 是可供共享的客户端主机名或 IP，若对所有的 IP 都可以访问，则可用“*”表示。

这里的参数有很多中组合方式，表 3.2 列出了常见的参数。

表 3.2　　常见参数

选　项	参 数 含 义
rw	可读写的权限
ro	只读的权限
no_root_squash	NFS 客户端分享目录使用者的权限，即如果客户端使用的是 root 用户，那么对于这个共享的目录而言，该客户端就具有 root 的权限
sync	资料同步写入到内存与硬盘当中
async	资料会先暂存于内存当中，而非直接写入硬盘

如在本例中，配置文件“/etc/exports”为：

```
[root@localhost fs]# cat /etc/exports
/root/workplace    *(rw,no_root_squash)
```

在设定完配置文件之后，需要启动 nfs 服务和 portmap 服务，这里的 portmap 服务允许 NFS 客户端查看 NFS 服务所用的端口，在它被激活之后，就会出现一个端口号为 111 的 sun RPC（远端过程调用）的服务。这是 NFS 服务中必须实现的一项，因此，也必须把它开启，如下所示：

```
[root@localhost fs]# service portmap start
启动 portmap:                          [确定]
[root@localhost fs]# service nfs start
启动 NFS 服务:                         [确定]
关掉 NFS 配额:                         [确定]
启动 NFS 守护进程:                     [确定]
启动 NFS mountd:                       [确定]
```

可以看到，在启动 NFS 服务的时候启动了 mountd 进程，它是 NFS 挂载服务，用于处理

NFSD 递交过来的客户端请求。另外还会激活至少两个以上的系统守护进程，然后开始监听客户端的请求，用 cat/var/log/messages 可以看到操作是否成功，这样，就启动了 NFS 的服务。另外与 NFS 相关的还有两个命令，可以方便 NFS 的使用。

其一是 exportfs，它可以重新扫描“/etc/exports”，使用户在修改“/etc/exports”配置文件时不需要每次重启 NFS 服务，其格式为：

```
exportfs [选项]
```

表 3.3 为 exportfs 的常见选项。

表 3.3 常见选项

选　项	参 数 含 义
-a	全部挂载（或卸载）/etc/exports 中的设定文件目录
-r	重新挂载/etc/exports 中的设定文件目录
-u	卸载某一目录
-v	在 export 的时候，将共享的目录显示到屏幕上

用户若希望 NFS 服务在每次系统引导时自动开启，可使用以下命令：

```
# /sbin/chkconfig nfs on
```

3.2 Bootloader

一个嵌入式 Linux 系统从软件的角度看通常可以分为 4 个层次：

- 引导加载程序，包括固化在固件（firmware）中的 boot 代码（可选）和 BootLoader 两大部分。
- Linux 内核，特定于嵌入式板子的定制内核以及内核的启动参数。
- 文件系统，包括根文件系统和建立于 Flash 内存设备之上文件系统，通常用 ramdisk 来作为 rootfs。
- 用户应用程序，特定于用户的应用程序，有时在用户应用程序和内核层之间可能还会包括一个嵌入式图形用户界面，常用的嵌入式 GUI 有 MicroWindows 和 MiniGUI 等。

引导加载程序是系统加电后运行的第一段软件代码。PC 机中的引导加载程序由 BIOS（其本质就是一段固件程序）和位于硬盘 MBR 中的 BootLoader（比如，LILO 和 GRUB 等）一起组成。

BIOS 在完成硬件检测和资源分配后，将硬盘 MBR 中的 BootLoader 读到系统的 RAM 中，然后将控制权交给 BootLoader。BootLoader 的主要运行任务就是将内核映像从硬盘上读到 RAM 中，然后跳转到内核的入口点去运行，也即开始启动操作系统。

而在嵌入式系统中，通常并没有像 BIOS 那样的固件程序（注，有的嵌入式 CPU 也会内嵌一段短小的启动程序），因此整个系统的加载启动任务就完全由 BootLoader 来完成。

比如在一个基于 ARM7TDMI core 的嵌入式系统中，系统在上电或复位时通常都从地址 0x00000000 处开始执行，而在这个地址处安排的通常就是系统的 BootLoader 程序。

3.2.1 Bootloader 的概念

Bootloader 就是在操作系统内核运行之前运行的一段程序，类似于 PC 机中的 BIOS 程序。

Bootloader 的功能是完成硬件设备的初始化、建立内存空间的映射图的功能，将系统的软硬件环境带到一个合适的状态，为最终调用系统内核做好准备。

嵌入式中 Bootloader 一般都非常依赖于硬件，建立一个通用的 Bootloader 几乎是不可能的。Bootloader 是引导与加载内核镜像的工具，需要具备以下几个功能。

1. 初始化 RAM（必需）

Bootloader 必须能够初始化 RAM，因为将来系统要通过它保存一些 Volatile 数据，但具体地实现要依赖与具体的 CPU 以及硬件系统。

2. 初始化串口（可选，推荐）

Bootloader 应该要初始化以及使能至少一个串口，通过它与控制台联系进行一些 debug 的工作，甚至与 PC 通信。

3. 启动内核镜像（必需）

根据内核镜像保存的存储介质不同，可以有两种启动方式，FALSH 启动以及 RAM 启动，但是无论是哪种启动方式，下面的系统状态必须得到满足。

（1）CPU 寄存器的设置

```
R0 = 0;
R1 = 机器类型;
R2 = 启动参数标记列表在 RAM 中的起始地址;
```

这 3 个寄存器的设置是在最后启动内核时通过启动参数来传递完成的。

（2）CPU 模式

关闭中断，属于 SVC 模式。

Bootloader 中没有必要支持中断的实现，这属于内核机制以及设备驱动管理的管理范畴；SVC 模式是系统的一种保护模式，这样就可以进行一些只能在 SVC 模式下的操作，例如一些特定寄存器访问操作。

（3）Cache 和 MMU 的设置

MMU 必须关闭。

数据 cache 必须关闭。

指令 cache 可以关闭也可以开启。

Bootloader 中所有对地址的操作都是使用物理地址，是实地址，不存在虚拟地址，因此 MMU 必须关闭。Bootloader 主要是装载内核镜像，镜像数据必须真实写回 SDRAM 中，所以数据 cache 必须关闭；而对于指令 cache，不存在强制性的规定，但是一般情况下，推荐关闭指令 cache。

3.2.2 Bootloader 启动流程分析

Bootloader 的启动流程一般分为两个阶段：stage1 和 stage2，下面分别对这两个阶段进行讲解：

1. Bootloader 的 stage1

在 stage1 中 Bootloader 主要完成以下工作。

- 完成基本的硬件初始化。初始化工作主要包括屏蔽所有的中断、设置 CPU 的速度和时钟频率、RAM 初始化、初始化 LED、关闭 CPU 内部指令和数据 cache 等。
- 为加载 stage2 准备 RAM 空间。为了获得更快的执行速度，通常把 stage2 加载到 RAM 空间中来执行，因此必须为加载 Bootloader 的 stage2 准备一段可用的 RAM 空间范围。
- 拷贝 stage2 到 RAM 中。确定 stage2 的可执行映像在固态存储设备的存放起始地址和终止地址以及 RAM 空间的起始地址。
- 设置堆栈指针 sp。这是为执行 stage2 的 C 语言代码作好准备。

2. Bootloader 的 stage2

在 stage2 中 Bootloader 主要完成以下工作。

- 用汇编语言跳转到 main 入口函数。

为了实现更复杂的功能和取得更好的代码可读性和可移植性，stage2 的代码通常用 C 语言来实现。在编译和链接 Bootloader 时，不能使用 glibc 库中的任何支持函数。

- 初始化串口、初始化计时器等硬件设备。在初始化这些设备之前、可以输出一些打印信息。
- 检测系统的内存映射，所谓内存映射就是指在整个 4GB 物理地址空间中有指出哪些地址范围被分配用来寻址系统的 RAM 单元。
- 加载内核映像和根文件系统映像，这里包括规划内存占用的布局和从 Flash 上拷贝数据。
- 设置内核的启动参数。

3.2.3 U-Boot 概述

U-Boot 是在 ppcboot 以及 ARMboot 的基础上发展而来的较为通用的 bootlader，支持的嵌入式操作系统和嵌入式处理器种类众多。U-boot 的源码目录、编译形式与 Linux 内核很相似，很多 U-Boot 源码就是 Linux 内核源程序的简化。

U-Boot 不仅仅支持嵌入式 Linux 系统的引导，而且还支持 NetBSD、VxWorks、QNX、RTEMS、ARTOS、LynxOS 等嵌入式操作系统。

U-Boot 除了支持 PowerPC 系列的处理器外，还能支持 MIPS、x86、ARM、NIOS、XScale 等诸多常用系列的处理器。

支持尽可能多的嵌入式处理器和嵌入式操作系统是 U-Boot 项目的开发目标。

U-Boot 支持的主要功能如下所示。

- 系统引导：支持 NFS 挂载、RAMDISK（压缩或非压缩）形式的根文件系统、支持 NFS 挂载、从 Flash 中引导压缩或非压缩系统内核。
- 基本辅助功能：强大的操作系统接口功能，可灵活设置、传递多个关键参数给操作系统，适合系统在不同开发阶段的调试要求与产品发布，对 Linux 支持最为强劲。支持目标板环境参数多种存储方式，如 Flash、NVRAM、EEPROM；CRC32 校验，可校验 Flash 中内核、RAMDISK 镜像文件是否完好。

➢ 设备驱动：串口、SDRAM、Flash、以太网、LCD、NVRAM、EEPROM、键盘、USB、PCMCIA、PCI、RTC 等驱动支持。

➢ 上电自检功能：SDRAM、Flash 大小自动检测，SDRAM 故障检测，CPU 型号。

➢ 特殊功能：XIP 内核引导。

3.2.4 U-Boot 源码导读

对 U-Boot 源码包解压后就可以得到 U-Boot 的全部源程序。在顶层目录下有 18 个子目录，分别存放和管理不同的源程序。这些目录中所要存放的文件有其规则，可以分为 3 类：

第 1 类：与处理器体系结构或者开发板硬件直接相关。

第 2 类：一些通用的函数或者驱动程序。

第 3 类：U-Boot 的应用程序、工具和文档。

表 3.4 列出了 U-Boot 各目录及其存放原则。

表 3.4　　U-Boot 的目录及存放原则

目　录	解释 说明
board	和一些已有开发板有关的文件，比如 Makefile 和 U-Boot.lds 等都和具体开发板的硬件和地址分配有关
common	与体系结构无关的文件，实现各种命令的 C 文件
cpu	CPU 相关的文件，其中的子目录都是以 U-Boot 所支持的 CPU 为名，比如有子目录 arm926ejs、mips、mpc8260 和 nios 等，每个特定的子目录中都包括 cpu.c 和 interrupt.c，start.S。其中 cpu.c 初始化 CPU、设置指令 Cache 和数据 Cache 等；interrupt.c 设置系统的各种中断和异常，比如开关中断、时钟中断、软件中断、预取中止和未定义指令等；start.S 是 U-Boot 启动时执行的第一个文件，它主要设置系统堆栈和工作方式，为进入 C 程序奠定基础
disk	disk 驱动的分区处理代码
doc	文档
drivers	通用设备驱动程序，比如各种网卡、支持 CFI 的 Flash、串口和 USB 总线等
fs	支持文件系统的文件，U-Boot 现在支持 cramfs、fat、fdos、jffs2 和 registerfs
include	头文件、对各种硬件平台支持的汇编文件、系统的配置文件和对文件系统支持的文件
net	与网络有关的代码，如 BOOTP 协议、TFTP 协议、RARP 协议和 NFS 文件系统的实现
lib_arm	与 ARM 体系结构相关的代码
tools	创建 S-Record 格式文件和 U-Boot images 的工具

3.3 编译嵌入式 Linux 内核

在做完了前期的准备工作之后，读者就可以编译嵌入式移植 Linux 的内核了。在这里，本书主要介绍嵌入式 Linux 内核的编译过程，在下一节会进一步介绍嵌入式 Linux 中体系结构相关的内核代码，读者在此之后就可以尝试嵌入式 Linux 操作系统的移植。

编译嵌入式 Linux 内核都是通过 make 的不同命令来实现的，它的执行配置文件是 Makefile。

Linux 内核中不同的目录结构里都有相应的 Makefile，而不同的 Makefile 又通过彼此之间的依赖关系构成统一的整体，共同完成建立依存关系、建立内核等功能。

内核的编译根据不同的情况会有不同的步骤，但其中最主要分别为 3 个步骤：内核配置、建立依存关系、建立内核，其他的为一些辅助功能，如清除文件等。

读者在实际编译时若出现错误，可以考虑采用其他辅助功能。下面首先分别讲述这 3 步最为主要的步骤。

1．内核配置

第一步内核配置中的选项主要是用户用来为目标板选择处理器架构的选项，不同的处理器架构会有不同的处理器选项，比如 ARM 就有其专用的选项如“Multimedia capabilities port drivers”等。因此，在此之前，必须确保在根目录中 Makefile 里“ARCH”的值已设定了目标板的类型，如：

```
ARCH        := arm
```

接下来就可以进行内核配置了，内核支持 4 种不同的配置方法，这几种方法只是与用户交互的界面不同，其实现的功能是一样的。每种方法都会通过读入了一个默认的配置文件，即根目录下“.config”隐藏文件（用户也可以手动修改该文件，但不推荐使用）来实现。

当然，用户也可以自己加载其他配置文件，也可以将当前的配置保存为其他名字的配置文件。这 4 种方式如下所示。

- make config：基于文本的最为传统的配置界面，不推荐使用。
- make menuconfig：基于文本选单的配置界面，字符终端下推荐使用。
- make xconfig：基于图形窗口模式的配置界面，Xwindow 下推荐使用。
- make oldconfig：自动读入“.config”配置文件，并且只要求用户设定前次没有设定过的选项。

在这 4 种模式中，make menuconfig 使用最为广泛，下面就以 make menuconfig 为例进行讲解，如图 3.18 所示。

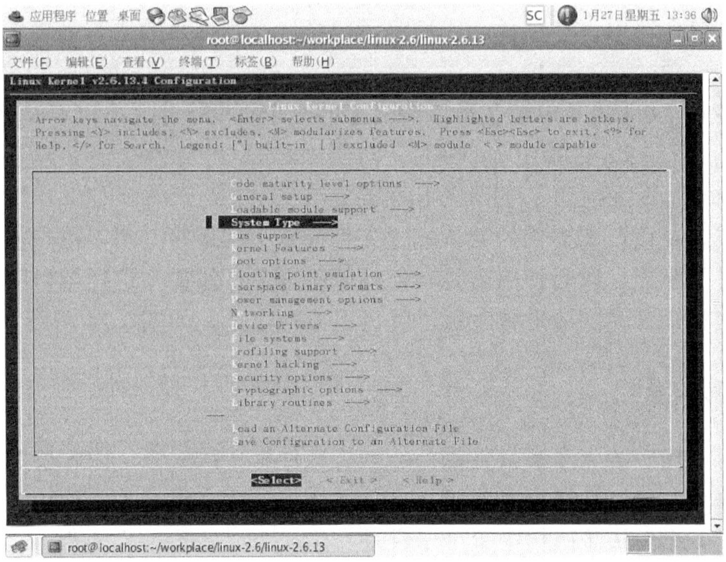

图 3.18 make menuconfig 配置界面

从该图中可以看出，Linux 内核允许用户对其各类功能逐项配置，一共有 18 类配置选项，这里就不对这 18 类配置选项进行一一讲解了，需要的读者可以参见相关选项的 help。在 menuconfig 的配置界面中是纯键盘的操作，用户可使用上下键和“Tab”键移动光标以进入相关子项，如图 3.19 所示进入了“System Type”子项，该子项是一个重要的选项，主要用来选择处理器的类型。

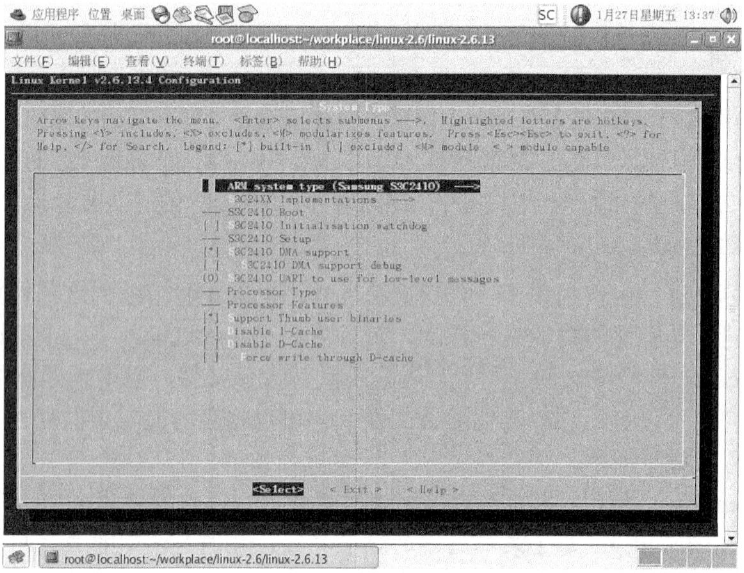

图 3.19　System Type 子项

可以看到，每个选项前都有个括号，按空格键或“Y”键表示包含该选项，按“N”表示不包含该选项。

另外，读者可以注意到，这里的括号有 3 种：中括号、尖括号和圆括号。读者用空格键选择相应的选项时可以发现：中括号里要么是空，要么是“*”；尖括号里可以是空、“*”和“M”，分别表示包含选项、不包含选项和编译成模块；圆括号的内容是要求用户在所提供的几个选项中选择一项。

此外，要注意 2.6 和 2.4 内核在串口命名上的一个重要区别，在 2.4 内核中“COM1”对应的是“ttyS0”，而在 2.6 内核中“COM1”对应“ttySAC0”，因此在启动参数的子项要格外注意，如图 3.20 所示，否则串口打印不出信息。

一般情况下，使用厂商提供的默认配置文件都能正常运行，所以用户初次使用时可以不用对其进行额外的配置，以后使用需要其他功能时再另行添加，这样可以大大减少出错的几率，有利于错误定位。在完成配置之后，就可以保存退出，如图 3.21 所示。

2. 建立依赖关系

由于内核源码树中的大多数文件都与一些头文件有依赖关系，因此要顺利建立内核，内核源码树中的每个 Makefile 就必须知道这些依赖关系。建立依赖关系往往发生在第一次编译内核的时候，它会在内核源码树中每个子目录产生一个“.depend”文件，运行“make dep”即可。

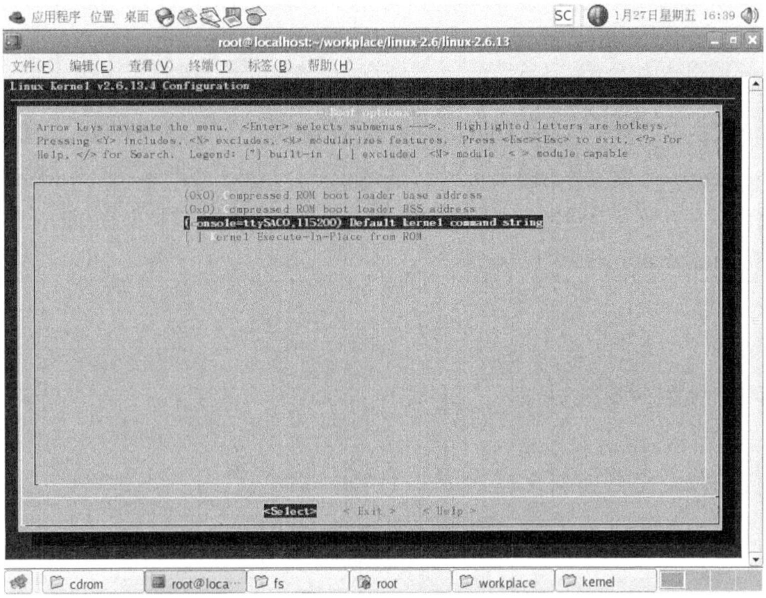

图 3.20　启动参数配置子项

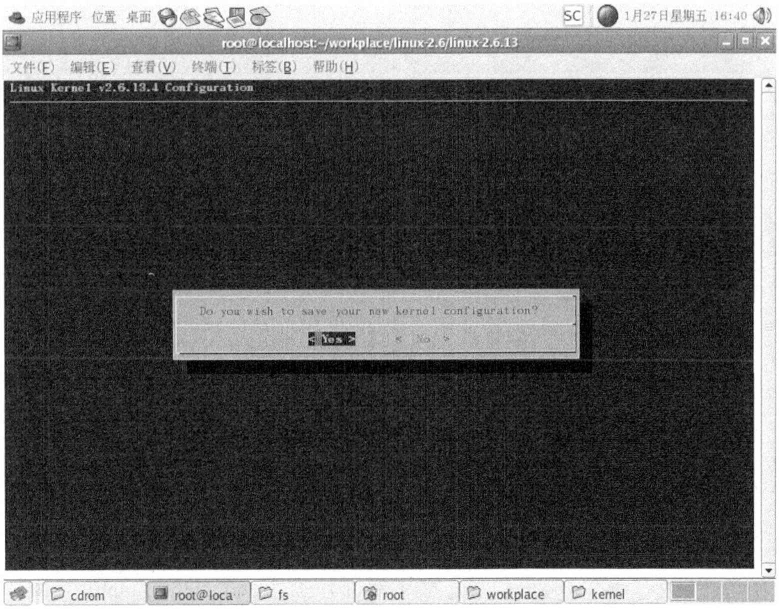

图 3.21　保存退出

3．建立内核

建立内核可以使用“make zImage”或“make bzImage”，这里建立的为压缩的内核映像。通常在 Linux 中，内核映像分为压缩的内核映像和未压缩的内核映像。其中，压缩的内核映像通常名为 zImage，位于“arch/$（ARCH）/boot”目录中。而未压缩的内核映像通常名为 vmlinux，位于源码树的根目录中。

到这一步就完成了内核源代码的编译，之后，读者可以使用上一小节所讲述的方法，把内核压缩文件下载到开发板上运行。

小知识 在嵌入式 Linux 的源码树中通常有以下几个配置文件，“.config”、“autoconf.h”、“config.h”。其中“.config”文件是 make menuconfig 默认的配置文件，位于源码树的根目录中；“autoconf.h”和“config.h”是以宏的形式表示了内核的配置，当用户使用 make menuconfig 做了一定的更改之后，系统自动会在“autoconf.h”和“config.h”中做出相应的更改，它们位于源码树的“/include/linux/”下。

3.4 Linux 内核目录结构

Linux 内核的目录结构如图 3.22 和表 3.5 所示。

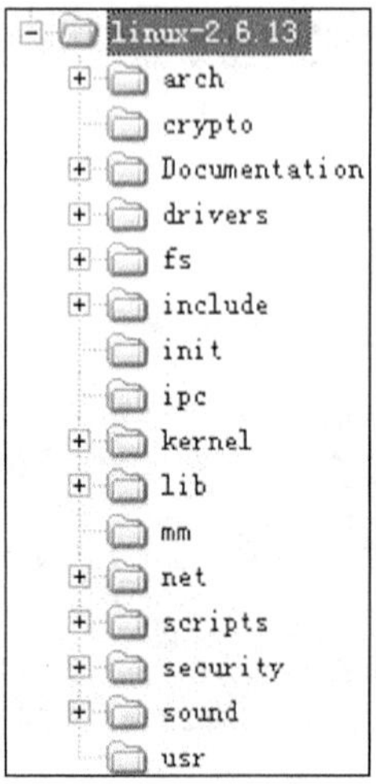

图 3.22 Linux 内核目录结构

表 3.5 **Linux 内核目录结构**

目 录	解 释 说 明
/include	子目录包含了建立内核代码时所需的大部分包含文件，这个模块利用其他模块重建内核
/init	子目录包含了内核的初始化代码，这是内核工作的开始的起点
/arch	子目录包含了所有硬件结构特定的内核代码，如：arm、i386、alpha
/drivers	子目录包含了内核中所有的设备驱动程序，如块设备和 SCSI 设备
/fs	子目录包含了所有的文件系统的代码，如:ext2、vfat 等
/net	子目录包含了内核的连网代码
/mm	子目录包含了所有内存管理代码
/ipc	子目录包含了进程间通信代码
/kernel	子目录包含了主内核代码

3.5 制作文件系统

读者把上一节中所编译的内核压缩映像下载到开发板后会发现，系统在进行了一些初始化的工作之后，并不能正常启动，如图 3.23 所示。

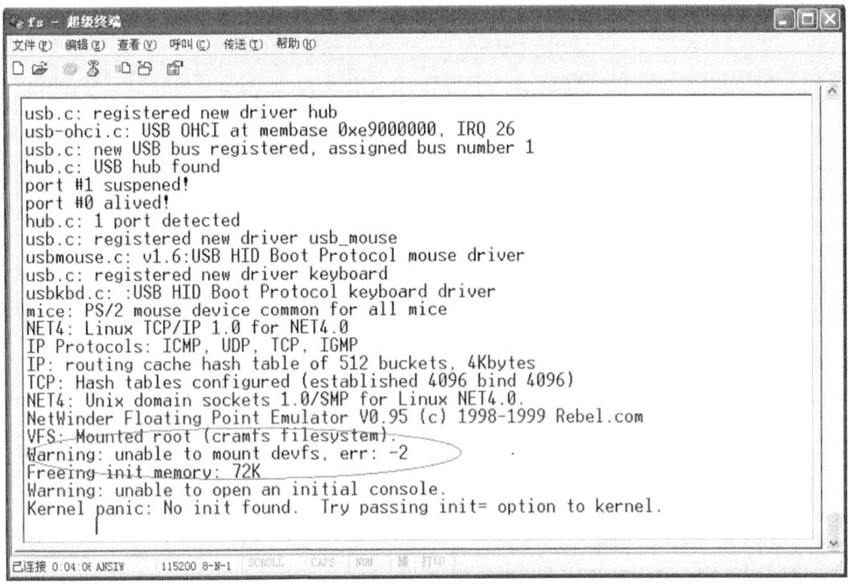

图 3.23 系统启动错误

可以看到，系统启动时发生了加载文件系统的错误。要记住，上一节所编译的仅仅是内核，文件系统和内核是完全独立的两个部分。

加载根文件系统是 Linux 启动中不可缺少的一部分。本节就来讲解嵌入式 Linux 中文件系统和根文件系统的制作方法。

制作文件系统的方法有很多，可以从零开始手工制作，也可以在现有的基础上添加部分内容加载到目标板上去。由于完全手工制作工作量比较大，而且也很容易出错，因此，本节将主要介绍把现有的文件系统加载到目标板上的方法，主要包括制作文件系统镜像和用 NFS 加载文件系统的方法。

读者已经知道，Linux 支持多种文件系统，同样，嵌入式 Linux 也支持多种文件系统。虽然在嵌入式系统中，由于资源受限的原因，它的文件系统和 Linux 的文件系统有较大的区别（前者往往是只读文件系统），但是，它们的总体架构是一样的，都是采用目录树的结构。

在嵌入式中常见的文件系统有 cramfs、romfs、jffs、yaffs 等，这里就以制作 cramfs 文件系统为例进行讲解。

cramfs 文件系统是一种经压缩的、极为简单的只读文件系统，因此非常适合嵌入式系统。要注意的是，不同的文件系统都有相应的制作工具，但是其主要的原理和制作方法是类似的。

制作 cramfs 文件系统需要用到的工具是 mkcramfs，下面就来介绍使用 mkcramfs 制作文件系统映像的方法。这里假设用户已经有了一个 cramfs 文件系统，在目录“/root/workplace/

fs/guo”里，如下所示：

```
[root@localhost guo]# ls
bin  dev  etc  home  lib  linuxrc  proc  Qtopia  ramdisk  sbin  tmp  usr  var
```

接下来就可以使用mkcramfs工具了，格式为：mkcramfs dir name，如下所示。

```
[root@localhost fs]# ./mkcramfs guo FS2410XP_camare_demo4.cramfs
-21.05% (-64 bytes)     Tongatapu
-21.03% (-49 bytes)     Truk
-21.03% (-49 bytes)     Wake
-22.41% (-52 bytes)     Wallis
-21.95% (-54 bytes)     Yap
-17.19% (-147 bytes)    WET
-47.88% (-8158 bytes)   zone.tab
-55.24% (-17421 bytes)  usb-storage.o
-54.18% (-16376 bytes)  usbvideo.o
-54.07% (-2736 bytes)   videodev.o
Everything: 27628 kilobytes
Super block: 76 bytes
CRC: e3a6d7ca
```

可以看到，mkcramfs在制作文件镜像的时候对文件进行了压缩。

读者可以先在本机上通过mount进行验证，如下所示：

```
[root@localhost fs]# mkdir sunq
[root@localhost fs]# mount -o loop FS2410XP_camare_demo4.cramfs ./sunq
[root@localhost fs]# ls sunq
bin  dev  etc  home  lib  linuxrc  proc  Qtopia  ramdisk  sbin  tmp  usr  var
```

接下来，就可以烧入到开发板的相应部分了。

本章小结

本章主要讲解如何构建嵌入式Linux系统。搭建嵌入式开发环境是构建嵌入式Linux的第一步，因此希望读者能够实际动手操作完成。

读者需要着重掌握的是交叉编译环境的搭建步骤、minicon配置方法、超级终端的配置方法。有厂家提供开发板的读者也可以参阅厂家提供的用户手册，不同的厂家通常会自带一些针对不同开发板定制的交叉编译工具链等，本章中所介绍的是较为通用的方法。

接下来，本章介绍了Bootloader的基本概念、编译嵌入式Linux内核的方法以及制作文件系统的方法。在这里，希望读者实际动手操作编译嵌入式Linux内核。

动手练练

1．配置minicom和超级终端。

2．配置交叉编译工具链。

3．配置tftp和NFS服务。

4．编译嵌入式Linux系统并制作文件系统。

第4章　嵌入式 Linux C 语言基础——数据、表达式

本章目标

在上几章中，读者了解了嵌入式的基本概念，学习了如何搭建嵌入式 Linux 开发环境，并且掌握了如何使用嵌入式 Linux C 语言开发工具。本章主要讲解嵌入式 Linux C 语言的语言语法要点。通过本章的学习，读者将会掌握如下内容:

- C 语言的基本数据类型
- 变量的定义、作用域及存储方式
- 常量的不同定义方式
- ARM-Linux 中基本数据类型使用实例
- 算术运算符和算术表达式
- 赋值运算符和赋值表达式
- 逗号运算符和逗号表达式
- 位运算符和位表达式
- 逻辑运算符和逻辑表达式

4.1　嵌入式 Linux C 语言概述

读者在第一章中已经了解了嵌入式开发的基本流程，针对嵌入式 Linux 而言，应用程序主体的开发过程一般是在安装有 Linux 的宿主机中完成。因此，在本章中介绍的实际是嵌入式 Linux 下 C 语言的开发工具。用户在开发时往往是在 Linux 宿主机中对程序进行调试通过再进行交叉编译的。

计算机的程序实际是可以看作是由“程序”和“数据”组成的，其中的“程序”对应于该公式的“算法”，而其中的“数据”则对应于“数据结构”。实际上，数据类型也可以看作是数据结构这个抽象的概念在 C 语言中的具体化。

当然，数据结构是在程序设计的角度上提出的，它不针对具体的语言。而数据类型则是与具体的语言相关联的，或者说，它就是 C 语言中的数据结构。

C 语言的数据类型根据其不同的特点，可以分为基本类型、构造类型和空类型，其中每种类型都还包含了其他一系列数据类型，它们之间的关系如图 4.1 所示。

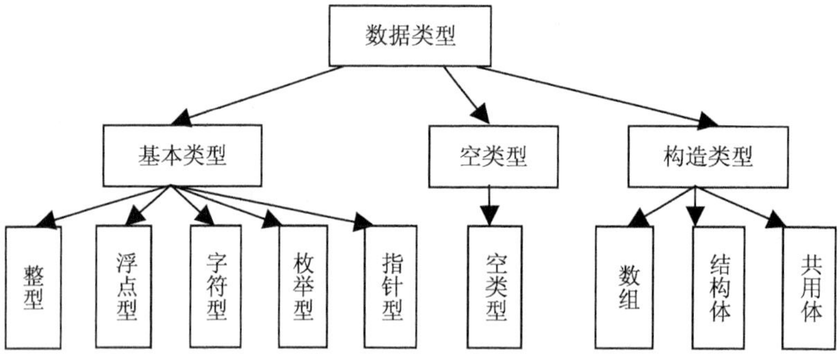

图 4.1 常见数据类型分类

基本类型：基本类型是 C 语言程序设计中的最小数据单元，可以说是原子数据类型，而其他数据类型（如结构体、共用体等）都可以使用这些基本类型。

构造类型：构造类型正如其名字一样，是在基本数据类型的基础上构造而成的复合数据类型，它可以用于表示更为复杂的数据。

空类型：空类型是一种特殊的数据类型，它是所有数据类型的基础。要注意的是，空类型并非无类型，它本身也是一种数据结构，常用在数据类型的转换和参数的传递过程中。

在 C 语言中，所有的数据都必须指定它的数据类型，它们有些有各自的类型标识符，如表 4.1 所示。

表 4.1 数据类型及其标识符

数据类型	标识符	数据类型	标识符
整型	int	结构体	struct
字符型	char	共用体	union
浮点型	float（单精度）	空类型	void
	double（双精度）	数组类型	无
枚举型	enum	指针类型	无

4.2 基本数据类型

4.2.1 整型家族

1. 整型变量

变量是指在程序运行过程中其值可以发生变化的量。整型变量包括短整型（short int）、整型（int）和长整型（long int），它们都分为有符号（signed）和无符号（unsigned）两种，它们在内存中都是以二进制的形式存放的。每种类型的整数占有一定大小的地址空间，因此它们所能表示的数值范围也有所限制。

要注意的是，不同的计算机体系结构中这些类型所占比特数有可能是不同的，表 4.2 列出的是常见的 32 位机中整型家族各数据类型所占的比特数。

表 4.2 不同类型整数所占的比特数

类　型	比 特 数	取 值 范 围
[signed] int	32	−2147483648～2147483647
unsigned int	32	0～4294967295
[signed] short [int]	16	−32768～32767
unsigned short [int]	16	−32768～32767
long [int]	32	−2147483648～2147483647
unsigned long [int]	32	0～4294967295

上表中“[]”内的部分是可以省略的，如短整型可写作“short”。从上表读者可以看到，短整型并不一定比整型短，它们 3 者之间只是遵循如下的简单规则：

```
短整型≤整型≤长整型
```

读者若想要查看适合当前机器的各数据类型的取值范围，可查看文件“limits.h”（通常在编译器相关的目录下），如下是 limits.h 的部分示例：

```
#include <features.h>
#include <bits/wordsize.h>
/* Number of bits in a 'char'.  */
#  define CHAR_BIT      8

/* 一个"signed char"的最大值和最小值 */
#  define SCHAR_MIN     (-128)
#  define SCHAR_MAX     127

/* 一个"signed short int"的最大值和最小值 */
#  define SHRT_MIN      (-32768)
#  define SHRT_MAX      32767

/* 一个"signed int"的最大值和最小值 */
#  define INT_MIN       (-INT_MAX - 1)
#  define INT_MAX       2147483647

/* 一个"unsigned int"的最大值和最小值 */
#  define UINT_MAX      4294967295U

/* 一个"signed long int"的最大值和最小值 */
/*若是 64 位机*/
#  if __WORDSIZE = = 64
#   define LONG_MAX     9223372036854775807L
#  else
#   define LONG_MAX     2147483647L
```

```
#  endif
#  define LONG_MIN      (-LONG_MAX - 1L)

/* 一个"unsigned long int"的最大值和最小值 */
/*若是 64 位机*/
#  if __WORDSIZE = = 64
#   define ULONG_MAX    18446744073709551615UL
#  else
#   define ULONG_MAX    4294967295UL
#  endif
```

可移植性提示 在嵌入式开发中，经常需要考虑的一点就是可移植性的问题。通常，字符是否为有符号数就会带来两难的境地，因此，最佳妥协方案就是把存储于 int 型变量的值限制在 signed int 和 signed int 的交集中，这可以获得最大程度上的可移植性，同时又不牺牲效率。

2．整型常量

常量就是在程序运行过程中其值不能被改变的量。在 C 语言中，使用整型常量可以用八进制整数、十进制整数和十六进制整数 3 种，其中十进制整数的表示最为简单，不需要有任何前缀，在此就不再赘述。

八进制整数需要以“0”作为前缀开头，如下所示：

```
010    0762    0537    -0107
```

十六进制的整数需要以“0x”作为前缀开头，由于在计算机中数据都是以二进制来进行存放的，数据类型的表示范围位数也一般都是 4 的倍数，因此，将二进制数据用十六进制表示是非常方便地，在 Linux 的内核代码中，到处都可见到采用十六进制表示的整数。

下面示例的几句代码就是从 Linux 内核源码中摘录出来的（/arch/arm/mach-s3c2410）。读者在这里先暂且不用了解这些代码的具体含义，而只需了解这些常量的表示方法。

```
unsigned long s3c_irqwake_eintallow = 0x0000fff0L; (irq.c)
if (pinstate = = 0x02) {…} (pm.c)
config &= 0xff; (gpio.c)
```

可以看到，在第一句代码是使用常量“0x0000fff0L”对变量 s3c_irqwake_eintallow 进行赋初值，第二句是比较变量 pinstate 的值和 0x02 是否相等，而第 3 句则是对 config 进行特定的运算。

细心的读者可以看到，常量“0x0000fff0L”在最后有大写的“L”，这并不是十六进制的表示范围，那么这个“L”又是什么意思呢？

这就是整型常量的后缀表示。正如前文中所述，整型数据还可分为“长整型”、“短整型”、“无符号数”，整型常量可在结尾加上“L”或“l”代表长整型，“U”或“u”代表无符号整型。前面的第一句代码中由于指明了该常量 0x0000fff0 是长整型的，因此需要在其后加上“L”。

要注意变量 s3c_irqwake_eintallow 声明为“unsigned long”并不代表赋值的常量也一定是“unsigned long”数据类型。

4.2.2 实型家族

实型家族也就是通常所说的浮点数，在这里也分别就实型变量和实型常量进行讲解。

1．实型变量

实型变量又可分为单精度（float）、双精度（double）和长双精度（long double）3 种。表 4.3 列出的是常见的 32 位机中实型家族各数据类型所占的比特数。

表 4.3　实型家族各类型所占比特数

类　型	比 特 数	有 效 数 字	取 值 范 围
float	32	6～7	-3.4×10^{-38}～3.4×10^{38}
double	64	15～16	-1.7×10^{-308}～1.7×10^{308}
long double	32	18～19	-1.2×10^{-308}～1.2×10^{308}

要注意的是，这里的有效数字是指包括整数部分的全部数字总数。它在内存中的存储方式是以指数的形式表示的，如图 4.2 所示。

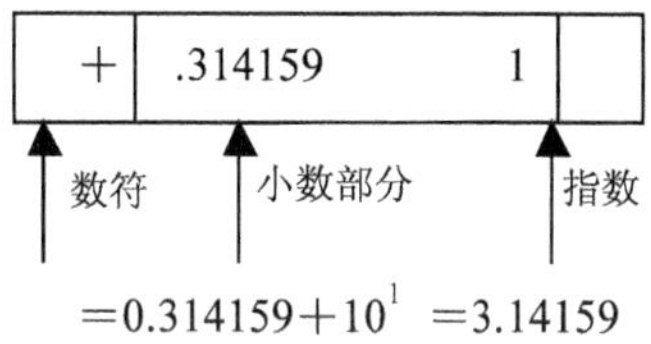

图 4.2　实型变量的存储方式

由图 4.2 可以看出，小数部分所占的位（bit）越多，数的精度就越高；指数部分所占的位数越多，则能表示的数值范围就越大。下面程序就显示了实型变量的有效数字位数。

```
#include <stdio.h>
void main(){
     float a;
     double b;
     /*单精度，有效数字为 7*/
     a=33333.33333;
     /*双精度，有效数字为 16*/
     b=33333.333333;
     printf("a = %f\, b = %f\n",a,b);
}
```

该程序的运行结果如下所示：

```
a = 33333.332031, b = 33333.333333
```

可以看出，由于 a 为单精度类型，有效数字长度为 7 位，因此 a 的小数点后 4 位并不是原先的数据，而由于 b 为双精度类型，因此 b 的显示结果就是实际 b 的数值。

2．实型常量

在 C 语言中，实型常量只采用十进制。它有两种形式：十进制数形式和指数形式，所有浮点常量都被默认为 double 类型。表 4.4 概括了实型常量的表示方法。

表 4.4　实型常量的表示方法

形　式	表 示 方 法	举　例
十进制表示	由数码 0～9 和小数点组成	0.0，.25，5.789，0.13，5.0，300.
指数形式	<尾数>E(e) <整型指数>	3.0E5，-6.8e18

4.2.3 字符型家族

1. 字符变量

字符变量可以看作是整型变量的一种，它的标识符为“char”，一般占用一个字节（8bits），它也分为有符号和无符号两种，读者完全可以把它当成一个整型变量。当它用于存储字符常量时（稍后会进行讲解），实际上是将该字符的ASCII码值（无符号整数）存储到内存单元中。

实际上，一个整型变量也可以存储一个字符常量，而且也是将该字符的ASCII码值（无符号整数）存储到内存单元中。但由于取名上的不同，字符变量则更多地用于存储字符常量。以下一段小程序显示了字符变量与整型变量实质上是相同的。

```
#include <stdio.h>
void main()
{
        char a,b;
        int c,d;
        /*赋给字符变量和整型变量相同的整数常量*/
        a = c = 65;
        /*赋给字符变量和整型变量相同的字符常量*/
        b = d = 'a';
        /*以字符的形式打印字符变量和整型变量*/
        printf("char a = %c, int c = %c\n", a, c);
        /*以整数的形式打印字符变量和整型变量*/
        printf("char b = %d, int d = %d\n", b, d);
}
```

该程序的运行结果如下所示：

```
char a = A, int c = A
char b = 97, int d = 97
```

由此可见，字符变量和整型变量在内存中存储的内容实质是一样的。

2. 字符常量

字符常量是指用单括号括起来的一个字符，如“a”、“D”、“+”、“?”等都是字符常量。以下注意要点是使用字符常量时的易错点，因此，请读者要仔细阅读。

- 字符常量只能用单引号括起来，不能用双引号或其他括号。
- 字符常量只能是单个字符，不能是字符串。
- 字符可以是字符集中任意字符。但数字被定义为字符型之后就不能参与数值运算。如'5'和5是不同的。'5'是字符常量，不能直接参与运算，而只能以其ASCII码值（053）来参与运算。

除此之外，C语言中还存在一种特殊的字符常量——转义字符。转义字符以反斜线“\”开头，后跟一个或几个字符。转义字符具有特定的含义，不同于字符原有的意义，故称“转义”字符。

例如，在前面各例题printf函数的格式串中用到的“\n”就是一个转义字符，其意义是“回车换行”。转义字符主要用来表示那些用一般字符不便于表示的控制代码。表4.5就是常见的转义字符以及它们的含义。

表 4.5 转义字符及其含义

字符形式	含义	ASCII 代码
\n	回车换行	10
\t	水平跳到下一制表位置	9
\b	向前退一格	8
\r	回车，将当前位置移到本行开头	13
\f	换页，将当前位置移到下页开头	12
\\	反斜线符“\”	92
\'	单引号符	39
\ddd	1～3 位八进制数所代表的字符	
\xhh	1～2 位十六进制数所代表的字符	

4.2.4 枚举家族

在实际问题中，有些变量的取值被限定在一个有限的范围内。例如，一个星期内只有 7 天，一年只有 12 个月，一个班每周有 6 门课程等。如果把这些量说明为整型、字符型或其他类型显然是不妥当的。

为此，C 语言提供了一种称为枚举的类型。在枚举类型的定义中列举出所有可能的取值，被定义为该枚举类型的变量取值不能超过定义的范围。

注意 枚举类型是一种基本数据类型，而不是一种构造类型，因为它不能再分解为任何基本类型。

枚举类型定义的一般形式为：

```
enum 枚举名
{
    枚举值表
};
```

在枚举值表中应罗列出所有可用值，这些值也称为枚举元素。

下例中是嵌入式 Linux 的存储管理相关代码“/mm/sheme.c”中的实例，“sheme.c”中实际是实现了一个 tmpfs 文件系统。

```
/* Flag allocation requirements to shmem_getpage and shmem_swp_alloc */
enum sgp_type {
       SGP_QUICK,      /*不要尝试更多的页表*/
       SGP_READ,       /*不要超过 i_size,不分配页表*/
       SGP_CACHE,      /*不要超过 i_size,可能会分配页表*/
       SGP_WRITE,      /*可能会超过 i_size,可能会分配页表*/
};
```

sgp_type 具体含义的说明比较冗长，在此读者主要学习 enum 的语法结构。这里的 sgp_type 是一个标识符，它所有可能的取值有 SGP_QUICK、SGP_READ、SGP_CACHE、SGP_WRITE，也就是枚举元素。这些枚举元素的变量实际上是以整型的方式存储的，这些符号名的实际值都是整型值。

比如，这里的 SGP_QUICK 是 0，SGP_READ 是 1，依此类推。在适当的时候，用户也可以为这些符号名指定特定的整型值，如下所示：

```
/* Flag allocation requirements to shmem_getpage and shmem_swp_alloc */
enum sgp_type {
        SGP_QUICK = 2,    /*不要尝试更多的页表*/
        SGP_READ  = 9,    /*不要超过i_size,不分配页表*/
        SGP_CACHE = 19,   /*不要超过i_size,可能会分配页表*/
        SGP_WRITE = 64,   /*可能会超过i_size,可能会分配页表*/
};
```

4.2.5 指针家族

1．指针的概念

C 语言之所以如此流行，其重要原因之一就在于指针，运用指针编程是C语言最主要的风格之一。利用指针变量可以表示各种数据结构，能很方便地使用数组和字符串，并能像汇编语言一样处理内存地址，从而编出精练而高效的程序。

指针极大地丰富了C语言的功能，学习指针是学习C语言中最重要的一环，能否正确理解和使用指针是掌握C语言的一个标志。

在这里着重介绍指针的概念，指针的具体使用在后面的章节中将会有更加详细的介绍。

何为指针呢？简单地说，指针就是地址。在计算机中，所有的数据都是存放在存储器中的。一般可以把存储器中的一个字节称为一个内存单元，不同的数据类型所占用的内存单元数不等，如整型量占 4 个内存单元（字节），字符量占 1 个内存单元（字节）等，这些在本章的 4.2.1 节中已经进行了详细讲解。

为了正确地访问这些内存单元，必须为每个内存单元编号。根据一个内存单元的编号就可准确地找到该内存单元。内存单元的编号也叫做地址，找到内存单元的地址（编号）就可以找到所需的内存单元，通常也把这个地址称为指针。

注意 内存单元的指针（地址）和内存单元的内容（具体存放的变量）是两个不同的概念。

下图 4.3 就表示了指针的含义：

从该图中可以看出，如 0x00100000 等都是内存地址，也就是变量的指针，由于在 32 位机中地址长度都是 32bit，因此，无论哪种变量类型的指针都占 4 个字节。

由于指针所指向的内存是用于存放内存中的数据的，而不同数据类型的变量都占有不同的字节数，因此从图中可以看出，一个整型变量占 4 个字节，故紧随其后的变量 *y* 的内存地址为 *x* 起始地址加上两个字节。

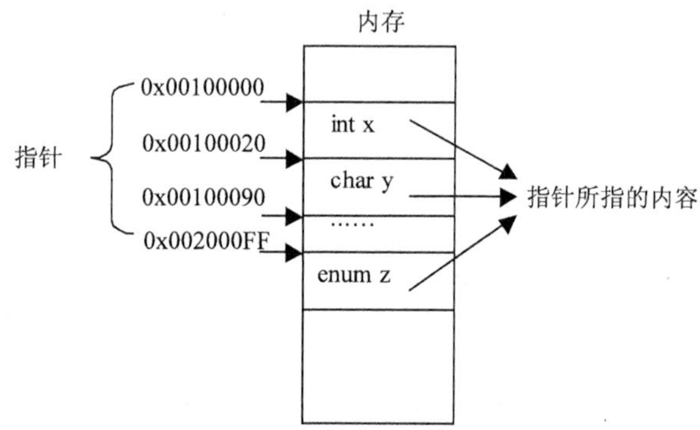

图 4.3 指针的含义

2．指针常量

事实上，在 C 语言中，指针常量只有惟一的一个 NULL（空地址）。虽然指针是一个诸如 0x00100011 这样的字面值，但因此编译器负责把变量赋值给计算机内存中的位置，程序员在事先是根本无法知道某个特定变量在内存中会存储到哪个位置，并且，当一个函数每次被调用时，它的自动变量（局部变量）可以每次分配的内存位置都不同。因此，把指针常量表示为数值字面值几乎是没有用处的。

3．字符串常量

字符串常量看似是字符家族中的一员，但事实上，字符串常量与字符有着较大的区别。字符串常量是指用一对双引号括起来的一串字符，双引号只起定界作用，双引号括起的字符串中不能是双引号（“”）和反斜杠（\），它们特有的表示法在转义字符中已经介绍。例如："China"、"Cprogram"、"YES&NO"、"33312-2341"、"A" 等都是合格的字符串常量。

在 C 语言中，字符串常量在内存中存储时系统自动在字符串的末尾加一个“串结束标志”，即 ASCII 码值为 0 的字符 NULL，常用‘\0’表示。因此在程序中，长度为 n 个字符的字符串常量，在内存中占有 n+1 个字节的存储空间。

例如，字符串 China 有 5 个字符，作为字符串常量“China”存储于内存中时，共占 6 个字节，系统自动在后面加上 NULL 字符，其存储形式为图 4.4 所示。

C	h	i	n	a	NULL

图 4.4 字符串常量的存储形式

要特别注意字符与字符串常量的区别，除了表示形式不同外，其存储性质也不相同，字符‘A’只占 1 个字节，而字符串常量“A”占 2 个字节。

本书之所以在指针家族处讲解字符串常量而不在字符家族中讲解，是由于在程序中使用字符串常量会生成一个“指向字符的常量指针”。当一个字符串常量出现在一个表达式中时，表达式所使用的值就是这些字符所存储的地址，而不是这些字符本身。

因此，用户可以把字符串常量复制给一个“字符类型的指针”，用于指向这些字符所存储的地址。

4.3 变量与常量

4.3.1 变量的定义

1．定义形式

在上一节中，读者系统地学习了 C 语言中的基本数据类型，那么在程序中不同数据类型的变量如何使用呢？在 C 语言中使用变量采用先定义、后使用的规则，任何变量在使用前必须先进行定义。

变量定义的基本形式是：

```
说明符（一个或多个） 变量或表达式列表
```

这里的说明符就是包含一些用于表明变量基本类型的关键字、存储类型和作用域。表 4.6 列举了一些常见基本数据类型变量的定义方式。

表 4.6 变量的定义方式

基本类型	关键字	示例
整型	int、unsigned、short、long	int a; unsigned long b;
浮点型	float、double	float a; double b;

续表

基本类型	关键字	示例
字符型	char、unsigned	char a; unsigned char b;
枚举类型	enum	enum a;
指针类型	指针类型 *	int *a, *b; char *c;

通常，变量在定义时也可以将其初始化，如：

```
int i = 5;
```

这条语句实际可转化为两条语句：

```
int i;            /*定义*/
i = 5;            /*初始化*/
```

此外，指针的定义形式在这里需着重说明。

指针的定义形式为标识符加上“*”，由于 C 语言在本质上是一种自由形式的语言，这很容易诱导用户把星号写在靠近类型的一侧，如下所示：

```
int* a;
```

这个定义的形式与前者是一致的，并且看起来更为直观，但这并不是一个好技巧，原因就在如下例：

```
int* b, c, d;
```

人们就会很自然地以为这 3 条语句把所有 3 个变量都定义为指向整型的指针，但事实上，却只有变量 b 是指针，而 c、d 则都是变量，因此，读者一定要将星号写到靠近变量的一侧，如下所示：

```
int *b, *c, *d;
```

易混淆点 关于变量的定义和变量的声明是两个极易混淆的概念，在形式上也很接近。在对变量进行了定义后，存储器需要为其分配一定的存储空间，一个变量在其作用域范围内只能有一个定义。而变量的声明则不同，一个变量可以有多次声明，且存储器不会为其分配存储空间。在本书的稍后部分将会讲解它们使用上的区别。

2. 变量的作用域

变量的作用域是变量可见的区域，这种变量有效性的范围称变量的作用域。变量的作用域是由变量的标识符作用域所决定的。一个变量根据其作用域的范围可以分为局部变量和全局变量。

（1）局部变量

在函数内部定义的变量称为局部变量。局部变量仅由其被定义的模块内部的语句所访问。换言之，局部变量在自己的代码模块之外是不可知的。

切记 模块以左花括号开始，以右花括号结束。

对于局部变量，要了解的最重要的规则是：它们仅存在于被定义的当前执行代码块中，即局部变量在进入模块时生成（压入堆栈），在退出模块时消亡（弹出堆栈）。定义局部变量的最常见的代码块是函数，例如：

```
func1()
{
        /*在 func1 中定义的局部变量 x*/
```

```
    int x;
    x = 10;
}
func2()
{
    /*在 func2 中定义的局部变量 x*/
    int x;
    x = 2007;
}
```

整数变量 *x* 被定义了两次，一次在 func1（）中，一次在 func2（）中。func1（）和 func2（）中的 *x* 互不相关，其原因是每个 *x* 作为局部变量仅在被定义的块内可知。

要注意的是，在一个函数内部，可以在复合语句中定义变量，这些复合语句成为“分程序”或“程序块”，如下所示：

```
func1()
{
    /*在 func1 中定义的局部变量 x*/
    int x;
    x = 10;
    …
    {
        /*定义程序块内部的变量*/
        int c;
        /*变量 c 只在这两个括号内有效*/
        c = a + b;
    }
}
```

在上述的例子中，变量 c 只在最近的程序块中有效，离开该程序块就无效，并释放内存单元。

（2）全局变量

与局部变量不同，全局变量贯穿整个程序，它的作用域为本源文件，可被本文件中的任何一个函数使用。它们在整个程序执行期间保持有效。

全局变量定义在所有函数之外，可由函数内的任何表达式访问。全局变量的说明符为 extern。但在一个函数之前定义的全局变量，在该函数内使用可不再加以说明。

```
int a,b; /*全局变量*/

void f1()
{
......
}
float x,y; /*全局变量*/
的作用域
int fz() /*函数 fz*/
{
......
}
main() /*主函数*/
{
......
}/
```

全局变量 x、y 的作用域

全局变量 a、b 的作用域

从上例可以看出 a、b、x、y 都是在函数外部定义的外部变量，都是全局变量。但 x、y 定义在函数 f1 之后，而在 f1 内又无对 x、y 的声明，所以它们在 f1 内无效。a、b 定义在源程序最前面，因此在 f1、f2 及 main 内不加声明也可使用。

可以看到，使用全局变量可以有效地建立起几个函数相互之间的联系。对于全局变量还有以下几点说明。

➢ 对于局部变量的定义和声明，可以不加区分，而对于全局变量则不然。全局变量的定义和全局变量的声明并不是一回事，全局变量定义必须在所有的函数之外，且只能定义一次，其一般形式为：

```
[extern] 类型说明符 变量名，变量名…
```

其中方括号内的 extern 可以省去不写，例如：

```
int a,b;
```

等效于：

```
extern int a,b;
```

而全局变量声明出现在要使用该外部变量的各个函数内，在整个程序内，可能出现多次，全局变量声明的一般形式为：

```
extern 类型说明符 变量名，变量名，…;
```

全局变量在定义时就已分配了内存单元，并且可作初始赋值。全局变量声明不能再赋初始值，只是表明在函数内要使用某外部变量。

➢ 外部变量可加强函数模块之间的数据联系，但是又使函数要依赖这些变量，因而使得函数的独立性降低。从模块化程序设计的观点来看这是不利的，因此在不必要时尽量不要使用全局变量。

➢ 全局变量的内存分配是在编译过程中完成的，它在程序的全部执行过程中都要占用存储空间，而不是仅在需要时才开辟存储空间。

➢ 在同一源文件中，允许全局变量和局部变量同名。在局部变量的作用域内，全局变量不起作用。因此，若在该函数中想要使用全局变量，则不能再定义一个同名的局部变量。

如有以下代码：

```
#include <stdio.h>
/*定义全局变量 i 并赋初值为 5*/
int i = 5;
int main()
{
/*定义局部变量 i，并未赋初值，i 的值不确定，由编译器自行给出*/
    int i;
/*打印出 i 的值，查看再此处的 i 是全局变量还是局部变量*/
    if(i != 5)
        printf("it is local\n");
    printf("i is %d\n",i);
}
```

该程序的运行结果如下所示：

```
it is local
i is 134518324
```

可以看到，i 的值并不是全部变量所赋的初值，而是局部变量的值。

3. 变量的存储方式

变量的存储方式可分为静态存储和动态存储两种。

静态存储变量通常是在变量定义时就分配一定的存储空间并一直保持不变，直至整个程序结束。在上一部分中介绍的全局变量即属于此类存储方式。

动态存储变量是在程序执行过程中，使用它时才分配存储单元，使用完毕立即释放。典型的例子是函数的形参，在函数定义时并不给形参分配存储单元，只是在函数被调用时，才予以分配，调用函数完毕立即释放。如果一个函数被多次调用，则反复地分配、释放形参变量的存储单元。

从以上分析可知，静态存储变量是一直存在的，而动态存储变量则时而存在时而消失。因此，这种由于变量存储方式不同而产生的特性称为变量的生存期，生存期表示了变量存在的时间。

生存期和作用域是从时间和空间这两个不同的角度来描述变量的特性，这两者既有联系，又有区别。一个变量究竟属于哪一种存储方式，并不能仅从其作用域来判断，还应有明确的存储类型说明。

在 C 语言中，对变量的存储类型说明有以下 4 种：

- auto 自动变量。
- static 静态变量。
- register 寄存器变量。
- extern 外部变量。

自动变量和寄存器变量属于动态存储方式，外部变量和静态变量属于静态存储方式。在介绍了变量的存储类型之后，可以知道对一个变量的说明不仅应说明其数据类型，还应说明其存储类型。因此变量说明的完整形式应为：

```
存储类型说明符 数据类型说明符 变量名，变量名…;
```

例如：

```
static int a,b;                  /*说明 a,b 为静态类型变量*/
auto char c1,c2;                 /*说明 c1,c2 为自动字符变量*/
static int a[5]={1,2,3,4,5};     /*说明 a 为静整型数组*/
extern int x,y;                  /*说明 x,y 为外部整型变量*/
```

下面就分别就这 4 种存储类型进行说明。

（1）自动变量的类型说明符：auto

这种存储类型是 C 语言程序中使用最广泛的一种类型。C 语言规定，函数内凡未加存储类型说明的变量均视为自动变量，也就是说自动变量可省去说明符 auto。在前面的程序中所定义的变量凡未加存储类型说明符的都是自动变量，例如：

```
{
    int i,j,k;
    char c;
    ……
}
```

等价于：

```
{
    auto int i,j,k;
```

```
    auto char c;
    ......
}
```

自动变量具有以下特点。

➢ 自动变量的作用域仅限于定义该变量的个体内。在函数中定义的自动变量，只在该函数内有效。在复合语句中定义的自动变量，只在该复合语句中有效。

➢ 自动变量属于动态存储方式，只有在使用它，即定义该变量的函数被调用时才给它分配存储单元，开始它的生存期。函数调用结束，释放存储单元，结束生存期。因此函数调用结束之后，自动变量的值不能保留。在复合语句中定义的自动变量，在退出复合语句后也不能再使用，否则将引起错误。

➢ 由于自动变量的作用域和生存期都局限于定义它的个体内（函数或复合语句内），因此不同的个体中允许使用同名的变量而不会混淆。即使在函数内定义的自动变量也可与该函数内部的复合语句中定义的自动变量同名，但读者应尽量避免这种使用方式。

（2）静态变量的类型说明符：static

静态变量的类型说明符是 static。静态变量当然是属于静态存储方式，它的存储空间是在编译完成后就分配了，并且在程序运行的全部过程中都不会撤销。这里要区别的是，属于静态存储方式的变量不一定就是静态变量。

例如外部变量虽属于静态存储方式，但不一定是静态变量，必须由 static 加以定义后才能成为静态外部变量，或称静态全局变量。

图 4.5 显示了静态变量和动态变量的区别。

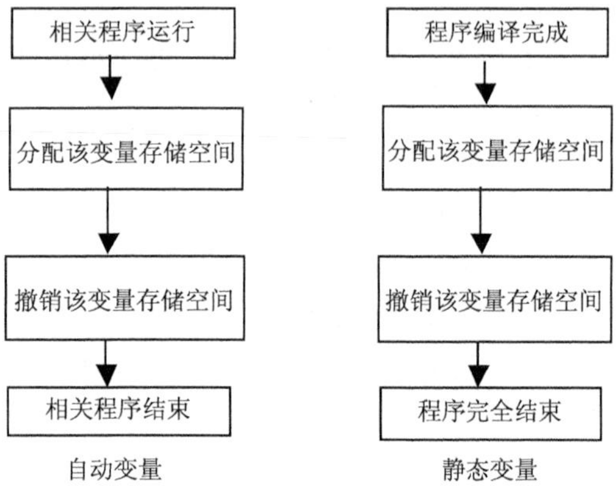

图 4.5 静态变量和动态变量

静态变量可分为静态局部变量和静态全局变量。

① 静态局部变量属于静态存储方式，它具有以下特点。

➢ 静态局部变量在函数内定义它的生存期为整个源程序，但是其作用域仍与自动变量相同，只能在定义该变量的函数内使用该变量。退出该函数后，尽管该变量还继续存在，但不能使用它。图 4.6 是静态局部变量的生存期及作用域示意图。

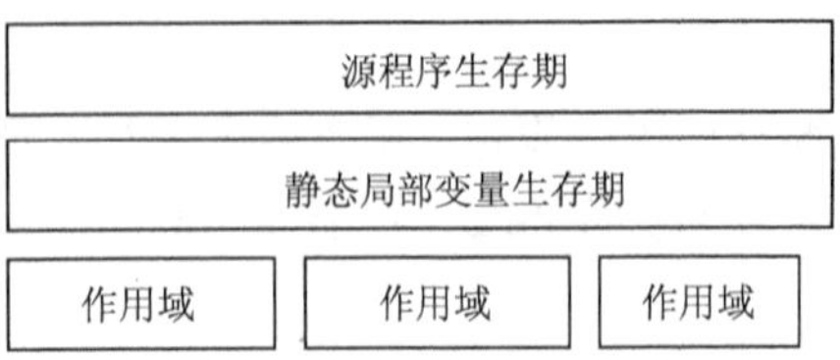

图 4.6 静态局部变量的生存期及作用域

➢ 允许对构造类静态局部量赋初值，例如数组，若未赋以初值，则由系统自动赋以 0 值。

➢ 基本类型的静态局部变量若在说明时未赋以初值，则系统自动赋予 0 值。而对自动变量不赋初值，则其值是不定的。根据静态局部变量的特点，可以看出它是一种生存期为整个源程序的量。虽然离开定义它的函数后不能使用，但如再次调用定义它的函数时，它又可继续使用，而且保存了前次被调用后留下的值。

因此，当多次调用一个函数且要求在调用之间保留某些变量的值时，可考虑采用静态局部变量。虽然用全局变量也可以达到上述目的，但全局变量有时会造成意外的副作用，因此仍以采用局部静态变量为宜。

② 静态全局变量

全局变量（外部变量）在关键字之前再冠以 static 就构成了静态的全局变量。全局变量本身就是静态存储方式，静态全局变量当然也是静态存储方式。这两者在存储方式上并无不同。

这两者的区别虽在于非静态全局变量的作用域是整个源程序，但当一个源程序由多个源文件组成时，非静态的全局变量在各个源文件中都是有效的；而静态全局变量则限制了其作用域，即只在定义该变量的源文件内有效，在同一源程序的其他源文件中不能使用它。

由于静态全局变量的作用域局限于一个源文件内，只能为该源文件内的函数公用，因此可以避免在其他源文件中引起错误。

图 4.7 是静态全局变量及非静态全局变量的区别示意图。

从以上分析可以看出，把局部变量改变为静态变量后改变了它的存储方式即改变了它的生存期。把全局变量改变为静态变量后改变了它的作用域，限制了它的使用范围。因此 static 这个说明符在不同的地方所起的作用是不同的。

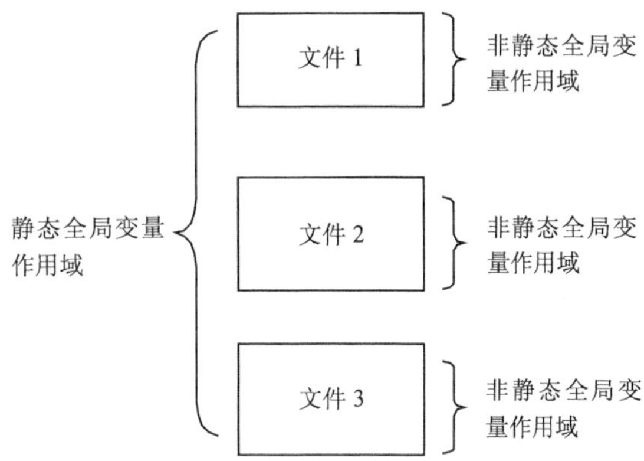

图 4.7　全局变量及非静态全局变量的区别

4.3.2　typedef

typedef 可以称作为 C 语言的关键字，其作用是为一种数据类型定义一个新名字。这里的数据类型包括内部数据类型（如 int，char 等）和自定义的数据类型（如 struct 等）。

其基本用法如下所示：

```
typedef 数据类型 自定义数据类型
```

例如用户可以使用以下语句：

```
typedef unsigned long uint32;
```

这样，就把声明标识符 uint32 作为无符号长整型的标志了，此后，用户就可以这样来定义变量：

```
uint32 a;
```

此句等价于：

```
unsigned long a;
```

用户可以看到，在大型程序开发中，typedef 的使用非常广泛。使用 typedef 目的一般有两个，一个是给变量一个易记且意义明确的新名字，另一个是简化一些比较复杂的类型声明。

在嵌入式的开发中，由于涉及可移植性的问题，typedef 的功能就更引人注目了。通过 typedef 可以为标识符取名为一个统一的名称，这样，在需要对这些标识符进行修改时，只需修改 typedef 的内容就可以了。

下面是/include/asm-arm/type.h 里的内容：

```
#ifndef __ASSEMBLY__
/*为有符号字符型取名为 s8*/
typedef signed char s8;
```

```
/*为无符号字符型取名为 u8*/
typedef unsigned char u8;
/*为有符号短整型取名为 s16*/
typedef signed short s16;
/*为无符号短整型取名为 u8*/
typedef unsigned short u16;
/*为有符号整型取名为 s32*/
typedef signed int s32;
/*为无符号整型取名为 u32*/
typedef unsigned int u32;
/*为有符号长长整型取名为 s64*/
typedef signed long long s64;
/*为无符号长长整型取名为 u64*/
typedef unsigned long long u64;
```

4.3.3 常量定义

1．const 定义常量

在 C 语言中，可以使用 const 来定义一个常量。常量的定义与变量的定义很相似，只需在关键字后加上 const 即可，如下所示：

```
int const a;
```

以上语句定义了 a 为一个整数常量。那么，既然 a 的值不能被修改，如何让 a 拥有一个值呢？

这里，一般有两种方法，其一是在定义时对它进行初始化，如下所示：

```
int const a = 10;
```

其二，在函数声明为 const 的形参在函数被调用时会得到实参的值。

在这里需要着重讲解的一点是在 const 涉及指针变量的情况，先看两个 const 定义：

```
int const *a;
int *const a;
```

当 const 写在关键字之后时，查看 const 究竟指定了何种数据类型为常量要看 const 之前的数据类型。在第一条语句中，const 指定常量的对象是整型数据，也就是指针 a 所指向的内存单元的整型内容，因此，该整型数据是不可改变的，而 a 这个指针本身的值（地址）是可以改变的。

与此相反，在第二条语句中，const 指定常量的对象是指向整型数据的指针，因此，在此时该指针本身（地址）的值是不可改变的，而该指针所指向的内存单元的内容则是可以改变的。

2．define 定义常量

define 实际是一个预处理指令，其实际的用途远大于定义常量这一功能。在这里，首先讲解 define 定义常量的基本用法，对于其他用途在本书的后续章节中会有详细介绍。

使用 define 定义常量实际是进行符号替换，其定义方法为：

```
#define 符号名 替换列表
```

符号名必须符合标识符命名规则。替换列表可以是任意字符序列，如数字、字符、字符串、表达式等，例如：

```
#define MSG "I'm Antigloss!" /*后面的所有 MSG 都会被替换为"I'm Antigloss!"*/
#define SUM 99 /*后面的所有 SUM 都会被替换为 99*/
#define BEEP "\a"/*后面的所有 BEEP 都会被替换为"\a"*/
```

习惯上，人们用大写字母来命名符号名，而用小写字母来命名变量。

> 注意　预处理指令#define的最后面没有分号“;”，千万不要画蛇添足！

在Linux内核中，也广泛使用define来定义常量，如用于常见的出错处理的头文件中include/asm-generic/errno-base.h就有如下定义：

```
#define EPERM           1       /*操作权限不足*/
#define ENOENT          2       /*没有该文件或目录*/
#define ESRCH           3       /*没有该进程*/
#define EINTR           4       /*被系统调用所中止*/
#define EIO             5       /*I/O出错*/
#define ENXIO           6       /*没有这个设备或地址*/
#define E2BIG           7       /*命令列表太长*/
#define ENOEXEC         8       /*命令格式错误*/
```

4.3.4　ARM-Linux基本数据类型综合应用实例

本节将带领读者走进Linux内核，亲身感受一下这个优秀的操作系统Linux的具体搭建过程。其实读者可以看到，若将这一高楼大厦分解细分为砖瓦，那么每一部分其实也并不是很困难的。

由于以上只讲解了C语言的基本数据类型，而在Linux内核中，直接使用这些基本数据类型来构建关键数据结构的微乎其微，一般都是将基本数据类型组合起来，构成构造数据类型（如结构体等），来组成其关键的数据结构。

本节重点分析这些构造数据类型中的基本数据类型部分，在对其中的每一部分都有了细致的了解后，整体的数据结构也就非常清楚了。

本节将以Linux中内存管理中的物理页为例进行讲解。

1．内存页管理机制

内存把物理页作为内存管理的基本单位。尽管处理器的最小可寻址单位通常为字，但是，内存管理单元（MMU，管理内存并把虚拟地址转换为物理地址的硬件）通常是以页为单位进行处理的。也正因为如此，MMU以页的大小为单位来管理系统中的页表。因此，从虚拟内存的角度来看，页就是最小分配单位。

不同的体系结构，所支持的页大小也不尽相同，读者可以查看/include/asm../page.h中的定义，如下所示：

```
/*include/asm-i386/page.h*/
/*PAGE_SHIFT决定页大小，页大小为4K*/
#define PAGE_SHIFT     12

/*include/asm-alpha/page.h*/
/*页大小为8K*/
#define PAGE_SHIFT  13

/*include/asm-arm/page.h*/
/*页大小为4K*/
#define PAGE_SHIFT  12

/*include/asm-arm26/page.h, arm2600*/
```

```
/*若定义了页大小为 16K*/
#if defined(CONFIG_PAGESIZE_16)
#define PAGE_SHIFT      14                  /* 16K */
/*其他情况页大小为 32K*/
#else           /* default */
#define PAGE_SHIFT      15                  /* 32K */
#endif

/*include/asm-ppc/page.h*/
/*页大小为 4K*/
#define PAGE_SHIFT  12
```

这里的 PAGE_SHIFT 是用于决定页大小的，将它的数值进行以 2 为底取幂运算（2^{PAGE_SHIFT}），所得出的结果就是页的大小，比如 2^{12} 为 4K（$1K = 2^{10}$）。可以看到，不同体系结构的页大小是不同的，有些体系结构甚至可以支持多种不同的页大小，在 ARM 中，就可以支持 3 种页大小，其中 S3C2410 的页大小为 4K。

2. 内核物理页结构

内核的物理页结构定义在<linux/mm.h>中，它是一个构造型数据类型——结构体（在本书的后续章节中将会有详细介绍），其结构定义如下：

```
struct page {
        /*页状态标记*/
        page_flags_t flags;
        /*页引用计数*/
        atomic_t _count;
        /*页映射计数，并且限制页反向映射*/
        atomic_t_mapcount;
        /*私有页标记*/
        unsigned long private;
        /*指向该物理页相关的结构*/
        struct_address_space *mapping;
        /*页映射偏移*/
        pgoff_t index;
        /*页换出队列*/
        struct list_head lru;
        /*页的虚拟地址*/
        void *virtual;
};
```

下面从语法的角度介绍这些基本数据类型中的重要参数。

（1）flags

flags 域是用于存放页的状态的，它的类型标识符为“page_flags_t”，可以看出，这是一个自定义的标识符，通常是由 typedef 来定义的。读者可以继续在该文件中查找，可以发现有以下定义：

```
typedef unsigned long page_flags_t;
```

可以看到，“page_flags_t”实际上是一个“unsigned long”型 32 位的数据类型。那么，为什么在此处要设置一个 32 位的数据类型呢？原因在于，flag 是用于页的状态的，它其中的每一位都单独表示一种状态，所以它可以同时表示出 32 种不同的状态。这些状态标志定义在<linux/page-flags.h>中，如下所示：

```
#define PG_locked           0           /* 页被锁 */
#define PG_error            1           /*页错误*/
```

```
#define PG_referenced    2       /*页被引用*/
#define PG_uptodate      3       /*页被更新*/

#define PG_dirty         4       /*页是脏的*/
#define PG_lru           5       /*页换出*/
#define PG_active        6       /*页激活*/
#define PG_slab          7       /*页缓存*/

#define PG_checked       8       /*页被检查*/
#define PG_arch_1        9       /*一级页*/
#define PG_reserved      10      /*页保留*/
#define PG_private       11      /*私有页 */

#define PG_writeback     12      /*页回写*/
#define PG_nosave        13      /*该页不安全*/
#define PG_compound      14      /*页响应*/
#define PG_swapcache     15      /*页换出在高速缓存中*/

#define PG_mappedtodisk  16      /*在磁盘中有该块*/
#define PG_reclaim       17      /*页声明*/
#define PG_nosave_free   18      /*页空闲*/
#define PG_uncached      19      /*页未在 cache 中命中*/
```

这里定义了 19 个状态，因此，安排一个 32 位的整数可以给今后的升级留有空间。

（2）_count 和_mapcount

_count 和_mapcount 分别是页引用计数和页映射计数，它们的类型都是“atomic_t”，同“page_flags_t”一样，这个类型标识符也是自定义的，定义其的文件在</include/asm-arm/atomic.h>中，如下所示：

```
typedef struct { volatile int counter; } atomic_t;
```

可以看到，typedef 不仅可以为基本数据类型取新名，也可以为构造数据类型取名。

（3）virtual

virtual 是一个空指针，它用于指明页的虚拟地址。可以看到，使用指针来表明地址是非常恰当的。有些情况下，一些内存（即所谓的高端内存）并不永久地映射到内核地址空间上，这时 virtual 的值为 NULL。

在这时为什么要用空指针呢？由于在此处，virtual 用于表明一个地址而不是用于指示任何其他类型的数据，所以使用空指针这一中立类型的指针是最为合适的。

4.4　运算符与表达式

和其他程序设计语言一样，C 语言中记述运算的符号称为运算符，运算符是告诉编译程序执行特定算术或逻辑操作的符号，运算的对象称为操作数。

对一个操作数进行运算的运算符称为单目运算符，对两个操作数进行运算的运算符称为双目运算符，3 目运算符对 3 个操作数进行运算。用运算符和括号将操作数连接起来的式子叫表达式。

C 语言提供了四十多个运算符，一些跟其他高级语言相同（例如“+”、“-”、“*”等运算符），另外的与汇编语言类似，对计算机的底层硬件（如指定的物理地址）能进行访问。这样，C 语言可以实现汇编语言的大部分功能。

C 语言的运算符范围很宽，除了控制语句和输入输出以外的几乎所有的基本操作都可以作为运算符处理，例如，将赋值符“=”作为赋值运算符，方括号“[]”作为下标运算符等。

C 语言的运算符如表 4.7 所示。

表 4.7　　C 语言运算符类型

运算符类型	说　明
算术运算符	+ − * / %
关系运算符	> < = = >= <= ! =
逻辑运算符	! && ||
位运算符	<< >> ^ | ∧ &
赋值运算符	=及其扩展赋值运算符
条件运算符	? :
逗号运算符	,
指针运算符	*和&
求字节数运算符	sizeof
强制类型转换运算符	(类型）
分量运算符	. →
下标运算符	[]
其他	如函数调用运算符（）

下面主要介绍基本运算符的使用。

4.4.1　算术运算符和表达式

1. 算术运算符

算术运算符包括双目的加减乘除四则运算符和求模运算符，以及单目的正负运算符，其列表如表 4.8 所示。

表 4.8　　算术运算符列表

运　算　符	描　　述	结　合　性
+	单目正	从右至左
−	单目负	从右至左
*	乘	从左至右
/	除和整除	从左至右
%	求模（求余）	从左至右
+	双目加	从左至右
−	双目减	从左至右

这里有几点需要说明。

➢ “+”、“–”、“*”、“/” 4 种运算符的操作数，可以是任意基本数据类型，其中“+”、“–”、“*”与一般算术运算规则相同。

➢ 除法运算符“/”包括了除和整除两种运算，当除数和被除数都是整型数时，结果只保留整数部分而自动舍弃小数部分；除数和被除数只要有一个浮点数，进行浮点数相除。

➢ 运算符“–”除了用作减法运算符之外，还有另一种用法，即用作负号运算符。用作负号运算符时只要一个操作数，其运算结果是取操作数的负值，如–（3+5）的结果是–8。

➢ 求模运算就是求余数，求模运算要求两个操作数只能是整数，如 5.8%2 或 5%2.0 都是不正确的。

除了上述常见的几种运算符之外，C 语言还提供了两个比较特殊的算术运算符：自增运算符“++”和自减运算符“––”（关于这两个运算符在稍后的赋值运算符和表达式中回详细讲解）。

2．算术表达式

用算术运算符和括号将操作数连接起来的式子叫作算术表达式。

```
例如: a+2*b-5、18/3*(2.5+8)-'a'
```

在一个算术表达式中，允许不同的算术运算符以及不同类型的数据同时出现，在这样的混合运算中，要注意下面两个问题。

（1）运算符的优先级

C 语言对每一种运算符都规定了优先级，混合运算中应按次序从高优先级的运算执行到低优先级的运算。算术运算符的优先级从高到低排列如下（自左向右）：

```
() ++ -(负号运算符) -- * / % +- (加减法运算符)
```

（2）类型转换

不同类型的数值数据在进行混合运算时，要先转换成同一类型之后再运算，C 语言提供了两种方式的类型转换。

➢ 自动类型转换

这种转换是系统自动进行的，其转换规则如图 4.8 所示。

其中，float 型向 double 型的转换和 char 型向 int 型的转换是必定要进行的，即不管运算对象是否为不同的类型，这种转换都要进行。图中纵向箭头表示当运算对象为不同类型时的转换方向。如 int 型与 double 型数据进行运算时，是先将 int 型转换为 double 型，再对 double 型数据进行运算，最后的运算结果也为 double 型，例如：

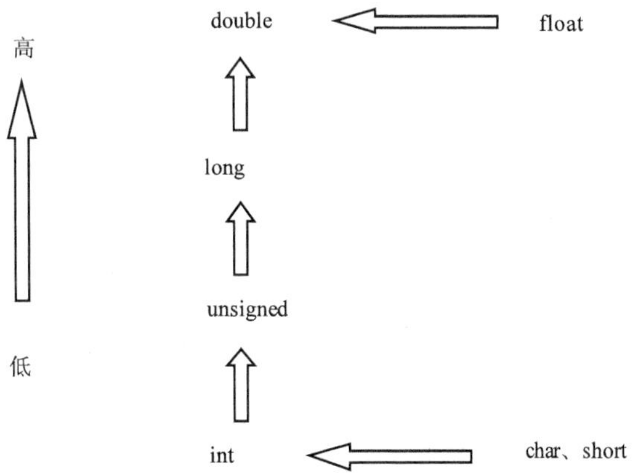

图 4.8　自动类型转换规则

```
100-"a"+40.5
```

这个表达式的运算过程是这样的。

第一步，计算“100–‘a’”，先将字符数据‘a’转换为 int 型数据 97（a 的 ASCII 码），运算结果为 3；

第二步，计算“3+40.5”，先将 float 型的 40.5 转换为 double 型，再将 int 型的 3 转换为 double 型，最后的运算结果为 double 型。

➢ 强制类型转换

利用强制类型转换运算符可以将一个表达式转换成所需的类型。强制类型转换的一般形式是：

```
(类型名)表达式
```

例如：（double）a 将 a 转换成 double 型，（int）（x+y）将 x+y 的值转换成 int 型（注意，不能写成（int）x+y）。

强制类型转换一般用于自动类型转换不能达到目的的时候。例如，sum 和 n 是两个 int 型变量，则 sum/n 的结果是一个舍去了小数部分的整型数，这个整数很可能存在较大的误差，如果想得到较为精确的结果，则可将 sum/n 改写为 sum/（float）n 或（float）sum/n。

4.4.2 赋值运算符和表达式

1．赋值运算符

（1）单纯赋值运算符“=”

在前面的讲解中，读者已多次看到了符号“=”。在C语言中，“=”不是等号，而是赋值运算符，它是个双目运算符，结合性是从右向左，其作用是将赋值号“=”右边的操作数赋给左边的操作数。

示例：

```
x = y;    /*将变量 y 的值赋给变量 x(注意不是 x 等于 y)*/
a = 28;   /* 将 28 赋值给变量 a*/
j = j+2   /*把变量 j 的值加上 2，并把和赋值到 j 中*/
```

（2）复合赋值运算符“+=”、“-=”、“*=”、“/=”

在赋值符“=”之前加上其他运算符，即构成复合的运算符。C 语言规定有 10 种复合赋值运算符。除上面 4 种外，还有“%=”、“<<=”、“>>=”、“&=”、“^=”，“|=”，这些将在后面位运算中介绍。

示例：

```
a += 30 等效于 a = a+30，相当于 a 先加 30，然后再赋给 a..
t *= x+5 等效于 t=t*(x+5)
```

采用复合赋值运算符既能简化程序，也能提高编译效率。所以编写程序的时候，应尽可能地使用复合赋值运算符。在 Linux 内核中，也随处可见复合赋值运算符的使用，如下例中就是在/drivers/char/rtc.c 的 rtc_interrupt 函数中代码：

```
rtc_irq_data += 0x100;
```

该程序就是一个中断处理程序，是来自 RTC 的驱动程序。RTC 是一个从系统定时器中独立出来的设备，用于设置系统时钟、提供报警器等。以上语句中的变量 rtc_irq_data 就是在接受到 RTC 的中断后需要更新的数值。

2．赋值表达式

用赋值运算符将一个变量和一个表达式连接起来，就成了赋值表达式。一般形式如下：

```
<变量名><赋值运算符><表达式> 即: 变量 = 表达式
```

对赋值表达式求解的过程是：将赋值运算符右侧的“表达式”的值赋给左侧的变量。赋值表达式的值就是被赋值的变量的值，如“a = 5”这个赋值表达式的值是 5。

注意

- 赋值运算符的左边只能是一个变量名，而不能是一个常量或其他的表达式。例如：13=b、a+b=15、j*2=100 这些都是错误的赋值表达式。
- 赋值运算符右边的表达式也可以为一个赋值表达式，例如：a=(b=2)或 a=b=2 表示变量 a 和 b 的值均为 2，表达式的值为变量 a 的值 2。此方法适合于给几个变量同时赋一个值时使用。

3．特殊的赋值运算——自增自减

“++”是自增运算符，它的作用是使变量的值增加 1。“--”是自减运算符，其作用是使变量的值减少 1，例如：

```
i = i+1
```

这个赋值表达式是把变量 i 的值加上 1 后再赋给 i，即将变量 i 的值增加 1。那么在这里就可以利用自增运算符简化这个赋值表达式为：

```
i++ 或 ++i
```

又如：

```
i-- 或--i 等价 i = i-1
```

自增运算符和自减运算符是两个非常有用的运算符，由于通常一条 C 语言的语言在经过编译器的处理后会翻译为若干条汇编语句，如赋值语句等会涉及多次寄存器的赋值等操作，而自增或自减语句能直接被翻译为“inc”和“dec”，因此它的执行效率比“i = i+1”或“i = i−1”更高，而且前者的写法使程序更精练。

这里有两点需要注意：

- 自增/自减运算符，仅用于变量，不能用于常量或表达式；
- ++和--的结合方向是自右至左。

自增和自减运算符可用在操作数之前，也可放在其后，但在表达式中这两种用法是有区别的。自增或自减运算符在操作数之前，C 语言在引用操作数之前就先执行加 1 或减 1 操作；运算符在操作数之后，C 语言就先引用操作数的值，而后再进行加 1 或减 1 操作，例如：

```
j=i++;
```

其执行过程是：先将变量 i 的值赋值给变量 j，再使变量 i 的值增 1。结果是，i 的值为 3，j 的值为 2。等价于下面两个语句：

```
j=i;
i=i+1;
```

再如以下示例：

```
j=++i;
```

其执行过程是：先将变量 i 的值增 1，再把新 i 的值赋给变量 j。结果是：i=3，j=3。

该语句等价于下面两个语句：

```
i = i+1;
j=i;
```

4.4.3 逗号运算符和表达式

C 语言中逗号“,”也是一种运算符，称为逗号运算符。其功能是把两个表达式连接起来组成一个表达式，称为逗号表达式，其一般形式为：

```
表达式 1，表达式 2
```

其求值过程是分别求两个表达式的值，并以表达式 2 的值作为整个逗号表达式的值。

例如：

```
y =(x=a+b),(b+c);
```

本例中，y 等于整个逗号表达式的值，也就是表达式 2 的值，x 是第一个表达式的值。对于逗号表达式还要说明 3 点。

- 逗号表达式一般形式中的表达式 1 和表达式 2 也可以是逗号表达式。例如：表达式 1，（表达式 2，表达式 3）。这样就形成了嵌套情形。

因此可以把逗号表达式扩展为以下形式：表达式 1，表达式 2，…表达式 n，整个逗号表达式的值等于表达式 n 的值。

- 程序中使用逗号表达式，通常是要分别求逗号表达式内各表达式的值，并不一定要求整个逗号表达式的值。
- 并不是在所有出现逗号的地方都组成逗号表达式，如在变量说明中，函数参数表中逗号只是用作各变量之间的间隔符。

4.4.4 位运算符和表达式

1. 位运算符

位运算符是指进行二进制位的运算。C 语言中提供的位运算包括与（&）、或（|）、异或（^）、取反（～）、移位（“<<”或“>>”）这些逻辑操作。对汇编语言比较熟悉的读者对这些已经非常了解了，不过在此还是做一简单介绍。

（1）与（&）、或（|）和异或（^）

这 3 种位运算都是双目操作符。当两个位进行相与时，只有两者都为“1”结果才为“1”；当两个位进行相或时，两者中只要有一方为“1”，结果就为“1”；而当两个位进行异或时，只要两者不同，结果就为“0”，否则结果为“1”。这些操作以图表的形式总结如图 4.9 所示。

&	0	1
0	0	0
1	0	1

|	0	1
0	0	1
1	1	1

^	0	1
0	0	1
1	1	0

图 4.9 位运算操作示意图

这些位操作符在使用时按位来进行操作，比如有 3 和 5 进行与（&）、或（|）、异或（^）

操作，用户应该将它们先写成二进制的形式，再进行运算，如下所示：

```
  0011             0011             0011
& 0101           | 0101           ^ 0101
 0001             0111             0001
```

（2）移位操作符（“<<” 或 “>>”）

移位操作符只是简单地把一个值往左或往右移。在左移中，原值最左边的几位被丢弃，其右边多出的几位补 0，如图 4.10 所示。

右移位虽然只是左移的相反操作，但却存在一个左移中不曾面临的问题——符号位的问题，也就是从左边移入新位时，可以选择两种方案：一是逻辑移位，左边移入的位简单地用 0 来填充；另一种是算术移位，左边移入的位由原先的符号位来决定，符号位为 1 则移入的位均为 1，符号位为 0 则移入的位均为 0，这样能够保证原数的正负形式不变。

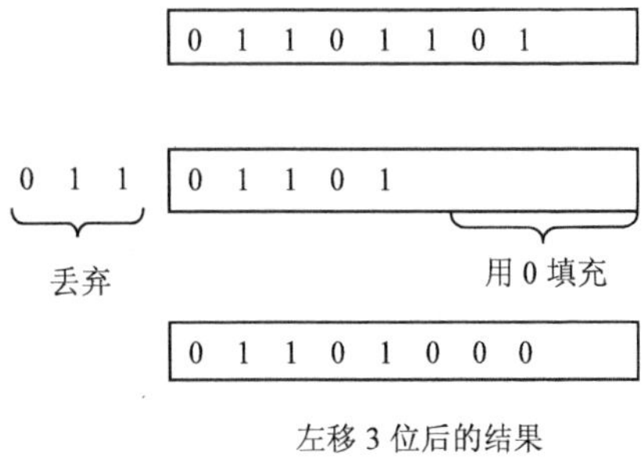

图 4.10　移位操作符操作过程

比如，有数“1000101”，若将其右移两位，逻辑移位的结果是“0010001”，而算术移位的结果是“1110001”。由于在左移时不涉及逻辑位的取舍，因此，算术左移与逻辑左移的结果是一样的。

可移植性提示　C 语言标准说明无符号数执行的所有移位操作都是逻辑移位，但对于有符号数，到底是采用逻辑移位还是算术移位取决于编译器，不同的编译器所产生的结果有可能会不同。因此，一个程序若采用了有符号数的右移位操作，它是不可移植的。

关于位运算符有两点需要注意。

- 在这些移位运算符中，除了取反（～）是单目运算符，其余都是二元运算符，也就要求运算符两侧都有一个运算对象，位运算符的结合方向均为自左向右。
- 位运算符的对象只能为整型或字符型数据，不能是实型数据。

2. 位表达式

将位运算符连接起来所构成的表达式称为位表达式。在位表达式中，依然要注意优先级的问题。在这些位运算符中，取反运算符（～）优先级最高，其次是移位运算符（<<和>>），再次是与（&）、或（|）和异或（^）。

在实际使用中，通常是将其进行赋值运算，因此，之前所提到的复合赋值操作符（“<<=”、“>>=”、“&=”、“^=”，“|=”）就相当常见了，比如：

```
a <<= 2;
```

就等价于：

```
a = a << 2;
```

读者应该注意到，在移位操作中，左移 n 位相当于将原数乘以 2^n，而右移 n 位则相当于将原数除以 2^n，因此，若读者希望操作有关乘除 2^n 的操作时，可以使用移位操作来代替乘除操作。由于移位操作在汇编语言中直接有与此相对应的命令，如“SHL”、“SAL”等，因此其执行效率是相当高的，表 4.9 列举了常见操作的执行时间（单位：机器周期）。

表 4.9 基本运算执行时间

操　作	执行时间
整数加法	1
整数乘法	4
整数除法	36
浮点加法	3
浮点乘法	5
浮点除法	38
移位	1

可以看到，乘除法（尤其是除法）操作都是相当慢地，因此若有以下两句语句：

```
a = (high + low)/2;
a = (high + low) >> 1;
```

这时，第二句语句会比第一句语句快很多。也正是由于位运算符的高效，在 Linux 内核代码中随处都可见到移位运算符的身影。如前面在赋值运算符中提到的有关 RTC 的例子中就有如下语句：

```
rtc_irq_data &= ~0xff;
rtc_irq_data |= (unsigned long)irq & 0xF0;
```

这两句语句看似比较复杂，但却是非常常见的程序写作方法，读者可以首先将复合赋值运算符展开，这样，第一句语句就成为以下形式：

```
rtc_irq_data = rtc_irq_data & ~ 0xff;
```

这时，由于取反运算符的优先级较高，因此，就先进行对 0xff 的取反操作，这就相当于为～0xff 加上了括号，如下所示：

```
rtc_irq_data = rtc_irq_data & (~ 0xff);
```

再接下来的步骤就比较明朗了，rtc_irq_data 先于 0xff 取反的结果 0x00 相与，再将运算结果的值赋给 rtc_irq_data 变量本身。读者可以按照这种方法来分析第二条语句。

4.4.5 关系运算符和表达式

1. 关系运算符

在程序中经常需要比较两个量的大小关系，以决定程序下一步的工作。比较两个值的运算符称为关系运算符，在 C 语言中有以下关系运算符：

- < ：小于。
- <= ：小于或等于。
- > ：大于。
- >= ：大于或等于。
- == ：等于。
- != ：不等于。

关系运算符都是双目运算符，其结合性均为左结合。关系运算符的优先级低于算术运算符，高于赋值运算符。

在这6个关系运算符中，“<”、“<=”、“>”、“>=”的优先级相同，高于“= =”和“!=”，“==”和“!=”的优先级相同。根据优先级的关系，以下式子具有等价的关系：

```
c>a+b          和          c>(a+b)
a>b= =c        和         (a>b)= =c
a=b>c          和          a=(b>c)
```

注意　“= =”为关系运算符，判断两个数值是否相等，“=”为赋值运算符。

2. 关系表达式

用关系表达式将两个式子（可以是各种类型的式子）连接起来的式子，称为关系表达式，关系表达式的一般形式为：

```
表达式 关系运算符 表达式
```

以下表达式都是合法的关系表达式。

```
a+b>c-d;
x>3/2;
'a'+1<c;
-i-5*j= =k+1;
```

由于表达式也可以又是关系表达式，因此也允许出现嵌套的情况，例如：

```
a>(b>c),a!=(c= =d)
```

关系表达式的值只有两种，即为“真”和“假”，用“1”和“0”表示。例如，关系表达式“5==3”的值为“假”（0），“5>3”的值为“真”（1）。

由于在C语言中，并不存在bool（布尔）类型的值，因此，C语言程序员以形成惯例，用“1”代表真，用“0”代表假。

另外，用户还可以通过typede来自定义bool类型，如下所示：

```
typedef unsigned char bool;
#define TRUE 1
#define FALSE 0
```

这样，在之后的使用时就可以用bool来定义变量，用TRUE和FALSE来判断表达式的值了。

4.4.6　逻辑运算符和表达式

1. 逻辑运算符

C语言中提供了3种逻辑运算符：与运算符（&&）、或运算符（||）和非运算符（!），其中与运算符（&&）和或运算符（||）均为双目运算符，具有左结合性；非运算符（!）为单目运算符，具有右结合性。

读者可以看到，逻辑运算符和位运算符（尤其是与或运算符）有很人的相似性。为了使读者更好地理解逻辑运算与位运算的区别，这里对逻辑运算的概念再做解释。

逻辑运算是用来判断一件事情是“对”的还是“错”的，或者说是“成立”还是“不成立”，判断的结果是二值的，即没有“可能是”或者“可能不是”，这个“可能”的用法是一个模糊概念。

在计算机里面进行的是二进制运算，逻辑判断的结果只有两个值，称这两个值为“逻辑值”，用数的符号表示就是“1”和“0”。其中“1”表示该逻辑运算的结果是“成立”的，如果一个逻辑运算式的结果为“0”，那么这个逻辑运算式表达的内容“不成立”。

【例】

通常一个教室有两个门，这两个门是并排的。要进教室从门 A 进可以，从门 B 进教室也行，用一句话来说是“要进教室去，可以从 A 门进‘或者’从 B 门进”。

这里，可以用逻辑符号来表示这一个过程：能否进教室用符号 C 表示，教室门分别为 A 和 B。C 的值为“1”表示可以进教室，为“0”表示进不了教室。A 和 B 的值为“1”时表示门是开的，为“0”表示门是关着的，那么它们之间的关系就可以用表 4.10 来表示。

表 4.10　示例逻辑关系

说　明	C	A	B
两个教室的门都关着，进不去教室	0	0	0
门 B 是开着的，可以进去	1	0	1
门 A 是开着的，可以进去	1	1	0
门 A 和 B 都是开着的，可以进去	1	1	1

把表中的过程写成逻辑运算就是：

```
C = A || B
```

这就是一个逻辑表达式，它是一个“或”运算的逻辑表达式。这个表达式要表达的就是：如果要使得 C 为 1，只要 A“或”B 其中之一为“1”即可。所以“||”运算称为“或”运算。

【例】

假设一个房间外面有一个晒台，那么这个房间就纵向开着两个门，要到晒台去，必须要过这两个门，很明显这两个门必须都是开着的才行，否则只要其中一个门关着就去不了晒台。

这时，同样使用逻辑符号 C 来表示是否能去晒台，A 和 B 表示是否 A、B 门是否以开，那么它们之间的关系就可以用表 4.11 来表示。

表 4.11　示例逻辑关系

说　明	C	A	B
两个门都关着，去不了晒台	0	0	0
门 A 关着，去不了晒台	0	0	1
门 B 关着，去不了晒台	0	1	0
门 A 与门 B 都开着，可以去晒台	1	1	1

把表中的过程写成逻辑运算式就是：

```
C = A && B
```

从上面的两例可以看出，在逻辑表达式里有参加逻辑运算的逻辑量和逻辑运算最后的结果（逻辑值），把这两个概念区分开来和记住它们是很重要的。

什么是逻辑量呢？凡是参加逻辑运算的变量、常量都是逻辑量，例如上例中的 A、B。而逻辑值则是逻辑量、逻辑表达式其最后的运算结果的值。下面两条规则在逻辑表达式中是非常重要的。

- 逻辑值只有“0”和“1”两个数，其中“1”表示逻辑真（成立），“0”表示逻辑假（不成立）。
- 一切非“0”的逻辑值都为真。例如：−1 的逻辑值为真（1），5 的逻辑值为真（1）。

表 4.12 列出了逻辑运算的真值表。

表 4.12　　逻辑运算真值表

a	b	!a	!b	a&&b	a||b
真	真	假	假	真	真
真	假	假	真	假	真
假	真	真	假	假	真
假	假	真	真	假	假

2．逻辑表达式

逻辑表达式的一般形式为：

```
表达式 逻辑运算符 表达式
```

其中的表达式也可以是逻辑表达式，从而组成了嵌套的情形。

在这里，首先要明确的还是优先级的问题，逻辑运算符和其他运算符优先级的关系如图 4.11 所示。

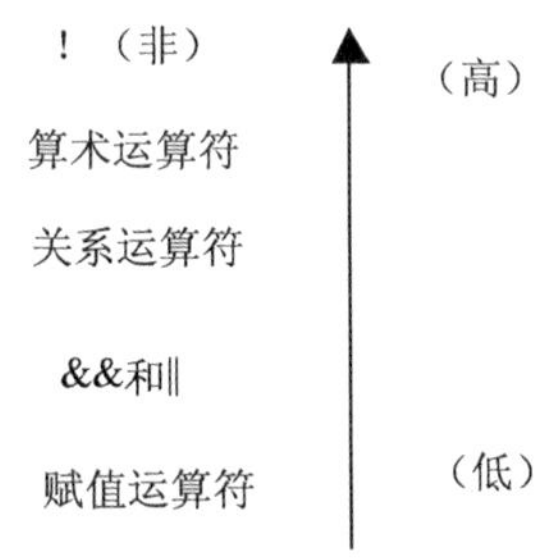

图 4.11　移位操作符操作过程

由以上优先级的顺序可以看出：

```
a>b && c>d 等价于(a>b) && (c>d)
!b= =c||d<a 等价于((!b)= =c)||(d<a)
a+b>c && x+y<b 等价于((a+b)>c) && ((x+y)<b)
```

逻辑表达式的值是式中各种逻辑运算的最后值，以“1”和“0”分别代表“真”和“假”。

4.4.7　sizeof 操作符

sizeof 是一个单目运算符，它的运算对象是变量或数据类型，其运算结果为一个整数。若运算对象为变量，则所求的结果是这个变量占用的内存空间字节数，若运算对象是数据类型，则所求结果是这种数据类型的变量占用的内存空间字节数。

它是一个很常用的工具，能够准确地测量这些变量或数据类型所占用的内存空间的大小，下面的程序显示了 sizeof 的用法：

```
#include <stdio.h>

enum week{
    SUN,MON,TUES,WED,THURS,FRI,SAT,
};
int main()
{
        int i;
        enum week myweek;
        printf("the size of int is %d bytes\n",sizeof(int));
        printf("the size of long is %d bytes \n",sizeof(long));
        printf("the size of short is %d bytes \n",sizeof(short));
        printf("the size of char is %d bytes \n",sizeof(char));
        printf("the size of week is %d bytes \n", sizeof (enum week));
        printf("the size of myweek is %d bytes \n", sizeof (myweek));
}
```

该程序的运行结果为：

```
the size of int is 4 bytes
the size of long is 4 bytes
the size of short is 2 bytes
the size of char is 1 bytes
the size of week is 4 bytes
the size of myweek is 4 bytes
```

从该结果中，可以清楚地看到不同数据类型及变量所占的字节数。

4.4.8 条件（？）运算符

条件运算符（？）是 C 语言中惟一一个三目运算符，它可以提供如 if-then-else 语句的简易操作，其一般形式为：

```
EXP1 ? EXE2: EXP3
```

这里 EXP1、EXP2 和 EXP3 都可以是表达式。

操作符“?”作用是这样的：先计算 EXP1 的逻辑值，如果其值为真，则计算 EXP2，并将数值结果作为整个表达式的数值；如果 EXP1 的逻辑值为假，则计算 EXP3，并以它的结果作为整个表达式的值，其执行过程如图 4.12 所示。

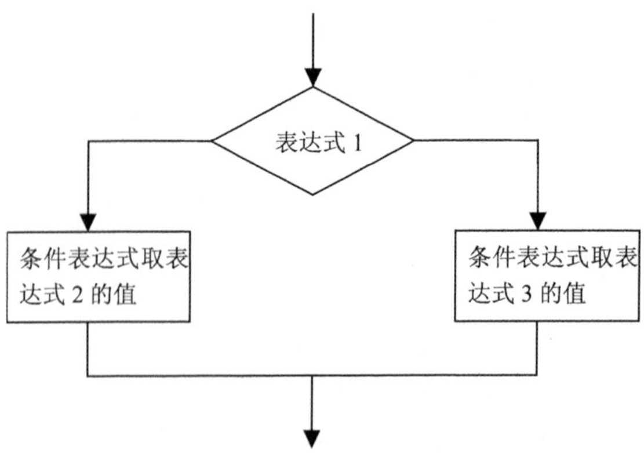

图 4.12 条件操作符的执行过程

条件运算符的优先级高于赋值运算符，读者可以自行分析一下以下语句的含义：

```
max = (a>b)?a:b
```

由于条件运算符的优先级高于赋值运算符，因此，先计算赋值语句的右边部分。

当 a 大于 b 为真（即 a 大于 b）时，条件表达式的值为 a；当 a 大于 b 为假（即 a 大于 b 不成立）时，条件表达式的值为 b。因此，max 变量的值就是 a 和 b 中较大的值（若 a 与 b 相等时取 b）。

4.4.9 运算符优先级总结

C 语言中的优先级一共分为 15 级，1 级最高，15 级最低。在有多个不同级别的运算符出现的表达式中，优先级较高的运算符将会先进行运算，优先级较低的运算符后运算。另外，如果在一个运算对象两侧的运算符的优先级相同时，则按运算符的结合性所规定的结合方向来进行处理。

C 语言的结合性有两种，即左结合性和右结合性。若为左结合性，则该操作数先与其左边的运算符相结合；若为右结合行，则该操作数先与其右边的运算符相结合。

因此，对于表达式“x−y+z”，读者可以看到 y 的左右两边的操作符“−”和“+”都为同一级别的优先级的，而它们也都具有左结合性，因此，y 就先与“−”相结合，故在该表达式中先计算“x−y”。

表 4.13 列举了 C 语言中的运算符的优先级和结合性。

表 4.13　运算符的优先级和结合性

优 先 级	运 算 符	含 义	运算对象个数	结合方向
1	() [] -> .	圆括号 下标运算符 指向结构体成员运算符 结构体成员运算符		自左向右
2	! ~ ++ − − − （类型） * & sizeof	逻辑非运算 按位取反运算 自增运算符 自减运算符 负号运算符 类型转换运算符 指针运算符 地址与运算符 长度运算符	1（单目）	自右向左
3	* / %	乘法运算符 除法运算符 求余运算符	2（双目）	自左向右
4	+ −	加法运算符 减法运算符	2（双目）	自左向右

续表

<table>
<tr><th>优 先 级</th><th>运 算 符</th><th>含 义</th><th>运算对象个数</th><th>结合方向</th></tr>
<tr><td>5</td><td><<
>></td><td>左移运算符
右移运算符</td><td>2（双目）</td><td>自左向右</td></tr>
<tr><td>6</td><td><
<=
>
>=</td><td>关系运算符</td><td>2（双目）</td><td>自左向右</td></tr>
<tr><td>7</td><td>= =
!=</td><td>等于运算符
不等于运算符</td><td>2（双目）</td><td>自左向右</td></tr>
<tr><td>8</td><td>&</td><td>按位与运算符</td><td>2（双目）</td><td>自左向右</td></tr>
<tr><td>9</td><td>^</td><td>按位异或运算符</td><td>2（双目）</td><td>自左向右</td></tr>
<tr><td>10</td><td>|</td><td>按位或运算符</td><td>2（双目）</td><td>自左向右</td></tr>
<tr><td>11</td><td>&&</td><td>逻辑与运算符</td><td>2（双目）</td><td>自左向右</td></tr>
<tr><td>12</td><td>||</td><td>逻辑或运算符</td><td>2（双目）</td><td>自左向右</td></tr>
<tr><td>13</td><td>?:</td><td>条件运算符</td><td>3（三目）</td><td>自右向左</td></tr>
<tr><td>14</td><td>=
+=
−=
*=
/=
%=
>>=
<<=
&=
^=
|=</td><td>赋值运算符</td><td>2（双目）</td><td>自右向左</td></tr>
<tr><td>15</td><td>,</td><td>逗号运算符</td><td></td><td>自左向右</td></tr>
</table>

这些运算符的优先级看起来比较凌乱，表 4.14 所示为一个简单易记的口诀，可以帮助读者记忆。

表 4.14　　运算符的优先级口诀

口　诀	含　义
括号成员第一	括号运算符[]() 成员运算符. ->
全体单目第二	所有的单目运算符，比如++ −− +(正) −(负)等
乘除余三，加减四	这个“余”是指取余运算即%
移位五，关系六	移位运算符：<< >> ，关系：> < >= <= 等

续表

口　诀	含　义
等于(与)不等排第七	即== !=
位与异或和位或“三分天下”八九十	这几个都是位运算：　位与(&)异或(^)位或(|)
逻辑或跟与 十二和十一	逻辑运算符：||和&& 注意顺序：优先级(||)低于优先级(&&)
条件高于赋值	三目运算符优先级排到 14 位只比赋值运算符和“,”高，需要注意的是赋值运算符很多
逗号运算级最低	逗号运算符优先级最低

对于结合性的记忆比较简单，读者可以注意到，大多数运算符的结合性都是自左向右的，惟独单目运算符、条件运算符和赋值运算符是自由向左。

4.4.10　ARM-Linux 运算符综合实例

本节简单介绍了页面管理的基础知识，并从语法角度对嵌入式 Linux 的内存管理进行了详细讲解。

1．页映射机制

要了解嵌入式 Linux 的页面映射机制，首先要了解嵌入式 Linux 的内存管理以及虚拟内存的基础知识。下面对其进行简单介绍。

内存管理系统是操作系统中最为重要的部分，系统的物理内存总是少于系统所需要的内存数量，虚拟内存就是为了克服这个矛盾而采用的策略。系统的虚拟内存通过在各个进程之间共享内存而使系统看起来有多于实际内存的内存容量，虚拟内存可以提供以下的功能。

➢ 广阔的地址空间：系统的虚拟内存可以比系统的实际内存大很多倍。

➢ 进程的保护：系统中的每一个进程都有自己的虚拟地址空间。这些虚拟地址空间是完全分开的，这样一个进程的运行不会影响其他进程。并且，硬件上的虚拟内存机制是被保护的，内存不能被写入，这样可以防止迷失的应用程序覆盖代码的数据。

➢ 内存映射：内存映射用来把文件映射到进程的地址空间。在内存映射中，文件的内容直接连接到进程的虚拟地址空间。

➢ 公平的物理内存分配：内存管理系统允许系统中每一个运行的进程都可以公平地得到系统的物理内存。

这里，有 3 种地址的概念需要进行区分。

➢ 逻辑地址：出现在机器指令中，用来制定操作数的地址。如：“段：偏移”

➢ 线性地址：逻辑地址经过分段单元处理后得到线性地址，这是一个 32 位的无符号整数，可用于定位 4G 个存储单元。

➢ 物理地址：线性地址经过分页后得出物理地址，这个地址将被送到地址总线上指示所要访问的物理内存单元。

这 3 种地址的转换关系如图 4.13 所示。

图 4.13 3 种地址的转换关系

这里需要注意的是，分段可以给每一进程分配不同的线性地址空间，而分页可以把同一线性地址映射到不同的物理地址空间。因此，分页实质就是一个将线性地址映射到物理地址的映射表，其索引值为线性地址，运算结果为物理地址。

可移植性提示　在嵌入式 Linux 尽量避免使用段功能以提高可移植性。

为了有效地利用地址空间，嵌入式 Linux 使用 3 层页表映射，它定义了 3 种类型的分页表。

- 页全局目录（PGDID）。
- 页中间目录（PMD）。
- 页表。

页全局目录包含若干个页中间目录的地址，而页中间目录又包含若干个页表的地址。每一个页表指向一个实际的物理地址，它们之间的关系如图 4.14 所示：

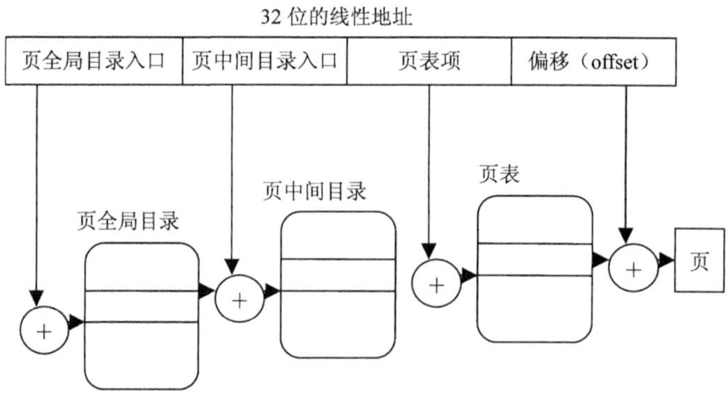

图 4.14 嵌入式 Linux 页表映射关系

2．ARM-Linux 页面映射实现

在 2.3.4 节中，读者已经看到了定义 PAGE_SHIFT 的代码，下面，读者就来看一下有关定义页面大小的代码：

```
#define PAGE_SIZE        (1UL << PAGE_SHIFT)
#define PAGE_MASK        (~(PAGE_SIZE -1))
```

这里显示的是#define 的另一个用途，预处理指令“#define”不仅可以定义常量，还可以定义表达式。这里的“1UL”代表的就是无符号长整型的意思，将“1”左移 PAGE_SHIFT 位实际上就是 2^{PAGE_SHIFT}。可以看到，在 Linux 内核中，若想要表达 2^n，通常使用移位操作来实现。

PAGE_MASK 是用于产生页表掩码的，当 PAGE_SHIFT 为 12 时，PAGE_SIZE 的值就为 0x1000，而 PAGE_MASK 是将 PAGE_SIZE 先减 1，再取反，因此，它的值为 0xfffff000。一个线性地址通过和它相与可以屏蔽掉所有偏移位（Offset 字段）。

在这里，为什么要在“PAGE_SIZE-1”两侧加上括号呢？读者可以回忆一下，“～”操作符是单目操作符，它的优先级位列第二，仅次于“()”操作符，因此，若不加括号，则该语句先运算 PAGE_SIZE 取反，再将结果减 1，这显然是不对的。

下面介绍页全局目录表项和页中间目录表项的相关代码，这些代码的相关定义在<include/asm-arm/pgtable.h>中：

```
#define PMD_SHIFT        21
#define PGDIR_SHIFT      21
#define PMD_SIZE         (1UL << PMD_SHIFT)
#define PMD_MASK         (~(PMD_SIZE-1))
#define PGDIR_SIZE       (1UL << PGDIR_SHIFT)
#define PGDIR_MASK       (~(PGDIR_SIZE-1))
```

可以看到，这里计算的方式很类似，都是通过移位操作和取反操作来实现的。其中的 PMD_SHIFT 是用于指定线性地址的偏移字段和页表字段的总位数，由于前面的 PAGE_SHIFT 已经指定了偏移字段为 12 位，因此，在 ARM 中页表字段为 9 位。

通过计算可以得出，PMD_SIZE 产生的值位 2^{21} 即为 2M，PMD_MASK 产生的值为 0xffe00000。

PGDIR_SHIFT 是全局目录项所能映射的区域大小的对数，PGDIR_SIZE 宏是用于计算页全局目录中一个单独表项所能映射区域大小，它与 PMD_SIZE 一样。

小技巧 用户通常可以使用减 1 取反来产生某个数的掩码。

有了前面基础知识的理解和掌握之后，下面介绍 ARM-Linux 中真正的页面映射部分的内容，着重从语法角度来进行介绍。

下面这个函数是嵌入式 Linux 中非常重要的一个函数，它用于创建页面映射，其源代码位于<arch\arm\mm\mm-armv.c>中，该函数中的关键代码如下所示：

```
static void __init create_mapping(struct map_desc *md)
{
        unsigned long virt, length;
        int prot_sect, prot_l1, domain;
        pgprot_t prot_pte;
        long off;
        …
        /*虚拟地址*/
        virt   = md->virtual;
        /*地址偏移*/
        off    = md->physical - virt;
        /*地址长度*/
        length = md->length;
        ...
        /*while1: 判断虚拟地址是否与 1M 对齐，并且其长度大于页面大小*/
        while ((virt & 0xfffff || (virt + off) & 0xfffff) && length >= PAGE_SIZE) {
              /*分配中间页表项映射*/
              alloc_init_page(virt, virt + off, prot_l1, prot_pte);
              /*虚拟地址增加 PAGE_SIZE 大小*/
              virt   += PAGE_SIZE;
              /*长度减小 PAGE_SIZE 大小*/
              length -= PAGE_SIZE;
        }
        /*while2: 判断长度是否大于全局页表项大小的一半*/
        while (length >= (PGDIR_SIZE / 2)) {
```

```
            /*逐段建立单层映射*/
            alloc_init_section(virt, virt + off, prot_sect);
            /*虚拟地址增加 PGDIR_SIZE / 2 大小*/
            virt   += (PGDIR_SIZE / 2);
            /*长度减小 PGDIR_SIZE / 2 大小*/
            length -= (PGDIR_SIZE / 2);
        }
        /*while3: 判断长度是否大于页大小*/
        while (length >= PAGE_SIZE) {
            /*分配中间页表项映射*/
            alloc_init_page(virt, virt + off, prot_l1, prot_pte);
            /*虚拟地址增加 PAGE_SIZE 大小*/
            virt   += PAGE_SIZE;
            /*长度减小 PAGE_SIZE 大小*/
            length -= PAGE_SIZE;
        }
}
```

Linux 内核建立页面主要就是通过这 3 个 while 循环语句来完成的，这里主要分析第一个 while 循环语句中的表达式：

```
(virt & 0xfffff || (virt + off) & 0xfffff) && length >= PAGE_SIZE
```

这句表达式用到了多种运算符，包括位运算符、关系运算符、逻辑运算符等，请读者先根据运算符的优先级来分析一下这条语句的语句的逻辑结果。

这里的运算符中，括号优先级最高，因此先计算括号内的内容：

```
virt & 0xfffff || (virt + off) & 0xfffff
```

可以看到这条语句里还有括号，因此先计算“virt + off”。接下来的运算符有“&”和“||”（逻辑或），由优先级口诀中可以看到，“&”（位与）的优先级为八，逻辑或的优先级为十二，因此先计算逻辑与，即 “virt & 0xfffff”和“(virt + off) & 0xfffff”，再计算它们的逻辑或。上述语句可等价为以下代括号的语句：

```
(virt & 0xfffff) || ((virt + off) & 0xfffff)
```

上述表达式的运算结果为：若“virt”或“virt+off”和“0xffff”相与的结果中有一方非 0，则表达式的结果为真，即只有“virt”和“virt+off”的低 20 位都为 0 时，表达式的结果才为假。

在计算完上述括号内的表达式后，原语句可等价为如下：

```
TRUE/FALSE && length >= PAGE_SIZE
```

这时，要判断先计算逻辑与还是先计算关系运算符“>=”。从优先级口诀中可以看出，关系运算符的优先级为六，逻辑与的优先级为十一，因此该语句首先计算“length >= PAGE_SIZE”。这样，上述语句可等价为以下代括号的语句：

```
TRUE/FALSE && (length >= PAGE_SIZE)
```

因此，该表达式为真的条件是：“virt”或“virt+off”和“0xffff”相与的结果中有一方非 0 并且“length”大于等于“PAGE_SIZE”；表达式为假的条件是：“virt”和“virt+off”的低 20 位都为零或者“length”小于“PAGE_SIZE”。

想一想 读者可以自行分析一下若原语句没有加括号，其逻辑结果应该是什么？

```
virt & 0xfffff || (virt + off) & 0xfffff && length >= PAGE_SIZE
```

这里详细分析了这条语句的优先级顺序，这几个 while 语句的含义为：若地址与 1M（2^{20}）没有对齐（即低 20 位不全位 0），则建立二级页面映射；若地址 1M 对齐，且长度大于 PGDIR_SIZE，则逐段建立单层映射；若地址与 1M 对齐，且长度大于 PAGE_SIZE，则建立二级页表映射。

本章小结

本章是嵌入式 Linux C 语言中最为基础的一章。

首先，本章中讲解了 C 语言的基本数据类型，在这里读者要着重掌握的是各种数据类型的区别和联系以及它们内存的占用情况。

然后本章讲解了基本的常量和变量，这里需要着重掌握的是变量的作用域和存储方式，要理解 static 限制符的作用。

接下来本章分别介绍了算术、赋值、逗号、位、关系、逻辑运算和表达式，以及 sizeof 操作符和条件运算符。这里需要读者着重掌握的是各种运算符的优先级关系。

本章每一部分都以 ARM-Linux 内核实例进行讲解，读者可以看到在 Linux 内核中是如何组织和使用这些基本元素的。

动手练练

1．下面这个表达式的类型和值是什么？

```
(float)(25/15)
```

2．思考：假如有一个程序，它把一个 long 整型变量复制给一个 short 整型变量。当编译这种程序时会发生什么情况，当你运行程序时会发生什么情况，你认为其他编译器的结果也是这样吗？

3．判断下面的语句是否正确。

假定一个函数 a 声明的一个自动变量 x，你可以在其他函数内访问变量 x，只要你使用了下面的声明：

```
extern int x;
```

第 5 章　嵌入式 Linux C 语言基础——控制语句及函数

本章目标

在上一章中，读者已经学习到了 C 语言中的基本元素：基本数据结构和运算符，这些都是铸成 C 语言程序这一高楼大厦的必不可少的原料。

本章主要讲解嵌入式 Linux C 语言的控制语句和函数。通过本章的学习，读者将会掌握以下内容：

- 嵌入式 Linux C 语言程序设计的 3 种基本结构
- 嵌入式 Linux C 语言的基本语句
- 嵌入式 Linux C 语言中的选择条件语句
- 嵌入式 Linux C 语言中的循环语句
- 嵌入式 Linux C 语言中的 goto 语句
- 嵌入式 Linux C 语言中函数定义及函数声明
- 嵌入式 Linux C 语言函数的参数
- 嵌入式 Linux C 语言的函数调用

5.1　嵌入式 Linux C 语言程序结构概述

5.1.1　嵌入式 Linux C 语言 3 种程序结构

从程序流程的角度来看，嵌入式 Linux C 语言中的语句可以分为 3 种基本结构：顺序结构、分支结构和循环结构。

➢ 顺序结构的执行过程如图 5.1 所示，在这种结构中，程序会顺序执行各条语句。

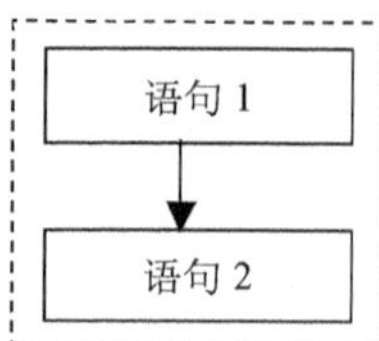

图 5.1　顺序结构

➢ 分支结构的执行过程如图 5.2 所示，在这种结构中，程序会根据某一条件的判断来决定程序的走向，比如当该条件成立时执行语句 1，当该条件不成立时执行语句 2。另外，也有可能会有多种条件的情况，比如，当条件 1 成立时执行语句 1，当条件 2 成立执行语句 2，在其他情况下执行语句 3、4 等。

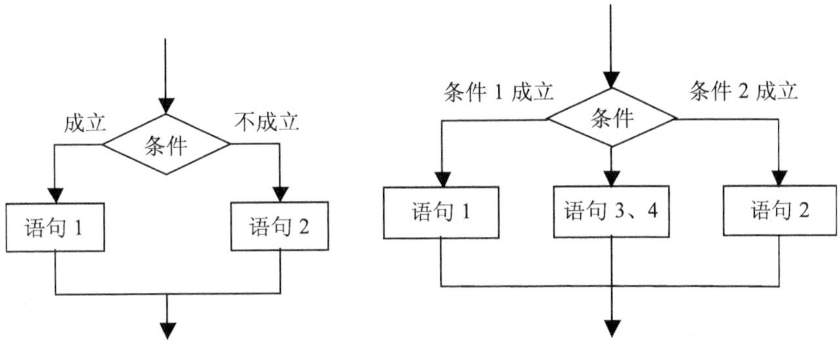

图 5.2　分支结构

➢ 循环结构的执行过程如图 5.3 所示，这种结构有两种形式：当型循环和直到型循环。当型循环首先判断条件是否成立，若条件成立则执行循环内的语句，若条件不成立则直接跳出循环；直到型循环是直接执行循环内的语句，直到条件成立时退出循环体。

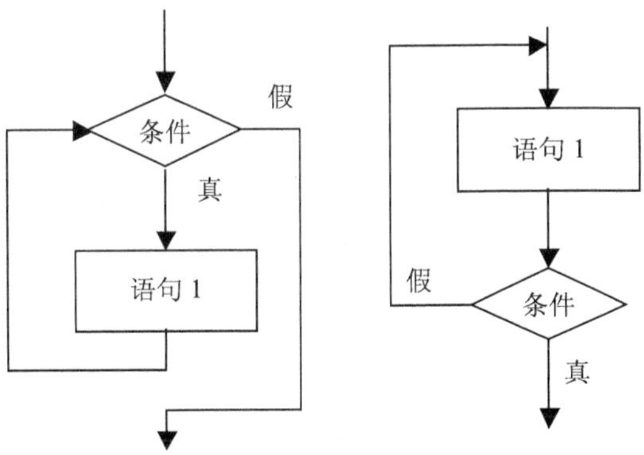

当型循环　　直到型循环

图 5.3　循环结构

5.1.2　嵌入式 Linux C 语言基本语句

1. 嵌入式 Linux C 语言语句分类

嵌入式 Linux C 语言的语句按功能上分可以分为 5 类。

➢ 表达式语句。
➢ 函数调用语句。
➢ 控制语句。
➢ 复合语句。
➢ 空语句。

这些语言的一般形式、说明及示例如表 5.1 所示。

表 5.1 嵌入式 Linux C 语言语句分类

语句类型	说　明	一般形式	示　例
表达式语句	表达式语句由表达式加上分号“;”组成，其中最为典型的就是赋值语句	表达式;	x=y+z; i++;
函数调用语句	函数名、实际参数加上分号“;”组成，执行函数语句就是调用函数体并把实际参数赋予函数定义中的形式参数，然后执行被调函数体中的语句，求取函数值	函数名（实际参数表）;	printf("C Program");
控制语句	控制语句用于控制程序的流程，以实现程序的各种结构方式，包括： 条件判断语句：if，switch 循环执行语句：do while，while，for 转向语句：break，goto，continue，return	较为复杂，在本书后续章节中会有详细介绍	
复合语句	把多个语句用括号{}括起来组成的一个语句称复合语句。 在程序中应把复合语句看成是单条语句，而不是多条语句	{语句 1; 语句 2; }	{x=y+z; printf("%d"，x); }
空语句	只有分号“;”组成的语句称为空语句。空语句是什么也不执行的语句。在程序中空语句可用来作空循环体	;	while(getchar()!='\n');

2．基本输入输出语句

输入输出是指从输入设备（如键盘、磁盘、光盘等）向计算机输入数据或从计算机向外部输出设备（如显示器、打印机、磁盘等）输出数据。

C 语言本身并没有提供输入输出语句，输入输出的操作是通过调用 C 语言标准库函数（如 printf、scanf 等）来实现的。因此，用户在使用这些函数时，一定要包含头文件（#include <stdio.h>）。

C 语言的头文件中有一系列输入输出标准函数，其中有：putchar（输出字符）、getchar（输入字符）、printf（格式输出）、scanf（格式输入）、puts（输出字符串）、gets（输入字符串）。本节将对这 4 种基本输入输出函数进行简要介绍。

（1）字符输入输出

对字符数据进行输入输出可调用函数 putchar 和 getchar，它们的作用和基本用法如表 5.2 所示。

表 5.2 字符数据输入输出

函　数	形　式	作　用	头文件	示　例
putchar	putchar（字符）	向终端输出一个字符。其中的字符可以为字符型、整形变量、控制字符或转义字符	#include <stdio.h>	putchar('a');
getchar	getchar()	此函数没有参数，函数的值就是从输入设备得到的字符。其中的字符可以为字符型、整形变量等，但此函数只能接收一个字符	#include <stdio.h>	getchar();

（2）格式输入输出

格式输入输出函数（printf 和 scanf）可以按用户所指定的格式来进行输入输出，表 5.3 列举了这两个函数的基本形式。

表 5.3　格式输入输出

函　数	形　式	作　用	头 文 件
printf	printf（格式控制，输出表列）	按指定的格式控制符输出	#include <stdio.h>
scanf	scanf（格式控制，地址表列变量前加“&”）	按指定的格式控制符输入	#include <stdio.h>

读者可以看到，这两个函数中最关键的是书写格式控制说明，例如有以下示例：

```
printf("a=%d b=%f", a, b);
scanf("a=%d b=%f, &a, &b");
```

上例中括号内的部分包括两部分的内容。

格式控制是由双引号括起来的内容，也称为转换控制字符串，它包括格式说明和普通字符两部分。

其中的格式说明是由“%”和格式字符组成的，如%d、%f 等，它的作用是将数据转换为指定的格式；而普通字符则是需要按原样输出的字符，如上例中的“a= b=”，在格式控制中（双引号内）除格式说明以外的所有内容（包括空格、逗号等）都是普通字符，需按原样输入或输出。

> 小提示
> scanf 函数的使用尤其要注意以下两点。
> 在变量前要加上“&”作为取地址符号。
> 在输入数据时，一定要严格按照书写 scanf 时的格式，包括空格、逗号等。

格式字符比较复杂，如表 5.4 所示。

表 5.4　格式字符说明

格 式 符	对　象	用　法
d 格式符	用来输出十进制整数	%d：按整型数据的实际长度输出
		%md：m 为指定的输出字段的宽度。若数据位数小于 m，则左端补空格；若数据位数大于 m，则按实际位数输出
		%ld：输出长整型数据
o 格式符	以 8 进制式输出整数	%o：按 8 进制整型数据的实际长度输出
		%mo：m 为指定的输出字段的宽度。
x 格式符	以 16 进制式输出整数	同%x 和%mx
u 格式符	输出 unsigned 型数据	%du：按十进制无符号型输出
		%ou：按八进制无符号型输出
		%xu：按十六进制无符号型输出

续表

格式符	对象	用法
c 格式符	用来输出一个字符	%c：输出一个字符
s 格式符	用来输出一个字符串	%s：原样输出
		%ms：输出的串占 m 列
		%-ms：占 m 列，若串长小于 m，则字符串向左靠，右补空格
		%m.ns：输出占 m 列，但只取字符串中左端 n 个字符，n 个字符输出在 m 列的右侧，左补空格
		%-m.ns：含义同上，只是 n 个字符左靠，右补空格。若 n>m，则 m 自动取 n 值，保证 n 个字符正常输出
f 格式符	用来输出实数（单双精度），以小数形式输出	%f：不指定字段宽度，由系统自动指定，使整数部分全部如数输出，并输出 6 位小数（注：并非全部数字都是有效数。单精度的有效位数一般为 7 位，双精度一般为 16 位，小数为 6 位）
		%m.nf：输出宽度 m 列，其中有 n 位小数，若数值长度<m，左补空格
		%-m.nf：基本含义相同，只是输出数值向左端靠，右补空格
e 格式符	以指数形式输出实数	%e：由系统自动指定给出 6 位小数，指数部分占 5 位
		%m.ne：n 指数据的数字部分的小数位数，向右靠齐，左补空格
		%-m.ne：同上，向左靠齐，右补空格
g 格式符	用来输出实数	根据数值的大小，自动选 f 格式或 e 格式

5.2 选择语句

5.2.1 if 语句

1. if 语句的 3 种形式

if 语句是用来判定所给定的条件是否满足，根据判定的结果（真或假）决定执行给出的操作，if 语句有 3 种形式。

- **if**（表达式） 语句
- **if**（表达式） 语句 1 **else** 语句 2
- **if**（表达式 1） 语句 1
  else if（表达式 2） 语句 2
  else if（表达式 3） 语句 3
  ……
  else if （表达式 m） 语句 m
  else 语句 n

图 5.4 的（a）、（b）、（c）分别表示了这 3 种形式的 3 种执行情况。

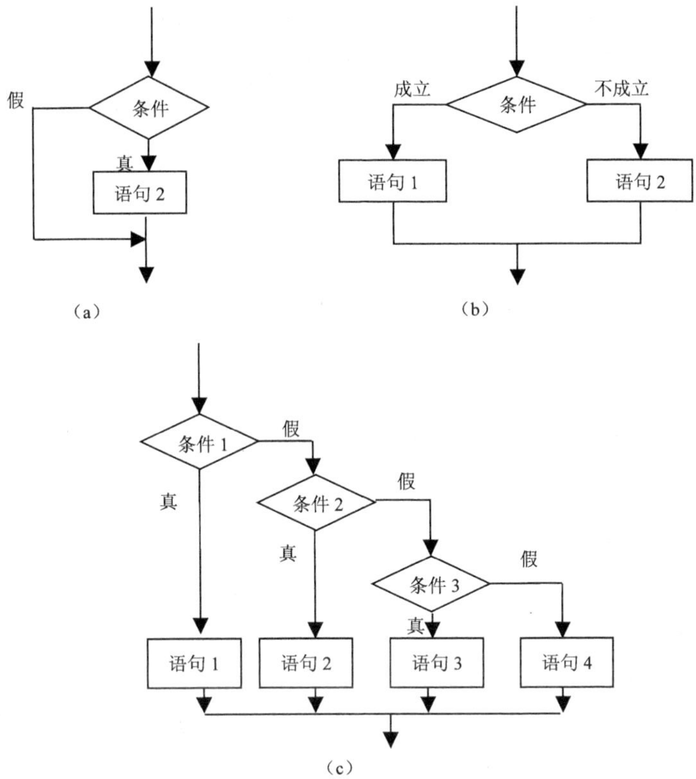

图 5.4　if 语句的 3 种形式

在 if 语句中，首先计算表达式中的逻辑值是真或是假。若是真，则进入相应的语句中执行，若是假，则跳出该语句直接执行下面的语句。

对于第一种单分支的情况，若判断表达式为真，则执行语句 2；若判断表达式为假，则跳出语句。

对于第二种双分支的情况，若判断表达式为真，则执行语句 1，否则就执行语句 2，可以看出，在这种情况中语句 1 和语句 2 有且仅有一条语句会被执行。

对于第三种多分支的情况，首先判断条件 1 是否为真，若为真则执行语句 1 并跳出，若为假则继续判断条件 2 是否执行，若条件 2 为真则执行语句 2 并跳出，否则继续判断条件 3，依此类推。

要注意的是，if 语句和 else 语句中只能执行一条语句，也就是说，以下语句是正确的：

```
if(x > y)
        printf("x is bigger\n");
else
        printf("x is not bigger\n");
```

注意　语句必须以“;”结尾。

而以下语句是不正确的：

```
if(x > y)
        y = x;
        printf("x is bigger\n");
else
        printf("x is not bigger\n");
```

可以看到，在此时，if 语句后有两条语句，这是不正确的。那么，如何表达在“x>y”的情况下将“x”的值赋给“y”再打印出“x is bigger\n”呢？在程序中应把复合语句看成是单条语句，而不是多条语句，因此，这时只需在这两条语句外加上括号就可以了，如下所示：

```
if(x > y)
{
        y = x;
        printf("x is bigger\n");
}
else
        printf("x is not bigger\n");
```

2．if 语句的嵌套使用

在 if 语句中又包含一个或多个 if 语句称为 if 语句的嵌套，其形式一般如下：

```
if ()
     if () 语句 1  }
     else 语句 2   } 嵌套
else
     if ()  语句 3 }
     else 语句 4   } 嵌套
```

注意这时，在外层的 if、else 后面不需要有“{}”。在这里，需要着重注意的是 if 和 else 的配对问题，请读者务必记住一个配对原则：在嵌套 if 语句中，else 总是与它上面对近的未配对的 if 配对。

因此，若有以下形式：

```
if ()
      if () 语句 1
else
      if () 语句 2
      else 语句 3
```

这其中的第一个 else 会与第二个 if 配对，而不是与第一个 if 配对，因此在这种情况下，应该用括号“{}”把嵌套在 if 中的语句包含成一个复合语句，而不再是 if 嵌套语句，这样就会减少错误的发生，如下所示：

```
if ()
{
      if () 语句 1
}
else
      if () 语句 2
      else 语句 3
```

注意　复合语句的括号后不需要加“;”

5.2.2　switch 语句

if 语句只能从两者间选择之一，当要实现几种可能之一时，就要用 if...else if 甚至多重的嵌套 if 来实现，当分支较多时，程序变得复杂冗长，可读性降低。switch 开关语句专门处理多路分支的情形，使程序变得简洁。

switch 语句的一般格式为：

```
switch（表达式）
case 常量表达式 1：语句序列 1；
case 常量表达式 2：语句序列 2；
……
case 常量表达式 n：语句 n;
default：语句 n+1;
```

这里，switch 后表达式中的结果必须是整型值。这里的常量表达式是指在编译期间进行求值的表达式，它不能是任何变量。“case”表达式后的各语句序列允许有多条语句，不需要按复合语句处理。

switch 语句是一条非常不寻常的语句，极易出错，它的不寻常之处就在于这里的 case 标签并没有把语句列表划分为几个部分，它只是确定语句列表的入口点。

switch 语句的执行过程是这样的：首先计算表达式的值，然后执行流转到语句列表中其 case 标签值与表达式匹配的语句。从这条语句起，直到 switch 语句的底部，它们之间的所有语句都被执行，执行过程如图 5.5 所示。

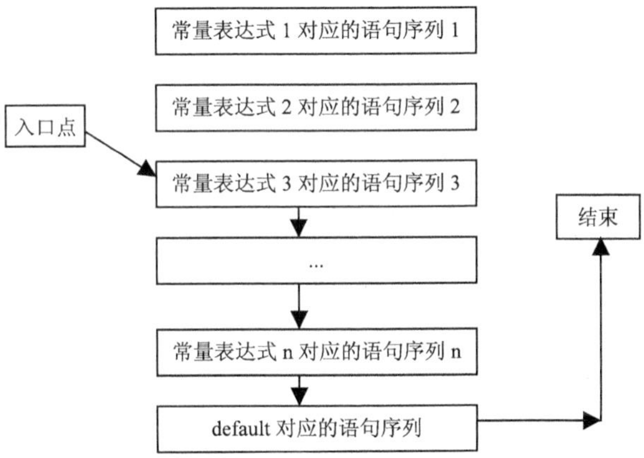

图 5.5　switch 语句的执行过程

因此，为了执行完入口点的语句序列能立刻停止，就需要在语句序列中加入 break 语句，这里的 break 语句是用于跳出 switch 语句的。这样，switch 的执行过程就如图 5.6 所示。

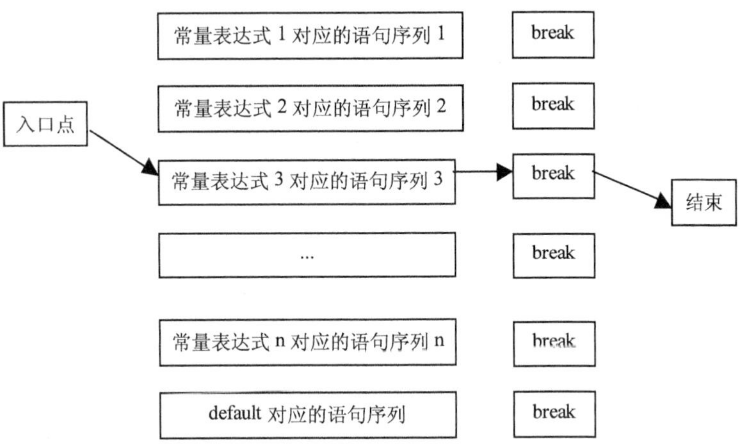

图 5.6　加 break 后的 switch 语句的执行过程

可以看出，在加入了 break 语句后，用户可以在执行完相应的语句序列后就跳出 switch 语句。在所有的 switch 语句中，有 97%在每个 case 中都有一条 break 语句。

因此，建议读者在编写 switch 的代码时，在每个语句序列后都加上 break 语句，在偶尔确实不需要 break 的情况下加写注释，以便于后期的维护工作。

例如有一个程序，需要统计程序输入中字符、单词和行的个数。每个字符都必须计数，单空格和制表符同时也作为单词终止符使用。所以在计数到它们时，字符数的值和单词计数器的值都必须增加。另外还有换行符，这个字符是行的终止符，同时也是单词的终止符。所以当换行符出现时，这 3 个计数器的值都必须增加，因此，下面的 switch 语句就不需要加入 break，如下所示：

```
switch(ch){
case '\n':
      Lines += 1;/*no break*/
case ' ':
case '\t':
words += 1;/*no break*/
default:
      chars += 1;/*no break*/
}
```

5.2.3 ARM-Linux 选择语句应用实例

在上一章的 ARM-Linux 应用实例讲解了 Linux 内核中内存管理的有关内容，包括物理内存、虚拟内存、页面管理的一些基本知识。本节仍然以 Linux 内核管理中区段的管理为例来讲解有关选择语句的应用实例。

1. 区的基本概念

由于硬件的限制，Linux 内核并不能对所有的页面都一视同仁。有些页面位于内存中特定的物理地址上，所以不能将其用于一些特定的任务。由于存在这种限制，所以内核把页划分为不同的区（zones）。内核使用区对具有一些相似特性的页进行分组，Linux 中把页面分成了 3 种。

- ZONE_DMA：这个区包含的页能用来执行 DMA 操作。
- ZONE_NORMAL：这个区包含的都是正常映射的页。
- ZONE_HIGHEM: 这个区包含“高端内存”，其中的页并不能永久地映射到内核地址空间。

用户可以查看<include\linux\mmzone.h>，里面有相关的定义：

```
#define ZONE_DMA          0
#define ZONE_NORMAL       1
#define ZONE_HIGHMEM      2
```

ZONE_DMA 位于低端的内存空间，用于某些旧的 ISA 设备。ZONE_NORMAL 的内存直接映射到 Linux 内核线性地址空间的高端部分，许多内核操作只能在 ZONE_NORMAL 中进行。

由于通常一个页面还有其他属性，如等待调用、IO 操作等，而在分配页面的时候，只需要获得区（zone）属性就可以了，所以需要一种映射，将页中的区（zone）属性提取出来，这就是 zonelist 映射，它可以方便地获得该页所属地区地址。

2. 区的分配

为了确定内存分配时获得区域倾向顺序，Linux 内核中有函数 build_zonelists_node，其位于<mm/page_alloc.c>中：

```
static int __init build_zonelists_node(pg_data_t *pgdat, struct zonelist
*zonelist, int j, int k)
{
        switch (k) {
              struct zone *zone;
        /*打印出错信息*/
        default:
             BUG();
        /*ZONE_HIGHMEM 的入口 */
        case ZONE_HIGHMEM:
             zone = pgdat->node_zones + ZONE_HIGHMEM;
             if (zone->present_pages) {
                    zonelist->zones[j++] = zone;
             }
        /*无 break*/
        /*ZONE_NORMAL 的入口*/
        caseZONE_NORMAL:
              zone = pgdat->node_zones + ZONE_NORMAL;
              if(zone->present_pages)
                   zonelist->zones[j++] = zone;
        /*无 break*/
        /* ZONE_DMA 的入口*/
        caseZONE_DMA:
              zone = pgdat->node_zones + ZONE_DMA;
              if(zone->present_pages)
                   zonelist->zones[j++] = zone;
        /*无 break*/
        }

        return j;
}
```

在这个函数里，使用了 switch 语句，在此处可以看出 switch 语句的几个注意要点。

- switch 语句中各个 case 的顺序可以调换，如在此处中将 default 放在了最上面。
- switch 语句的各个 case 后可以跟多条语句，且不需要括号。

在这个 switch 语句中没有 break 语句，这时由于这些语句需要顺序执行，此外，在这个 switch 语句中还包含 if 条件语句。

5.3 循环语句

5.3.1 while 和 do-while 语句

1. 基本格式

嵌入式 Linux C 语言中有两种循环结构：当型和直到型，其中 while 语句是当型循环结构，它的格式如下：

```
while (表达式)
{
```

```
    循环体语句
}
```

在执行 while 循环语句时，先判断表达式的值，再执行循环体中的内容。

与此相对应的 do-while 是直到型循环结构，它的格式为：

```
do
{
    循环体语句
} while（表达式）;
```

在执行 do-while 循环语句时，先执行循环体里的内容，再执行 while 表达式里的值。

> **注意** 勿忘 while 括号后的“;”。

2．使用实例

通常，对于同一个问题可以用 while 和 do-while 语句来解决，但对于有些循环的结果可能会不同。例如，想要求 1～100 的和，在这里，可以分别使用 while 和 do-while 语句来实现。

```
#include <stdio.h>
void main()
{
int sum = 0;
i = 0;
while(i <= 100)
{
    sum += i;
    i++;
}
printf("the sum of 100 is %d\n",
sum);
}
```

```
#include <stdio.h>
void main()
{
int sum = 0;
i = 0;
do
{
    sum += i;
    i++;
} while(i <= 100);
printf("the sum of 100 is %d\n",
sum);
}
```

在此时，这两个程序的执行结果是一样的，但若把变量 i 的初值改为 101，运行结果就不同了。while 语句的运行结果将会是 0，而 do-while 语句的运行结果将会是 101。

5.3.2 for 循环语句

for 语句是 C 语言所提供的功能更强、使用更广泛的一种循环语句，其一般形式为：

```
for（表达式 1; 表达式 2; 表达 3）
语句
```

该形式中的 3 个表达式的含义如下所示。

- 表达式 1：通常用来给循环变量赋初值，一般是赋值表达式。也允许在 for 语句外给循环变量赋初值，此时可以省略该表达式。
- 表达式 2：通常是循环条件，一般为关系表达式或逻辑表达式。
- 表达式 3：通常可用来修改循环变量的值，一般是赋值语句。

> **注意**　这 3 个表达式都可以是逗号表达式，即每个表达式都可由多个表达式组成。3 个表达式都是任选项，都可以省略。

在上述一般形式中的语句即为循环体语句。这里的语句也只能有一条，若想要执行多条语句，则需要使用括号“{}”将其构成复合语句。

for 语句的语义是：首先计算表达式 1 的值，再计算表达式 2 的值，若值为真（非 0）则执行循环体一次，否则跳出循环。然后再计算表达式 3 的值，转回第 2 步重复执行。在整个 for 循环过程中，表达式 1 只计算一次，表达式 2 和表达式 3 则可能计算多次。循环体可能多次执行，也可能一次都不执行，它等价于下面的 while 语句。

表达式 1：

```
while (表达式 2)
{
        循环体;
        表达式 3;
}
```

例如，如下简单的 for 语句：

```
for(i = 0; i < 10 ; i++)
        a[i] = i;
```

与它等价的 while 循环语句为：

```
i = 0;
while(i < 10)
{
      a[i] = i;
      i++;
}
```

可以看出，使用 for 循环语句简洁明了，因此，广受用户的欢迎。

for 语句的执行过程可以参见等价的 while 循环执行过程，如图 5.7 所示。

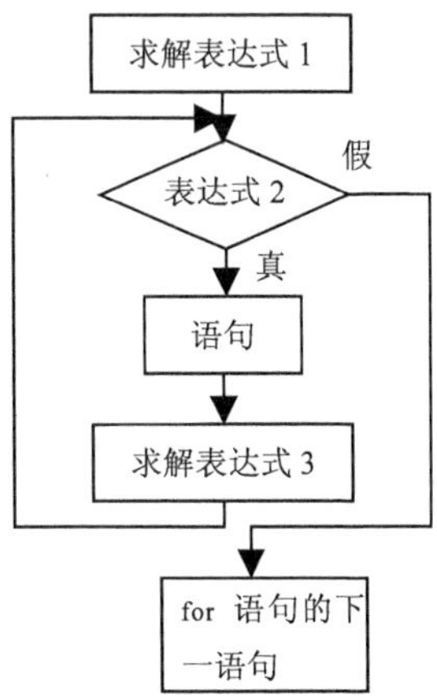

图 5.7　和 for 语句等价的 while 循环执行过程

在使用 for 语句中要注意以下几点。

- for 语句中的各表达式都可省略，但分号间隔符不能少。如：for（; 表达式; 表达式）省去了表达式 1; for（表达式;; 表达式）省去了表达式 2; for（表达式; 表达式; ）省去了表达式 3; for（;;）省去了全部表达式。
- 在循环变量已赋初值时，可省去表达式 1。如省去表达式 2 或表达式 3 则将造成无限循环，这时应在循环体内设法结束循环。
- 循环体可以是空语句。
- for 语句也可与 while、do-while 语句相互嵌套，构成多重循环。

5.3.3　break 和 continue 语句

break 和 continue 语句是控制语句，由于它们只能出现在循环语句和 switch 语句中。

1．break 语句

break 语句在前面的 switch 语句中已经出现过，它只能用在 switch 语句或循环语句中，其作用是跳出 switch 语句或跳出本层循环，转去执行后面的程序。由于 break 语句的转移方向是明确的，所以不需要语句标号与之配合，break 语句的一般形式为：

```
break;
```

使用 break 的循环语句的执行过程如图 5.8 所示：

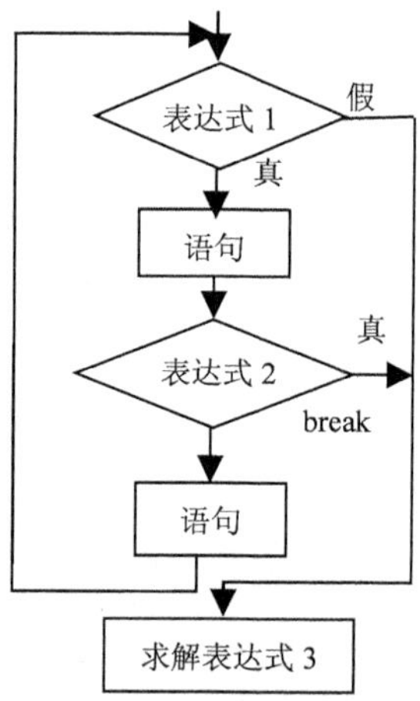

图 5.8 使用 break 的循环语句执行过程

这里要特别注意的是，break 语句只能用在 switch 语句和循环语句中，而不能用在选择语句中，如下的一段代码曾经导致 AT&T 的电话服务在全国范围内中断了 9 个小时，其出错的原因就在于 break 语句的使用出错。

```
network code()
{
    switch (line){
        case THING1:
            doit();
            break;
        case THING2:
            if(x == STUFF){
                do_first_stuff();
                if(y == OTHER_STUFF)
                    break;
                do_later_stuff();
            }/*代码的意图是跳到此处*/
            initlialize_mode_pointer();
            break;
        default:
            Processing();
    }/*但事实上确跳到了这里*/
    user_modes_pointer();/*致使 modes_pointer 未初始化*/
}
```

这里对原先的代码进行了一定的简化。当时的那位程序员希望从“if”语句中跳出，但“break”语句并不能作用于“if”语句，因此，事实上“break”直接跳出了“switch”语句而导致初始化未完成。

2．continue 语句

continue 语句只能用在循环体中，其一般格式是：

```
continue;
```

其语义是：结束本次循环，即不再执行循环体中 continue 语句之后的语句，转入下一次循环条件的判断与执行。应注意的是，本语句只结束本层次的循环，并不跳出循环。使用 continue 语句的执行过程如图 5.9 所示。

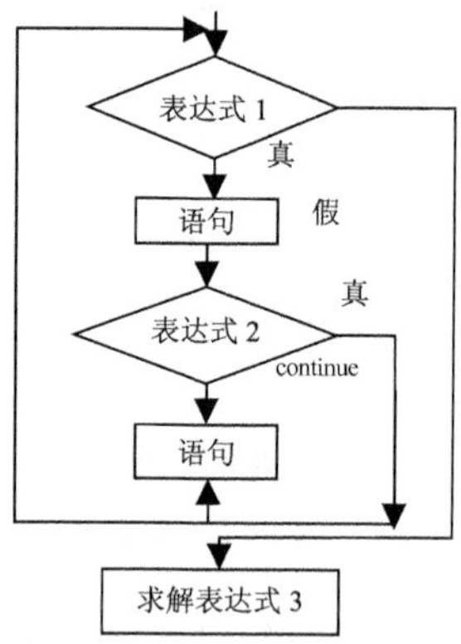

图 5.9 使用 continue 的循环语句的执行过程

例如：要求输出 100 以内的所有能被 7 整除的数，即可使用 continue 语句。

```
#include <stdio.h>
void main()
{
	int n;
	for(n=7;n<=100;n++)
	{
		if (n%7!=0)
			/*若不能被 7 整除，则跳出本次循环，继续下一次循环*/
			continue;
		printf("%d ",n);
	}
}
```

读者可以注意到，如在此处使用 break 语句，则只能输出一个“7”，循环在执行 8 时整体跳出。

5.3.4 ARM-Linux 循环语句应用实例

1．基础知识

在前面有关 ARM-Linux 内存管理的讲解中，读者已经清楚在任何时候，CPU 访问的都是虚拟内存，那么，如何用户想要编写内核空间的程序（如驱动程序、模块等），Linux 内核将会分配怎么样的内存呢？这就是在本节中要讲述到的非连续内存。

首先，非连续内存位于 3GB～4GB 之间（内核空间），如图 5.10 所示。

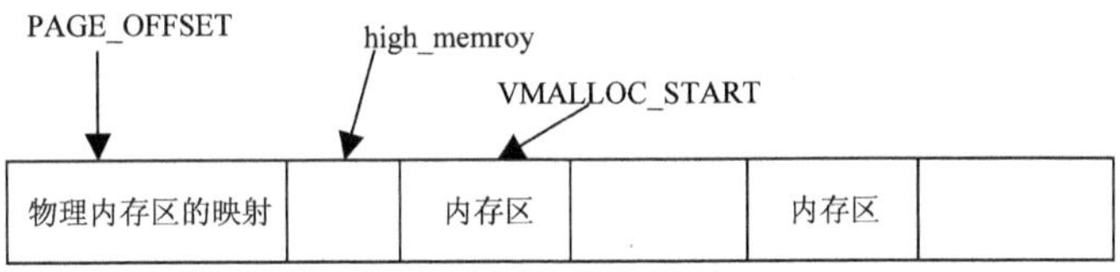

图 5.10 ARM-Linux 内存分布

由<include/asm-arm/memory.h>可以看出，“PAGE_OFFSET”的值为 3GB：

```
#define PAGE_OFFSET     (0xc0000000UL)
```

图中的“high_memory”为保存物理地址最高值的变量，VMALLOC _ START 为非连续区的起始地址，定义于<include /asm –arm /pgtable.h>中：

```
#define VMALLOC_OFFSET     (8*1024*1024)
#define VMALLOC_START  (((unsigned long)high_memory + VMALLOC_ OFFSET) & ~
(VMALLOC_OFFSET-1))
```

可以看到，在物理地址的末尾（high_memory）插入了一个 8MB（VMALLOC_OFFSET）的区间，这时一个安全区，目的是为了“捕获”对非连续去的非法访问。

2．创建非连续区结构

函数__get_vm_area（位于<mm/vmalloc.h>）是用于创建一个非连续区的内存结构，这里，读者可以着重注意该语句中的 for 循环和 continue 的使用。

```
struct vm_struct *__get_vm_area(unsigned long size, unsigned long flags,
                        unsigned long start, unsigned long end)
{
	struct vm_struct **p, *tmp, *area;
```

```
        unsigned long addr;
        /*地址对齐后调用 kmalloc 分配内存*/
        area = kmalloc(sizeof(*area), GFP_KERNEL);
        /*
         * We always allocate a guard page.
         */
        size += PAGE_SIZE;
        /*调用 for 循环语句，初始值为链表的开始，判断语句为非空，使循环继续的语句为赋值语句*/
        for (p = &vmlist; (tmp = *p) != NULL ;p = &tmp->next) {
                /*嵌套 if 语句*/
                if ((unsigned long)tmp->addr < addr) {
                        if((unsigned long)tmp->addr + tmp->size >= addr)
                                addr = ALIGN(tmp->size + (unsigned long)tmp->addr, align);
                        /*跳出本次循环*/
                        continue;
                }
                if ((size + addr) < addr)
                        goto out;
                if (size + addr <= (unsigned long)tmp->addr)
                        goto found;
                if (addr > end - size)
                        goto out;
        }

found:
        /*插入队列*/
        ...
        return area;
out:
        ...
        return NULL;
}
```

5.4 goto 语句

5.4.1 goto 语句语法

goto 语句也称为无条件转移语句，其一般格式如下：

```
goto 语句标号;
```

其中语句标号是按标识符规定书写的符号，放在某一语句行的前面，标号后加冒号（:）。语句标号起标识语句的作用，与 goto 语句配合使用。

例如：

```
label: i++;
loop: while(x<7);
```

C 语言不限制程序中使用标号的次数，但各标号不得重名。goto 语句的语义是改变程序流向，转去执行语句标号所标识的语句。通常与条件语句配合使用，可用来实现条件转移，构成循环，跳出循环体等功能。

由于 goto 语句可以随意跳转，很容易造成程序结构的混乱和程序出错，因此在结构化程序设计中一般不主张使用 goto 语句，以免使理解和调试程序都产生困难。

5.4.2 ARM-Linux 中 goto 语句应用实例

由于 C 语言中的 goto 可以直接翻译为汇编语言中的 jmp 指令，因此执行效率是非常高的，在 Linux 内核中，随处都可以见到 goto 语句的身影，例如在上一节的实例函数中就使用了 goto 语句，如下所示。

```
struct vm_struct *__get_vm_area(unsigned long size, unsigned long flags,
                    unsigned long start, unsigned long end)
{
     for(...){
          ......
          if ((size + addr) < addr)
                    /*跳转到 out 标号后的语句段*/
                    goto out;
          if (size + addr <= (unsigned long)tmp->addr)
                    /*跳转到 found 标号后的语句段*/
                    goto found;
          if (addr > end - size)
                    /*跳转到 out 标号后的语句段*/
                    goto out;
     }
/*found 语句段*/
found:
     area->next = *p;
     *p = area;

     area->flags = flags;
     area->addr = (void *)addr;
     area->size = size;
     area->pages = NULL;
     area->nr_pages = 0;
     area->phys_addr = 0;
     write_unlock(&vmlist_lock);

     return area;
/*out 语句段*/
out:
     write_unlock(&vmlist_lock);
     kfree(area);
     if (printk_ratelimit())
          printk(KERN_WARNING "allocation failed: out of vmalloc space -
use vmalloc=<size> to increase size.\n");
     return NULL;
}
```

在这里，读者可以清晰地看到 goto 语句的使用方法。上例中，使用 goto 语句可以在 if 条件判断后随意跳转到所要执行的程序段。标号后可以有多条语句，不需要使用括号构成复合语句。

虽然 goto 语句的使用非常灵活，但是在此还要强调的是在结构化程序设计中不推荐使用 goto 语句。

5.5 函数的定义与声明

5.5.1 C 语言函数概述

C 程序是由一组变量或是函数的外部对象组成的。函数是一个自我包含的完成一定相关功能的执行代码段。函数就像是一个“黑盒子”，如图 5.11 所示，用户只要将数据送进去就能得到结果，而函数内部究竟是如何工作的外部程序是不知道的。

外部程序所知道的仅限于输入给函数的数据以及函数输出的数据。函数提供了编制程序的手段，使之易于读、写、理解、排除错误、修改和维护，可以说，函数是实现模块化编程的重要工具。

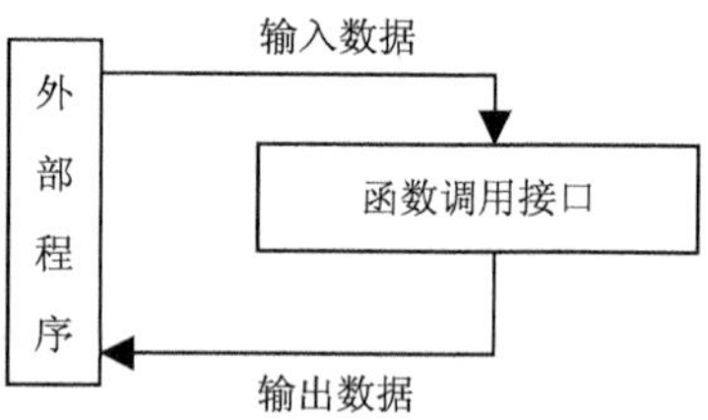

图 5.11 函数与外部程序的关系

C 语言程序中的函数在数目并没有上限，但一个 C 程序中必须有且仅有一个以 main 为名的函数，这个函数称为主函数，C 语言的整个程序就从这个 main 主函数开始执行，在 main 主函数中可以调用其他函数来完成所需的工作。

C 语言程序鼓励和提倡人们把一个大问题划分成一个个子问题，对应于解决一个子问题就编制一个函数。因此，C 语言程序一般是由大量的小函数而不是由少量大函数构成的，即所谓“小函数构成大程序”。这样的好处是让各部分相互充分独立，并且任务单一。因而这些充分独立的小模块也可以作为一种固定规格的小“构件”，用来构成新的大程序。

在 C 语言中可从不同的角度对函数分类表 5.5 列举的是常见的函数分类说明。

表 5.5 常见的函数分类说明

分类角度	分类	说明
函数定义的角度	库函数	由 C 系统提供，用户无须定义，也不必在程序中作类型说明，只需在程序前包含有该函数原型的头文件即可在程序中直接调用，如 printf 等
	用户定义函数	不仅要在程序中定义函数本身，而且在主调函数模块中还必须对该被调函数进行类型说明，然后才能使用
有无返回值	有返回值函数	被调用执行完后将向调用者返回一个执行结果
	无返回值函数	此类函数用于完成某项特定的处理任务，执行完成后不向调用者返回函数值
主调函数和被调函数之间数据传送的角度	无参函数	函数定义、函数说明及函数调用中均不带参数。主调函数和被调函数之间不进行参数传送。此类函数通常用来完成一组指定的功能，可以返回或不返回函数值
	有参函数	在函数定义及函数说明时都有参数，称为形式参数（简称为形参）。在函数调用时也必须给出参数，称为实际参数（简称为实参）。进行函数调用时，主调函数将把实参的值传送给形参，供被调函数使用

续表

分类角度	分　类	说　明
库函数功能	字符类型分类函数	用于对字符按 ASCII 码分类：字母、数字、控制字符、分隔符、大小写字母等
	转换函数	用于字符或字符串的转换；在字符量和各类数字量（整型，实型等）之间进行转换；在大、小写之间进行转换
	目录路径函数	用于文件目录和路径操作
	诊断函数	用于内部错误检测
	图形函数	用于屏幕管理和各种图形功能
	输入输出函数	用于完成输入输出功能
	接口函数	用于与 DOS、BIOS 和硬件的接口
	字符串函数	用于字符串操作和处理
	内存管理函数	用于内存管理
	数学函数	用于数学函数计算
	日期和时间函数	用于日期、时间转换操作
	进程控制函数	用于进程管理和控制

5.5.2 函数定义

函数定义就是函数体的实现，无参函数的一般形式为：

```
类型说明符 函数名()
{
    类型说明
    语句
}
```

其中类型说明符和函数名称为函数头。

类型说明符指明了本函数的类型，函数的类型实际上是函数返回值的类型。这里的类型说明符与第 4 章中的说明符是相同的，可以包括数据类型说明符、存储类型说明符以及时间域说明符。

函数名是由用户定义的标识符，函数名后有一个空括号，其中无参数，但括号不可少。“{}”中的内容称为函数体。在函数体中也有类型说明，这是对函数体内部所用到的变量的类型说明。在很多情况下都不要求无参函数有返回值，此时函数类型符可以写为 void。

例如，下面是一个最简单的函数定义：

```
void Hello()
{
    printf ("Hello,world \n");
}
```

这里的 Hello 函数是一个无参函数，当被其他函数调用时，输出 Hello world 字符串。

有参函数的一般形式为：

```
类型说明符 函数名(形式参数列表)
{
    类型说明
    语句
}
```

可以看到，有参函数比无参函数多了形式参数列表，它们可以是各种类型的变量，各参数之间用逗号间隔。在进行函数调用时，主调函数将赋予这些形式参数实际的值。如将上述的 Hello 函数增加参数，就形成了一个有参函数，如下所示：

```
void Hello(int i)
{
    printf ("Hello,world ! The num is %d\n", i);
}
```

这里的变量“i”就是形式参数，在运行时由主函数传值进来。

5.5.3 函数声明

当编译器遇到一个函数调用时，它产生代码传递参数并调用这个函数，而且接收该函数返回的值(如果有的话)。但编译器是如何知道函数期望接受的是什么类型和多少数量的参数，如何知道该函数的返回值（如果有的话）的类型呢？

在 C 语言中，用户可以通过两种方法向编译器提供一些关于函数的特定信息。

➢ 如果同一源文件的前面已经出现了该函数的定义，那么编译器就会记住它的参数数量和类型，以及函数的返回值类型。

➢ 如果未在同一源文件的前面出现了该函数的定义，则需要提供该函数的函数原型。用户自定义的函数原型通常可以一起写在头文件中，通过头文件引用的方式来进行。

函数原型的一般形式为。

（1）函数类型 函数名（参数类型 1，参数类型 2...）;

（2）函数类型 函数名（参数类型 1 参数名 1，参数类型 2 参数名 2...）;

第一种形式是基本的形式，同时为了便于阅读程序，也允许在函数原型中加上函数名，这就成了第二种形式。但编译器实际上并不检查参数名，参数名可以任意改变。

函数原型与函数首部在写法上应该保持一致，即函数类型、函数名、参数个数、参数类型和参数顺序。一般为了方便书写函数类型，读者可以直接将函数首部复制过来再加上“;”即可。

小知识 实际上，如果在未调用函数之前没有对函数进行声明，则编译系统会把第一次遇到的该函数形式（函数定义或函数调用）作为函数的声明，并将函数类型默认为 int 型。

细心的读者可能还记得，在本书的第 4 章中讲到过变量的声明，对于全局变量的声明可以加上 extern 标识，同样对于函数的声明，也可以使用 extern。如果函数的声明中带有关键字 extern，仅仅是暗示这个函数可能在别的源文件里定义，没有其他作用，即下述两个函数声明没有明显区别：

```
extern int f(); 和 int f();
```

当然，使用 extern 声明在大型项目中还是有用的，它可以在程序中取代 include 包含头文件来声明函数。

5.5.4 ARM-Linux 函数定义与声明实例

1. create_mapping

本节首先分析 Linux 内核函数的定义与声明的实例。<arch\arm\mm\mm-armv.c>中出现的 create_mapping 函数定义如下，在此处省略了括号内"{}"的语句部分。

```
static void __init create_mapping(struct map_desc *md) {}
```

这里的类型说明符是 static void __init，其中的 static 说明符用于修饰函数时指明这个静态的函数只可被这一文件内的其他函数调用。那就是，这个函数被限制在声明它的本地（本文件）范围内使用，这是存储类型说明。void 说明符指明该函数的无返回类型，而__init 是宏定义的说明符，在此处就不再详细解释了。

接下来，该函数的函数名是 create_mapping，这一点非常简单清楚。

在函数名后的括号中是形式参数列表，在这个函数中只有一个参数 md 的类型说明符是 struct map_desc *，指明它是一个指向结构体 map_desc 的指针。到此为止，函数头部分就已经分析完了。之后的函数体是通过括号"{}"括起来的内容。

在 C 语言中，程序编译是以文件为单位进行的。由于该函数已经限定了只能在本文件中使用，而该函数定义又出现所有调用该函数的前面，因此，此函数就不需要另作函数原型声明。

2. build_zonelists_node

这个函数是在本章的 5.2.3 中用到的。该函数出现在<mm/page_alloc.c>中。在这里，仍然对这个函数定义进行分析。

```
static int __init build_zonelists_node(pg_data_t *pgdat, struct zonelist
*zonelist, int j, int k) {}
```

该函数的类型说明与前一函数相同，都是 static int __init，指明该函数的作用域是在本文件中静态分配的，该函数的函数名为 build_zonelists_node。

接下来读者查看一下该函数的形参列表。这里的形参列表较多，共有 4 个，多个形参之间可以用"，"将它们分隔开。由于该函数定义又出现所有调用该函数的前面，因此，此函数就不需要另作函数原型声明。

3. __get_vm_area

这个函数是在本章的 5.3.3 节中用到的，该函数的定义出现在<mm/vmalloc.h>，这个定义与前两个定义有较大的区别。

```
struct vm_struct *__get_vm_area(unsigned long size, unsigned long flags,
                unsigned long start, unsigned long end) {}
```

这个函数的类型说明符为 struct vm_struct *，这是一个函数返回值类型的说明符，指明该函数的返回值是一个指向 vm_struct 结构体的指针。在这里，没有指明函数的存储类型说明，则该函数就按默认的 extern 来处理。

该函数的函数名为__get_vm_area，这里的参数列表也较多，有 4 个形式参数。

由于该函数的存储类型不是 static，因此，其他函数就可以调用此函数，这样，该函数就需要有一个关于函数原型的声明。读者可以看到，函数__get_vm_area 的声明位于<include/linux/vmalloc.h>中，如下所示：

```
extern struct vm_struct *__get_vm_area(unsigned long size, unsigned long flags,
                                        unsigned long start, unsigned long end);
```

可以看到，这个函数原型的声明是按照上一节中所述的第二种形式来处理的，说明该函数是在其他文件中定义的。函数原型的声明的未加粗部分与函数定义头部是相同的，这样可以完全保证定义类型的一致性。另外，函数原型声明时不要忘了在声明尾部加上“;”。

5.6 函数的参数、值和基本调用

5.6.1 函数的参数

函数的参数分为形参和实参两种。

形参出现在函数定义中，在整个函数体内都可以使用，离开该函数则不能使用。实参出现在主调函数中，进入被调函数后，实参变量也不能使用。形参和实参的功能是作数据传送。发生函数调用时，主调函数把实参的值传送给被调函数的形参从而实现主调函数向被调函数的数据传送。

函数的形参和实参具有以下特点。

➢ 形参变量只有在被调用时才分配内存单元，在调用结束时，即刻释放所分配的内存单元。因此，形参只有在函数内部有效。函数调用结束返回主调函数后则不能再使用该形参变量。

➢ 实参可以是常量、变量、表达式、函数等，无论实参是何种类型的量，在进行函数调用时，它们都必须具有确定的值，以便把这些值传送给形参。因此应先用赋值，输入等办法使实参获得确定值。

➢ 实参和形参在数量上、类型上、顺序上应严格一致，否则会发生“类型不匹配”的错误。

➢ 函数调用中发生的数据传送是单向的，即只能把实参的值传送给形参，而不能把形参的值反向地传送给实参。因此在函数调用过程中，形参的值发生改变，而实参中的值不会变化，如图 5.12 所示。

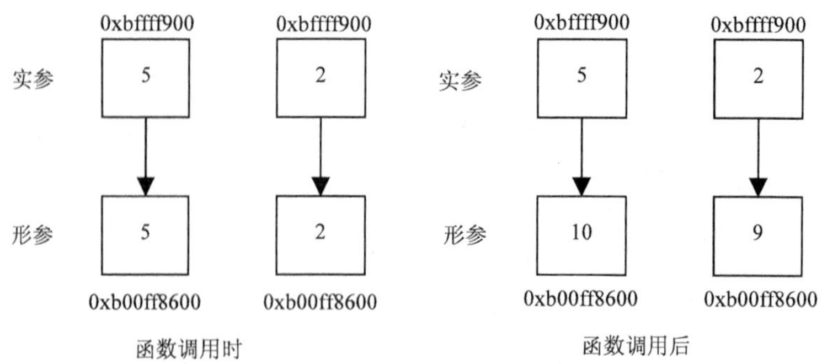

图 5.12 实参和形参在函数调用时的变化情况

从图中可以看出，实参和形参所占用的存储单元完全是独立的，在函数调用时，实参把存储单元中的数据赋值给形参的存储单元；而在函数调用后，若形参的值发生了改变，它也无法传递给实参（由于参数的传递是单向的，从实参传递给形参），因此，若希望从调用函数将值传递给被掉函数只能通过返回语句（return）或以指针的形式（在本书的第 6 章中会详细讲解）。

5.6.2 函数的值

函数的值是指函数被调用之后执行函数体中的程序段所取得的并返回给主调函数的值，对函数的值（或称函数返回值）有以下一些说明。

（1）函数的值只能通过 return 语句返回主调函数，return 语句的一般形式为：

```
return 表达式;
```

或者

```
return (表达式);
```

该语句的功能是计算表达式的值，并返回给主调函数。在函数中允许有多个 return 语句，但每次调用只能有一个 return 语句被执行，因此只能返回一个函数值。

（2）函数值的类型和函数定义中函数的类型应保持一致，如果两者不一致，则以函数类型为准，自动进行类型转换。

（3）如函数值为整型，在函数定义时可以省去类型说明。

（4）不返回函数值的函数，可以明确定义为空类型，类型说明符为 void。

5.6.3 函数的基本调用

在前面的两小节中，读者已经了解到函数的参数传递以及函数的返回值，这样，函数的调用就很容易完成了，函数调用的一般形式为：

```
函数名(实参列表);
```

如果是调用无参函数，则实参表列可以没有，但括弧不能省略。如果实参表列包含多个实参则各参数间用逗号隔开。实参与形参的个数应相等，类型应一致。实参与形参按顺序对应，一一传递数据。这里，对实参表求值的顺序并不是确定的，有的系统按自左至右顺序求实参的值，有的系统则按自右至左顺序。函数的参数传递采用的是上面 5.6.1 节中所述的值传递的方式。

按函数在程序中出现的位置来分，可以有以下 3 种函数调用方式。

- 函数语句：把函数调用作为一个语句。这时不要求函数带回值，只要求函数完成一定的操作，如：

```
printf("Hello C world\n");
```

- 函数表达式：函数出现在一个表达式中，这种表达式称为函数表达式。这时要求函数带回一个确定的值以参加表达式的运算，如：

```
sum = sum(a,b);
```

- 函数参数：函数调用作为一个函数的实参。函数调用作为函数的参数，实质上也是函数表达式形式调用的一种，因为函数的参数本来就要求是表达式形式，如：

```
printf("the sum of a and b is %d\n",sum(a, b));
```

注意　被调函数必须是已经声明了的函数，或者被调函数的位置位于调用函数之前。

5.7 函数的嵌套、递归调用

5.7.1 函数的嵌套调用

C 语言中不允许作嵌套的函数定义。因此各函数之间是平行的，不存在上一级函数和下一级函数的问题。但是 C 语言允许在一个函数的定义中出现对另一个函数的调用。这样就出现了函数的嵌套调用，即在被调函数中又调用其他函数，它们的关系如图 5.13 所示。

C 语言提倡将大问题划分成一个个子问题来进行解决，因此在 C 语言中，函数的嵌套是非常普遍的。

由于在 C 语言中，函数的调用都是通过堆栈来实现的，在函数 1 调用函数 2 之间，系统会把自己的局部变量、函数地址、参数列表等都压入堆栈，在子函数调用结束后，系统又会把调用函数的局部变量、函数地址、参数列表等都从堆栈中弹出；如图 5.14 所示。

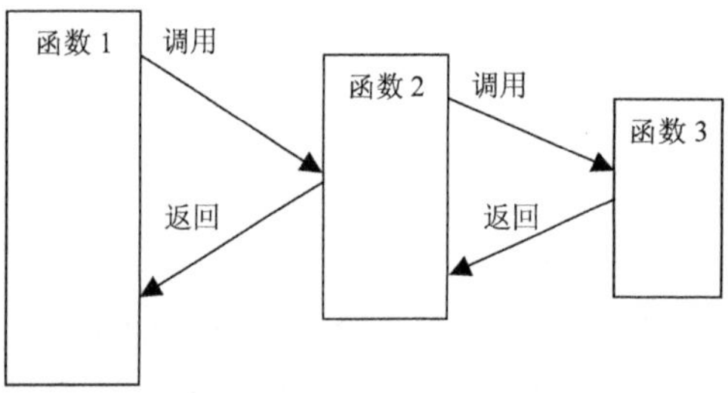

图 5.13 函数嵌套调用关系图

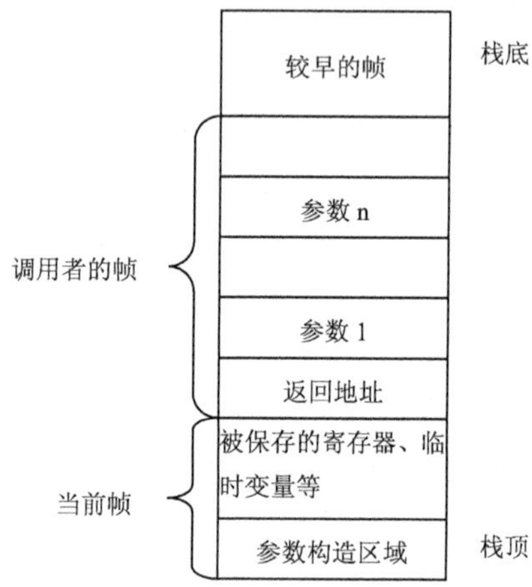

图 5.14 函数嵌套调用中的系统布局

各个栈在调用时都有它们的私有空间，多个未完成的部分变量不会相互影响。因此，若被调函数含有与调用函数相同名称的局部变量，它们彼此之间不会受到影响。

5.7.2 函数的递归调用

1．递归调用实例

函数的递归调用实际上可以看作是一种特殊的函数嵌套使用，它的特殊性就在于该函数所嵌套的函数就是它本身。因此，主调函数又是被调函数。执行递归函数将反复调用其自身，每调用一次就进入新的一层。

在很多教科书中都使用计算阶乘来说明递归，事实上，在这个例子中，递归并没有提供任何优越之处。其实，函数递归调用的特征不仅在于它类似于 while 的循环调用，还在于它能够以堆栈（先进后出）的方式来工作。

这里有一个简单的例子用于说明递归，程序的目的就是把一个整数从二进制的形式转换为可打印的字符的形式。例如，有值 1326，程序需要依次产生‘1’、‘3’、‘2’和‘6’。

思路：该程序使用将这个值反复除以 10，并打印各个余数来完成。例如，1326 除以 10 余 6，但这里并不能直接打印，因为字符‘6’的 ASCII 码并不是 6，而是 54，因此，可以使用下面的关系式来完成：

```
'0' + 1 =  '1'
'0' + 2 =  '2'
'0' + 3 =  '3'
'0' + 6 =  '6'
```

因此，在这个问题中就可以把原数除以 10，打印其转换后余数，接着再把除得的余数再除以 10，再打印其转换后的余数，用这种方法 while 或 for 循环语句完全可以做到了。但这时，细心的读者可能可以发现，按这个方式打印出来的顺序是倒序的，即为‘6’、‘2’、‘3’、‘1’，那么怎样可以打印出顺序的数字呢？答案是采用函数的递归调用。

以下代码是该程序的递归调用函数：

```
#include <stdio.h>
binary_to_ascii(unsigned int value)
{
        unsigned int quotient;
        /*求得除数*/
        quotient = value / 10;
        /*判断除数是否为 0，若为 0，则递归调用结束*/
        if(quotient != 0)
                /*函数递归调用*/
                binary_to_ascii( quotient );
        /*按原数字的字符形式打印出来*/
        putchar( value % 10 + '0' );
}

int main()
{
        /*调用函数，打印 1326*/
        binary_to_ascii(1326);
}
```

2. 递归调用过程分析

下面详细分析一下为什么采用递归调用就能产生正确的结果，这就需要追踪递归调用的执行过程。追踪递归函数执行过程的关键是理解函数中所声明的变量是如何存储的。

当函数被调用时，它的变量空间是创建于运行时堆栈上的，而之前调用函数的变量仍保留在堆栈上，它们都有自己的私有空间，是互不干扰的，当递归函数调用自身时，情况也是如此。每进行依次新的调用，都将会在新的堆栈区创建一批变量。在上述程序中有两个变量：参数 value 和局部变量 quotient，下面以图示的形式表示这些变量在堆栈中的变化情况。

首先，在第一次调用函数时，堆栈里的内容如图 5.15 所示。

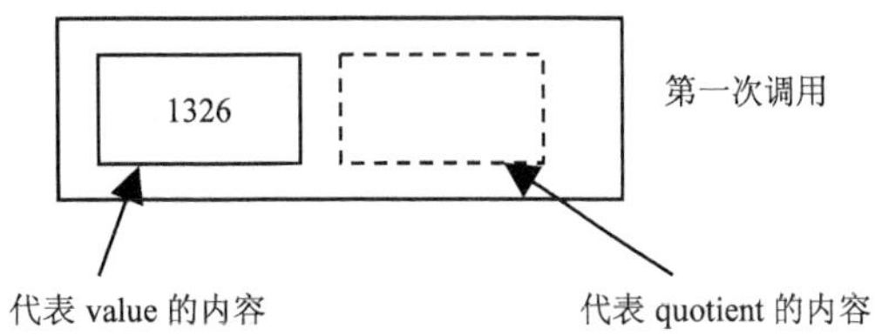

图 5.15　第一次函数调用堆栈中内容

在执行除法运算后，堆栈里的内容如图 5.16 所示。

在接下来，由于 quotinet 的值为非 0，因此，该函数继续递归调用。在这个函数第二次调用之初，堆栈的内容如图 5.17 所示：

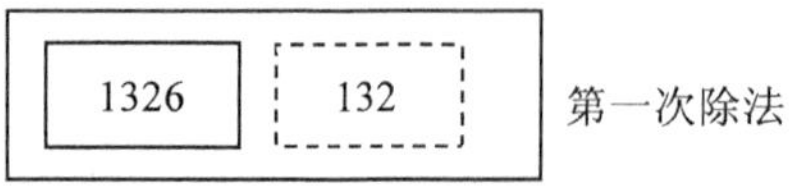

图 5.16　执行除法后堆栈中内容

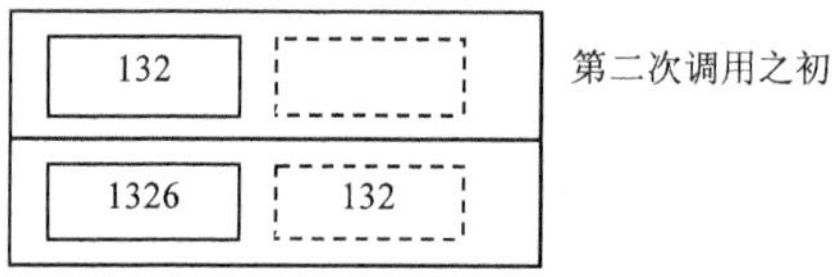

图 5.17　第二次调用之初堆栈中内容

可以看到，这时在堆栈上后新建了参数 value 和变量 quotinet，随着程序的继续进行，堆栈中的内容最终如图 5.18 所示。

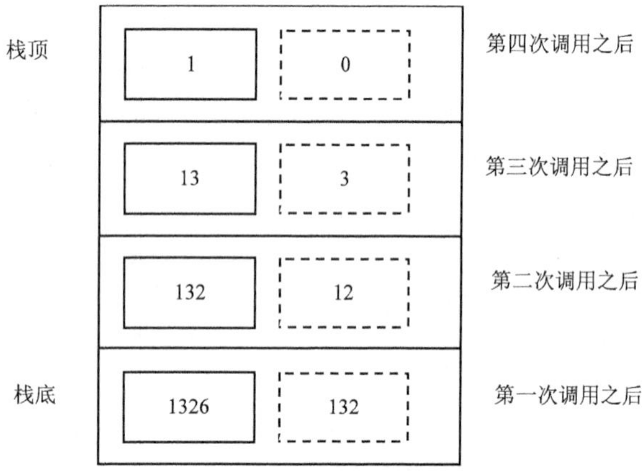

图 5.18　堆栈中最终结果

可以看到，程序运行到此时，递归调用结束了。这时可以调用 putchar 语句并开始从最上层的函数中返回。由于在堆栈中，变量首先从栈顶弹出，因此，栈顶的 value 值为“1”，执行语句“putchar(value % 10 + '0');”打印出‘1’。

接着函数返回，它的变量从堆栈中销毁，这时，value“13”成为了栈顶的元素，这时再执行语句“putchar(value % 10 + '0');”打印出‘3’。依此类推，函数就能输出‘1’、‘3’、‘2’、‘6’，它的执行过程如图 5.19 所示。

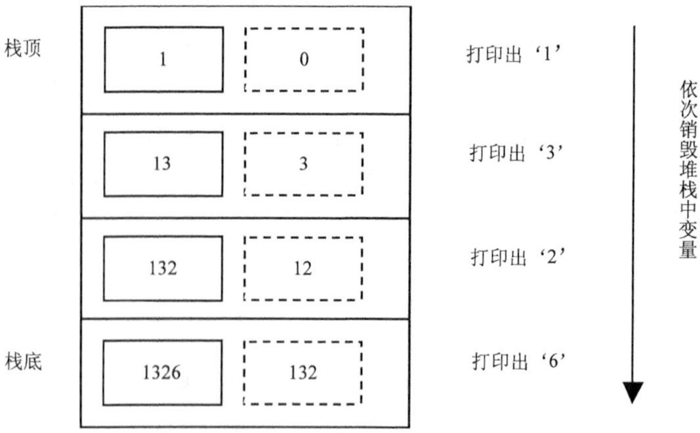

图 5.19　打印输出堆栈中的内容

从这个例子的分析可以看出，使用递归调用有一个先决条件：必须有一个能使递归停止的条件，如本例中的“quotient”等于 0，否则，递归函数将陷入死循环状态。

另外，读者从递归函数的执行过程也可以看出，实际上，递归函数的执行由于需要保存每一步的参数、变量值等，因此产生了很多的内部开销。所以有些问题，如数的阶乘等可以使用循环来解决就不需要使用递归函数。

5.7.3　ARM-Linux 函数调用应用实例

由于 Linux 的内核编程模式不同于用户空间的编程模式，Linux 的内核编程模式是模块编程的方法，通过加载、卸载模块的方式进行的，因此没有 main 函数的入口（关于这部分的内容在本书的第 12 章会有详细讲解）；而普通用户空间的编程（即应用程序的开发）都必须有 main 主函数，因此请读者不要混淆。

由于现在还没有讲解指针相关的内容，在本节中仅以第 3 个函数__get_vm_area 为例来进行讲解。

这里先列出了该函数的声明，这个声明在 5.5.4 节中已经详细介绍过了。

```
extern struct vm_struct *__get_vm_area(unsigned long size, unsigned long flags,
unsigned long start, unsigned long end);
```

在 ARM-Linux 中共有 3 处调用了这个函数，一次是在<arch\arm\kernel\module.c>，其被调函数如下所示（这里省略了与__get_vm_area 函数无关的其他内容）：

```
void *module_alloc(unsigned long size)
{
        struct vm_struct *area;
        area = __get_vm_area(size, VM_ALLOC, MODULE_START, MODULES_END);
}
```

在函数的调用中，最重要的一点是实参与形参类型的匹配。可以看出，__get_vm_area 后的括号内就是实参。其中的 size 是 module_alloc 函数的形参，从形参的类型说明里可以看出它是 unsigned long 型，与__get_vm_area 形参类型匹配。

另外的 VM_ALLOC（定义在<include\linux\vmalloc.h>）、MODULE_END（定义在<include\asm\memory.h>）

```
#define VM_ALLOC     0x00000002  /* vmalloc() */
#define MODULE_END        (PAGE_OFFSET)
#define PAGE_OFFSET       (0xc0000000UL)
#define MODULE_START      (MODULE_END - 16*1048576)
```

可以看出，这些常量也都是无符号长整型的，因此，__get_vm_area 函数中所有的实参都与该函数的形参类型匹配。

由于该函数还带有返回值，其类型为指向结构体 vm_struct 的指针，而 module_alloc 函数中 area 变量也是指向结构体 vm_struct 的指针，因此，该赋值过程是成立的。

下面这处调用__get_vm_area 函数过程（位于< arch \sh\ kernel\ cpu\ sh4\sq.c>），该过程与上例相似。

```
static struct sq_mapping *__sq_remap(struct sq_mapping *map)
{
        struct vm_struct *vma;
```

```
        vma = __get_vm_area(map->size, VM_ALLOC, map->sq_addr, SQ_ADDRMAX);
}
```

要注意的是，sq_mapping 结构体中的 sq_addr 为无符号长整型，size 为无符号整型，在实参向形参的赋值时会进行类型的自动转换。

```
struct sq_mapping {
        unsigned long sq_addr;
        unsigned int size;
};
```

最后一例是位于<mm/vmalloc.c>中的 get_vm_area 函数，该函数实际是对__get_vm_area 函数进行一定的封装（Linux 中很多此类封装函数），此类封装函数中通常用于处理函数参数传递的判断、出错处理等。

```
struct vm_struct *get_vm_area(unsigned long size, unsigned long flags)
{
        return __get_vm_area(size, flags, VMALLOC_START, VMALLOC_END);
}
```

可以看到，此处是把函数调用作为了 return 的执行语句。

本章小结

本章首先介绍了 C 语言的控制语句，包括选择语句、循环语句和 goto 语句。其中选择语句和循环语句是控制语句中的重点，要求读者必须熟练掌握。

值得读者注意的是：在 if 语句中关键要掌握括号的写法，希望读者能够养成良好的书写习惯；对于 switch 语句关键要掌握 break 的作用；goto 语句虽然有很好的执行效率，但是在结构化的程序设计中并不推荐使用。

接下来，本章介绍了函数的定义与声明以及函数的参数、值和基本调用。这里着重要掌握的是函数的形参和实参的区别，并且要牢记函数值传递的单向的。

最后，本章介绍了函数的嵌套、递归调用，希望读者能够掌握递归调用的实质。

动手练练

1．编程实现汉诺塔程序

汉诺塔游戏介绍如下。

约 19 世纪末，在欧州的商店中出售一种智力玩具，在一块铜板上有 3 根杆，如图 5.20 所示。其中，最左边的杆上自上而下、由小到大顺序串着由 64 个圆盘构成的塔。目的是将最左边杆上的盘全部移到右边的杆上，条件是一次只能移动一个盘，且不允许大盘放在小盘的上面。

2．为下面这个函数原型编写函数定义：

```
int ascii_to_integer( char * string );
```

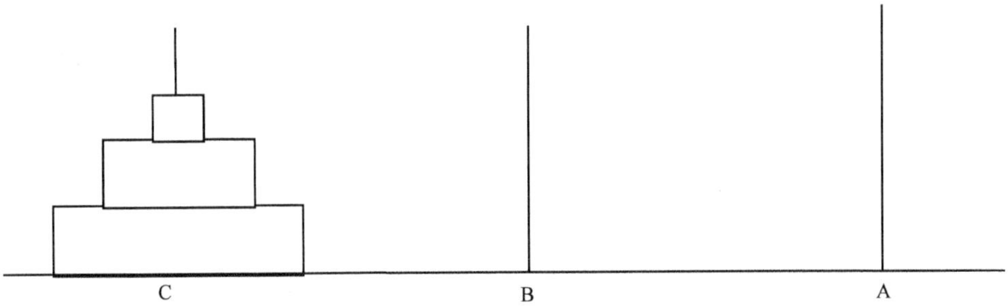

图 5.20 汉诺塔游戏示意图

这个字符串参数必须包含一个或多个数字，函数应该把这些数字字符转换为整数并返回整数。如果字符串参数包含了任何非数字字符，函数就返回 0，请不必担心算术溢出。

第6章　嵌入式Linux C语言基础——数组、指针与结构

本章目标

本章将讲述C语言的关键部分——数组、指针和结构。可以说，C语言之所以有如此旺盛的生命力，就是因为有了指针这一数据类型，因此，常有人说，“掌握了指针才真正掌握了C语言”。本章是C语言的重点与难点所在。通过本章的学习，读者将会掌握如下内容。

- 一维数组和多维数组
- 数组的初始化方法
- 把数组名作为函数参数
- 指针的基本概念
- 指针初始化的方法
- 各种复杂指针：如指针的指针、函数指针、返回指针值的函数等
- 指针与数组的关系
- 结构的声明方法
- 结构成员的直接与间接访问
- 结构的自引用方法
- 结构的初始化及存储分配的方法
- ARM-Linux中数组、指针和结构的使用

6.1　数组

6.1.1　一维数组

1．数组的定义

在C语言中为了处理数据方便，把具有相同类型的若干变量按有序的形式顺序组织起来。

这些按序排列的同类数据元素的集合称为数组。

在 C 语言中，数组属于构造数据类型。一个数组可以分解为多个数组元素，这些数组元素可以是基本数据类型或是构造类型。因此按数组元素的类型不同，数组又可分为数值数组、字符数组、指针数组、结构数组等各种类别。

C 语言中使用数组必须先进行定义。数组定义的一般形式为：

```
类型说明符 数组名[常量表达式];
```

类型说明符可以是任一种基本数据类型或构造数据类型；数组名是用户定义的数组标识符；方括号中的常量表达式表示数据元素的个数，也称为数组的长度。

对于数组的定义，这里有几点是需要特别注意的。

➢ 数组的类型实际上是指数组元素的取值类型。对于同一个数组，其所有元素的数据类型都是相同的。

➢ 数组名的书写规则应符合标识符的书写规定。

➢ 数组名不能与其他变量名相同，例如，以下的书写是错误的。

```
void main()
{
	int a;
	float a[10];
}
```

➢ 方括号中常量表达式表示数组元素的个数，如 a[5]表示数组 a 有 5 个元素，它需要在数组定义时就确定下来，不能随着程序的运行动态更改。它的下标从 0 开始计算，因此 5 个元素分别为 a[0]、a[1]、a[2]、a[3]、a[4]。

➢ 不能在方括号中用变量来表示元素的个数，但是可以是符号常数或常量表达式，如 a[3+2]、b[5+9]。

➢ 允许在同一个类型说明中说明多个数组和多个变量。

在内存中，数组元素的集合占用连续的存储空间，并且根据单个元素所占存储空间来进行分配内存。例如有 6 个元素的两个数组，分别为整型和字符型，它们在内存中的存放形式如图 6.1 所示。

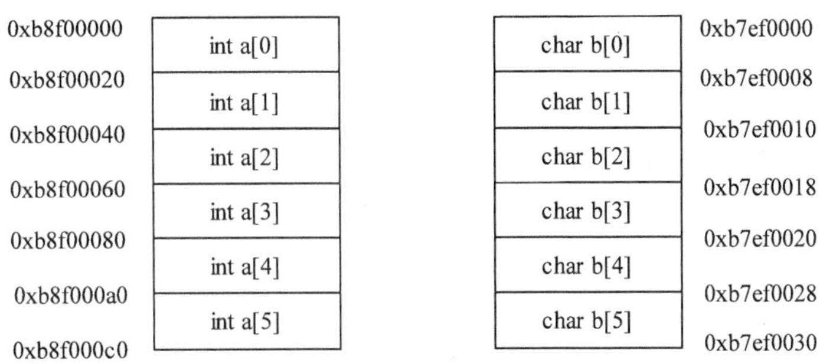

图 6.1 数组在内存中的存储形式

2. 数组的引用

C 语言中规定了数组必须逐个元素引用，而不能数组整体引用，因此，数组的引用实际上就是数组元素的引用。数组元素的一般表示方法为：

```
数组名[下标]
```

其中的下标只能为整型常量或整型表达式。这里的方括号“[]”读者在之前第 4 章的运算符中已经见到过。它实际上就是下标引用符，优先级是最高的，并且具有右结合性，例如有以下小程序：

```
#include <stdio.h>
void main()
{
        /*数组定义，有 10 个元素*/
        int i,a[10];
        printf("getting odd numbers...\n");
        for(i=0;i<10;)
                /*下标为整型表达式，注意标号范围为 0 到 9*/
                a[i++]=2*i+1;
        printf("display all these numbers...\n");
        for(i=9;i>=0;i--)
               /*下表为为整型表达式，标号是范围为 0 到 9*/
               printf("a[%d] is %d\n",i,a[i]);
}
```

其运行结果如下所示：

```
getting odd numbers...
display all these numbers...
a[9] is 19
a[8] is 17
a[7] is 15
a[6] is 13
a[5] is 11
a[4] is 9
a[3] is 7
a[2] is 5
a[1] is 3
a[0] is 1
```

C 语言对数组的处理是非常有效的，它对数组下标的处理是在一个很低的层次上的，但这个优点也有一个反作用，即在程序运行时用户无法知道一个数组到底有多大，或者一个数组下标是否有效，ANSI/ISOC 标准没有对使用越界下标的行为做出定义。因此，一个越界下标有可能导致以下几种后果：

- 程序仍能正确运行；
- 程序会异常终止或崩溃；
- 程序能继续运行，但无法得出正确的结果；
- 其他情况。

因此，在编写 C 语言数组相关的代码时，一定要仔细地处理边界问题，以防止出现数组越界问题。

小提示　若数组在定义时指定有 *n* 个数，数组的下标为 0～（*n*-1），请务必不要使用下标为 *n* 的数。

3．数组的初始化

数组的初始化有以下几种方式。

（1）定义时整体初始化

与变量在定义时初始化一样，数组也可以在定义时进行初始化，如对字符数组进行初始化：

```
char a[10]={'a','b','c','d','e','f','g','h','j','k'};
```

注意　在初始化时需要用大括号将初始化数值括起来，在括号后要加分号。

（2）定义时部分初始化

数组在定义时可以对其中的部分数据进行初始化。当“{}”中值的个数少于元素个数时，只给前面部分元素赋值。例如如下定义就是对数组的前 5 个数据初始化，而后 5 个数据自动赋 0（在字符数组中自动赋‘\0’）。

```
char a[10]={'a','b','c','d','e'};
```

（3）数组全部赋值

若想要对数组中的元素全部赋值，则可以省略数组下表中的常量，在此时，编译器会自动定义数组元素的个数，如下所示：

```
char a[]={'a','b','c','d','e','f','g','h','j','k'};
```

注意此时“[]”不能省略，并且，若单独定义“char a[];”是不允许的，必须加上数组长度。

注意　数组的元素不能整体赋值，只能单个赋值，比如，若定义“char a[10] = {‘a’};”则只为该数组中的第一个元素赋值。

6.1.2　字符串

1．字符串的定义及初始化

在 C 语言中，没有单独的字符串数据类型，而是对字符数组的操作来实现的。字符串实际上是一种特殊的字符数组，它规定以‘\0’作为结束符标志，并且以双引号来代表字符串里的内容，比如“C program”实际上就有 10 个字符，它在内存中的存储方式如图 6.2 所示。

C		p	r	o	g	r	a	m	‘\0’

图 6.2　字符串在内存中的存储方式

字符串的初始化可以按照字符数组的初始化方式进行，也可以按照字符串双引号的初始化方式进行，如下所示：

```
char a[6]={'C','h','i','n','a','\0'};
char a[6]={"China"};
```

注意　在使用字符数组的方式进行初始化时，勿忘加上“‘\0’”结束符。

由于使用双引号的方式简单明了，因此，字符串的初始化一般都用双引号的方式来处理，注意在此时内存中实际有 6 个字符。由于字符串有明显的结束符‘\0’，因此在字符串的初始化时可以不用指定数组的长度。

2．字符串的输入输出

（1）输出

在第 5 章中讲解格式字符时就已经提到“%s”用于“输入输出一个字符串”，例如有以下语句就可将“China”字符串输出。

```
char c={"China"};
printf("%s\n",c);
```

这里，使用“%s”格式符时，输出字符遇到‘\0’就自动停止，并且在输出字符中不包含‘\0’。如果数组长度大于字符串的实际长度，也只输出到与‘\0’就停止。

使用“%s”可以实现所有的字符一次性输出，因此，printf 的输出项是字符数组名，而不是字符元素名，若将以上语句写成如下所示是不对的。

```
printf("%s\n",c[1]);
```

（2）输入

同样，用户也可以在 scanf 中使用“%s”直接输入字符串，如有以下语句就可以接受用户输入的字符串。

```
char str[10];
scanf("%s",str);
```

这时，如果用户从键盘输入数据“Hello”并按回车，如下所示：

```
Hello↙
```

则系统就会自动在其后面加上一个‘\0’结束符，这样，内存中的存储方式如图 6.3 所示。

实际上，数组名所代表的含义就是数组在内存中存放的首地址（关于这一点在指针的讲解中会有详细阐述），因此在 scanf 的输入项中只需键入数组名即可，而不再需要加上取地址符。

H	e	l	l	o	‘\0’

图 6.3　hello 字符串的存储方式

3．字符串处理函数

在 C 语言的库函数中，提供了一些用来处理字符串的函数，使用起来非常方便，用户可以引入头文件“#include <string.h>”即可。表 6.1 列举了常见的字符串处理函数及使用示例。

表 6.1　常见字符串处理函数及使用示例

函数名	函数说明及定义	使用示例
puts	puts(char *str) 将一个字符串（以‘\0’结束的字符序列）输出到终端	char str = {"Hello world"}; puts(str);
gets	从终端输入一个字符串到字符数组，并得到一个返回值	gets(str); 等待用户输入
strcat	char *strcat (char *dest,const char *src); strcat()会将参数 src 字符串复制到参数 dest 所指的字符串尾。第一个参数 dest 要有足够的空间来容纳要复制的字符串	char a[30]="string(1)"; char b[]="string(2)"; printf("%s\n",strcat(a,b));
strcpy	char*strcpy(char *dest,const char *src); strcpy()会将参数 src 字符串复制至参数 dest 所指的字符串中	char a[30]="string(1)"; char b[]="string(2)"; printf("%s\n",strcpy(a,b));
strncpy	char * strncpy(char *dest,const char *src,size_t n) strncpy()会将参数 src 字符串复制前 n 个字符至参数 dest 所指的字符串	char a[30]="string(1)"; char b[]="string(2)"; printf("%s\n",strcnpy(a,b,4));

续表

函　数　名	函数说明及定义	使 用 示 例
strcmp	int strcmp(const char *s1,const char *s2);	char a[30]="aBcdEf"; char b[]="AbCdEF"; printf("%s\n",strcmy(a,b));
	strcmp()用来比较参数 s1 和 s2 字符串。字符串大小的比较是以ASCII 码表上的顺序来决定,此顺序亦为字符的值。strcmp()首先将 s1 第一个字符值减去 s2 第一个字符值，若差值为 0 则再继续比较下个字符，若差值不为 0 则将差值返回 若参数 s1 和 s2 字符串相同则返回 0。s1 若大于 s2 则返回大于 0 的值。s1 若小于 s2 则返回小于 0 的值	
strlen	size_t strlen (const char *s);	char b[]="AbCdEF"; printf("%d\n",strlen(b));
	strlen()用来计算指定的字符串 s 的长度，不包括结束字符"\0"	

6.1.3　二维数组

1．数组的定义

前面介绍的数组只有一个下标，称为一维数组，其数组元素也称为单下标变量。在实际中有很多数组是二维的或多维的，因此 C 语言允许构造多维数组。多维数组元素有多个下标，以标识它在数组中的位置，所以也称为多下标变量。

本小节只介绍二维数组，多维数组可由二维数组类推而得到。二维数组类型定义的一般形式是：

```
类型说明符 数组名[常量表达式 1][常量表达式 2]…;
```

其中常量表达式 1 表示第一维下标的长度，常量表达式 2 表示第二维下标的长度，例如：

```
int a[3][4];
```

说明了一个 3 行 4 列的数组，数组名为 a，其下标变量的类型为整型。该数组的下标变量共有 3×4 个，即：

```
a[0][0] a[0][1] a[0][2] a[0][3]
a[1][0] a[1][1] a[1][2] a[1][3]
a[2][0] a[2][1] a[2][2] a[2][3]
```

二维数组在概念上是二维的，其下标在两个方向上变化，下标变量在数组中的位置也处于一个平面之中，而不是像一维数组只是一个向量。但是，实际的硬件存储器却是连续编址的，也就是说存储器单元是按一维线性排列的。

如何在一维存储器中存放二维数组呢？

通常有两种方式：一种是按行排列，即放完一行之后顺次放入第二行；另一种是按列排列，即放完一列之后再顺次放入第二列。在 C 语言中，二维数组是按行排列的。

图 6.4 中，按行顺次存放，先存放 a[0]行，再存放 a[1]行，最后存放 a[2]行。每行中有 4 个元素也是依次存放的。由于数组 a 说明为 int 类型，该类型占 4 个字节的内存空间，所以每个元素均占有 4 个字节（图中每一格为 4 个字节）。

多维数组也一样，在 C 语言中数组的存储顺序都是按照最右边的下标率先变化的原则，也称为行主序的原则来进行的。

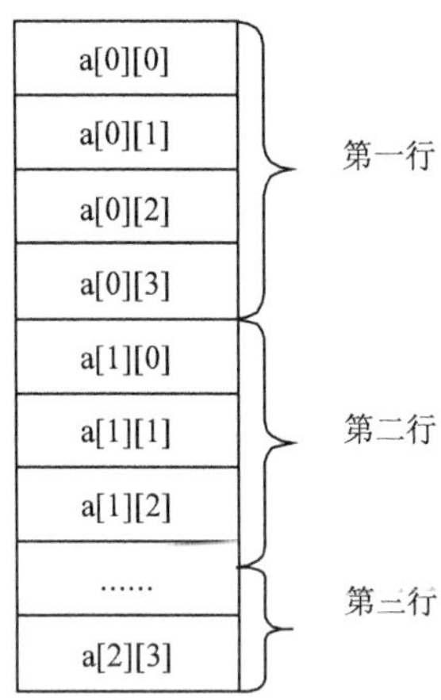

图 6.4　二维数组的存储方式

2. 数组的引用

多维数组的引用和一维数组的引用很相似，也是通过下标引用的方式进行的。二维数组的元素也称为双下标变量，其表示的形式为：

```
数组名[下标][下标]
```

其中下标应为整型常量或整型表达式，例如：

```
a[3][4] 表示 a 数组三行四列的元素。
```

下标变量和数组说明在形式中有些相似，但这两者具有完全不同的含义。数组说明的方括号中给出的是某一维的长度，即可取下标的最大值；而数组元素中的下标是该元素在数组中的位置标识。前者只能是常量，后者可以是常量、变量或表达式。

3. 数组的初始化

二维数组初始化也是在类型说明时给各下标变量赋以初值。二维数组可按行分段赋值，也可按行连续赋值。例如对数组 a[5][3]可以有以下两种赋值方式。

（1）分段赋值

```
int a[5][3]={ {80,75,92},{61,65,71},{59,63,70},{85,87,90},{76,77,85} };
```

（2）按行连续赋值

```
int a[5][3]={ 80,75,92,61,65,71,59,63,70,85,87,90,76,77,85 };
```

可以看到，多维数组初始化时每个括号“{}”都代表一行，这里的每一行都可以如一维数组一样进行部分赋值，并且如果对全部元素赋初值，则第一维的长度可以不给出。当然，如果采用按行连续赋值的方式，只有最后一维可以部分赋值，其他必须全部赋值。在实际使用时，通常采用分段赋值的方式为二维数组初始化。

6.2 指针

6.2.1 指针的概念

本书在第 4 章中已经曾经提到过指针的概念，简单地说，指针就是地址。在这里，读者可以把计算机的内存看做是一条街道上的一排房屋，每个房屋都可以容纳数据，每个房屋都有一个门牌号用来标识自身的位置。

由于计算机的内存是由数以万计的位（比特）组成的，每一比特都只能容纳 0 或 1。由于这两个数值过于简单，无法表示出很多内容，因此，在计算机中，通常是由许多个比特合成一组来作为一个单位（如一个字节就代表 8 个比特），也就是 char 型数据或 unsigned char 型数据。

当然，用户还能把更多的字节组合成一个单位，如 int、long 等，用于处理特定的内容。

这里要明确一点的是，实际上在计算机内存中，数据都是以二进制的形式存放的，如：

```
0011101011001010
```

而当一些变量被声明为不同类型的数据类型时，编译器才将它们解释为不同数据类型。因此，不能简单地通过一个值来判断它的类型，必须观察这个值的使用方式后才能做出相应的判断。

在理解了这些内容后，接下来继续学习指针的内容。这里，不同的数据类型已经作为一个程序使用的单位，如 int、char 等，这里的每一个单位就相当于前面几个房屋的集合体，如图 6.5 所示：

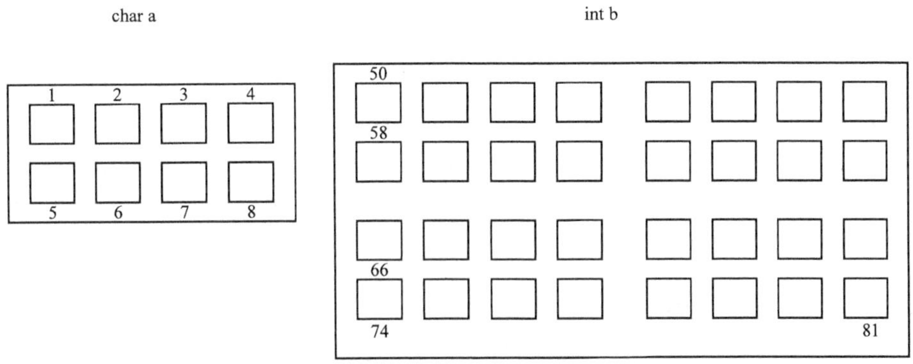

图 6.5　地址概念示意图

图中的数字是每个比特的地址（在这里用简单的十进制数来表示），既然每一比特都有自己的地址，那么由这些比特所组成的单元也都有自己的地址。C 语言中把它们的地址表示为这些单元所包含的比特起始地址，也就是说，图中的变量 a 的地址（指针）为 1，变量 b 的地址（指针）为 50。这里所说的指针就是变量的指针。

由于现在大多数的计算机是 32 位的，也就是说地址的字宽是 32 位的，因此，指针也就是 32 位的。可以看到，由于计算机内存的地址都是统一的宽度，而以内存地址作为变量地址的指针也就都是 32 位宽度。

注意　请读者务必注意所有数据类型的指针（整型、字符型、数组、结构等）在 32 位机上都是 32 位（4 个字节）。

由于变量的地址是该变量独一无二的标识，因此，只要知道这些地址就一定能找到该变量，就像人们日常生活中写信的地址一样。那么，这些 32 位的变量的指针如何来记录呢？在 C 语言中，可以将这些地址（指针）赋值给专门用于存储地址的变量，这些变量就称为指针的变量，如图 6.6 所示。指针的变量也是变量，只是它所存储的是地址而不是普通的数据。

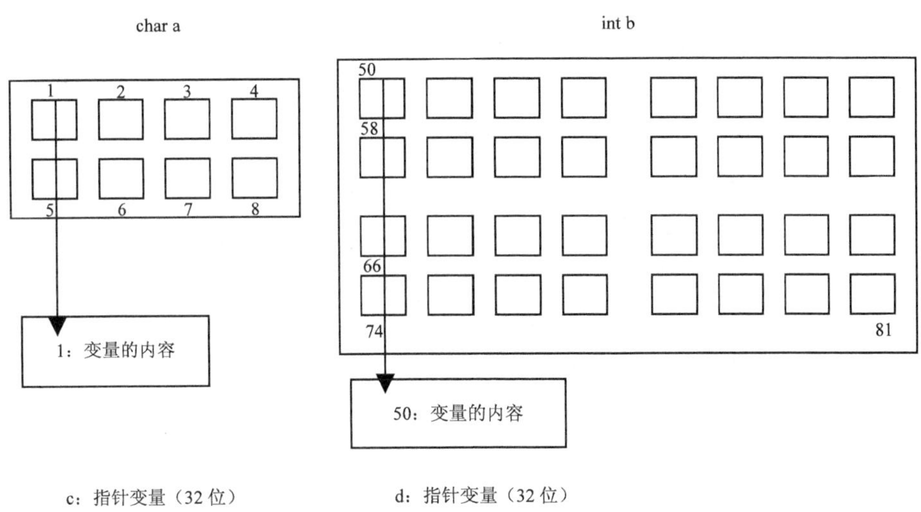

图 6.6　指针变量示意图

从图中可以看出，c 和 d 是指针变量，它们所存储的内容的变量 a 和 b 是指针（地址），该指针变量 c 和 d 都是 32 位的。

这里需要特别澄清的两个概念是：变量的内容和变量的地址。

从图中可以看出，变量的内容是在方框里面的内容，就如指针变量 c 和 d 的内容“1”和“50”；而变量的地址是方框外的内容，如变量 a 和 b 里的数字。取得一个变量的地址并不等于读取到它的内容，就像走到了一户人家门口还没有迈进门时一样，是看不到里面的内容的。只有当主人将门打开，方能读取到该变量的内容，因此，变量的内容和变量的地址是两个相对独立的概念，一定要区别对待。

6.2.2 指针变量的操作

1．指针变量的定义

指针变量和其他变量一样，在使用之前要先定义，其一般形式为：

```
类型说明符 *变量名;
```

其中，“*”表示一个指针变量，变量名即为定义的指针变量名，类型说明符表示本指针变量所指向的变量的数据类型，例如：

```
int *p1;
```

以上代码表示 p1 是一个指针变量，它的值是某个整型变量的地址，或者说 p1 指向一个整型变量。至于 p1 究竟指向哪一个整型变量，应由向 p1 赋予的地址来决定。

再如：

```
staic int *p2;/*p2 是指向静态整型变量的指针变量*/
float *p3;     /*p3 是指向浮点变量的指针变量*/
char *p4;      /*p4 是指向字符变量的指针变量*/
```

对于指针变量的定义，需要注意以下两点。

➢ 指针变量的变量名是“*”后面的内容，而不是“*p2”、“*p3”，“*”只是说明该定义的变量是一个指针变量。

➢ 虽然所有的指针变量都是等长的，但仍然需要定义指针的类型说明符，因为对指针变量的其他操作（如加、减等）都涉及指针所指向变量的单位部分，这一点在后续内容中会有详细说明。应该注意的是，一个指针变量只能指向同类型的变量，如上例中的 p3 只能指向浮点变量，不能时而指向一个浮点变量，时而又指向一个字符变量。

2．指针变量的赋初值

指针变量同普通变量一样，使用之前不仅要定义说明，而且必须赋予具体的值。未经赋值的指针变量不能使用，否则将造成系统混乱，甚至死机。指针变量的赋值只能赋予地址，决不能赋予任何其他数据，否则将引起错误。

在 C 语言中，变量的地址是由编译系统分配的，对用户完全透明，用户不知道变量的具体地址，C 语言中提供了地址运算符“&”来表示变量的地址，其一般形式为：

```
&变量名;
```

如“&a”表示变量 a 的地址，“&b”表示变量 b 的地址，这里的“a”、“b”变量本身必须预先定义。

（1）在定义语句中初始化的方法

```
int a;
int *p=&a;
```

（2）赋值语句的方法

```
int a;
int *p;
p=&a;
```

这两种赋值语句是等价的，在第一种方式中的“*”并不是赋值的部分，完整的赋值语句应该是“p=&a;”，而不是“*p=&a;”。

这里需要明确的一点是：指针变量中只能存放地址（指针），而不能将一个整型数据赋给指针。

3．指针变量的引用

与指针相关的有两个运算符。

- & 取地址运算符。
- * 指针运算符（间接存取运算符）。

例如“&a”就是取变量 a 的地址，而*b 就是取指针变量 b 所指向的存储单元。通过一个指针访问它所指向的内存单元的内容称为变量的间接访问（通过操作符“*”）。

一个指定类型的指针变量通过解引用后可以产生相应类型的变量。比如，一个整型的指针变量解引用后可以得到一个整型变量，一个浮点型的指针变量解引用后可以得到一个浮点型的数据。这时的操作符“*”就像是打开大门的钥匙，将该大门打开后就能取到内存里的内容。

对于指针的间接存取经常会遇到一个极为常见的错误，如下所示：

```
int *a;
*a = 52;
```

在此时，虽然已经定义了指针这个变量，但并没有对它进行初始化，也就是并没有指定它所指向的内存位置。这时，变量 a 的位置是未知的。当程序在执行时，通常程序会出错指出“segmentation fault”的错误，以提示此时引用了一个非法地址。因此，在对指针变量进行间接引用之前一定要确保它们已经被初始化。

> **注意** 请读者注意比较“*a = 52;”和“int *a = &52;”。第一条语句是指针的间接引用，第二条语句是指针初始化。

表 6.2 列举了一些常见的指针表达式，请读者仔细研读其中的内容，务必弄清每个表达式的含义。图中以方框表示地址，以椭圆表示该地址所指向的内容。

表 6.2　　指针表达式归纳说明

表达式语句	表达式说明	表达式图示
char ch = ‘a’; char *cp = &ch;	初始化 cp，并赋初值为 ch 的地址	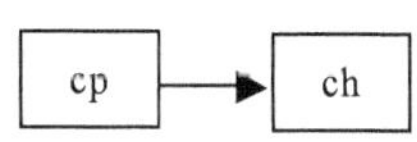
*cp = ch;	将 ch 的内容‘a’赋给 cp，此时，*cp 的值为‘a’（要确保 cp 已经被初始化），注意此时 cp 的地址不一定为 ch 的地址，而是它初始化的地址	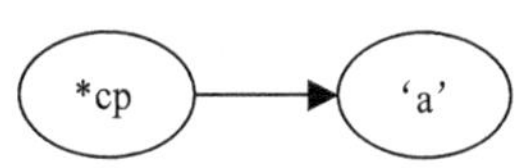

续表

表达式语句	表达式说明	表达式图示
*cp + 1	由于“*”操作符的优先级要高于“+”操作符，因此，cp 首先执行取内容操作，即将*cp 所指向的内容加 1 为‘b’	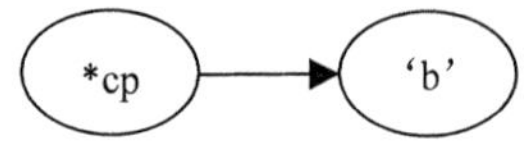
*(cp + 1)	将 cp 所指向的内存单元加 1，再取其中的内容。要注意此时很有可能由于 cp 后一个内存还未进行初始化，所以此操作一定要格外小心，图示中的“？”表示其内容不确定	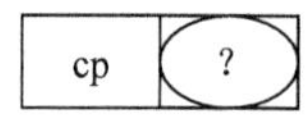
cp++	这时，由于“++”位于 cp 之后，因此在该表达式中，先拷贝一份 cp 的值作为表达式的值，再将 cp 的值加 1	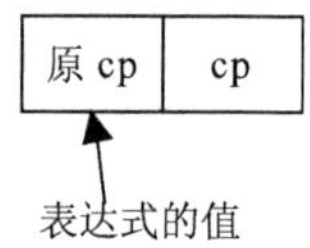
++cp	这时，由于“++”位于 cp 之前，因此在该表达式中，先将 cp 的值加 1，并将此作为表达式的值	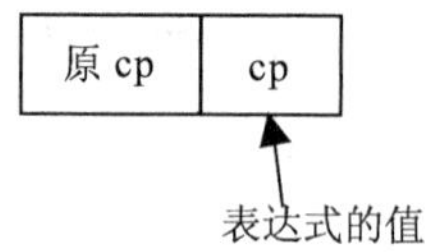
*cp++	这时出现了两个运算符，这两个运算符位于同一个优先级，且结合性自右向左，因此，它相当于*(cp++)。由于“++”操作符位于 cp 的右边，因此，这里涉及 3 个步骤。 （1）产生 cp 的一份拷贝。 （2）++操作符增加 cp 的值。 （3）在原 cp 拷贝的部分执行间接访问操作，因此，表达式的值是提取 cp 的内容	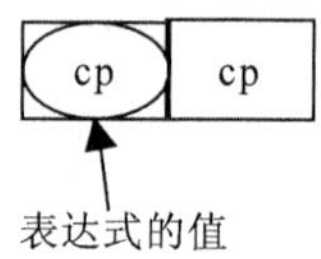
*++cp	这里与上例相似，也是出现了两个运算符，它相当于*(++cp)。由于“++”运算符位于 cp 的左边，因此，该表达式先将 cp 的值加 1，再取其中的内存单元的内容	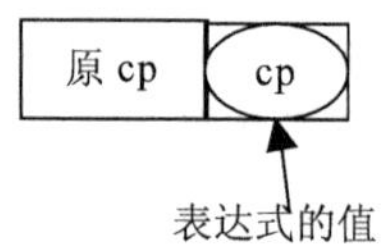

这里要注意的是，若把一个变量的地址赋给指针，这时，该指针所指向的内存单元实际就是该变量的内存单元。因此，在此之后，无论改变指针所指向的内容还是改变原变量的内容，都会对两者同时起作用。例如，下面的程序就说明了这个问题：

```
#include <stdio.h>

int main()
{
     int *p1, *p2, a, b;
     a = 1; b = 20;
     /*将 a 和 b 的地址赋给 p1 和 p2*/
     p1 = &a;
     p2 = &b;
     /*从打印的结果可以看出，这时 a 和 b 的地址与 p1、p2 相同，
     a 和 b 的内容也与 p1、p2 所指向的内容相同，它们实际是同一块内存单元*/
     printf("a = %d, b = %d\n",a ,b);
     printf("*p1 = %d, *p2 = %d\n", *p1, *p2);
     printf("&a = 0x%x, &b = 0x%x\n",&a ,&b);
     printf("p1 = 0x%x, p2 = 0x%x\n", p1, p2);
     /*此时改变了 p1 所指向的内容*/
     *p1 = b;
     /*这时 a 的值已经发生了变化*/
```

```
    *p2 = a;
    printf("after changing *p1, a also changed correspondingly......\n");
    /*可以看出，a 的值和 p1 所指向的内容改变了*/
    printf("a = %d, b = %d\n",a ,b);
    printf("*p1 = %d, *p2 = %d\n", *p1, *p2);

}
```

该程序显示了指针和变量之间的关系：若将变量的地址赋给指针，就相当于把这两者放在了同一内存单元，因此，在此之后的变化就是同步了。该程序在内存中的变化情况如图 6.7 所示。

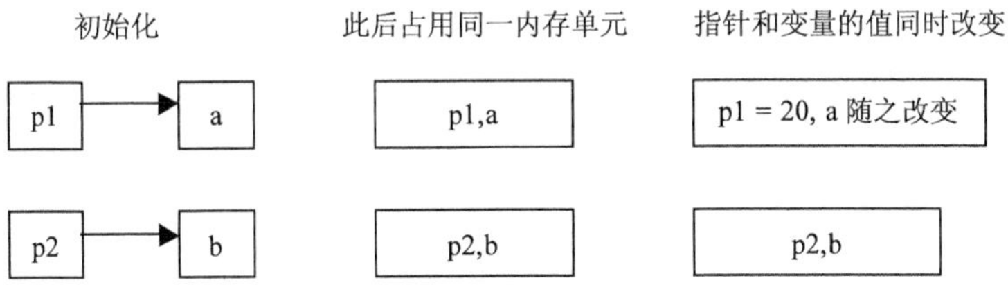

图 6.7　指针和变量关系示意图

该程序的运行结果如下所示：

```
a = 1, b = 20
*p1 = 1, *p2 = 20
&a = 0x12ff70, &b = 0x12ff6c
p1 = 0x12ff70, p2 = 0x12ff6c
after changing *p1, a also changed correspondingly......
a = 20, b = 20
*p1 = 20, *p2 = 20
```

但是，也请读者注意另外一点，若指针在初始化时未将变量 a 的地址赋给指针变量 p1 而是动态分配内存，那么此后变量 a 的值不会随指针同步改变，修改后的程序如下所示：

```
#include <stdio.h>

int main()
{
    int *p1, *p2, a, b;
    a = 1; b = 20;
    /*给 p1、p2 动态分配内存*/
    if((p1=(int *)malloc(sizeof(int))) == NULL)
    {
        perror(malloc);
        return;
    }
    if((p2=(int *)malloc(sizeof(int))) == NULL)
    {
        perror(malloc);
        return;
    };
    printf("a = %d, b = %d\n",a ,b);
    /*此时*p1、*p2 的值还未初始化*/
    printf("*p1 = %d, *p2 = %d\n", *p1, *p2);
    printf("&a = 0x%x, &b = 0x%x\n",&a ,&b);
    /*注意此时，a、b 的地址和 p1、p2 的地址是不同的*/
    printf("p1 = 0x%x, p2 = 0x%x\n", p1, p2);
```

```
        *p1 = b;
        *p2 = a;
        printf("after changing *p1, a also changed correspondingly......\n");
        /*此时 a、b 的值没有发生改变*/
        printf("a = %d, b = %d\n",a ,b);
        printf("*p1 = %d, *p2 = %d\n", *p1, *p2);
        free(p1);
        free(p2);
}
```

该程序的运行结果如下所示：

```
a = 1, b = 20
*p1 = -842150451, *p2 = -842150451
&a = 0x12ff70, &b = 0x12ff6c
p1 = 0x370fe0, p2 = 0x371018
after changing *p1, a also changed correspondingly......
a = 1, b = 20
*p1 = 20, *p2 = 1
```

由于在该程序中，变量 a、b 和指针 p1、p2 所占用的完全是两个不同的存储单元，因此，它们之间的赋值互补干扰。

小知识　malloc 函数是用于动态分配内存的，它可以分配指定大小的内存区域，通常用于指针的初始化，其函数原型为：void *malloc(size_t size); 该函数返回已分配的内存区域首地址。若该函数的范围值为 NULL（在下一节中会有讲解），则说明内存分配出错。由于用 malloc 分配的内存无法由程序自动回收，因此在使用完后必须调用函数 free 将所分配的内存释放掉，否则将会出现内存泄漏的问题。

4．NULL 指针

在上一节的实例程序中，读者已经看到了有关 NULL 指针的使用，在本书的第 4 章中也曾经提到过，在 C 语言中指针常量只有 NULL 一个。那么，作为如此特殊的一个指针常量，NULL 究竟代表的是什么含义呢？

C 语言标准中定义了一个 NULL 指针，表示不指向任何东西。在实际使用中，NULL 指针是非常普遍的，因为它给了用户一种方法，表示一个特定指针目前并未指向任何东西。

例如，一个用于在某个数组中查找某个特定值的函数可能返回一个指向查找到的数组元素的指针，如果该数组不包含指定条件的值，那么函数就返回一个 NULL 指针。

这个技巧允许返回值传达两个不同片断的信息。首先，有没有找到元素；其次，如果找到，它是哪一个元素。

很多用户都习惯在初始化时将指针设置为 NULL，这是一个较好的习惯，但在这里需要注意的是，对 NULL 指针进行解引用操作是非法的，因为它还没有指向任何东西。因此，在对指针进行间接引用时，通常应该先比较该指针是否为 NULL，这样才不会出现过多的错误。

5．指针作为函数参数

函数的参数不仅可以是整型、实型、字符型等，也可以是指针类型，它的作用是将一个变量的地址传送到另一个函数中。本书在第 5 章已经提到了函数调用中发生的数据传送是单向的。即只能把实参的值传送给形参，而不能把形参的值反向地传送给实参。

而对于指针变量，由于它所传送的是变量的地址，因此，若将指针变量作为实参传递实际上是把对应的内存单元传递给了被调函数的形参，如图 6.8 所示。

这时，实际上被调函数的形参和主调函数的实参所指向的是同一个内存单元，因此，在这时如果形参的内存单元的值发生了改变，实参的值也会相应发生改变，下面的程序就说明了这个问题：

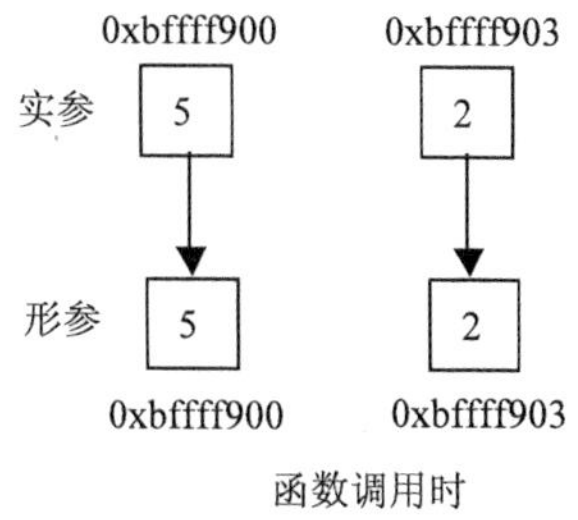

图 6.8　函数调用实参与形参的关系

```
#include <stdio.h>
/*交换函数，其形参为指针*/
void swap(int *p1, int *p2)
{
     int temp;
     /*交换指针单元所指的值*/
     temp = *p1;
     *p1 = *p2;
     *p2 = temp;
}
int main()
{
     int a,b;
     int *p1, *p2;
     a = 10; b = 20;
     /*指针赋初值，分别指向变量 a 和 b 的地址*/
     p1 = &a;
     p2 = &b;
     printf("before chaning:\n");
     printf("a = %d, b = %d\n",a, b);
     /*调用函数 swap，其实参为指针*/
     swap(p1, p2);
     printf("after chaning:\n");
     /*函数调用后，能够改变实参的值*/
     printf("a = %d, b = %d\n",a, b);
     printf("*p1 = %d, *p2 = %d\n",*p1, *p2);
}
```

在这个程序中，把 p1、p2 作为函数的实参传递到 swap 函数中，这时，swap 函数中的形参与 main 主调函数中其所占的是同一块内存区域，因此，虽然形参的值不能反相传递给实参，但由于同一块内存区域中的内容改变了，因此，形参和实参中的内容会同步改变。该程序的内存中变化情况如图 6.9 所示。

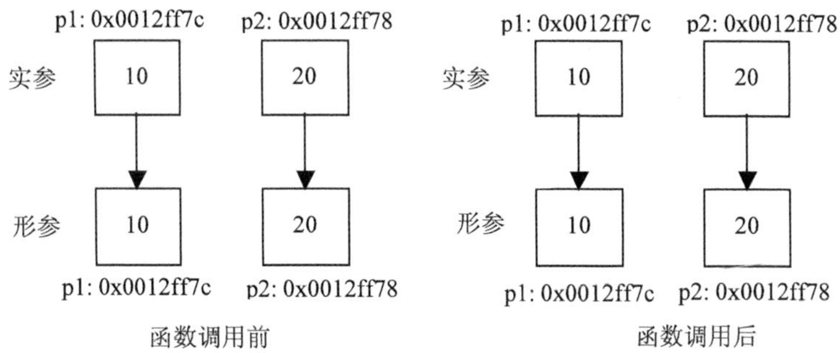

图 6.9　函数调用前后形参实参的变化情况

该程序的运行结果如下所示：

```
before chaning:
a = 10, b = 20
after chaning:
a = 20, b = 10
*p1 = 20, *p2 = 10
```

这种使用指针变量使得形参中所指内容的值发生改变的方法是非常有效的，这是除return外由被调函数向主调函数传递值的重要方法。

下面，读者再来看一段与上例非常类似的程序段，思考一下在这时主调函数实参的值是否会发生变化：

```
void swap(int *p1, int *p2)
{
      int *temp;
      temp = p1;
      p1 = p2;
      p2 = temp;
}
```

这个程序的main函数与上例相同，仅仅将swap函数进行了略微改变。在这个swap函数中，将p1、p2的值进行了交换，而不是将p1、p2的内容进行交换。该函数调用过程中的内存变化如图6.10所示。

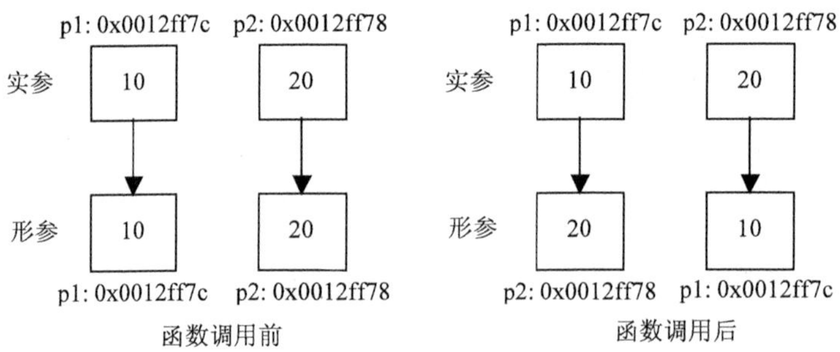

图6.10 函数调用前后形参实参的变化情况

由于函数传值是单向的，只能从实参传向形参。在函数调用过程中形参p1的值发生变化并不会影响到实参p1的变化，仅仅只有当实参p1所指的内存单元的内容变化时才会影响到实参。

在上例中，函数swap仅仅交换了形参p1和p2的值，而形参p1和p2所指的内容没有发生变化，因此，实参的p1和p2也不会发生变化。

该程序的运行结果如下所示：

```
before chaning:
a = 10, b = 20
after chaning:
a = 10, b = 20
*p1 = 10, *p2 = 20
```

可以看出，这时主调函数中的实参并没有发生变化。

6.2.3　指针和数组

1. 数组的指针

每个变量（多个比特的组合体）都有各自的地址，一个数组包含了多个元素，每个数组元素在内存中也都占用存储单元，并且这些存储单元的占用都是连续的，它们都有各自的地址以及各自距离数组起始位置的偏移地址，它们在内存中的分布如图 6.11 所示。

图 6.11　数组在内存中的分布

由该图中可以看出，数组中每一个元素都有自己的地址，它们的地址可以由各个元素加上取地址符“&”构成。因此“&a[0]”就表示第一个元素的地址，“&a[1]”就表示第二个元素的地址，依此类推。

> 小提示　在“&a[0]”包含两个运算符，取地址符和下标运算符，由于它们都位于同一个优先级，并且具有右结合性，因此，在此时先取得数组 a 的第一个元素 a[0]，再对这个元素作取地址运算。

同时，由于数组的第一个元素的地址就是这整个数组的地址，因此，&a[0]实际上就是这个数组的起始地址。在 C 语言中，规定使用数组名来代表该数组的起始地址，因此，以下这个两个表达式是等价的：

```
a 和&a[0]
```

在这里，需要特别说明一点的是，虽然数组名是一个指针，代表该数组的起始地址，但不能将一个指针赋值给一个数组，这是为什么呢？

实际上，数组和指针还是有很大的区别的。数组是一个具有固定数量的数据的集合，对于一个数组在内存中位置的分配是在编译的过程中完成的，而不是在程序的运行过程中可以动态改变的。因此，数组名可以说是一种指针常量，它可以在运算中作为指针参与，但不允许被赋值，如在下面的程序中：

```
#include <stdio.h>

int main()
{
      int a[10], *b;
      int i;
      /*给 b 分配内存空间*/
      if((b=(int *)malloc(10 * sizeof(int))) == NULL)
      {
            perror("malloc");
            return -1;
      }
      memset(b, 0, 10);
      /*直接将指针 b 赋给数组名 a 是错误的*/
      a=b;
      for(i=0; i < 10; i++)
            printf("a[%d] is %d\n", i, a[i]);
}
```

在该程序中，试图将指针 b 赋给数组名 a，这时编译器报错指明这是一个不可赋值的左值（位于等号的左边）。

2．下标引用

在前面关于指针变量的引用中已经讲述到了关于指针表达式的内容，读者已经看到，指针也可以进行一定的运算（比如加、减等），例如，*（a+2）就是取指针 a 后两个内存单元的内容。

在这里，指针的一次相加是以其所指向内容的数据类型为单位的（而不是以比特为单位），也就是说，对于指向整型变量的指针，加 1 操作就相当于向下移动 4 个字节；对于指向字符型变量的的指针，加 1 操作就相当于向下移动 1 个字节。

因此，对于数组而言，指针的相加就相当于向下依次指向数组中的后续元素，如图 6.12 所示，注意这时的“a”指向的是数组的起始地址。

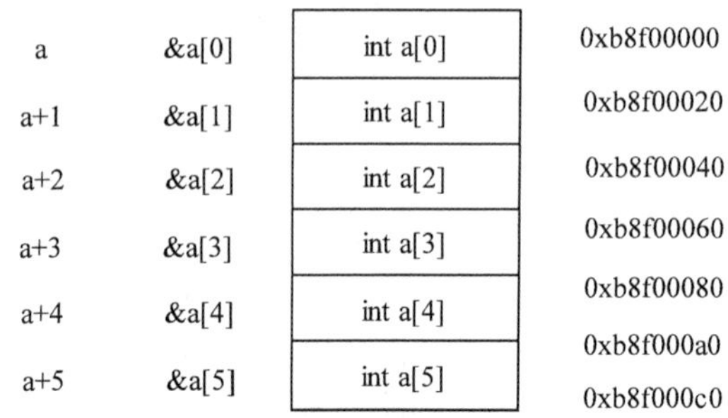

图 6.12　指针的运算与数组的关系

由上图可以看出，指针的加法运算实际数组的下标运算有如下的对应关系：

```
数组名 + i  对应于  数组名[i]
```

事实上，由于在 C 语言中实现指针的效率往往能高于数组的下标使用效率，因此，在编译器中对于数组的下标操作全部都转换为对指针的偏移量的操作。请读者务必记住以下规则：

数组中的下标与指针的偏移量相等。

表 6.3 总结了对指针和数组的常见等价操作。

表 6.3　　**指针和数组的常见等价操作**

数 组 操 作	指 针 操 作	说　明
&array[0]	array	数组首地址
*array	array[0]	访问数组的第一个元素
array + i	&array[i]	数组第 i 个元素的地址
*(array + i)	array[i]	访问数组的第 i 个元素
*array + b	array[0] + b	将数组元素的第 1 个元素值加 b
*(array+i)+b	array[i] + b	将数组元素的第 i 个元素值加 b
*array++（当前指向第 i 个元素）	array[i++]	先取得第 i 个元素，再指向第 i+1 个元素
*++array（当前指向第 i 个元素）	array[++i]	先将第 i 个元素加 1，再取得第 i+1 个元素
*array--（当前指向第 i 个元素）	array[i--]	先取得第 i 个元素，再指向第 i-1 个元素
*--array（当前指向第 i 个元素）	array[--i]	先将第 i 个元素加 1，再取得第 i-1 个元素

3．数组和指针异同点

（1）相同点

从前面的讨论可以看出，在 C 语言中，指针和数组有很大通用性。那么，究竟在哪些情况下数组和指针是相同的呢？C 语言标准对此作了如下说明。

➢ 规则 1：表达式中的数组名被编译器当作一个指向该数组第一个元素的指针。

➢ 规则 2：下标总是与指针的偏移量相同。

➢ 规则 3：在函数参数的声明中，数组名被编译器当作指向该数组第一个元素的指针。

其中的规则 1 和规则 2 实际上阐述的就是本节前面部分有关数组的指针以及下标引用相关内容，这里对规则 3 做详细阐述。

规则 3 所表明的是指在若数组在函数的声明中出现，则编译器将数组按照指针的方式来处理。为什么 C 语言要把数组形参作为指针呢？这里仍然是出于效率的考虑。

本书在前面已经多次提到过，在 C 语言中，所有非数组形式的数据实参均以值传递的方式，即对实参做一份拷贝并传递给调用的函数，函数不能修改作为实参的实际变量的值，而只能修改传递给它的那份拷贝。

然而，在处理数组的过程中，如果也要拷贝整个数组，那么时间和空间上的开销都可能是非常大的。因此，在 C 语言中，采用的是将数组的首地址传递给被调函数的形参，在被调函数中对数组的操作，编译器实际是通过指针偏移值的方式进行的。图 6.13 解释了这一过程。

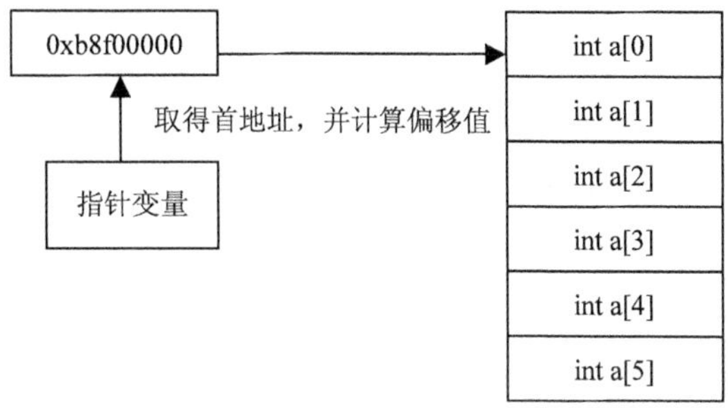

图 6.13 被调函数采用指针的方式

正是因为编译器处理的是数组首地址，因此，在函数的定义或声明时可以不用给出数组的维数，编译器在处理时并不会分配指定大小的内存空间，以下的程序是可以正常运行的：

```
#include <stdio.h>
#include <errno.h>
/*定义该函数时不需要定义其中数组的维数*/
void copy(int a[], int b[])
{
     int i;
     for(i=0; i < 10; i++)
          /*在编译器中是采用*(b+i) = *(a+i)的方式来处理的*/
          b[i] = a[i];
}
int main()
{
     int a[10], b[10];
     int i;
     for(i=0;i< 10; i++)
          a[i] = i;
     /*使用数组名作为实参*/
     copy(a,b);
     for(i = 0; i < 10; i++)
          printf("b[%d] is %d\n", i, b[i]);
}
```

甚至当函数中定义的数组维数小于实际数组的维数时，程序也能正常运行，如将 copy 程序改成如下所示的情况：

```
/*函数中定义的数组维数小于实际数组的维数*/
void copy(int a[5], int b[5])
```

```
{
        int i;
        for(i=0; i < 10; i++)
                /*在编译器中是采用*(b+i) = *(a+i)的方式来处理的*/
                b[i] = a[i];
}
```

当然，采用这种方法定义会使得程序的可读性变差，不利于程序的后期维护和修改，因此，建议读者在调用函数的数组声明时采用指针的形式，这样符合 C 语言编译的本意，指针形式的 copy 函数如下所示：

```
void copy(int *a, int *b)
{
      int i;
      for(i=0;i<10; i++)
            *(b+i) = *(a+i);
}
```

（2）不同点

指针和数组实际上是两种截然不同的数据类型，指针的基本类型的数据结构，而数组则是构造类型的数据结构。由于在 C 语言中，指针和数组在处理上有很多相同的情况，因此，初学 C 语言的用户经常会认为指针等于数组。表 6.4 所示为数组和指针的区别，请读者切实掌握。

表 6.4　　指针和数组的不同点

不同点	指针	数组
含义	用于保存数据的地址	用于保存数据
访问数据的方式	采用简介访问，首先取得指针的内容，把它作为地址，然后从这个地址提取数据	直接访问数据
用途	通常用于动态数据结构	通常用于存储固定数目且数据类型相同的元素
内存的分配	定义指针时，编译器并不为指针所指向的对象分配空间，它只分配指针本身的空间	对象空间由编译器自动分配和删除
数据名	通常指向匿名数据	自身即为数据名

对于存储空间的分配，在指针中有一个特殊情况，即字符串常量，指向字符串常量的指针在定义时就可以赋给它一个字符串常量，例如：

```
char *p = "hello world";
```

这时，初始化指针所创建的字符串常量是被定义为只读的。如果用户试图通过指针修改这个字符串的值，程序就会出现未定义的行为。与指针相反，由字符串常量初始化的数组是可以被修改的。

> 注意　不可以对除字符串常量以外类型的指针按以上方法初始化，如“int *a = 1;”，但“int *a = &b;”是正确的。

4．多维数组

在 C 语言中实际上并没有多维数组的概念，多维数组其实是低维数组的组合，例如，二维数组 a[4][3]实际上可以看做一个 4 维的 b[3]数组的组合，它们之间的关系如图 6.14 所示。

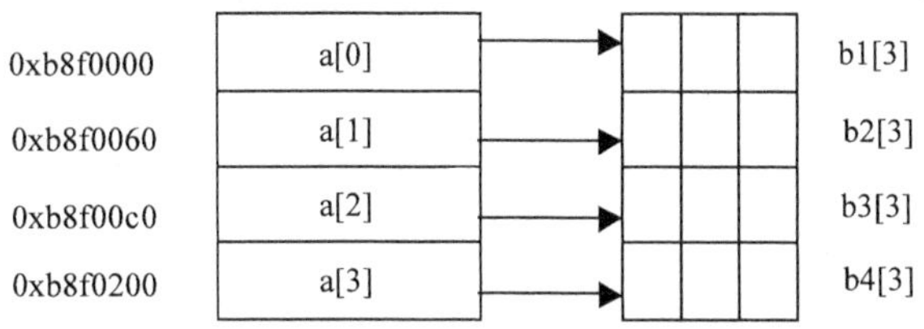

图 6.14　多维数组的内存分布

因此，在此时，a[i]所代表的单位为一行（图中的 b1[3]、b2[3]、b3[4]、b4[3]），而不再是原先的一个数据。在多维数组中，数组名 a 依然代表整个数组的首地址，而这时，a+1（a[1]）代表第二行的首地址（b2[3]的首地址），同理，a+2（a[2]）代表的是第二行的首地址。要记住的是，这时的 a[0]代表的是第一行，a[1]代表的是第二行，依此类推。

注意　确定指针偏移量"1"所代表的单位是通过"1"之前的元素单位来定的，在二维数组中，当偏移量前的元素单位为整个数组时，偏移值单位为行；当偏移量前的元素单位为行时，偏移值单位为行中的元素。

那么，这时如何来表示第 0 行的第一列元素的地址呢？

这时可以用 a[0]+1 来表示，注意此时的 1 代表的是每列元素的字节数而不是每行元素的字节数。因此，a[0]+0、a[0]+1、a[0]+2 分别表示的是 a[0][0]、a[0][1]、a[0][2]的地址（即&a[0][0]、&a[0][1]、&a[0][2]），如图 6.15 所示。

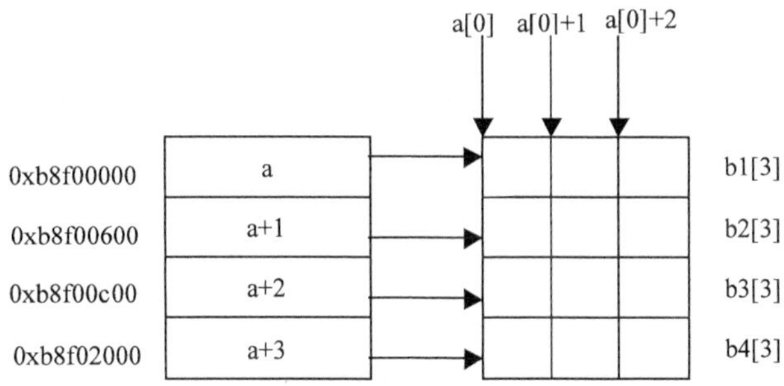

图 6.15　多维数组的地址表示

在本书指针的下标引用中已经提到过，a[0]和*（a+0）是等价的，a[1]和*（a+1）是等价的，因此，a[0]+1 和*（a+0）+1 的值也是等价的，它们都是&a[0][1]。同样，a[1]+2 和*（a+1）+2 也是等价的，它们都是&a[1][2]。

现在再来分析 a[0]和*（a+0）。当它们表示多维数组时，原先 a[0]中的 a 在此时已经扩充为 a[4]，也就是图中的一列，因此，可以再把 a 展开为*（a+i）就得到了另一对等价式：a[0][0]和*（*（a+0）+0)是等价的，a[1][2]和*（*（a+1）+2）是等价的。这样，多维数组中元素的指针表示方法也已经给出了。

这里，需要对 a[i]的性质作进一步的说明。当 a 是一维数组名时，a[i]代表 a 中的第 i 个元素；当 a 是二维数组名时，a[i]代表第 i 行的地址，此时 a[i]本身并不占实际的存储单元，它也不存放 a 数组中各个元素的值，所以，a、a+i、*（a+i）、*（a+i）+j、a[i]+j 都是地址。

小技巧 在多维数组中，读者可以依次对这些维数进行降维处理，例如，有三维数组 a[5][4][4]，那么 a[i][j]和 a[i]表示的都是地址值，其中 a[i][j]的指针偏移量为最后一维单位，a[i]的指针偏移量为最后两维单位。

表 6.5 对二维数组中的指针表示做了如下总结。

表 6.5　　二维数组的指针表示

表示形式	含　义
a	二维数组名，指向一维数组 a[0]，即第 0 行首地址
a[0]、*(a+0)、*a	第 0 行第 0 列元素的首地址
a+1、&a[1]	第 1 行首地址
a[1]、*(a+1)	第 0 行第 0 列元素地址
a[1]+2、*(a+1)+2、&a[1][2]	第 1 行第 2 列元素地址
(a[1]+2)、(*(a+1)+2)、a[1][2]	第 1 行第 2 列元素的值

在实际使用时，通常使用到二维数组就足够了，更多维的处理会导致程序的可读性及维护难度等增加，因此，建议尽量不要使用二维以上数组。

6.2.4　指针高级议题

1. 指向字符串的指针

前面已经提到过，在 C 语言中并没有字符串这个数据类型，实际上，C 语言中的字符串是通过字符数组的形式来实现的。由于 C 语言中指针和数组在很多情况下是可以相互替换使用的，因此，指向字符串的指针也就相当于指向字符数组的首地址。

下例中就是读者熟知的字符串的数组表示形式：

```
#include <stdio.h>
void main()
{
	char string[] = "I love Embedded world!";
	printf("%s\n",string);
}
```

字符数组和其他类型的数组一样，可以在定义时赋初值，这里，使用字符串的复制方式——双括号。那么，若将其改为指针形式是怎么样的呢？

```
#include <stdio.h>
void main()
{
	char *string = "I love Embedded world!";
	printf("%s\n",string);
}
```

这就是指向字符串的指针。请读者一定要注意，这里并不是给指针 string 的内容赋初值，而是给指针 string 本身赋初值，其初值为“I love Embedded world!”字符串的首地址。上述定义语句实际上可以转化为以下两条语句：

```
char *string;
string = "I love Embedded world!";
```

在使用指向字符串的指针时，有以下几点需要注意。

➢ 虽然数组名也表示数组的首地址，但由于数组名为指针常量，其值是不能改变的（就如不能进行加、减操作等），同样，使用数组形式的字符串时，字符串名也是不能改变的；但使用指针变量则不能，使用指向字符串的指针就同指向其他数组的指针一样，也可以进行一定的运算等操作。

➢ 本书在上一章中已经提到过，在使用“scanf”时，在其参数前要加上取地址符“&”，由于此时传入的需为地址，而指向字符串的指针则不同。由于它本身已经是字符数组的地址了，因此，在输入字符串时，并不需要在其参数前再加取地址符“&”。

2．指向函数的指针

在 C 语言中，函数本身不是变量，但每个函数也有其入口地址，这个地址是在编译时就被分配了的，这个地址也称为函数的指针。因此，用户可以定义指向函数的指针，这种指针可以被赋值、存放于数组之中，传递给函数及作为函数的返回值等。

函数指针的一般形式为：

```
数据类型 （* 指针变量名）（）
```

例如：

```
int (*p)();
char (*n)();
```

这样就定义指定返回值的函数指针。例如在“int (*p)();”中定义的是返回值为 int 的函数指针，同样“char (*n)();”中定义的是返回值为 char 的函数指针。由该定义可以看出，函数指针在定义时并没有指明它具体指向哪个函数，将其指向一个具体的函数的过程就是函数指针的初始化，如下所示：

```
p = sum;
```

当然，在此之后，该函数指针还能指向其他具有同样返回值的函数，这在函数指针的使用中是非常常见的。

对于函数指针的使用，有以下几个注意要点。

➢ 在定义或声明函数指针是，“*”两边的括号是不能省略的，因为如果将括号省略，指针变量名右边的括号的优先级高于“*”，因此，此时就相当于“int * (p());”，这里的意义是返回值为指针的函数，并不是指向函数的指针。

➢ 在给函数指针赋值时，只需给出函数名而不需给出具体的参数，因为此时是将函数入口地址赋给函数指针，而不涉及任何实参和形参的结合问题。

➢ 对于指向函数的指针变量，像 p+n、p++等都是没有意义的。

下例中显示了函数指针的基本使用方式。

```
#include <stdio.h>
void hello_num(int num)
{
	int i;
	for(i=0; i < num; i++)
```

```
            printf("hello world, num is %d\n",i);
    }
    void hello(void)
    {
        printf("hello world, no num\n");
    }
    void main()
    {
        /*函数指针定义及初始化*/
        void (*p)() = hello_num;
        int a = 5;
        /*函数指针的调用方式*/
        (*p)(a);
        /*将函数指针指向另一个函数*/
        p = hello;
        /*再次调用函数指针*/
        (*p)();
    }
```

该程序的执行结果如下所示：

```
hello world, num is 0
hello world, num is 1
hello world, num is 2
hello world, num is 3
hello world, num is 4
hello world, no num
```

由上例可以看出，函数指针在定义或声明时，其数据类型必须与函数的返回值相一致。函数指针可以指向多个不同的函数，这点在使用时是非常方便的，用户可以根据需要将函数指针设为另一函数的形参，在调用时通过函数指针来选择调用不同的函数，这就是所谓的回调函数的原理。

3．指针数组和指向指针的指针

（1）指针数组

数组是一些同类数据的集合，它们顺序地放在内存中。那么，当数组中的每个元素都是指针时，就引出了指针数组的概念。

所谓指针数组就是每个元素都是指针类型的数组，一维指针数组的定义如下所示：

```
类型名 *数组名[数组长度];
```

例如有以下定义：

```
int *p[6];
char *n[9];
```

这样就定义了一个指向int类型的指针数组和一个指向char类型的指针数组。要注意，这里由于“[]”的优先级高于“*”，因此，数组名p先与“[]”结合，这就构成了一个数组的形式。

思考　请读者回忆一下“int (*p)[6];”是什么含义？

那么，指针数组何时使用呢？其实，指针数组最常见的用途是用于指向多个字符串。这里，数组中的每个指针元素都指向一个字符串，这样就可以实现对字符串的灵活操作。下面就以main函数的形参为例进行介绍。

本书在前面已经多次使用了main函数，这些main函数都是不带参数的，因此main后的括号都是空括号。实际上，main 函数可以带参数，这个参数可以认为是 main 函数的形式参数。

C 语言规定 main 函数的参数只能有两个，习惯上这两个参数写为 argc 和 argv，其中第一个形参（argc）必须是整型变量，第二个形参（argv）必须是指向字符串的指针数组。因此，加上形参说明后，main 函数的函数头应写为：

```
main (int argc,char *argv[])
```

由于 main 函数不能被其他函数调用，因此不可能在程序内部取得实际值。那么，在何处把实参值赋予 main 函数的形参呢？实际上，main 函数的参数值是从操作系统命令行上获得的。当我们要运行一个可执行文件时，在 DOS 提示符下键入文件名，再输入实际参数即可把这些实参传送到 main 的形参中去。

DOS 提示符下命令行的一般形式为：

```
可执行文件名 参数 参数…
```

argc 参数表示了命令行中参数的个数（注意：文件名本身也算一个参数），argc 的值是在输入命令行时由系统按实际参数的个数自动赋予的，例如有命令行为：

```
C:\>E624 BASIC dbase FORTRAN
```

由于文件名 E624 本身也算一个参数，所以共有 4 个参数，因此 argc 取得的值为 4。argv 参数是字符串指针数组，其各元素值为命令行中各字符串（参数均按字符串处理）的首地址。指针数组的长度即为参数个数，数组元素初值由系统自动赋予，其表示如图 6.16 所示。

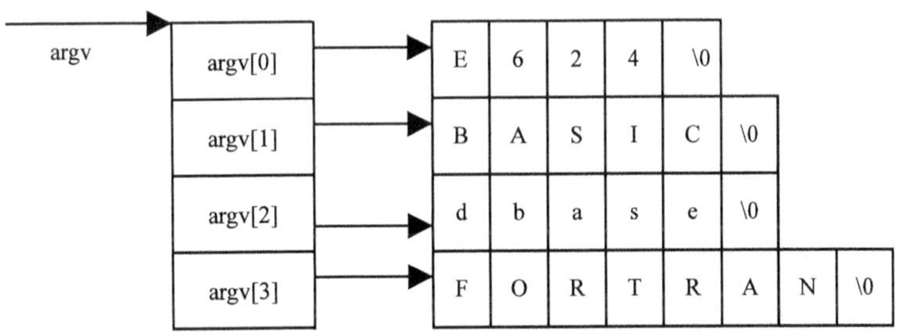

图 6.16 argv 命令示意图

要注意的是，在指针数组中，数组名仍然表示数组的首地址，但这里数组的首地址是指针数组的首地址，数组的偏移量仍然表示相应数组的元素。但要注意的是，这时数组内的元素都是地址，因此，若要读取数组内指针所指向的内容要使用取内容符“*”。

下面的程序显示了指针数组的使用方法。

```
#include <stdio.h>
void main(int argc, char *argv[])
{
     int i = 0;
     while(argc > 1)
     {
     /*指针数组的下标引用*/
          argv[++i];
     /*输出指针数组的第 i 个元素所指向的内容*/
          printf("%s\n", argv[i]);
     /*计数器减 1*/
          --argc;
```

```
        }
}
```

该程序的运行结果如下所示：

```
C:\>E624 BASIC dbase FORTRAN
BASIC
dbase
FORTRAN
```

从该程序中可以看到，使用“argv[++i]”可以以下标引用的方式取得数组中的元素，使用“argv[i]”指向某一字符串的首地址。

（2）指向指针的指针

在讲解指针数组时已经提到指针数组也有地址，其指向的是指针数组中的指针。那么，这里就提出了一个概念：指针的指针。由于指针变量也是一个变量，只不过存放的内容是一个地址，因此，指针变量本身也有地址，就如在上面所讲述到的指针数组中的每一个元素——指针都有它们各自的地址一样。那么，存放这些指针变量地址的指针就是指针的指针。它的定义方式如下所示：

```
数据类型 **变量名;
```

要注意的是，这里“指针的指针”还是变量，它所指向的是指针变量的地址，例如有如下定义：

```
char **p;
```

这样就定义了一个指向指针的指针。指针的指针通常用在指针数组的等价表示中。本书在 6.2.3 中指出了指针和数组等价的条件，这些条件也适用于指针数组和指针的指针。例如，上面的程序改为用指针的指针来书写就是如下形式：

```
void main(int argc, char *argv[])
{
        /*argc 在程序开始时自动赋值*/
        while(argc > 1)
        {
                /*数组名代表数组首地址*/
                ++argv;
                /*打印出数组所指向的内容，注意“*argv”为地址*/
                printf("%s\n", *argv);
                /*计数器减 1*/
                --argc;
        }
}
```

从该程序中可以看到，使用“++argv”和使用“argv[++i]”是等价的，可以取得数组中的其他元素，使用“*argv”指向的是该字符数组的首地址。

6.3 结构体与联合

6.3.1 结构体

1．结构体的定义

结构体和数组一样，也是一种构造型数据类型，它是由基本数据类型构成的、并用一个标识符来命名的各种变量的组合，与数组不同的是，在结构体中可以使用不同的数据类型。结构体的使用非常灵活，使用它可以方便地构建很多复杂的数据结构体，因此，结构体是广受欢迎的数据类型。

定义结构体变量的一般格式为：

```
struct 结构体名
{
类型 变量名;
类型 变量名;
...
}结构体变量;
```

这里的结构体名是结构体的标识符，不是变量名。类型名为第二节中所讲述的 5 种数据类型（整型、浮点型、字符型、指针型和无值型）。

构成结构体的每一个类型变量称为结构体成员，它象数组的元素一样，但数组中元素是以下标来访问的，而结构体是按变量名字来访问成员的。

下面举一个例子来说明怎样定义结构体变量。

```
struct string
{
char name[8];
int age;
char sex[2];
char depart[20];
float wage1, wage2, wage3, wage4, wage5;
} person;
```

这个例子定义了一个结构体名为 string 的结构体变量 person，如果省略变量名 person，则变成对结构体的说明。已说明的结构体名也可用来定义结构体变量，这样定义时上例变成：

```
struct string
{
char name[8];
int age;
char sex[2];
char depart[20];
float wage1, wage2, wage3, wage4, wage5;
};
struct string person;
```

如果需要定义多个具有相同形式的结构体变量，用这种方法会比较方便，它先作结构体说明，再用结构体名来定义变量，例如：

```
struct string Tianyr, Liuqi, ...;
```

如果省略结构体名，则称之为无名结构体，这种情况常常出现在函数内部，用这种结构体时，前面的例子变为如下所示：

```
struct string
{
char name[8];
int age;
char sex[2];
char depart[20];
float wage1, wage2, wage3, wage4, wage5;
} Tianyr, Liuqi;
```

2．结构体变量的使用

结构体是一个新的数据类型，因此结构体变量也可以像其他类型的变量一样赋值、运算，不同的是结构体变量以成员作为基本变量。

结构体成员的表示方式为：

```
结构体变量.成员名
```

如果将“结构体变量.成员名”看成一个整体，就可像前面所讲的变量那样使用。

例如：

```
Tianyr.age = 20;
Liuqi.wage1 = 55.98;
```

3．结构体数组和结构体指针

结构体是一种新的数据类型，结构体包含结构体数组和结构体指针。

（1）结构体数组

结构体数组就是具有相同结构体类型的变量集合。假如要定义一个班级 40 个同学的姓名、性别、年龄和住址，可以定义一个结构体数组，如下所示：

```
struct{
char name[8];
char sex[2];
int age;
char addr[40];
}student[40];
```

也可定义为：

```
struct{
char name[8];
char sex[2];
int age;
char addr[40];
};
struct string student[40];
```

需要指出的是结构体数组成员的访问是以数组元素为结构体变量的，其形式为：

```
结构体数组元素.成员名
```

例如：

```
student[0].name
student[30].age
```

实际上结构体数组相当于一个二维构造，第一维是结构体数组元素，每个元素是一个结构体变量，第二维是结构体成员。

注意：结构体数组的成员也可以是数组变量，例如：

```
struct a
{
int m[3][5];
float f;
char s[20];
}y[4];
```

为了访问结构体 a 中的结构体变量 y[2]，可写成：y[2].m[1][4]。

（2）结构体指针

结构体指针是指向结构体的指针。它由一个加在结构体变量名前的“*”操作符来定义，例如用前面已说明的结构体定义一个结构体指针如下：

```
struct string{
char name[8];
char sex[2];
int age;
char addr[40];
}*student;
```

当然也可省略结构体指针名，只作结构体说明，然后再用下面的语句定义结构体指针。

```
struct string *student;
```

使用结构体指针对结构体成员的访问，与结构体变量对结构体成员的访问在表达方式上有所不同。结构体指针对结构体成员的访问表示为：

```
结构体指针名->结构体成员
```

例如：

```
student->name
```

实际上，student->name 就是(*student).name 的缩写形式。

需要指出的是结构体指针是指向结构体的一个指针，即结构体中第一个成员的首地址，因此在使用之前应该对结构体指针初始化，即分配整个结构体长度的字节空间，这可用下面函数完成，仍以上例来说明如下：

```
student=(struct string*)malloc(size of (struct string));
```

> 注意　结构体变量名不是指向该结构体的地址，这与数组名的含义不同，结构体中第一个成员的首地址是&[结构体变量名]。

4. 结构体嵌套

嵌套结构体是指在一个结构体成员中可以包括其他一个结构体，C 语言中允许这种嵌套。

例如：下面是一个有嵌套的结构体。

```
struct string{
char name[8];
int age;
struct addr address;
}student;
```

其中，addr 为另一个结构体的结构体名，但必须在使用该结构体之前要先进行说明，即：

```
struct addr{
char city[20];
unsigned lon zipcode;
char tel[14];
};
```

如果要给 student 结构体中成员 address 结构体中的 zipcode 赋值，则可写成：

```
student.address.zipcode=200001;
```

每个结构体成员名从最外层直到最内层逐个被列出，即嵌套式结构体成员的表达方式是：

```
结构体变量名.嵌套结构体变量名.结构体成员名
```

6.3.2 联合

1．联合的定义

联合也是一种新的数据类型，它是一种特殊形式的变量。联合说明和联合变量定义与结构体十分相似，其形式为：

```
union 联合名{
      数据类型 成员名;
      数据类型 成员名;
      ...
    } 联合变量名;
```

联合表示几个变量公用一个内存位置，在不同的时间保存不同的数据类型和不同长度的变量。下例表示说明一个联合 a_bc：

```
union a_bc{
      int i;
      char mm;
};
```

用已说明的联合可定义联合变量，例如用上面说明的联合定义一个名为 lgc 的联合变量，可写成：

```
union a_bc lgc;
```

在联合变量 lgc 中，整型量 i 和字符 mm 公用同一内存位置。当一个联合被声明时，编译程序自动地产生一个变量，其长度为联合中最大的变量长度。

2．联合变量的使用

联合访问其成员的方法与结构体相同，也使用圆点操作符。同样联合变量也可以定义成数组或指针，但定义为指针时，要用"→"符号来引用变量，此时联合访问成员可表示成：

```
联合名→成员名
```

另外，联合还可以出现在结构体内，它的成员也可以是结构体，例如：

```
struct{
       int age;
       char *addr;
       union{
             int i;
             char *ch;
             }x;
}y[10];
```

若要访问结构体变量 y[1]中联合 x 的成员 i，可以写成：

```
y[1].x.i;
```

若要访问结构体变量 y[2]中联合 x 的字符串指针 ch 的第一个字符，可以写成：

```
*y[2].x.ch;
```

但是，若写成"y[2].x.*ch;"是错误的。

6.3.3 ARM-Linux 指针、结构体使用实例

指针是 C 语言中最为灵活、便捷的部分，在 Linux 内核中也是最为常用的一部分。由于在 Linux 中指针和结构的使用通常是密不可分的，内核代码中有相当多的指向结构体的指针。因此，本节着重从语法的角度分析 ARM-Linux 中结构、指针的使用情况。

1. 结构体 vm_area_struct

内存区域是由结构体 vm_area_struct 描述的，它的定义位于<linux/mm.h>中。该结构体描述了指定地址空间内连续区间上的一个独立内存范围。内核将每个内存区域作为一个单独的内存对象管理，每个内存区域都拥有一致的属性，比如访问权限等，另外，相应的操作也都一致。

该结构体的定义如下所示：

```
struct vm_area_struct {
        struct mm_struct * vm_mm;     /* 相关的 mm_struct 结构体 */
        unsigned long vm_start;       /* 区间的首地址. */
        unsigned long vm_end;         /* 区间的尾地址. */
        struct vm_area_struct *vm_next; /*VMA 链表*/
        pgprot_t vm_page_prot;        /* VMA 的访问权限. */
        unsigned long vm_flags;       /*标志位. */
        struct rb_node vm_rb;         /*红黑树上的 VMA 节点*/
        union {                       /*联合*/
               struct {
                        struct list_head list;
                        void *parent;  /* aligns with prio_tree_node parent */
                        struct vm_area_struct *head;
               } vm_set;
               struct raw_prio_tree_node prio_tree_node;
        } shared;
        struct list_head anon_vma_node;  /*anon_nma 目录项*/
        struct anon_vma *anon_vma;    /* 匿名的 VMA 对象*/
        struct vm_operations_struct * vm_ops;     /*相关的操作表*/
        unsigned long vm_pgoff;       /*文件的偏移量*/
        struct file * vm_file;        /* 被映射的文件（如果存在）*/
        void * vm_private_data;       /* 私有数据 */
}
```

可以看到，这个结构体中的变量 vm_mm、vm_next、vm_file 等都是指向结构体的指针。此外，该结构体内包含一个名为 share 的联合，联合中又包含了结构体，该联合中的 vm_set 和 prio_tree_node 共占同一个存在空间，在实际使用时两者中只有一个会出现。

2. 函数 find_vma()

内核常常需要判断进程地址空间中的内存区域是否满足某些条件，比如某个指定地址是否包含在某个内存区域中。

find_vma 函数（位于<mm/map.c>）就是用于在指定的地址空间中搜索第一个 vm_end 大于 addr 的内存区域。如果没有发现这样的区域，该函数就返回 NULL，否则返回指向匹配的内存区域的 vm_area_struct 结构体指针。这种搜索是通过红黑树（在第九章中会有相应的讲

解）来进行的。

该函数代码如下所示：

```
struct vm_area_struct * find_vma(struct mm_struct * mm, unsigned long addr)
{
        struct vm_area_struct *vma = NULL;

        if (mm) {
                vma = mm->mmap_cache;
                if(!(vma && vma->vm_end > addr && vma->vm_start <= addr)) {
                        struct rb_node * rb_node;

                        rb_node = mm->mm_rb.rb_node;
                        vma = NULL;

                        while(rb_node) {
                                struct vm_area_struct * vma_tmp;

                                vma_tmp = rb_entry(rb_node,
                                              struct vm_area_struct, vm_rb);

                                if(vma_tmp->vm_end > addr) {
                                        vma = vma_tmp;
                                        if(vma_tmp->vm_start <= addr)
                                                break;
                                        rb_node = rb_node->rb_left;
                                } else
                                        rb_node = rb_node->rb_right;
                        }
                        if(vma)
                                mm->mmap_cache = vma;
                }
        }
        return vma;
}
```

该函数集中体现了结构体的变量使用以及指向结构体指针的变量引用的方法。该函数是一个返回值为指针的函数。函数开始时首先将 vma 指针设置为 NULL。之后函数判断传入的指针 mm 是否为空，若为空，则返回 vma 指针（为 NULL）；若不为空，则进入 if 语句中。由于 mm 是一个指向结构体的指针，该结构体如下所示（仅列出部分成员变量）：

```
struct mm_struct {
        struct vm_area_struct * mmap;     /*VMA 链表*/
        struct rb_root mm_rb;
        struct vm_area_struct * mmap_cache;  /*找到最后一个 find_vma*/
        ……
}
```

因此，在函数中使用 mm 结构体的变量时要通过“->”的方式。但是由于 mm_struct 中的成员 mm_rb 并不是指针，因此，使用 mm_rb 中的成员时要通过“.”操作符。这就是函数中以下这条复杂语句的构成原因。

```
rb_node = mm->mm_rb.rb_node;
```

本章小结

本章是嵌入式 Linux C 语言中最为关键的一章，是否能够很好地理解指针也是是否掌握了 C 语言的一个重要标志。本章首先介绍了数组、字符串和二维数组的定义，引用及使用的过程。由于数组和指针有很多的共性，因此，希望读者务必掌握数组的概念并熟练掌握。

接下来，本章介绍了最为关键的指针。这里，读者要着重掌握的是指针的概念以及指针变量的概念。另外，还要掌握指针和数组的异同点。由于在 C 语言中，指针和数组在很多地方有通用性，因此很容易引起“指针等于数组”误导，这点希望读者能够清楚把握。

接下来，本章介绍了构造形数据类型：结构体和联合。这两种数据类型是构成大型程序的必备要素，因此也希望读者能够切实掌握。

动手练练

1．下面的代码是否有问题，如果有的话，问题在哪里？

```
int array[ARRAY_SIZE];
int *pi;
for(pi=&array[0]; pi < &array[ARRAY_SIZE]; )
    *++pi = 0;
```

2．请编写一个函数，它在一个字符串中进行搜索，查找所有在一个给定字符集合中出现的字符，这个函数的原型如下所示：

```
char *find_char( char const *source, char const *chars );
```

3．请编写一个函数，删除一个字符串的一部分，函数的原型如下所示：

```
int del_substr( char *str, char const *substr );
```

第7章 嵌入式Linux C语言基础——高级议题

本章目标

前面几章主要介绍了嵌入式Linux C语言基本语法，这些已经构成了嵌入式Linux C语言应用程序的主要部分。在本章中，笔者将会讲解嵌入式Linux C语言的高级应用部分，这些在嵌入式Linux C语言的大型应用程序中是非常常见的。另外，本章也会讲解一部分有关嵌入式Linux C语言可移植性的问题。通过本章的学习，读者将会掌握如下内容:

- 预处理符号
- #define的使用方法及注意要点
- 条件编译的使用方法
- 文件包含的方法
- C语言的内存动态分配与静态分配
- C语言与汇编语言的接口
- 嵌入式Linux C语言中可移植性问题
- 提高程序运行效率的若干方法

7.1 预处理

7.1.1 预处理的概念

本书的前面各章程序中已多次使用过以“#”号开头的预处理命令，如包含命令“# include”、宏定义命令“# define”等。在源程序中这些命令都放在函数之外，而且一般都放在源文件的前面，它们称为预处理部分。

所谓预处理是指在进行编译的第一遍扫描（词法扫描和语法分析）之前所作的工作。预处理是C语言的一个重要功能，它由预处理程序负责完成。当对一个程序进行编译时，系统将自动引用预处理程序对程序中的预处理部分作处理，处理完毕自动进入源程序的编译阶段。

C 语言提供了多种预处理功能，如宏定义、文件包含、条件编译等。合理地使用预处理功能编写的程序便于阅读、修改、移植和调试，也有利于模块化程序设计。本节介绍常用的几种预处理功能。

7.1.2 预定义

在 C 语言源程序中允许用一个标识符来表示一个字符串，称为宏，被定义为宏的标识符称为宏名。在编译预处理时，对程序中所有出现的宏名，都用宏定义中的字符串去代换，这称为宏代换或宏展开。

1．预定义符号

在 C 语言中，有一些预处理定义的符号，它们的值或者是字符串常量，或者是十进制数字常量，它们通常在调试程序时用于输出源程序的各项信息，表 7.1 归纳了这些预定义符号，如表 7.1 所示。

表 7.1 预定义符号表

符　号	示　例	含　义
__FILE__	/home/sunq/hello.c	进行编译的源文件
__LINE__	5	文件当前行的行号
__DATE__	Oct 14 2006	文件被编译的日期
__TIME__	23:04:12	文件被编译的时间
__STDC__	1	如果编译器遵循 ANSI C，则值为 1

这些预定义符号通常可以在程序出错处理时应用，下面的程序显示了这些预定义符号的基本用法。

```
#include <stdio.h>
int main()
{
    printf("File is %s\n",__FILE__);
    printf("line is %d\n",__LINE__);
    printf("date is %s\n",__DATE__);
    printf("time is %s\n",__TIME__);
}
```

要注意的是，这些预定义符号中__LINE__和__STDC__是整数常量的，其他都是字符串常量，该程序的输出结果如下所示：

```
File is /home/sunq/hello.c
line is 6
date is Oct 14 2006
time is 23:08:42
```

2．宏定义

以上是 C 语言中自带的预定义符号，除此之外，用户自己也可以编写宏定义。宏定义是由源程序中的宏定义 define 命令完成的；而宏代换是由预处理程序自动完成的。在 C 语言中，宏分为有参数和无参数两种，下面分别讲解这两种宏的定义和调用。

（1）无参宏定义

无参宏的宏名（也就是标识符）后不带参数，其定义的一般形式为：

```
#define 标识符 字符串
```

- 其中的#表示这是一条预处理命令。凡是以#开头的均为预处理命令。
- define 为宏定义命令。
- 标识符为所定义的宏名。
- 字符串可以是常数、表达式、格式串等。

在前面介绍过的符号常量的定义就是一种无参宏定义。此外，用户还可对程序中反复使用的表达式进行宏定义，例如：

```
# define M (y+3)
```

这样就定义了 M 表达式为（y+3），在此后编写程序时，所有的（y+3）都可由 M 代替，而对源程序作编译时，将先由预处理程序进行宏代换，即用（y+3）表达式去置换所有的宏名 M，然后再进行编译。

```
#define M (y+3)
void main(){
      int s,y;
      printf("input a number: ");
      scanf("%d",&y);
      s=5*M;
      printf("s=%d\n",s);
}
```

在上例程序中首先进行宏定义，定义 M 表达式（y+3），在“s=5*M”中作了宏调用，在预处理时经宏展开后该语句变为：

```
s = 5 ( y + 3 )
```

这里要注意的是，在宏定义中表达式（y+3）两边的括号不能少，否则该语句展开后就成为如下所示：

```
s = 5 * y + 3
```

这样显然是错误的。

对于宏定义还要说明以下几点。

- 宏定义用宏名来表示一个字符串，在宏展开时又以该字符串取代宏名，这只是一种简单的代换，字符串中可以含任何字符，可以是常数，也可以是表达式，预处理程序对它不作任何检查。如有错误，只能在编译已被宏展开后的源程序时发现。
- 宏定义不是声明或语句，在行末不必加分号，如加上分号则连分号也一起置换。
- 宏定义必须写在函数之外，其作用域为宏定义命令起到源程序结束，如要终止其作用域可使用# undef 命令来取消宏作用域，例如：

```
# define PI 3.14159
main()
{
……
}
```

```
# undef PI
f1()
/*表示 PI 只在 main 函数中有效，在 f1 中无效。*/
```

➢ 宏名在源程序中若用引号括起来，则预处理程序不对其作宏代换。

```
#define OK 100
main()
{
printf("OK");
printf("\n");
}
```

上例中定义宏名 OK 表示 100，但在 printf 语句中 OK 被引号括起来，因此不作宏代换。

➢ 宏定义允许嵌套，在宏定义的字符串中可以使用已经定义的宏名，在宏展开时由预处理程序层层代换。

➢ 习惯上宏名用大写字母表示，以便于与变量区别，但也允许用小写字母表示。

➢ 对输出格式作宏定义，可以减少编写麻烦，例如：

```
#define P printf
#define D "%d\n"
#define F "%f\n"
void main(){
     int a=5, c=8, e=11;
     float b=3.8, d=9.7, f=21.08;
     P(D F,a,b);
     P(D F,c,d);
     P(D F,e,f);
}
```

注意 宏定义很容易出错，因此在编写包含宏定义的代码时一定要格外小心。

（2）带参宏定义

C 语言允许宏带有参数，在宏定义中的参数称为形式参数，在宏调用中的参数称为实际参数。对带参数的宏，在调用中不仅要宏展开，而且要用实参去代换形参。

带参宏定义的一般形式为：

```
#define 宏名(形参表) 字符串
```

在字符串中含有各个形参。

带参宏调用的一般形式为：

```
宏名(实参表);
```

例如：

```
#define M(y) y+3 /*宏定义*/
```

若想调用以上宏，可以采用如下方法：

```
k=M(5); /*宏调用*/
```

在宏调用时，用实参 5 代替宏定义中的形参 y，经预处理宏展开后的语句为：

```
k=5+3
```

以下这段程序就是常见的比较两个数大小的宏表示，如下所示：

```
#include <stdio.h>
```

```
/*宏定义*/
#define MAX(a,b) (a>b)?a:b
void main(){
     int x,y,max;
     x = 10;
     y = 20;
     /*宏调用*/
     max=MAX(x,y);
     printf("max=%d\n",max);
}
```

上例程序的第一行进行带参宏定义，用宏名 MAX 表示条件表达式“(a>b)?a:b”，形参 a、b 均出现在条件表达式中。

程序第 9 行“max=MAX(x,y)”为宏调用，实参 x、y 将代换形参 a、b。宏展开后该语句为“max=(x>y)?x:y;”，用于计算 x、y 中的大数。

由于宏定义非常容易出错，因此，对于带参的宏定义有以下问题需要特别说明。

➢ 带参宏定义中，宏名和形参表之间不能有空格出现。

例如：

```
#define MAX(a,b) (a>b)?a:b
```

写为：

```
#define MAX (a,b) (a>b)?a:b
```

这将被认为是无参宏定义，宏名 MAX 代表字符串 (a,b) (a>b)?a:b。宏展开时，宏调用语句“max=MAX(x,y);”将变为“max=(a,b) (a>b)?a:b(x,y);”，这显然是错误的。

➢ 在带参宏定义中，形式参数不分配内存单元，因此不必作类型定义。这是与函数中的情况不同的。在函数中，形参和实参是两个不同的量，各有自己的作用域，调用时要把实参值赋予形参，进行值传递。而在带参宏中，只是符号代换，不存在值传递的问题。

➢ 在宏定义中的形参是标识符，而宏调用中的实参可以是表达式，例如：

```
#define SQ(y) (y)*(y) /*宏定义*/
sq=SQ(a+1); /*宏调用*/
```

上例中第一行为宏定义，形参为 y；而在宏调用中实参为 a+1，是一个表达式，在宏展开时，用 a+1 代换 y，再用(y)*(y)代换 SQ，得到如下语句：

```
sq=(a+1)*(a+1);
```

这与函数的调用是不同的，函数调用时要把实参表达式的值求出来再赋予形参，而宏代换中对实参表达式不作计算直接地照原样代换。

➢ 在宏定义中，字符串内的形参通常要用括号括起来以避免出错。

在上例中的宏定义中(y)*(y)表达式的 y 都用括号括起来，因此结果是正确的，如果去掉括号，把程序改为以下形式：

```
#define SQ(y) y*y /*宏定义无括号*/
sq=SQ(a+1); /*宏调用*/
```

这是由于代换只作符号代换而不作其他处理而造成的，宏代换后将得到以下语句：

```
sq=a+1*a+1;
```

这显然与题意相违背，因此参数两边的括号是不能少的。

其实，宏定义即使在参数两边加括号还是不够的，例如：

```
#define SQ(y) (y)*(y) /*宏定义有括号*/
sq=160/SQ(a+1); /*宏调用依然出错*/
```

本程序与前例相比，只把宏调用语句改为：

```
sq=160/SQ(a+1);
```

读者可以分析一下宏调用语句，在宏代换之后变为：

```
sq=160/(a+1)*(a+1);
```

由于“/”和“*”运算符优先级和结合性相同，所以先作160/(a+1)，再将结果与(a+1)相乘，所以程序运行的结果依然是错误的。那么，究竟怎样进行宏定义才能正确呢？

下面是正确的宏定义：

```
#define SQ(y) ((y)*(y)) /*正确的宏定义*/
sq=160/SQ(a+1); /*宏调用结果正确*/
```

以上讨论说明，对于宏定义不仅应在参数两侧加括号，还应在整个字符串外加括号。

➢ 带参的宏和带参函数很相似，但有本质上的不同，除上面已谈到的各点外，把同一表达式用函数处理与用宏处理两者的结果有可能是不同的。

例如有以下两段程序，第一个程序是采用调用函数的方式来实现的：

```
/*程序1，函数调用*/
#include <stdio.h>
/*调用函数*/
int SQ(int y)
{
    return((y)*(y));
}

/*函数调用*/
void main(){
    int i=1;
    while(i<=5)
        printf("%d\n",SQ(i++));
}
```

下面的第二个程序是采用宏定义的方式才实现的：

```
/*程序2，宏定义*/
#include <stdio.h>
/*宏定义*/
#define SQ(y) ((y)*(y))
void main(){
    int i=1;
    while(i<=5)
        /*宏调用*/
        printf("%d\n",SQ(i++));
}
```

在第一个程序里，该被调函数的函数名为SQ，形参为y，函数体表达式为((y)*(y))，函数调用为SQ(i++)。在第二个程序里，宏名为SQ，形参也为y，字符串表达式为(y)*(y))，宏调用为 SQ(i++)。可以看到，不管是形参、实参还是具体的表达是都是一样的，但运行的结果却截然不同，函数调用的运行结果为：

```
1
4
9
16
25
```

而宏调用的运行结果却是：

```
1
9
25
```

这是为什么呢？请读者先自己思考再看下面的分析。

在第一个程序中，函数调用是把实参 i 值传给形参 y 后自增 1，然后输出函数值，因而要循环 5 次，输出 1～5 的平方值。

在第二个中宏调用时，实参和形参只作代换，因此 SQ(i++)被代换为((i++)*(i++))。

在第一次循环时，由于 i 等于 1，其计算过程为：表达式中前一个 i 初值为 1，然后 i 自增 1 变为 2，因此表达式中第 2 个 i 初值为 2，两相乘的结果也为 2，然后 i 值再自增 1，得 3。

在第二次循环时，i 值已有初值为 3，因此表达式中前一个 i 为 3，后一个 i 为 4，乘积为 12，然后 i 再自增 1 变为 5。进入第 3 次循环，由于 i 值已为 5，所以这将是最后一次循环。计算表达式的值为 5*6 等于 30。i 值再自增 1 变为 6，不再满足循环条件，停止循环。

从以上分析可以看出函数调用和宏调用二者在形式上相似，在本质上是完全不同的，表 7.2 总结了宏与函数的不同之处。

表 7.2　　宏与函数的不同之处

属　性	#define 宏	函　数
代码长度	每次使用宏时，宏代码都被插入到程序中。因此，除了非常小的宏之外，程序的长度都将被大幅增长	函数代码只出现在一个地方，每次使用这个函数，都只调用那个地方的同一份代码
执行速度	更快	存在函数调用/返回的额外开销
操作符优先级	宏参数的求值是在所有周围表达式的上下文环境中，除非它们加上括号，否则邻近操作符的优先级可能会产生不可预料的结果	函数参数只在函数调用时求值一次，它的结果值传递给函数，因此，表达式的求值结果更容易预测
参数求值	参数每次用于宏定义时，它们都将重新求值。由于多次求值，具有副作用的参数可能会产生不可预料的结果	参数在函数被调用前只求值一次，在函数中多次使用参数并不会导致多种求值问题，参数的副作用不会造成任何特殊的问题
参数类型	宏与类型无关，只要对参数的操作时合法的，它可以使用于任何参数类型	函数的参数与类型有关，如果参数的类型不同，就需要使用不同的函数，即使它们执行的任务是相同的

7.1.3　文件包含

文件包含是 C 语言预处理程序的另一个重要功能，文件包含命令行的一般形式为：

```
#include"文件名"
```

在前面我们已多次用此命令包含过库函数的头文件，例如：

```
#include<stdio.h>
#include<math.h>
```

文件包含命令的功能是把指定的文件插入该命令行位置取代该命令行，从而把指定的文件和当前的源程序文件连成一个源文件。在程序设计中，文件包含是很有用的。一个大的程序可以分为多个模块，由多个程序员分别编写。有些公用的符号常量或宏定义等可单独组成一个文件，在其他文件的开头用包含命令包含该文件即可使用。这样，可避免在每个文件开头都去写那些公用量，从而节省时间，并减少出错。

这里，对文件包含命令还要说明以下几点：

➢ 包含命令中的文件名可以用双引号括起来，也可以用尖括号括起来，例如以下写法是允许的：

```
#include"stdio.h"
#include<math.h>
```

但是这两种形式是有区别的：使用尖括号表示在包含文件目录中去查找（包含目录是由用户在设置环境时设置的），而不在源文件目录去查找；使用双引号则表示首先在当前的源文件目录中查找，若未找到才到包含目录中去查找。

用户编程时可根据自己文件所在的目录来选择某一种命令形式。

➢ 一个 include 命令只能指定一个被包含文件，若有多个文件要包含，则需用多个 include 命令。

➢ 文件包含允许嵌套，即在一个被包含的文件中又可以包含另一个文件。

7.1.4 条件编译

预处理程序提供了条件编译的功能，可以按不同的条件去编译不同的程序代码，从而产生不同的目标代码文件，这对于程序的移植和调试是很有用的。条件编译有 3 种形式，下面分别介绍。

1. 第一种形式

```
#ifdef 标识符
程序段 1
#else
程序段 2
#endif
```

它的功能是，如果标识符已被#define 命令定义过，则对程序段 1 进行编译；否则对程序段 2 进行编译。如果没有程序段 2（它为空），本格式中的#else 可以没有，即可以写为如下形式：

```
#ifdef 标识符
程序段 #endif
例如有以下程序:
#include <stdio.h>

/*宏定义*/
#define NUM OK
void main()
{
     struct stu
     {
           int num;
```

```
            char *name;
            float score;
        } *ps;
        ps=(struct stu*)malloc(sizeof(struct stu));
        ps->num=102;
        ps->name="Zhang ping";
        ps->score=62.5;
/*条件编译，若定义了 NUM，则打印以下内容*/
#ifdef NUM
        printf("Number=%d\nScore=%f\n",ps->num,ps->score);
/*若没有定义 NUM，则打印以下内容*/
#else
        printf("Name=%s\n",ps->name);
#endif
        free(ps);
}
```

该程序的运行结果为：

```
Number=102
Score=62.500000
```

由于在程序插入了条件编译预处理命令，因此要根据 NUM 是否被定义，来决定编译那一个 printf 语句。而在程序的第一行已对 NUM 作过宏定义，因此应对第一个 printf 语句作编译。故运行结果是输出学号和成绩。在程序的宏定义中，定义 NUM 表示字符串 OK，其实也可以为任何字符串，甚至不给出任何字符串，如下所示：

```
#define NUM
```

这样也具有同样的意义。读者可以试着将本程序中的宏定义去掉，看一下程序的运行结果，这种形式的条件编译通常用在调试程序中。在调试时，可以将要打印的信息用#ifdef __DEBUG__命令包含起来，这样在调试完成之后，就可以直接去掉宏定义#define __DEBUG__，这样就可以做成产品的发布版本了。

> **注意**　条件编译语句和宏定义语句一样，在#ifdef 语句后不能加分号（;）。

2．第二种形式

```
#ifndef 标识符
程序段 1
#else
程序段 2
#endif
```

与第一种形式的区别是将 ifdef 改为 ifndef。它的功能是，如果标识符未被#define 命令定义过，则对程序段 1 进行编译，否则对程序段 2 进行编译，这与第一种形式的功能正相反。

3．第三种形式

```
#if 常量表达式
程序段 1
#else
程序段 2
#endif
```

它的功能是，如常量表达式的值为真（非 0），则对程序段 1 进行编译，否则对程序段 2 进行编译。因此可以使程序在不同条件下，完成不同的功能。

```
#include <stdio.h>
#define R 1
void main(){
     float c,r,s;
     c = 2;
#if R
     r=3.14159*c*c;
     printf("area of round is: %f\n",r);
#else
     s=c*c;
     printf("area of square is: %f\n",s);
#endif
}
```

本例中采用了第三种形式的条件编译。在程序第一行宏定义中，定义 R 为 1，因此在条件编译时，常量表达式的值为真，故计算并输出圆面积。

上面介绍的条件编译当然也可以用条件语句来实现。但是用条件语句将会对整个源程序进行编译，生成的目标代码程序很长，而采用条件编译，则根据条件只编译其中的程序段 1 或程序段 2，生成的目标程序较短。如果条件选择的程序段很长，采用条件编译的方法是十分必要的。

7.2 C 语言中的内存分配

本节将对 C 语言程序中的内存分配的原理进行讲解。内存的使用是程序设计中需要考虑的重要因素之一，这不仅由于系统内存是有限的（尤其在嵌入式领域的设计中），而且内存分配也会直接影响到程序的效率。

7.2.1 C 语言程序所占内存分类

一个由 C 语言的程序占用的内存分为以下几个部分。

- 栈区（stack）：由编译器自动分配释放，存放函数的参数值，局部变量的值等，其操作方式类似于数据结构中的栈（这一概念在下一章中会有详细讲解）。
- 堆区（heap）：一般由程序员分配释放，若程序员不释放，程序结束时可能由操作系统回收。

注意　这里的堆并不是数据结构中的堆，它的分配方式类似于链表。

- 全局区（静态区）(static)：全局变量和静态变量的存储位置在一起的。初始化的全局变量和静态变量在同一块区域，而未初始化的全局变量和未初始化的静态变量在相邻的另一块区域，程序结束后由系统自动释放。
- 文字常量区：这一区域用于存放常量字符串，程序结束后由系统释放。
- 程序代码区：这一区域用于存放函数体的二进制代码。

下面的这段程序说明了不同类型的内存分配：

```
/*C语言中数据的内存分配*/
/*全局初始化区*/
int a = 0;
/*全局未初始化区*/
char *p1;
void main()
{
      /*栈*/
      int b;
      /*栈*/
      char s[] = "abc";
      /*栈*/
      char *p2;
      /*123456在常量区，p3在栈上。*/
      char *p3 = "123456";
      /*全局（静态）初始化区*/
      static int c =0;
      /*分配得来的10字节和20字节的区域就在堆区。*/
      p1 = (char *)malloc(10);
      p2 = (char *)malloc(20);
      /*123456放在常量区，编译器可能会将它与p3所指向的"123456"优化成一个地方。*/
      strcpy(p1, "123456");
}
```

7.2.2 堆和栈的区别

堆和栈有以下区别。

1. 申请方式

（1）堆（stack）

堆是由系统自动分配的，例如，声明函数中一个局部变量“int b;”，那么系统自动在栈中为b开辟空间。

（2）栈（heap）

栈需要程序员自己申请，并在申请时指明大小，如可使用C语言中的malloc函数，如下所示：

```
p1 = (char *)malloc(10);
```

2. 申请后系统的响应

（1）堆（stack）

在操作系统中有一个记录空闲内存地址的链表，当系统收到程序的申请时，系统就会开始遍历该链表，寻找第一个空间大于所申请空间的堆结点，然后将该结点从空闲结点链表中删除，并将该结点的空间分配给程序。

另外，对于大多数系统，会在这块内存空间中的首地址处记录本次分配的大小。这样，代码中的删除语句才能正确地释放本内存空间。如果找到的堆结点的大小与申请的大小不相同，系统会自动地将多余的那部分重新放入空闲链表中。

（2）栈（heap）

只要栈的剩余空间大于所申请空间，系统将为程序提供内存，否则将报异常，提示栈溢出。

3. 申请大小的限制

（1）堆（stack）

堆是向高地址扩展的数据结构，是不连续的内存区域。这是由于系统用链表来存储的空闲内存地址，地址是不连续的（这一点在后一节中会有详细说明），而链表的遍历方向是由低地址向高地址。堆的大小受限于计算机系统中有效的虚拟内存，因此堆获得的空间比较灵活，也比较大。

（2）栈（heap）

栈是向低地址扩展的数据结构，是一块连续的内存的区域。因此，栈顶的地址和栈的最大容量是系统预先规定好的，如果申请的空间超过栈的剩余空间时，将提示 overflow，因此，能从栈获得的空间较小。

4. 申请速度的限制

（1）堆（stack）

堆是由 malloc 等语句分配的内存，一般速度比较慢，而且容易产生内存碎片，不过用起来最方便。

（2）栈（heap）

栈由系统自动分配，速度较快，但程序员一般无法控制。

5. 堆和栈中的存储内容

（1）堆（stack）

堆一般在堆的头部用一个字节存放堆的大小，堆中的具体内容由程序员安排。

（2）栈（heap）

在函数调用时，第一个进栈的是函数调用语句的下一条可执行语句的地址，然后是函数的各个参数，在大多数的 C 编译器中，参数是由右往左入栈的，然后是函数中的局部变量。

> 注意　静态变量是不入栈的。

当本次函数调用结束后，局部变量先出栈，然后是参数，最后栈顶指针指向最开始的存储地址，也就是主函数中的下一条指令，程序由该点继续运行。

7.3 嵌入式 Linux 可移植性考虑

嵌入式开发很重要的一个问题就是可移植性的问题。Linux 是一个可移植性非常好的系统，这也是嵌入式 Linux 能够迅速发展起来的一个主要原因。所以，嵌入式 Linux 在可移植性方面所做的工作是非常值得学习的。本节结合嵌入式 Linux 实例来讲解嵌入式开发在可移植性方面需要进行的考虑。

7.3.1 字长和数据类型

能够由机器一次完成处理的数据称为字，不同体系结构的字长通常会有所区别，例如，现在通用的处理器字长为 32 位。表 7.3 列出了常见体系结构的字长。

表 7.3　　不同体系结构字长

体系结构	字长
alpha	64 位
arm	32 位
cris	32 位
h8300	32 位
i386	32 位
ia64	64 位
m32r	32 位
m68r	32 位
m68k	32 位
m68knommu	32 位
mips	32 位
mips64	64 位
parisc	32 位或 64 位
ppc	32 位
ppc64	64 位
s390	32 位或 64 位
sh	32 位
sparc	32 位
sparc64	64 位
um	32 位或 64 位
v850	32 位
x86_64	64 位

为了解决不同的体系结构有不同的字长问题，在嵌入式 Linux 中存在两种数据类型，其一是不透明数据类型，其二是长度明确的数据类型。

不透明数据类型隐藏了它们内部格式或结构。在 C 语言中，它们就像黑盒一样，开发者们利用 typedef 声明一个类型，把它叫做不透明数据类型，并希望其他开发者不要重新将其转化为对应的那个标准 C 类型。

例如，用来保存进程标识符的 pid_t 类型的实际长度被隐藏起来了，尽管任何人都可以揭开它的面纱，其实它就是一个 int 型数据。

长度明确的数据类型也非常常见。作为一个程序员，通常在程序中需要操作硬件设备，这时就必须明确知道数据的长度。

嵌入式 Linux 内核在<asm/types.h>中定义了这些长度明确的类型，表 7.4 是这些类型的完整说明。

表 7.4　类型说明

类　型	描　述
s8	带符号字节
u8	无符号字节
s16	带符号 16 位整数
u16	无符号 16 位整数
s32	带符号 32 位整数
u32	无符号 32 位整数
s64	带符号 64 位整数
u64	无符号 64 位整数

这些长度明确的数据类型大部分是通过 typedef 对标准的 C 类型进行映射得到的，在 ARM-Linux 中的</asm-arm/types.h>就有如下定义：

```
typedef __signed__ char __s8;
typedef unsigned char __u8;
typedef __signed__ short __s16;
typedef unsigned short __u16;
typedef __signed__ int __s32;
typedef unsigned int __u32;
typedef __signed__ long long __s64;
typedef unsigned long long __u64;
```

7.3.2　数据对齐

对齐是数据块跟内存中的相对位置相关的话题。如果一个变量的内存地址正好是它长度的整数倍，它就被称作是自然对齐的。例如，对于一个 32 位类型的数据，如果它在内存中的地址刚好可以被 4 整除（最低两位是 0），那它就是自然对齐的。

一些体系结构对对齐的要求非常严格。通常基于 RISC 的系统载入未对齐的数据会导致处理器陷入（一种可处理的错误）；还有一些系统可以访问没有对齐的数据，但性能会下降。编写可移植性高的代码要避免对齐问题，保证所有的类型都能够自然对齐。

7.3.3　字节顺序

字节顺序是指一个字中各个字节的顺序。处理器对字取值时既可能将最低有效位所在的字节当作第一个字节（最左边的字节），也有可能将其当作最后一个字节（最右边的字节）。

如果最高有效位所在的字节放在最高字节位置上，其他字节依次放在低字节位置上，那么这种字节顺序称作高位优先（big-endian）。如果最低有效位所在的字节放在最高字节位置上，其他字节依次放在低字节位置上，那么就称作低位优先（little-endian）。

7.4　C 和汇编的接口

C 语言是一种优秀的中级语言，它既可以实现高级语言的模块化编程，又可以实现很多底层的操作。但是，与汇编语言相比，C 语言的效率毕竟还是无法与之相媲美的。因此，在对效率或硬件操作要求比较高的地方，可以采用将部分汇编语句嵌入到 C 语言中的方式来进行。

gcc 的内嵌式汇编语言提供了一种在 C 语言源程序中直接嵌入汇编指令的很好的办法，既能够直接控制所形成的指令序列，又有着与 C 语言的良好接口，所以在 Linux 内核代码中很多地方都使用了这一语句。

在内嵌汇编中，可以将 C 语言表达式指定为汇编指令的操作数，而且不用去管如何将 C 语言表达式的值读入哪个寄存器以及如何将计算结果写回 C 变量，用户只要告诉程序中 C 语言表达式与汇编指令操作数之间的对应关系即可，gcc 会自动插入代码完成必要的操作。

7.4.1 内嵌汇编的语法

在 gcc 中，可以使用__asm__表示后面的代码为内嵌汇编代码， __volatile__表示编译器不要优化代码，后面的指令保留原样，内嵌汇编语法如下：

```
__asm__（汇编语句模板：输出部分：输入部分：破坏描述部分）
```

这里共 4 个部分：汇编语句模板、输出部分、输入部分和破坏描述部分，各部分使用“:”隔开。其中，汇编语句模板部分是必不可少的，其他 3 部分都为可选部分。如果使用了后面的部分，而前面部分为空，也需要用“:”隔开，相应部分内容为空，例如：

```
__asm__ __volatile__("cli": : :"memory")
```

下面就分别对关键部分进行一一介绍。

1. 汇编语言模板

汇编语句模板由汇编语句序列组成，语句之间使用“;”、“\n”或“\n\t”分开。指令中的操作数可以使用占位符引用 C 语言变量，操作数占位符最多 10 个，名称如下：

```
%0，%1，...，%9
```

指令中使用占位符表示的操作数，总被视为 long 型（4 个字节），但对其施加的操作根据指令可以是字或者字节，当把操作数当作字或者字节使用时，默认为低字或者低字节。对字节操作可以显式地指明是低字节还是次字节，方法是在%和序号之间插入一个字母，“b”代表低字节，“h”代表高字节，例如：%h1。

2. 输出部分

输出部分描述输出操作数，不同的操作数描述符之间用逗号格开，每个操作数描述符由限定字符串和 C 语言变量组成。每个输出操作数的限定字符串必须包含“=”表示它是一个输出操作数，例如：

```
__asm__ __volatile__("pushfl ; popl %0 ; cli":"=g" (x) )
```

描述符字符串表示对该变量的限制条件，这样 gcc 就可以根据这些条件决定如何分配寄存器，如何产生必要的代码处理指令操作数与 C 表达式或 C 变量之间的联系。

3. 输入部分

输入部分描述输入操作数，不同的操作数描述符之间使用逗号格开，每个操作数描述符由限定字符串和 C 语言表达式或者 C 语言变量组成，例如：

```
static __inline__ void __set_bit(int nr, volatile void * addr)
{
        __asm__( \
              "btsl %1,%0" \
              :"=m" (ADDR) \
              :"Ir" (nr)); \
}
```

这个例子的功能是将（*addr）的第 nr 位设为 1。第一个占位符%0 与 C 语言变量 ADDR 对应，第二个占位符%1 与 C 语言变量 nr 对应，因此上面的汇编语句代码与下面的伪代码等价：

```
btsl nr, ADDR
```

该指令的两个操作数不能全是内存变量，因此将 nr 的限定字符串指定为 Ir，将 nr 与立即数或者寄存器相关联，这样两个操作数中只有 ADDR 为内存变量。

注意 在内嵌汇编的编写时，通常对这 4 部分分行编写，并用“\”表示换行。

4. 限定字符

限制字符有很多种，有些是与特定体系结构相关的，表 7.5 列出了常用的限定字符。它们的作用是指示编译器如何处理其后的 C 语言变量与指令操作数之间的关系。

表 7.5 预定义符号表

分类	限定符	描述
通用寄存器	a	将输入变量放入 eax，若 eax 已经被使用，则 gcc 就会在起始处插入一条语句“pushl %eax”，将 eax 内容保存到堆栈，然后在这段代码结束处再增加一条语句“popl %eax”，恢复 eax 的内容
通用寄存器	b	将输入变量放入 ebx
	c	将输入变量放入 ecx
	d	将输入变量放入 edx
	s	将输入变量放入 esi
	d	将输入变量放入 edi
	q	将输入变量放入 eax、ebx、ecx、edx 中的一个
	r	将输入变量放入通用寄存器，也就是 eax、ebx、ecx、edx、esi、edi 中的一个
	A	把 eax 和 edx 合成一个 64 位的寄存器
内存	m	内存变量
	o	操作数为内存变量，但是其寻址方式是偏移量类型，即基址寻址或者基址加变址寻址
	V	操作数为内存变量，但寻址方式不是偏移量类型
	p	操作数是一个合法的内存地址（指针）
寄存器或内存	g	将输入变量放入 eax 或 ebx 或 ecx 或 edx 中，或者作为内存变量
	X	操作数可以是任何类型

续表

分　类	限 定 符	描　述
立即数	I	0～31 之间的立即数（用于 32 位移位指令）
	J	0～63 之间的立即数（用于 64 位移位指令）
	N	0～255 之间的立即数（用于 out 指令）
	i	立即数
	n	立即数，有些系统不支持除字以外的立即数，这些系统应该使用 n 而不是 i
匹配	0	表示用它限制的操作数与某个指定的操作数匹配
	1	表示该操作数就是指定的那个操作数，例如“0”
	9	描述“%1”操作数，那么“%1”引用的其实就是“%0”操作数，注意作为限定符字母的 0～9 与指令中的“%0”～“%9”的区别，前者描述操作数，后者代表操作数
	&	该输出操作数不能使用过和输入操作数相同的寄存器
操作数类型	=	操作数在指令中是只写的（输出操作数）
	+	操作数在指令中是读写类型的（输入输出操作数）
浮点数	f	浮点寄存器
	t	第一个浮点寄存器
	u	第二个浮点寄存器
	G	标准的 80387 浮点常数
	%	该操作数可以和下一个操作数交换位置，例如 addl 的两个操作数可以交换顺序（当然两个操作数都不能是立即数）
	#	部分注释，从该字符到其后的逗号之间所有字母被忽略
	*	表示如果选用寄存器，则其后的字母被忽略

5．破坏描述部分

破坏描述符用于通知编译器我们使用了哪些寄存器或内存，由逗号格开的字符串组成，每个字符串描述一种情况，一般是寄存器名；除寄存器外还有“memory”。例如：“%eax”、“%ebx”、“memory”等。

“memory”比较特殊，可能是内嵌汇编中最难懂的部分。为解释清楚它，先介绍一下编译器的优化知识，再看 C 关键字 volatile，最后去看该描述符。

7.4.2　编译器优化介绍

由于内存访问速度远不及 CPU 处理速度，为提高机器整体性能，在硬件上引入硬件高速缓存 Cache，加速对内存的访问。另外在现代 CPU 中指令的执行并不一定严格按照顺序执行，没有相关性的指令可以乱序执行，以充分利用 CPU 的指令流水线，提高执行速度，以上是硬件级别的优化。

软件级别的优化有两种：一种是在编写代码时由程序员优化，另一种是由编译器进行优化。

编译器优化常用的方法有：将内存变量缓存到寄存器和调整指令顺序充分利用 CPU 指令流水线，常见的是重新排序读写指令。对常规内存进行优化的时候，这些优化是透明的，而且效率很好。

由编译器优化或者硬件重新排序引起的问题的解决办法是以特定顺序执行的操作之间设置内存屏障（memory barrier），Linux 提供了一个宏用于解决编译器的执行顺序问题。

```
void Barrier(void)
```

这个函数通知编译器插入一个内存屏障，但对硬件无效，编译后的代码会把当前 CPU 寄存器中的所有修改过的数值存入内存，需要这些数据的时候再重新从内存中读出。

7.4.3 C 语言关键字 volatile

C 语言关键字 volatile（注意它是用来修饰变量而不是上面介绍的__volatile__）表明某个变量的值可能在外部被改变，因此对这些变量的存取不能缓存到寄存器，每次使用时需要重新存取。

该关键字在多线程环境下经常使用，因为在编写多线程的程序时，同一个变量可能被多个线程修改，而程序通过该变量同步各个线程。对于 C 编译器来说，它并不知道这个值会被其他线程修改，自然就把它 cache 在寄存器里面。

> 注意　C 编译器是没有线程概念的，这时候就需要用到 volatile。

volatile 的本意是指这个值可能会在当前线程外部被改变，也就是说，我们要在 threadFunc 中的 intSignal 前面加上 volatile 关键字，这时候，编译器知道该变量的值会在外部改变，因此每次访问该变量时会重新读取。

7.4.4 memory 描述符

有了上面的知识就不难理解 memory 修改描述符了，memory 描述符告知 gcc 以下内容。

- 不要将该段内嵌汇编指令与前面的指令重新排序，也就是说在执行内嵌汇编代码之前，它前面的指令都执行完毕。
- 不要将变量缓存到寄存器，因为这段代码可能会用到内存变量，而这些内存变量会以不可预知的方式发生改变，因此 gcc 插入必要的代码先将缓存到寄存器的变量值写回内存，如果后面又访问这些变量，需要重新访问内存。

如果汇编指令修改了内存，但是 gcc 本身却察觉不到，因为在输出部分没有描述，此时就需要在修改描述部分增加 memory，告诉 gcc 内存已经被修改，gcc 得知这个信息后，就会在这段指令之前，插入必要的指令将前面因为优化 Cache 而到寄存器中的变量值先写回内存，如果以后又要使用这些变量，则再重新读取。

当然，使用 volatile 也可以达到这个目的，但是我们在每个变量前增加该关键字，不如使用 memory 方便。

7.4.5 gcc 对内嵌汇编语言的处理方式

在上面几节中，读者已经了解了 gcc 中内嵌汇编语言的语法要点，本节将对 gcc 对内嵌汇编语言的处理过程做详细讲解。

（1）变量输入

根据限定符的内容将输入操作数放入合适的寄存器，如果限定符指定为立即数（i）或内存变量（m），则该步被省略；如果限定符没有具体指定输入操作数的类型（如常用的 g），gcc 会视需要决定是否将该操作数输入到某个寄存器。

这样每个占位符都与某个寄存器、内存变量或立即数形成一一对应的关系。这就是对第二个冒号后内容的解释。例如："a"(foo)、"i"(100)、"m"(bar)表示%0 对应 eax 寄存器、%1 对应 100、%2 对应内存变量 bar。

（2）生成代码

gcc 再根据这种一一对应的关系（还应包括输出操作符），用这些寄存器、内存变量或立即数来取代汇编代码中的占位符。注意，在这一步骤中并不检查由这种取代操作所生成的汇编代码是否合法。例如，如果有这样一条指令：

```
__asm__("movl %0, %1"::"m"(foo), "m"(bar));
```

如果用户使用“gcc -c –S”选项编译该源文件，那么在生成的汇编文件中，用户将会看到生成了“movl foo，bar”这样一条指令，这显然是错误的。这个错误在稍后的编译检查中会被发现。

（3）变量输出

按照输出限定符的指定将寄存器的内容输出到某个内存变量中，如果输出操作数的限定符指定为内存变量（m），则该步骤被省略。这就是对第一个冒号后内容的解释，例如：

```
__asm__("mov %0, %1":"=m"(foo), "=a"(bar):);
```

编译后为：

```
#APP
    movl foo, eax
#NO_APP
    movl eax, bar
```

该语句很好地体现了 gcc 的运作方式。

下面以<arch/i386/kernel/apm.c>中的一段代码为例，来比较一下它们编译前后的情况，源程序如下：

```
__asm__ (
"pushl %%edi\n\t"
"pushl %%ebp\n\t"
"lcall %%cs:\n\t"
"setc %%al\n\t"
"addl %1, %2\n\t"
"popl %%ebp\n\t"
"popl %%edi\n\t"
:"=a"(ea), "=b"(eb),
  "=c"(ec), "=d"(ed), "=S"(es)
:"a"(eax_in), "b"(ebx_in), "c"(ecx_in)
:"memory", "cc");
```

编译后的汇编代码为：

```
    movl eax_in, %eax
    movl ebx_in, %ebx
    movl ecx_in, %ecx
#APP
```

```
    pushl %edi
    pushl %ebp
    lcall %cs:
    setc %al
    addl eb, ec
    popl %ebp
    popl %edi
#NO_APP
    movl %eax, ea
    movl %ebx, eb
    movl %ecx, ec
    movl %edx, ed
    movl %esi, es
```

本章小结

本章介绍了嵌入式Linux C语言中的高级议题。首先，本章介绍了预处理的问题，预处理是嵌入式Linux中非常常用的内容，通过它可以很好地实现代码的通用性，增加可移植性。

接下来，本章介绍了C语言的内存分配问题，从更细致的角度分析了堆和栈的区别。

之后，笔者以嵌入式Linux为例介绍了嵌入式系统中应该考虑的可移植性问题，这些都是嵌入式程序设计中的常见问题。

最后，本章介绍了C和汇编的接口，介绍了内嵌汇编的语法、编译器的优化、volatile关键字、memory描述符以及gcc堆内嵌汇编的处理。

动手练练

1．找出ARM-Linux内核代码中预处理的例子，并加以分析。
2．思考在C语言中结构体和联合这两种数据结构如何做到数据对齐。

第8章　嵌入式 Linux C 语言基础——ARM Linux 内核常见数据结构

本章目标

到此为止，读者已经系统学习了嵌入式 Linux C 语言的语法要素，这些要素就如同构建高楼大厦的材料，是必不可少的，但是要将其真正应用到实际复杂的工程当中，还需要使用数据结构这一有力的工具。本章将详细讲解 ARM Linux 中最为常见的数据结构，通过本章的学习，读者将会掌握以下内容：

- 链表的基本概念
- 链表的基本操作方法
- ARM Linux 中如何使用链表
- 二叉树的基本概念
- 树的遍历方法
- 森林的基本概念
- 森林的遍历方法
- 平衡树的基本概念
- ARM Linux 中如何实现红黑树
- 哈希表的概念
- 哈希表的操作方法
- ARM Linux 中如何使用哈希表

8.1　链表

8.1.1　链表概述

链表是一种常见的重要数据结构，它可以动态地进行存储分配，根据需要开辟内存单元，还可以方便地实现数据的增加和删除。链表中的每个元素都由两部分组成：数据域和指针域。

其中，数据域用于存储数据元素的信息，指针域用于存储该元素的直接后继元素的位置。其整体结构就是用指针相链接起来的线性表，如图 8.1 所示。

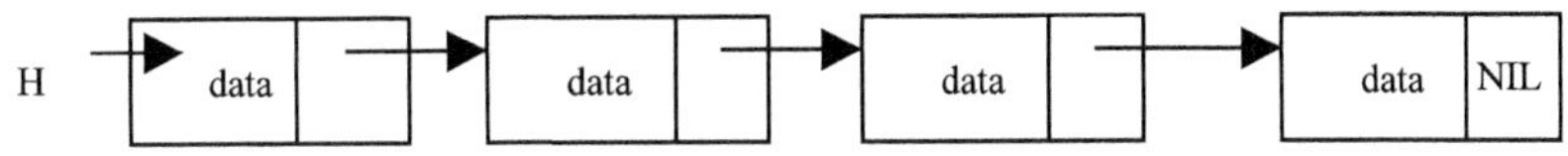

图 8.1 链表结构

由图中，读者可以清楚地看到，每个链表都有一个头指针 H，其用于指示链表中第一个节点的存储位置。之后，链表由第一个节点指向第二个节点，依此类推。链表的最后一个数据元素由于没有直接后继节点，因此其节点的指针为空（NULL）。

8.1.2 单向链表

1. 单链表的组织与存储

单向链表的每个节点中除信息域以外还有一个指针域，用来指向其后续节点，其最后一个节点的指针域为空（NULL）。

单向链表由头指针惟一确定，因此单向链表可以用头指针的名字来命名，例如头指针名为 head 的单向链表称为表 head，头指针指向单向链表的第一个节点。

在用 C 语言实现时，首先说明一个结构类型，在这个结构类型中包含一个（或多个）信息成员以及一个指针成员如下所示：

```
struct STU{
 char name[20];
 char stuno[10];
 int age;
 int score;
}stu[50];
typedef struct STU ElemType;

struct LNODE
{
 ElemType data;
 struct LNODE *next;
};
```

在该例中，首先声明了一个名为 STU 的结构类型，该结构类型包括学生姓名、学号、年龄、成绩。该实例将不同的学生组成一个单链表，该链表中节点的数据域就是每个学生的信息，而指针域则是链表的下一个元素。

> **注意** 链表结构中包含指针型的结构成员，类型为指向相同结构类型的指针。根据 C 语言的语法要求，结构的成员不能是结构自身类型，即结构不能自己定义自己，因为这样将导致一个无穷的递归定义，但结构的成员可以是结构自身的指针类型，通过指针引用自身这种类型的结构。

链表中的每个成员都是 LNODE 类型的。接下来，该单链表还定义了两个类似的数据类型用于简化处理。

```
typedef struct LNODE LNode;
typedef struct LNODE *LinkList;
```

其中的第一个数据类型实际上就是 LNODE 类型，而第二个则是 LNODE 的指针类型。这样，以后 LNODE 数据类型的定义就可以采取以下方式：

```
LNode stu_node;
```

而 LNODE 指针类型的定义则可采取：

```
LinkList stu_list;
```

读者在这里需要注意比较这两个数据类型的引用方式，对于第一个变量 stu_node 的引用使用的是圆点引用符，如下所示：

```
stu_node.data.age = 23;
stu_node.data.score = 80;
```

而对于第二个变量 stu_list 的引用则采用的是→引用符，如下所示：

```
stu_list->data.age = 24
stu_list->next = NULL;
```

由于采用指针的方式，链表中的各个元素在存储位置上的关系是未知的（请读者将链表与数组相区别），各个元素只能通过链表元素中的 next 指针来找到下一个节点的位置，如图 8.2 所示。

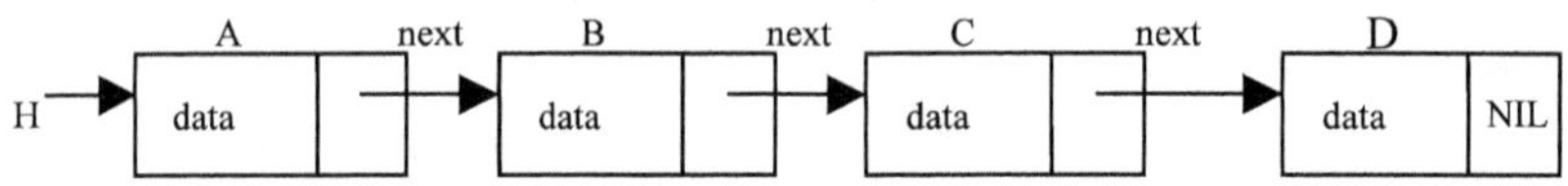

图 8.2　单链表结构

如上图中，H→next 指向的是节点 A，A→next 指向的是节点 B，而 A→next→next 指向的则是节点 C。因此，在单链表中只能由头节点指向后面的元素，而不能由后面的元素指向前面的元素，这也是单链表的局限性。

要注意的是，单链表尾部节点的 next 域必须赋为 NULL，否则容易造成程序引用的出错，如下所示：

```
D->next=NULL;
```

这样，当遇到单链表的 next 为 NULL 时就能方便地判断单链表已经结束了。

2. 单链表常见操作

（1）节点初始化

由于链表是一种动态分配数据的数据结构，因此，单链表中各个节点的初始化通常使用 malloc 函数，把节点中的 next 指针赋为 NULL，同时再把数据域的部分初始化为需要的数值，如下所示：

```
int init(LinkList *L)
{
                                       /*用 malloc 分配函数分配节点*/
 *L=(LNode *)malloc(sizeof(LNode));
                                       /*若分配失败，返回*/
 if(!L)
      exit();
                                       /*初始化链表节点的数据域*/
 memset(&((*L)->data), 0, sizeof(struct STU));
                                       /*初始化链表节点的指针域*/
 (*L)->next=NULL;
 return 1;
}/*init */
```

想一想　为什么初始化时使用 LinkList 类型的指针？

（2）测试数据是否存在

在链表的操作时，通常需要检查链表第 i 个元素是否存在，这时，读者可以通过顺序遍历链表来取得第 i 个元素，该程序如下所示：

```
int GetElem(LinkList L,int i,ElemType *e)
{
                                        /*L为带头节点的单链表的头指针*/
                                        /*当第i个元素存在时，其值赋给e并返回*/
 LinkList p; int j;
                                        /*初始化，指向链表的第一个节点，j为计数器*/
 p=L->next;
 j=1;
                          /*为防止i过大，通过判断p是否为空来确定是否到达链表的尾部*/
 while(p&&j<i){
     p=p->next;
     ++j;
 }
                                        /*若第i个元素不存在，返回*/
 if(!p||j>1) return 0;
                                        /*取得第i个元素*/
 *e=p->data;
 return 1;
}
```

（3）链表的插入与删除

链表的插入与删除是链表中最复杂、最常见的操作，也是最能体现链表灵活性的操作，因此希望读者能够认真阅读，切实掌握。

在单向链表中插入一个节点要引起插入位置前面节点的指针的变化，如图 8.3 所示。

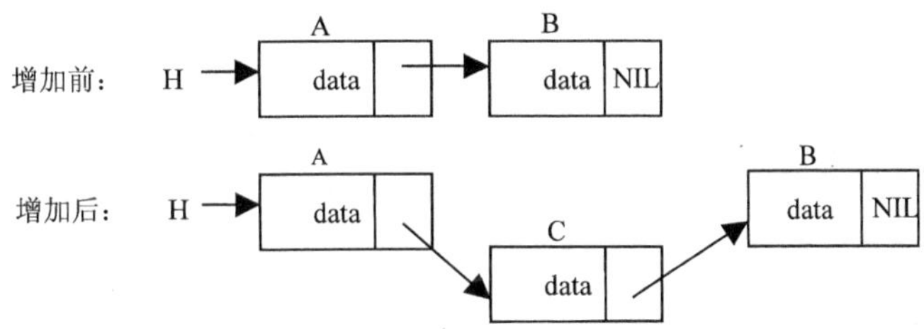

图 8.3　链表的插入过程

由图中可以看出，在链表中增加元素指针会依次有以下变化。

- C→next 变为 B，描述语言为：C→next = A→next。
- A→next 变为 C，描述语言为：A→next = C。

删除的过程也类似，如图 8.4 所示。

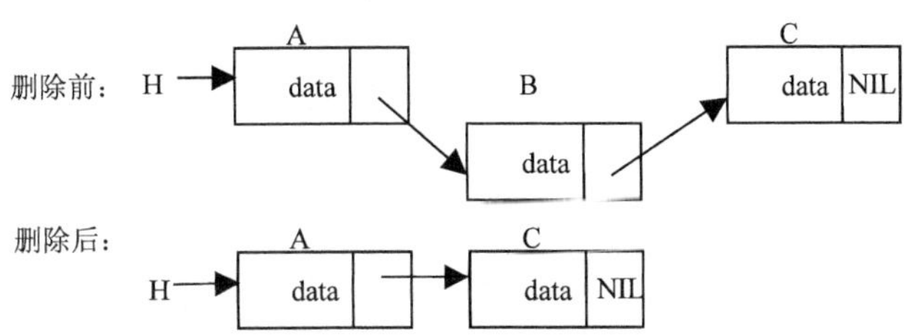

图 8.4　链表的删除过程

同样，链表中元素的指针会依次有以下变化。

➢ A→next 变为 C，描述语言为：A→next = A→next→next。

以下是链表中元素插入的函数，希望读者能够仿照此例，写出链表的删除代码。

```
int ListInsert(LinkList L,int i,ElemType e)
{
                                        /*L 为带头节点的单链表的头指针*/
                                        /*i 为要插入的元素位置，e 为要插入的元素*/
 LinkList p,s;
 int j;
                                        /*初始化，把 p 指向链表头指针，插入元素可能在链表头*/
 p=L;j=0;
                                        /*找到第 i 位*/
 while(p&&j<i-1)
 {
  p=p->next;
  ++j;
 }
 if(!p||j>i-1) return 0;
                                        /*初始化链表节点*/
 s=(LinkList)malloc(sizeof(LNode));
 s->data=e;
                                        /*将 s 插入链表，并修改原先的指针*/
 s->next=p->next;
 p->next=s;
 return 1;
}/*ListInsert Before i */
```

注意　修改链表指针的两句语句的顺序不能颠倒，否则程序会有错误。

（4）其他操作

将几个单链表合并也是链表操作中的一个常见的操作之一，下面将两个单链表根据学生的姓名次序合并成一个单链表。

在合并的过程中，程序中实际是新建了一个链表，然后将两个链表的元素依次插入到新的链表中。如果其中一个链表的元素已经全部插入，则另一个链表的剩余操作只需顺序将剩余元素插入即可。

该过程如图 8.5 所示。

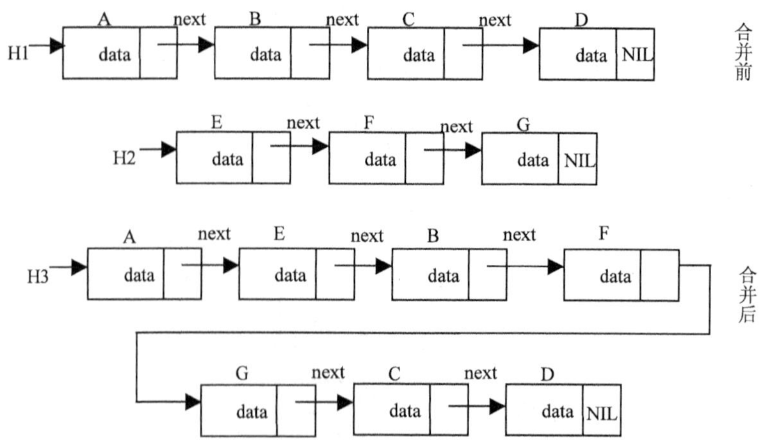

图 8.5　链表的合并过程

该合并过程的代码如下所示：

```
void MergeList(LinkList La,LinkList Lb,LinkList *Lc)
{
 /*合并单链表 La 和 Lb 到 Lc 中*/
 LinkList pa,pb,pc;
 /*初始化 pa、pb，指向链表的第一个元素*/
 pa=La->next;pb=Lb->next;
 *Lc=pc=La;
 /*判断两个链表是否到达末尾*/
 while(pa && pb)
  {
  /*判断链表中的元素大小*/
  /*若链表 La 的元素小于链表 Lb 的元素，则把链表 La 的元素插入到 Lc 中*/
   if(Less_EqualList(&pa->data,&pb->data))
   {
     pc->next=pa;pc=pa;pa=pa->next;
   }
  /*若链表 La 的元素大于链表 Lb 的元素，则把链表 Lb 的元素插入到 Lc 中*/
   else
   {
     pc->next=pb;pc=pb;pb=pb->next;
   }
  }
  /*将还未到达末尾的链表连入 Lc 中，若两个链表都到达末尾，pc->next 为 NULL*/
  pc->next = pa?pa:pb;
  free(Lb);
}

/*该函数用于比较两个链表元素的大小*/
int Less_EqualList(ElemType *e1,ElemType *e2)
{
 if(strcmp(e1->name,e2->name)<=0)
    return 1;
 else
    return 0;
}
```

下面的这个 main 主函数调用了以上所述的各个函数，它完整地显示出链表的构建、插入和合并过程，希望读者能实际动手操作，查看该函数的运行结果。

```
#include<stdio.h>
#include<malloc.h>
main()
{
 struct STU e;
 LinkList La,Lb,Lc;
 printf("\n\n-------------------List Demo is running...----------------\n\n");
 printf("First is InsertList function.\n");
 /*初始化第一个链表头指针*/
 init(&La);
 strcpy(e.name,"stu1");
 strcpy(e.stuno,"100001");
 e.age=80;
 e.score=1000;
 /*在第一个链表中插入第一个元素*/
 ListInsert(La,1,e);
 strcpy(e.name,"stu3");
```

```
    strcpy(e.stuno,"100002");
    e.age=80;
    e.score=1000;
    /*在第一个链表中插入第二个元素*/
    ListInsert(La,2,e);
    printlist(La);
    getchar();
    /*在第一个链表中插入第三个元素*/
    strcpy(e.name,"stu5");
    strcpy(e.stuno,"100003");
    e.age=80;
    e.score=1000;
    ListInsert(La,3,e);
    printlist(La);
    getchar();
    /*初始化第二个链表头指针*/
    init(&Lb);
    strcpy(e.name,"stu2");
    strcpy(e.stuno,"100001");
    e.age=80;
    e.score=1000;
    /*在第二个链表中插入第一个元素*/
    ListInsert(Lb,1,e);
    strcpy(e.name,"stu4");
    strcpy(e.stuno,"100002");
    e.age=80;
    e.score=1000;
    /*在第二个链表中插入第二个元素*/
    ListInsert(Lb,2,e);
    strcpy(e.name,"stu6");
    strcpy(e.stuno,"100001");
    e.age=80;
    e.score=1000;
    /*在第二个链表中插入第三个元素*/
    ListInsert(Lb,3,e);
    printlist(Lb);
    getchar();

    /*合并两个链表*/
    MergeList(La,Lb,&Lc);
    printlist(Lc);
    getchar();
   }
```

这里的打印链表的函数如下所示：

```
   int printlist(LinkList L)
   {
    int i;
    LinkList p;
    p=L;
    printf("name    stuno     age     score\n");
    while(p->next)
    {
     p=p->next;
     printf("%-10s %s\t%d\t%d\n", p->data.name, p->data.stuno, p->data.age, p->
data.score);
    }
```

```
  printf("\n");
}
```

该程序的运行结果如下所示：

```
-------------------List Demo is running...----------------

First is InsertList function.
name      stuno        age       score
stu1       100001       80       1000
stu3       100002       80       1000
q
name      stuno        age       score
stu1       100001       80       1000
stu3       100002       80       1000
stu5       100003       80       1000
name      stuno        age       score
stu2       100001       70       1000
stu4       100002       70       1000
stu6       100001       70       1000
q
name      stuno        age       score
stu1       100001       80       1000
stu2       100001       70       1000
stu3       100002       80       1000
stu4       100002       70       1000
stu5       100003       80       1000
stu6       100001       70       1000
```

可以看到，该程序实现了将指定元素插入到链表中，并将两个链表合并的功能。

8.1.3　双向链表

1．双向链表的组织与存储

在单向链表中，每个节点中只包括一个指向下个节点的指针域，因此要在单向链表中插入一个新节点，就必须从链表头指针开始逐个遍历链表中的节点。双向链表与单向链表不同，它的每个节点中包括两个指针域，分别指向该节点的前一个节点和后一个节点，如图 8.6 所示：

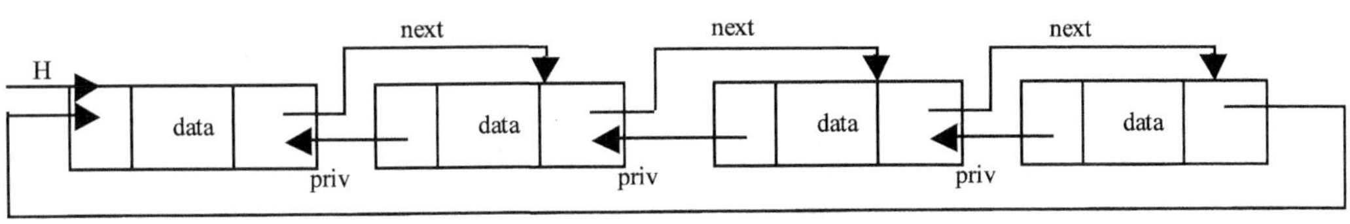

图 8.6　双向链表结构

这样，在双向链表中由任何一个节点都可以很容易地找到其前面的节点和后面的节点，而不需要在上述的插入（及删除）操作中由头节点开始寻找，定义双向链表的节点结构为：

```
struct LNODE
{
 ElemType data;
 struct LNODE *next;
 struct LNODE *priv;
};
```

2．双向链表的常见操作

（1）增加节点

在双向链表中增加一个节点要比在单链表中的插入操作复杂地多，因为在此处节点 next 指针和 priv 指针会同时变化，如图 8.7 所示：

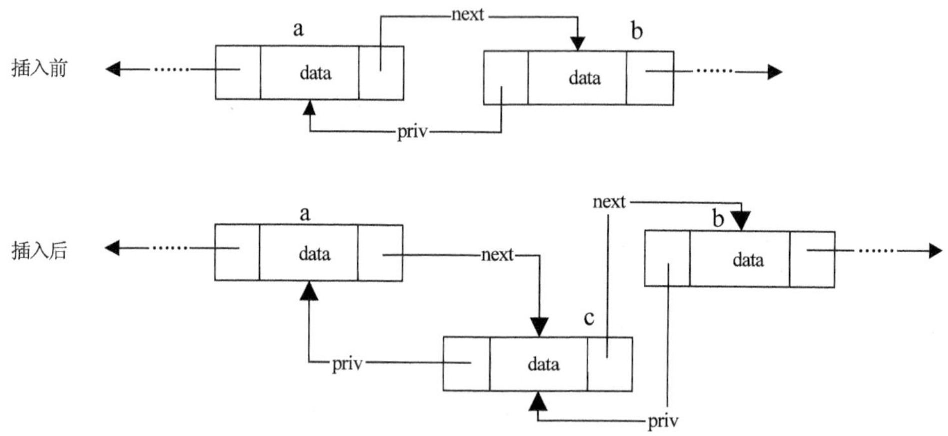

图 8.7 双向链表插入操作

由图中可以看出，在双向链表中增加元素指针会依次有以下变化。

- B→priv 变为 C，描述语言为：A→next→priv = C。
- C→next 变为 B，描述语言为：C→next = A→next。
- A→next 变为 C，描述语言为：A→next = C。
- C→priv 变为 A，描述语言为：C→priv = A。

注意 描述语言的起始点定位于 A，B 只能由变化前的 A→next 表示，因此，将 A→next 变为 C 必须在后面进行。

（2）删除节点

双链表中删除节点与单链表类似，也是增加过程的反操作，如图 8.8 所示

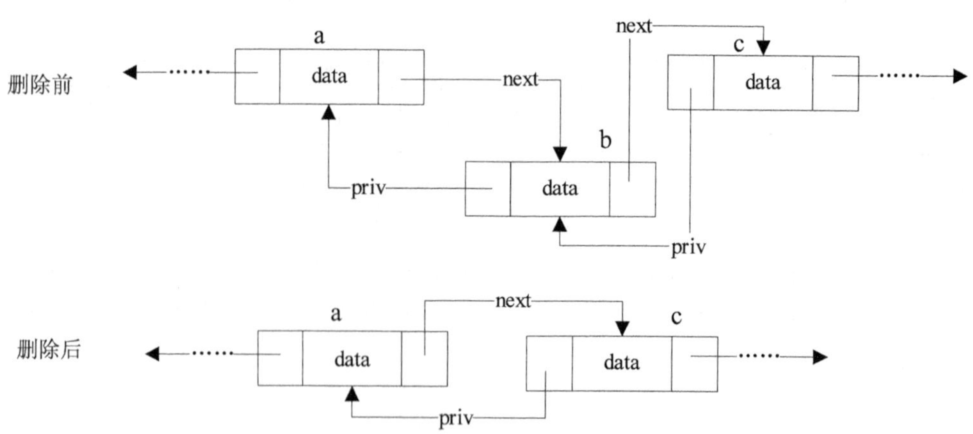

图 8.8 双向链表删除操作

由图中可以看出，在双向链表中删除元素指针会依次有以下变化。

- C→priv 变为 A，描述语言为：A→next→next→priv = A。
- A→next 变为 C，描述语言为：A→next = C。

想一想　请读者模仿单链表的形式，编写双链表增加、删除的代码。

8.1.4　循环链表

单向链表的最后一个节点的指针域为空（NULL）。如果将这个指针利用起来，以指向单向链表的第一个节点，就能组成一个单向循环链表，如图 8.9 所示。

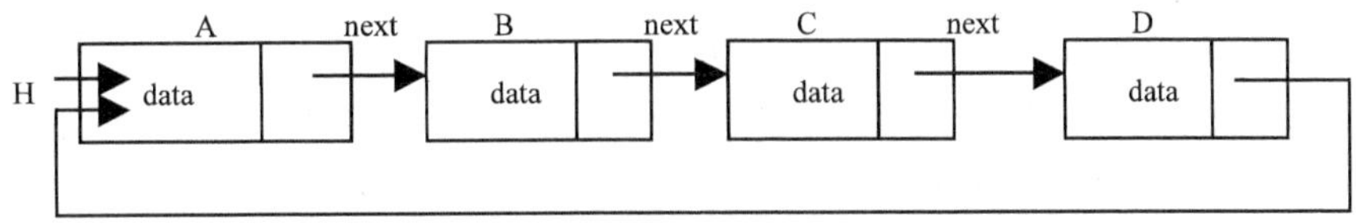

图 8.9　循环链表结构

可以看到，循环链表的组织结构与单链表非常相似，因此其操作与单链表也是一致的，惟一的差别仅在于在单链表中，算法判端到达链表尾的条件是 p→next 是否为空，而在双链表中，则是判断 p→next 是否等于头指针。

当然，读者可以为将单向循环链表增加一个 priv 指针，从而可以将其转化为双向循环链表，这些都视具体的应用而定。

表 8.1 总结了各种链表的异同点。

表 8.1　各种链表的异同点

	单 向 链 表	双 向 链 表	单向循环链表	双向循环链表
指针域	next	next，priv	next	next，priv
结尾指针	NULL	NULL	头指针	头指针
内存占用	较少	较多	较少	较多
操作灵活性	较不灵活，每次搜索都必须从头指针开始，不能反向搜索	较为灵活，搜索时可以反向搜索，但也从头指针开始搜索	较为灵活，搜索时可以不从头指针开始，但不能反向搜索	非常灵活，搜索时可以不从头指针开始，且可以反向搜索
时间复杂度	O(N)	O(N)	O(N)	O(N)
空间复杂度	O(N)	O(N)	O(N)	O(N)

8.1.5　ARM Linux 中链表使用实例

1．ARM Linux 内核链表概述

在 ARM Linux 中，链表是最为基本的数据结构，也是最为常用的数据结构。在本书中尽管使用 2.6 内核作为讲解的基础，但实际上 2.4 内核中的链表结构和 2.6 并没有太大区别。二者不同之处在于 2.6 扩充了两种链表数据结构：链表的读拷贝更新(rcu)和 HASH 链表(hlist)。这两种扩展都是基于最基本的 list 结构。因此，在此处主要介绍基本链表结构。

链表数据结构的定义很简单（<include/linux/list.h>，以下所有代码除非加以说明，其余均取自该文件）：

```
struct list_head { struct list_head *next, *prev; };
```

list_head 结构包含两个指向 list_head 结构的指针 prev 和 next，由此可见，内核的链表具备双链表功能，实际上，通常它都组织成双循环链表。

和第一节介绍的双链表结构模型不同，这里的 list_head 没有数据域。在 Linux 内核链表中，不是在链表结构中包含数据，而是在数据结构中包含链表节点。由于链表数据类型差别很大，如果对每一种数据项类型都需要定义各自的链表结构，不利于抽象成为公共的模板。

在 Linux 内核链表中，需要用链表组织起来的数据通常会包含一个 struct list_head 成员，例如在<include/linux/netfilter.h>中定义了一个 nf_sockopt_ops 结构来描述 Netfilter 为某一协议族准备的 getsockopt/setsockopt 接口，其中就有一个（struct list_head list）成员，各个协议族的 nf_sockopt_ops 结构都通过这个 list 成员组织在一个链表中，表头是定义在<net/core/netfilter.c>中的 nf_sockopts（struct list_head）。读者可以看到，Linux 的简捷实用、不求完美和标准的风格在这里体现得相当充分。

2. Linux 内核链表接口

（1）声明和初始化

实际上 Linux 只定义了链表节点，并没有专门定义链表头，那么一个链表结构是如何建立起来的呢？这里是使用 LIST_HEAD()这个宏来构建的。

```
#define LIST_HEAD_INIT(name) { &(name), &(name) }
#define LIST_HEAD(name) struct list_head name = LIST_HEAD_INIT(name)
```

这样，当需要用 LIST_HEAD(nf_sockopts)声明一个名为 nf_sockopts 的链表头时，它的 next、prev 指针都初始化为指向自己。这样就构建了一个空链表，因为 Linux 用头指针的 next 是否指向自己来判断链表是否为空。

```
static inline int list_empty(const struct list_head *head)
{ return head->next == head; }
```

除了用 LIST_HEAD()宏在声明的时候初始化一个链表以外，Linux 还提供了一个 INIT_LIST_HEAD 宏用于运行时初始化链表：

```
#define INIT_LIST_HEAD(ptr) do { (ptr)->next = (ptr);
(ptr)->prev = (ptr); } while (0)
```

（2）插入

对链表的插入操作有两种：在表头插入和在表尾插入。Linux 为此提供了两个接口：

```
static inline void list_add
(struct list_head *new, struct list_head *head);
static inline void list_add_tail
(struct list_head *new, struct list_head *head);
```

因为 Linux 链表是循环表，且表头的 next、prev 分别指向链表中的第一个和最末一个节点，所以，list_add 和 list_add_tail 的区别并不大，实际上，Linux 分别用以下两个函数来实现接口。

```
static inline void __list_add(struct list_head *new,
                              struct list_head *prev,
                              struct list_head *next)
{
        next->prev = new;
```

```
        new->next = next;
        new->prev = prev;
        prev->next = new;
}
static inline void list_add_tail(struct list_head *new, struct list_head *head)
{
        __list_add(new, head->prev, head);
}
```

（3）删除

Linux 中删除的代码也是类似的，通过__list_del 来实现 list_del 接口，读者可以自行分析以下代码段：

```
static inline void __list_del(struct list_head * prev, struct list_head * next)
{
        next->prev = prev;
        prev->next = next;
}
static inline void list_del(struct list_head *entry)
{
        __list_del(entry->prev, entry->next);
        entry->next = LIST_POISON1;
        entry->prev = LIST_POISON2;
}
```

从接口函数中可以看到，被删除下来的 prev、next 指针分别被设为 LIST_POSITION2 和 LIST_POSITION1 两个特殊值，这样设置是为了保证不在链表中的节点项不可访问，对 LIST_POSITION1 和 LIST_POSITION2 的访问都将引起页故障。与之相对应，list_del_init()函数将节点从链表中解下来之后，调用 LIST_INIT_HEAD()将节点置为空链状态。

8.2 树、二叉树、平衡树

8.2.1 树

树的定义

树是一种常用的非线性结构。通常可以这样定义：树是 n（n≥0）个节点的有限集合。若 n=0，则称为空树；否则，有且仅有一个特定的节点被称为根，当 n>1 时，其余节点被分成 m（m>0）个互不相交的子集 T1、T2、...、Tm，每个子集又是一棵树。由此可以看出，树的定义是递归的，图 8.10 所示都是树。

与树相关的定义如下。

- 节点：数据元素的内容及其指向其子树根的分支统称为节点。
- 节点的度：节点的分支数。
- 终端节点（叶子）：度为 0 的节点。
- 非终端节点：度不为 0 的节点。
- 节点的层次：树中根节点的层次为 1，根节点子树的根为第 2 层，以此类推。

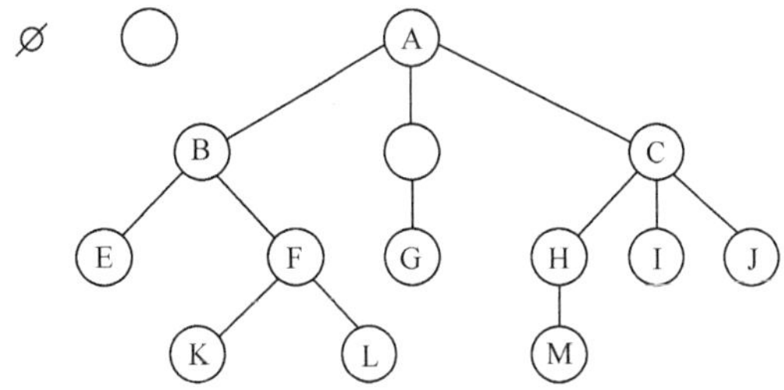

图 8.10 树结构

- 树的度：树中所有节点度的最大值。
- 树的深度：树中所有节点层次的最大值。
- 有序树、无序树：如果树中每棵子树从左向右的排列拥有一定的顺序，不得互换，则称为有序树，否则称为无序树。
- 森林：是 m（m≥0）棵互不相交的树的集合。

在树结构中，节点之间的关系又可以用家族关系描述，定义如下。

- 孩子、双亲：节点子树的根称为这个节点的孩子，而这个节点又被称为孩子的双亲。
- 子孙：以某节点为根的子树中的所有节点都被称为该节点的子孙。
- 祖先：从根节点到该节点路径上的所有节点。
- 兄弟：同一个双亲的孩子之间互为兄弟。
- 堂兄弟：双亲在同一层的节点互为堂兄弟。

8.2.2 二叉树

1. 二叉树的定义

二叉树是另一种树型结构，它是节点的一个有限集合，该集合或者为空，或者是由一个根节点加上两棵分别称为左子树和右子树的、互不相交的二叉树组成。它的特点是每个节点至多只有两棵子树（即二叉树中不存在度大于 2 的节点），并且，二叉树的子树有左右之分，其次序不能任意颠倒。

二叉树有图 8.11 所示的 5 种形态：

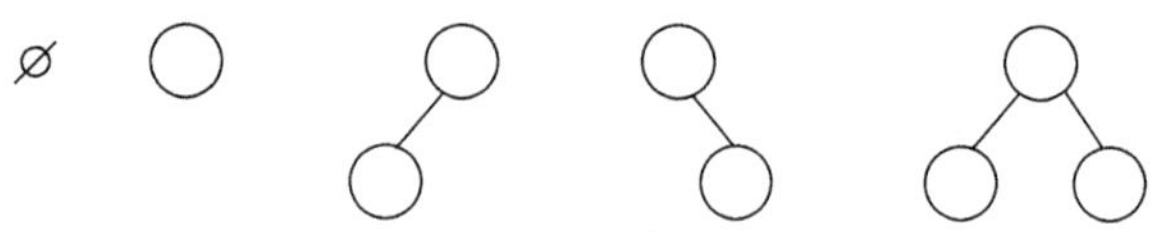

图 8.11　二叉树的 5 种形态

在实际使用中，有两种常见的特殊形态的二叉树。

（1）满二叉树

一棵深度为 k 且有 2^k-1 个节点的二叉树称为满二叉树，如图 8.12 所示。

（2）完全二叉树

若设二叉树的高度为 h，则共有 h 层。除第 h 层外，其他各层（0～h−1）的节点数都达到最大个数，第 h 层从右向左连续缺若干节点，这就是完全二叉树，如图 8.13 所示。

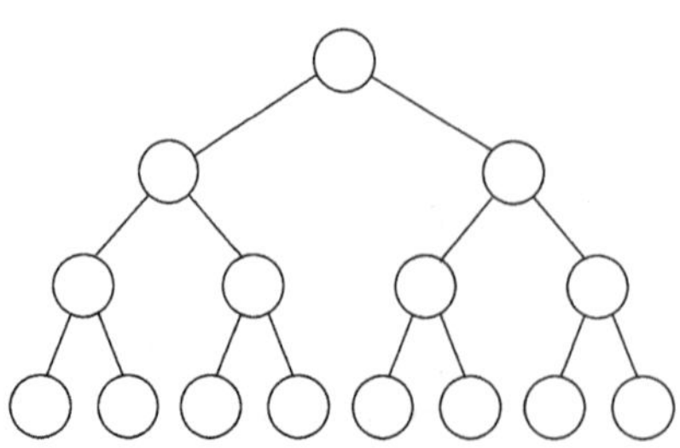

图 8.12　满二叉树

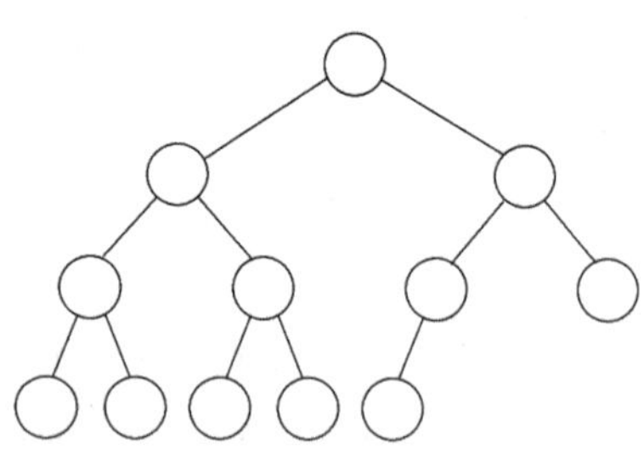

图 8.13　完全二叉树

2. 二叉树的顺序存储

二叉树可以采用两种存储方式：顺序存储结构和链式存储结构，在这里首先讲解顺序存储方式。

这种存储结构适用于完全二叉树，其存储形式为：用一组连续的存储单元按照完全二叉树的每个节点编号的顺序存放节点内容，图 8.14 所示是一棵二叉树及其相应的存储结构。

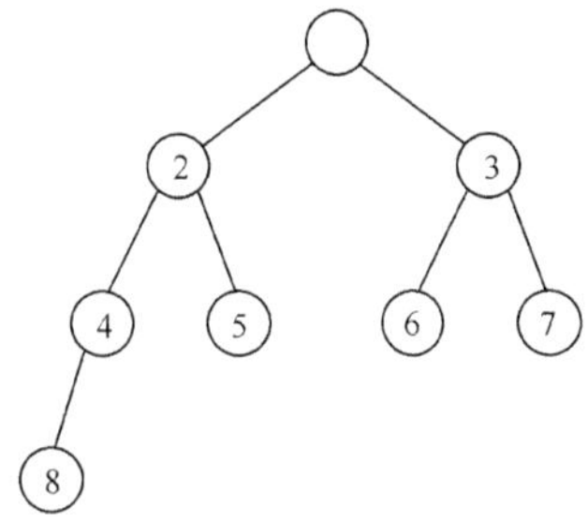

图 8.14　二叉树及其相应的存储结构

在 C 语言中，这种存储形式的类型定义如下所示：

```
#define MAX_TREE_NODE_SIZE  100
typedef  struct {
  EntryType item[MAX_TREE_NODE_SIZE];    //根存储在下标为 1 的数组单元中
  int n;                                 //当前完全二叉树的节点个数
}QBTree;
```

这种存储结构的特点是空间利用率高、寻找孩子和双亲比较容易，但是插入和删除节点不方便（需要整体移动数组）。顺序存储的二叉树在实际使用中并不是很常见，本书在此也不再详细展开讲解。

3. 二叉树的链式存储

（1）二叉树链式存储结构

在顺序存储结构中，利用编号表示元素的位置及元素之间孩子或双亲的关系，因此对于非完全二叉树，需要将空缺的位置用特定的符号填补，若空缺节点较多，势必造成空间利用率的下降。在这种情况下，就应该考虑使用链式存储结构。

常见的二叉树节点结构如图 8.15 所示。

lchild	item	rchild

图 8.15　二叉树节点结构

其中，lchild 和 rchild 是分别指向该节点左孩子和右孩子的指针，item 是数据元素的内容，在 C 语言中的类型定义为：

```
typedef struct BTNode{
  EntryType item;
  struct BTNode *lchild,*rchlid;
}BTNode,*BTree;
```

这种存储结构的特点是寻找孩子节点容易，寻找双亲节点比较困难。因此，若需要频繁地寻找双亲，可以给每个节点添加一个指向双亲节点的指针域，其节点结构如图 8.16 所示。

lchild	item	rchild	parent

图 8.16　包含双亲指针的二叉树节点结构

（2）二叉树链式构建实例

下面通过非递归的方式构建一个顺序二叉树，二叉树中每个节点都是一个 char 型的数据，这个二叉树遵循以下规则。

➢ 所有右孩子的数值大于根节点。

➢ 所有左孩子的数值小于根节点。

这样，为了方便起见，先设定一个数据集合及构建顺序，如下所示（数据的构建顺序自左向右）：

e、f、h、g、a、c、b、d

与此相对应的二叉树如图 8.17 所示。

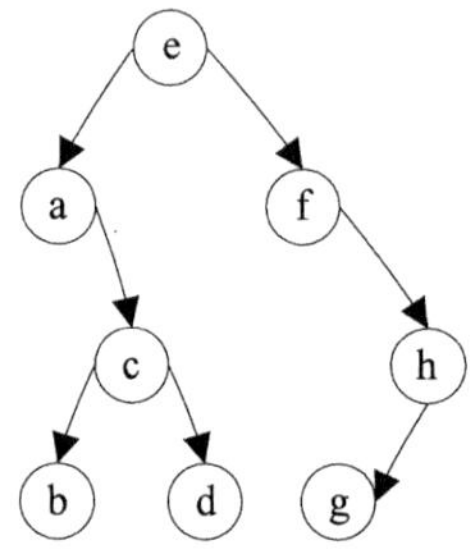

图 8.17 实例构建的二叉树

下面是构建这棵二叉树的源代码，使用非递归的形式来实现，感兴趣的读者可以考虑一下如何使用递归的方式来构建二叉树。

```
#include<stdio.h>
#include<malloc.h>
/*二叉树节点的结构体*/
struct TNode{
      char data;
      struct TNode *lchild;
      struct TNode *rchild;
};
typedef struct TNode Node;
/*初始化二叉树的每个节点，在此处要注意将该节点的左右孩子都赋值为 NULL*/
void init(Node **node)
{
      *node = (Node *)malloc(sizeof(Node));
      (*node)->lchild = (*node)->rchild = NULL;
      (*node)->data = 0;
}
/*二叉树构建函数，data 是要构建的节点的数值，node 是根节点*/
void construct(char data, Node **node)
{
     int i;
     Node *temp_node = *node;
     while(temp_node)
     {
     /*判断该节点数据是否为空，该情况只在插入根节点的时候出现*/
         if(!temp_node->data)
         {
                temp_node->data = data;
                break;
         }
         /*若要插入的数据小于该节点，则进入循环体*/
         else if(data <= temp_node->data)
         {
                /*若该节点的左孩子为空，则初始化其左孩子*/
                if(!temp_node->lchild)
                {
                      init(&temp_node->lchild);
                      temp_node->lchild->data = data;
                      break;
                }
                /*若该节点的左孩子非空，则继续比较*/
                else
                {
                      temp_node = temp_node->lchild;
                      continue;
```

```
                }
            }
            /*此处的情况与上一个 else if 类似*/
            else if(data > temp_node->data)
            {
                if(!temp_node->rchild)
                {
                    init(&temp_node->rchild);
                    temp_node->rchild->data = data;
                    break;
                }
                else
                {
                    temp_node = temp_node->rchild;
                    continue;
                }
            }
        }
        return;
}
void main()
{
        int i;
        Node *root;
        char data[8] = {'e','f','h','g', 'a','c','b','d'};
        init(&root);
        for(i = 0; i < 8; i++)
            construct(data[i], &root);
}
```

到此为止，图 8.16 所示的二叉树就构建起来了。读者要注意，在实际构建二叉树时，要根据实际的条件来插入各个数据。

4．二叉树的常见操作

（1）遍历二叉树

二叉树是一种非线性的数据结构，在对它进行操作时，总是需要逐一对每个数据元素实施操作，这样就存在一个操作顺序问题，由此提出了二叉树的遍历操作。

所谓遍历二叉树就是按某种顺序访问二叉树中的每个节点一次且仅一次的过程。这里的访问可以是输出、比较、更新、查看元素内容等操作。

二叉树的遍历方式分为两大类：一类按根、左子树和右子树 3 个部分进行访问；另一类按层次访问。

遍历二叉树的顺序存在下面 6 种可能。

- TLR（*根左右*），TRL（*根右左*）。
- LTR（*左根右*），RTL（*右根左*）。
- LRT（*左右根*），RLT（*右左根*）。

其中，TRL、RTL 和 RLT 3 种顺序在左右子树之间均是先右子树后左子树，这与人们先左后右的习惯不同，因此，往往不予采用。余下的 3 种顺序 TLR、LTR 和 LRT 根据根访问的位置不同分别被称为先序遍历、中序遍历和后序遍历。

① 先序遍历

先序遍历的流程为：

- 若二叉树为空，则结束遍历操作；
- 访问根节点；
- 先序遍历左子树；
- 先序遍历右子树。

② 中序遍历

中序遍历的流程为：

- 若二叉树为空，则结束遍历操作；
- 中序遍历左子树；
- 访问根节点；
- 中序遍历右子树。

③ 后序遍历

后序遍历的流程为：

- 若二叉树为空，则结束遍历操作；
- 后序遍历左子树；
- 后序遍历右子树；
- 访问根节点。

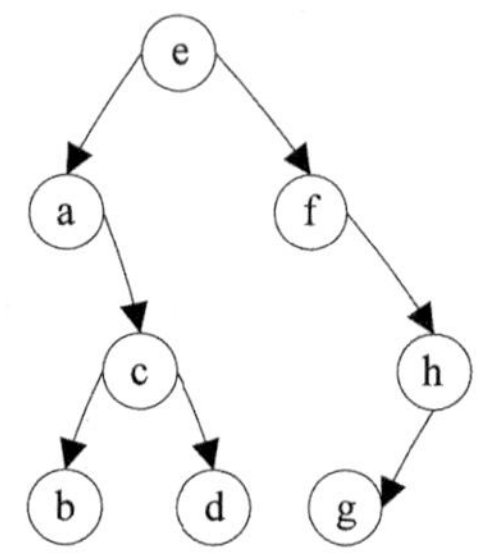

图 8.18　实例构建的二叉树

图 8.18 为本节前面部分构建起来的二叉树，它经过 3 种遍历得到的相应序列如下。

- 先序序列：e a c b d f h g
- 中序序列：a b c d e f g h
- 后序序列：b d c a g h f e

由此可以看出：遍历操作实际上是将非线性结构线性化的过程，其结果为线性序列，并根据采用的遍历顺序分别称为先序序列、中序序列或后序序列；遍历操作是一个递归的过程，因此，这 3 种遍历操作的算法可以用递归函数实现。

下面的代码是先序遍历函数：

```
int PreOrderTraverse(Node *tree_node)
{
      if(tree_node)
      {
            /*访问根节点*/
            if(printf("%c  ", tree_node->data))
                  /*先序遍历左子树*/
                  if(PreOrderTraverse(tree_node->lchild))
                        /*先序遍历右子树*/
                        if(PreOrderTraverse(tree_node->rchild))
                              return 1;
            return 0;
      }
      else
            return 1;
}
```

读者可以在 main 函数中加入以下语句：

```
printf("PreOrder.................\n");
PreOrderTraverse(root);
```

再运行该程序时，会有如下结果：

```
PreOrder.................
e a c b d f h g
```

下面的代码是后序遍历函数。

```
int PostOrderTraverse(Node *tree_node)
{
      if(tree_node)
      {
                                                        /*后序遍历右子树*/
             if(PostOrderTraverse(tree_node->rchild))
                                                        /*后序遍历左子树*/
                   if(PostOrderTraverse(tree_node->lchild))
                                                        /*访问根节点*/
                          if(printf("%c  ", tree_node->data))
                                return 1;
             return 0;
      }
      else
             return 1;
}
```

与此相类似，中序遍历的函数如下所示：

```
int InOrderTraverse(Node *tree_node)
{
      if(tree_node)
      {
                                                        /*中序遍历左子树*/
             if(InOrderTraverse(tree_node->lchild))
                                                        /*访问根节点*/
                   if(printf("%c  ", tree_node->data))
                                                        /*中序遍历右子树*/
                          if(InOrderTraverse(tree_node->rchild))
                                return 1;
             return 0;
      }
       else
               return 1;
}
```

同样，在主函数中加入以下语句后程序就会得出正确的结果。

```
printf("\nPostOrder.................\n");
PostOrderTraverse(root);
printf("\nInOrder.................\n");
InOrderTraverse(root);
```

该程序运行的结果如下所示：

```
PostOrder.................
b d c a g h f e
InOrder.................
a b c d e f g h
```

（2）统计二叉树中的叶子节点

二叉树的遍历是操作二叉树的基础，二叉树的很多特性都可以通过遍历二叉树来得到。在实际应用中，统计二叉树叶子节点的个数是非常常见的一种操作。

这个操作可以使用 3 种遍历顺序中的任何一种，只是需要将访问操作变成判断该节点是否为叶子节点，如果是叶子节点将累加器加 1 即可。下面这个算法是利用先序遍历实现的。

```
/*二叉树叶子节点统计*/
int leaf_num(Node *tree_node, int *count)
{
    if(tree_node)
    {
                                    /*访问根节点，判断该节点是否为叶子节点*/
        if(!tree_node->lchild && !tree_node->rchild)
            (*count)++;
                                    /*先序遍历左子树*/
        if(leaf_num(tree_node->lchild, count))
                                    /*先序遍历右子树*/
            if(leaf_num(tree_node->rchild, count))
                return 1;
        return 0;
    }
    else
        return 1;
}
```

要注意的是，在该函数中，计数器 count 必须是一个指针，否则 count 的值无法传递回主函数。读者可以同样在主函数调用该函数，如下所示：

```
printf("\ncounting leaf_number\n");
leaf_num(root, &count);
printf("leaf number is %d\n", count);
```

这样，程序就会有正确的输出结果：

```
counting leaf_number
leaf number is 3
```

可以看到，这个输出结果与本节构建的二叉树相一致。

（3）统计二叉树中的高度

求二叉树的高度也是非常常见的一个操作。这个操作使用后序遍历比较符合人们求解二叉树高度的思维方式：首先分别求出左右子树的高度，在此基础上得出该棵树的高度，即左右子树较大的高度值加 1，其代码如下所示：

```
int tree_height(Node *tree_node)
{
    int h1, h2;
    if(!tree_node)
        return -1;
    else
    {
                                    /*后序遍历左子树，求出左子树的高度*/
        h1 = tree_height(tree_node->lchild);
                                    /*后序遍历右子树，求出右子树的高度*/
        h2 = tree_height(tree_node->rchild);
```

```
                return h1>h2? (h1+1): (h2+1);
        }
}
```

8.2.3 平衡树

二叉树是一种非平衡树，各个子树之间的高度可能相差很大，这样就会造成平均性能的下降。为了使各个子树的高度基本保持平衡，平衡树就应运而生了。

平衡树包括很多种类，常见的有 B 树、AVL 树、红黑树等。这些树都大致平衡，能保证最坏情况下为 O(logN)的性能，因此广受大家的欢迎。但是由于平衡机制的不同，这些树都有着不同的应用场景和不同的统计性能，其中 B 树主要用于文件系统、数据库等方面，而 AVL 树和红黑树多用于检索领域。

由于红黑树在平衡机制上比较灵活，因此能取得最好的统计性能，在 Linux 内核、STL 源码中广为使用。

1. 红黑树的定义

红黑树是指满足下列条件的二叉搜索树。

- 性质 1：每个节点要么是红色，要么是黑色（后面将说明）。
- 性质 2：所有的叶节点都是空节点，并且是黑色的。
- 性质 3：如果一个节点是红色的，那么它的两个子节点都是黑色的。
- 性质 4：节点到其子孙节点的每条简单路径都包含相同数目的黑色节点。
- 性质 5：根节点永远是黑色的。

之所以称为红黑树的原因就在于它的每个节点都被着色为红色或黑色。这些节点颜色被用来检测树的平衡性。但需要注意的是，红黑树并不是严格意义上的平衡二叉树，恰恰相反，红黑树放松了平衡二叉树的某些要求，由于一定限度的不平衡，红黑树的性能得到了提升。

从根节点到叶节点的黑色节点数被称为树的黑色高度（black-height）。前面关于红黑树的性质保证了从根节点到叶节点的路径长度不会超过任何其他路径的两倍。因此，对于给定的黑色高度为 n 的红黑树，从根到叶节点的简单路径的最短长度为 n−1，最大长度为 2×(n−1)。

红黑树在插入和删除操作中，节点可能需要被旋转以保持树的平衡。红黑树的平均和最差搜索时间都是 $O(\log_2 N)$。在实际应用中，红黑树的统计性能要好于严格平衡二叉树（如 AVL 树），但极端性能略差。

2. 红黑树节点的插入过程

插入节点的过程如下。

- 在树中搜索插入点。
- 新节点将替代某个已经存在的空节点，并且将拥有两个作为子节点的空节点。
- 新节点标记为红色，其父节点的颜色根据红黑树的定义确定，如果需要，对树作调整。

这里需要注意的是空节点和 NULL 指针是不同的。在简单的实现中，可以使用作为监视哨，标记为黑色的公共节点作为前面提到的空节点。

给一个红色节点加入两个空的子节点符合性质 4，同时，也必须确保红色节点的两个子节点都是黑色的（根据性质 3）。尽管如此，当新节点的父节点是红色时，插入红色的子节点将是违反定义的。这时存在两种情况。

（1）情形 1：红色父节点的兄弟节点也是红色的，如图 8.19 所示。

这时可以简单地对上级节点重新着色来解决冲突。当节点 B 被重新着色之后，应该重新检验更大范围内树节点的颜色，以确保整棵树符合定义的要求。结束时根节点应当是黑色的，如果它原先是红色的，则红黑树的黑色高度将递增 1。

（2）情形 2：红色父节点的兄弟节点是黑色的

这种情形比较复杂，如图 8.20 所示。

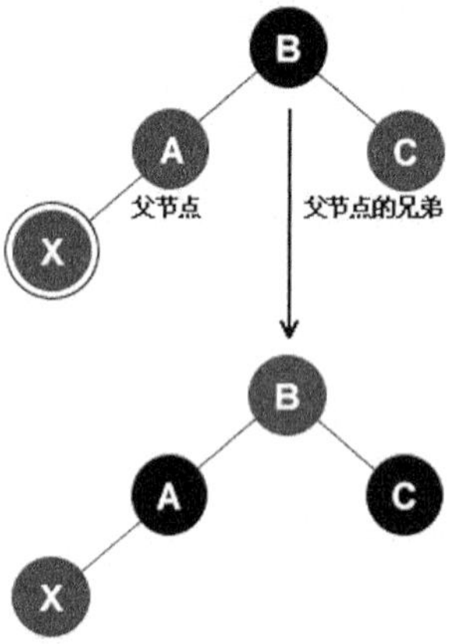

图 8.19 红黑树插入情形 1

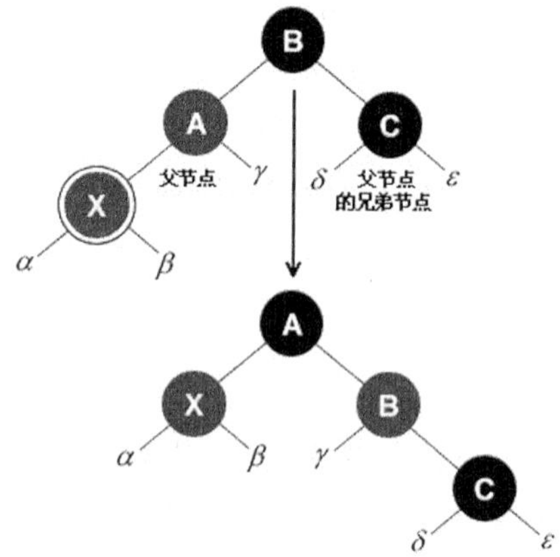

图 8.20 红黑树插入情形 2

这时，如果重新对节点着色将把节点 A 变成黑色，于是，树的平衡将被破坏，因为左子树的黑色高度将增加，而右子树的黑色高度没有相应地改变。如果我们把节点 B 着上红色，那么左右子树的高度都将减少，树依然不平衡。此时，继续对节点 C 进行着色将导致更糟糕的情况，左子树黑色高度增加，右子树黑色高度减少。

为了解决问题，需要旋转并对树节点进行重新着色。这时算法将正常结束，因为子树的根节点（A）被着色为黑色，同时，不会引入新的红-红冲突。

3．红黑树节点的结束插入过程

插入结点时，可能会需要重新着色，或者旋转，来保持红黑树的性质。如果旋转完成，那么算法就结束了。对于重新着色来说，读者需要在子树的根节点留下一个红色节点，于是需要继续向上对树进行修整，以保持红黑树的性质。最坏情况下，用户将不得不对到树根的所有路径进行处理。

8.2.4 ARM Linux 中红黑树使用实例

红黑树是 Linux 内核中一个常见的数据结构，它的优越的性能得到了广泛的应用。下面讲解 Linux 内核中红黑树的实现。

首先，以下是红黑树的定义，其位于<include/linux/rbtree.h>中。

```
struct rb_node
{
	struct rb_node *rb_parent;
	int rb_color;
```

```
#define RB_RED        0
#define RB_BLACK      1
        struct rb_node *rb_right;
        struct rb_node *rb_left;
};
```

可以看到，红黑树包含一个 parent 的指针，此外还有标明颜色的域，用于指明节点的颜色。下面是红黑树的旋转代码。

```
static void __rb_rotate_left(struct rb_node *node, struct rb_root *root)
{
        /*设置 right*/
        struct rb_node *right = node->rb_right;
        /*把 right 的左子树赋给 node 的右子树*/
        if ((node->rb_right = right->rb_left))
             right->rb_left->rb_parent = node;
        right->rb_left = node;
        /*把 node 的父节点赋给 right 的父节点，并且判断是否为 0/
        if ((right->rb_parent = node->rb_parent))
        {
                if (node == node->rb_parent->rb_left)
                        node->rb_parent->rb_left = right;
                else
                        node->rb_parent->rb_right = right;
        }
        else
                root->rb_node = right;
        node->rb_parent = right;
}
```

红黑树的颜色插入函数主要完成红黑树的颜色调整，从而保持红黑树的原始特性，这些特性是保持红黑树为平衡树的基础，其源代码如下所示：

```
void rb_insert_color(struct rb_node *node, struct rb_root *root)
{
      struct rb_node *parent, *gparent;
      /*检查父节点的颜色是否为红色*/
      while ((parent = node->rb_parent) && parent->rb_color == RB_RED)
      {
              gparent = parent->rb_parent;
              /*判断父节点是否是祖父节点的左节点*/
              if (parent == gparent->rb_left)
              {
                      {
                              register struct rb_node *uncle = gparent->rb_right;
                              /*判断 uncle 节点是否为红色，并相应调整颜色*/
                              if (uncle && uncle->rb_color == RB_RED)
                              {
                                      uncle->rb_color = RB_BLACK;
                                      parent->rb_color = RB_BLACK;
                                      gparent->rb_color = RB_RED;
                                      node = gparent;
                                      continue;
                              }
                      }
                      if (parent->rb_right == node)
```

```
                {
                    register struct rb_node *tmp;
                                        /*左旋*/
                    __rb_rotate_left(parent, root);
                    tmp = parent;
                    parent = node;
                    node = tmp;
                }
                parent->rb_color = RB_BLACK;
                gparent->rb_color = RB_RED;
                __rb_rotate_right(gparent, root);
            } else {
                                        /*else部分与前面对称*/
                {
                    register struct rb_node *uncle = gparent->rb_left;
                    if (uncle && uncle->rb_color == RB_RED)
                    {
                        uncle->rb_color = RB_BLACK;
                        parent->rb_color = RB_BLACK;
                        gparent->rb_color = RB_RED;
                        node = gparent;
                        continue;
                    }
                }

                if (parent->rb_left == node)
                {
                    register struct rb_node *tmp;
                    __rb_rotate_right(parent, root);
                    tmp = parent;
                    parent = node;
                    node = tmp;
                }
                parent->rb_color = RB_BLACK;
                gparent->rb_color = RB_RED;
                __rb_rotate_left(gparent, root);
            }
        }

        root->rb_node->rb_color = RB_BLACK;
}
```

8.3 哈希表

8.3.1 哈希表的概念及作用

本书在前面两节中已经介绍了两种常见的数据结构：链表和树。在这些数据结构中，记录在结构中的相对位置是随机的，即其相对位置和记录的关键字之间不存在确定的关系，因此，在结构中查找记录时需进行依次与关键字进行比较。这一类查找方法是建立在比较的基础上，查找的效率依赖于查找过程中所进行的比较次数。

为了能够迅速找到所需要的记录，最为直接的方法是在记录的存储位置和它的关键字之间建立一个确定的对应关系 f，使每个关键字和结构中一个惟一的存储位置相对应。哈希表就是这样一种数据结构。

下面通过一个具体的实例来讲解何为哈希表。

下面是以学生学号为关键字的成绩表，1 号学生的记录位置在第一条，10 号学生的记录位置在第 10 条，如表 8.2 所示。

表 8.2　　　　学生成绩表

1	2	3	4	5	6	7	8	9	10
87	68	76	56	89	87	78	98	65	47

这是最简单的哈希表。那么如果以学生姓名为关键字，如何建立查找表，使得根据姓名可以直接找到相应记录呢？这里，可以首先建立一个字母和数字的映射表，如图 8.21 所示。

a	b	c	d	e	f	g	h	i	j	k	l	m	n	o	p	q	r	s	t	u	v	w	x	y	z
1	2	3	4	5	6	7	8	9	10	11	12	13	14	15	16	17	18	19	20	21	22	23	24	25	26

图 8.21　字母、数字映射表

接下来，读者可以将不同学生的姓名中名字拼音首字母记录下来，并将所有这些首字母编号值相加求和，如图 8.22 所示。

	刘丽	刘宏英	吴军	吴小艳	李秋梅	陈伟	...
姓名中各字拼音首字母	ll	lhy	wj	wxy	lqm	cw	...
用所有首字母编号值相加求和	24	46	33	72	42	26	...
最小值可能为3 最大值可能为78，可放75个学生							

图 8.22　学生姓名首字母累加

通过这些值来作为关键字索引哈希表，就可以得到如图 8.23 所示的哈希表。

		成绩一	成绩二...
3	...		
24	刘丽	82	95
25	...		
26	陈伟		
...	...		
33	吴军		
...	...		
42	李秋梅		
...	...		
46	刘宏英		
...	...		
72	吴小艳		
...	...		
78	...		

图 8.23　姓名成绩哈希表

哈希表的查找方式与构建过程非常类似，例如若要查李秋梅的成绩，可以用上述方法求出该记录所在位置。

李秋梅：lqm 12+17+13=42，取表中第 42 条记录即可。

问题　如果两个同学分别叫“刘丽”和“刘兰”，那么该如何处理这两条记录？

正如问题中所提到的，哈希表有个不可避免的现象就是冲突现象：对不同的关键字可能得到同一哈希地址。这个问题在本文的后续部分会详细讲解。

8.3.2　哈希表的构造方法

构造哈希表实际上也就是构造哈希函数以确定关键值的存储位置，并能尽可能地减少哈希冲突的个数。上一节中介绍的构建哈希表的方法是最为简单的一种，本节将介绍几种最为常见的哈希表构造方法。

1．直接定址法

直接定址法是一种最直接的构造哈希表的方法。例如：有一个从 1～100 岁的人口数字统计表，其中，年龄作为关键字，哈希函数取关键字自身，其哈希表如图 8.24 所示。

地址	01	02	...	25	26	27	...	100
年龄	1	2	...	25	26	27	...	...
人数	3000	2000	...	1050	...	...	...	...
...								

图 8.24　直接定址法哈希表

2．数字分析法

数字分析法是指分析已有的数据，尽量选取能够减少冲突的数字来构建哈希函数。

例如，学生的生日数据如表 8.3 所示。

表 8.3　　生日数据表

年	月	日
75	10	03
75	11	23
76	03	02
76	07	12
75	04	21
76	02	15

经分析，第一位，第二位、第三位重复的可能性大，取这 3 位造成冲突的机会增加，所以尽量不取前 3 位，取后 3 位比较好。

3．折叠法

将关键字分割成位数相同的几部分（最后一部分的位数可以不同），然后取这几部分的叠加和（舍去进位）作为哈希地址，这种方法称为折叠法。

例如：每一种西文图书都有一个国际标准图书编号，它是一个 10 位的十进制数字，若要以它作关键字建立一个哈希表，当馆藏书种类不到 10000 时，可采用此法构造一个 4 位数的哈希函数。则书的编号为 04-4220-5864 和 04-0224-5864 的哈希值可按如图 8.25 的方法求得。

```
          5864                    5864
          4220                    0224
+)          04          +)          04
   -----------             -----------
         10088                    6092
   H(key)=0088             H(key)=6092

  (a) 移位叠加             (b) 间界叠加
```

图 8.25 折叠法举例

4. 除留余数法

除留余数法是取关键字被某个不大于哈希表表长 m 的数 p 除后，所得余数为哈希地址，即：

```
H(key)=key MOD p (p<=m)
```

5. 随机数法

随机数法是选择一个随机函数，取关键字的随机函数值作为它的哈希地址，即 H(key)=random(key)，其中 random 为随机函数，通常关键字长度不等时采用此法。

8.3.3 哈希表的处理冲突方法

就如本节前面提到：如果两个同学分别叫“刘丽”和“刘兰”，当加入刘兰时，地址 24 发生了冲突，我们可以以某种规律使用其他的存储位置，如果选择的一个其他位置仍有冲突，则再选下一个，直到找到没有冲突的位置，选择其他位置的方法有以下 4 种。

1. 开放定址法

Hi=(H(key)+di) MOD m i=1,2,...,k(k<=m−1)，这里的 m 为表长，di 为增量序列。

- 如果 di 值可能为 1,2,3,...,m−1，则称线性探测再散列。
- 如果 di 取值可能为 1, −1,2, −2,4, −4,9, −9,16, −16,...k*k, −k*k(k<=m/2)，则称二次探测再散列。
- 如果 di 取值可能为伪随机数列，则称伪随机探测再散列。

例如：在长度为 11 的哈希表中已填有关键字分别为 17、60、29 的记录，现有第 4 个记录，其关键字为 38，由哈希函数得到地址为 5，若用线性探测再散列，如图 8.26 所示：

伪随机数列为 9,5,3,8,1...

2. 再哈希法

再哈希法是指当发生冲突时，使用第二个、第三个哈希函数计算地址，直到无冲突为止，这种方法的缺点是计算时间会显著增加。

3. 链地址法

链地址法是将所有发生冲突的关键字链接在同一位置的线性链表中，如图 8.27 所示。

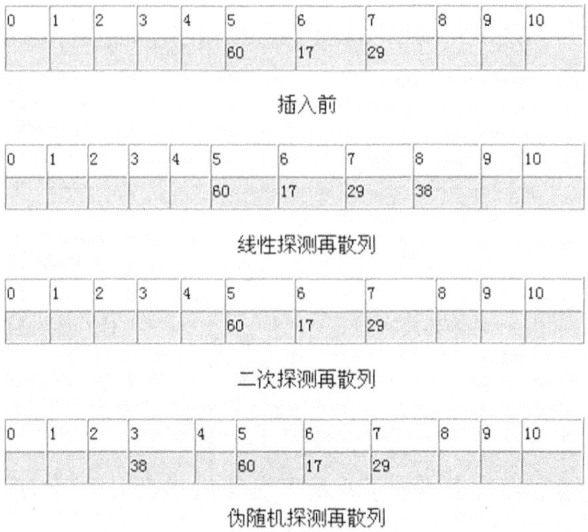

图 8.26　开放定址法实例

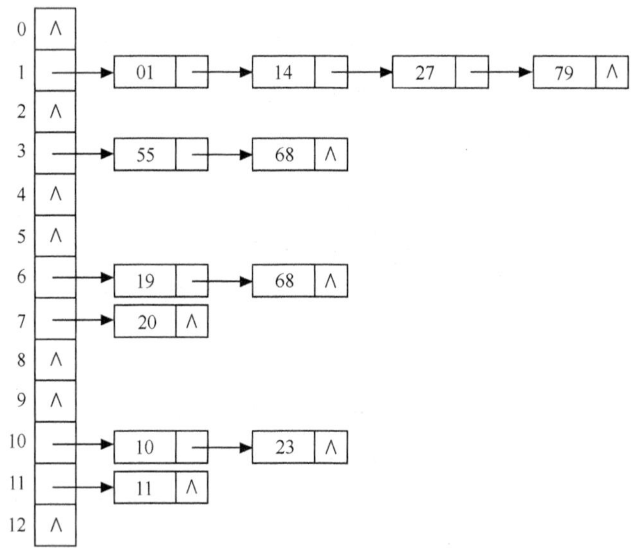

链地址法处理冲突时的哈希表
（同一链表中关键字有序）

图 8.27　链地址法实例

4．建立一个公共溢出区

公共溢出区是指另外设立存储空间来处理哈希冲突。假设哈希函数的值域为[0,m−1]，则设向量 HashTable[0..m−1]为基本表，另外设立存储空间向量 OverTable[0..v]用以存储发生冲突的记录。

8.3.4　ARM Linux 中哈希表使用实例

在 Linux 内核中，需要从进程的 PID 推导出对应的进程描述符指针。当然，顺序扫描进程链表并检查进程描述符的 pid 字段是可行的，但是相当低效。为了加快查找，ARM Linux 引入了 pidhash 哈希表来进行快速定位。

根据所请求的 PID 类型的不同，在 Linux 内核中一共有 4 种哈希表。

```
static struct hlist_head *pid_hash[PIDTYPE_MAX];
```

这 4 种哈希表如表 8.4 所示。

表 8.4　　4 种哈希表

哈希表类型	名　称	说　明
PIDTYPE_PID	pid	进程的 PID 号
PIDTYPE_TGID	tgid	该进程的线程组 PID 号
PIDTYPE_PGID	pgrp	进程组的 PID
PIDTYPE_SID	session	该会话中进程的 PID 号

在 Linux 中采用链地址法来处理哈希冲突，每一个表项是由冲突的进程描述符组成的双向链表，如图 8.28 所示。

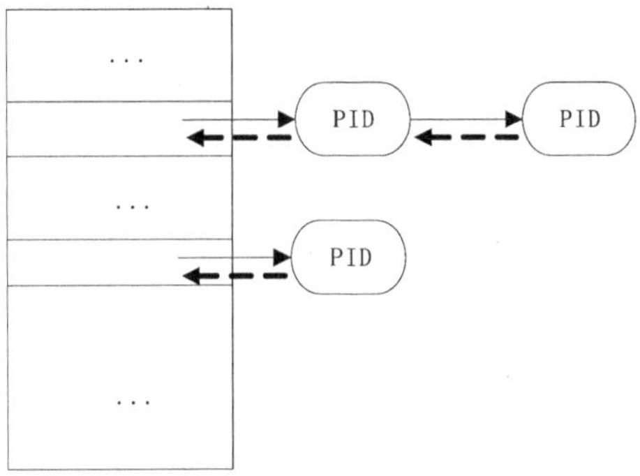

图 8.28　ARM-Linux 处理哈希冲突方法

在 Linux 中，attach_pid 函数用于将进程的 PID 号插入到对应的哈希表中，若出现冲突，则再调用 hlist_add_head 函数，如下所示：

```
int fastcall attach_pid(task_t *task, enum pid_type type, int nr)
{
      struct pid *pid, *task_pid;

      task_pid = &task->pids[type];
      pid = find_pid(type, nr);
      if (pid == NULL) {
            hlist_add_head(&task_pid->pid_chain,
                      &pid_hash[type][pid_hashfn(nr)]);
            INIT_LIST_HEAD(&task_pid->pid_list);
       } else {
            INIT_HLIST_NODE(&task_pid->pid_chain);
            list_add_tail(&task_pid->pid_list, &pid->pid_list);
       }
       task_pid->nr = nr;

       return 0;
}
```

hlist_add_head 函数的代码如下所示：

```
static inline void hlist_add_head(struct hlist_node *n, struct hlist_head *h)
{
        struct hlist_node *first = h->first;
        n->next = first;
        if (first)
                first->pprev = &n->next;
        h->first = n;
        n->pprev = &h->first;
}
```

Linux 中所使用的哈希函数是 pid_hashfn，如下所示：

```
#define pid_hashfn(x) hash_long((unsigned long) x, pidhash_shift)
static inline unsigned long hash_long(unsigned long val, unsigned int bits)
{
        unsigned long hash = val;

#if BITS_PER_LONG == 64
       /*  Sigh, gcc can't optimise this alone like it does for 32 bits. */
       unsigned long n = hash;
       n <<= 18;
       hash -= n;
       n <<= 33;
       hash -= n;
       n <<= 3;
       hash += n;
       n <<= 3;
       hash -= n;
       n <<= 4;
       hash += n;
       n <<= 2;
       hash += n;
#else
        /* On some cpus multiply is faster, on others gcc will do shifts */
        hash *= GOLDEN_RATIO_PRIME;
#endif

       /* High bits are more random, so use them. */
       return hash >> (BITS_PER_LONG - bits);
}
```

本章小结

本章主要讲解嵌入式 Linux 内核中常见的基本数据结构，这些也是非常高效、常用的。

本章首先讲解了链表、双链表和循环链表的组织、存储以及它们的常见操作。在这里，读者要着重掌握这几种链表的异同点以及各自的优缺点，这样才更有利于根据实际需要选择数据结构。

接下来，本章介绍了树、二叉树和平衡树。树也是一种常用的数据结构，在这里，读者要着重掌握的是二叉树的定义以及其基本操作。在嵌入式 Linux 中，为了进一步提高效率，使用的是平衡树，这种树的数据结构比较复杂，读者可以在以后继续学习。

本章最后介绍了哈希表。哈希表是可以达到 O（1)性能的高效的数据结构，这里读者要着重掌握哈希表的构造方法和哈希表处理冲突的方法。

动手练练

1．编写一个程序，释放一个循环链表的内存。

2．编写一个程序，统计二叉树中节点个数。

3．编写一个程序，实现一个采用开链址法避免冲突的哈希表，哈希函数为 key % 10，哈希键值如下所示：

10，23，34，53，67，865，896，54，46，12，45，2345，43，234

第9章　文件I/O相关实例

本章目标

在上几章中，读者已经系统学习了嵌入式系统的基本概念、嵌入式 Linux 环境的搭建、嵌入式 Linux C 语言的语法要点。本章开始嵌入式 Linux C 语言应用程序开发。希望读者能够自己动手操作本书中的实例，切实掌握嵌入式 Linux 的 C 语言应用程序开发。通过本章的学习，读者将会掌握以下内容：

- Linux 中系统调用的基本概念
- Linux 中用户编程接口（API）及系统命令的相互关系
- 文件描述符的概念
- 嵌入式 Linux I/O 管理的原理
- ARM Linux 中的文件系统
- Linux 中顺序文件操作的方法
- Linux 中随机文件操作的方法
- Linux 中文件共享、索引节点及文件层次结构的概念
- Linux 中标准输入输出的操作
- Linux 中非格式化输入输出的操作
- Linux 下文件相关的不带缓存 I/O 函数的使用
- Linux 下设备文件读写方法
- Linux 中对串口的操作
- Linux 中标准文件 I/O 函数的使用

9.1　Linux 系统调用及用户编程接口（API）

本节主要讲解 Linux 系统调用和用户编程接口（API）的概念。在掌握了这些知识之后，读者会对 Linux 系统调用以及 Linux 的应用编程有更深入地理解。

9.1.1 系统调用

所谓系统调用是指操作系统提供给用户程序调用的一组“特殊”接口，用户程序可以通过这组“特殊”接口获得操作系统内核提供的服务。例如用户可以通过进程控制相关的系统调用来创建进程、实现进程调度、进程管理等。

在这里，为什么用户程序不能直接访问系统内核提供的服务呢？这是由于在 Linux 中，为了更好地保护内核空间，将程序的运行空间分为内核空间和用户空间（也就是常称的内核态和用户态），它们分别运行在不同的级别上，逻辑上是相互隔离的。因此，用户进程在通常情况下不允许访问内核数据，也无法使用内核函数，它们只能在用户空间操作用户数据，调用用户空间的函数。

但是，在有些情况下，用户空间的进程需要获得一定的系统服务（调用内核空间程序），这时操作系统就必须利用系统提供给用户的“特殊接口”——系统调用规定用户进程进入内核空间的具体位置。进行系统调用时，程序运行空间需要从用户空间进入内核空间，处理完后再返回到用户空间。

Linux 系统调用部分是非常精简的系统调用（只有 250 个左右），它继承了 Unix 系统调用中最基本和最有用的部分。这些系统调用按照功能逻辑大致可分为进程控制、进程间通信、文件系统控制、系统控制、存储管理、网络管理、socket 控制、用户管理等几类。

9.1.2 用户编程接口（API）

前面讲到的系统调用并不直接与程序员进行交互，它仅仅是一个通过软中断机制向内核提交请求以获取内核服务的接口。实际使用中程序员调用的通常是用户编程接口——API。

例如获取进程号的 API 函数 getpid（）对应 getpid 系统调用。但并不是所有的函数都对应一个系统调用，有时，一个 API 函数会需要几个系统调用来共同完成函数的功能，甚至还有一些 API 函数不需要调用相应的系统调用（因此它所完成的不是内核提供的服务）。

在 Linux 中，用户编程接口（API）遵循了在 Unix 中最流行的应用编程界面标准——POSIX 标准。POSIX 标准是由 IEEE 和 ISO/IEC 共同开发的标准系统。该标准基于当时现有的 Unix 实践和经验，描述了操作系统的系统调用编程接口（实际上就是 API），用于保证应用程序可以在源代码一级上在多种操作系统上移植运行。这些系统调用编程接口主要是通过 C 库（libc）实现的。

9.1.3 系统命令

系统命令相对 API 更高了一层，它实际上一个可执行程序，它的内部引用了用户编程接口（API）来实现相应的功能，它们之间的关系如图 9.1 所示。

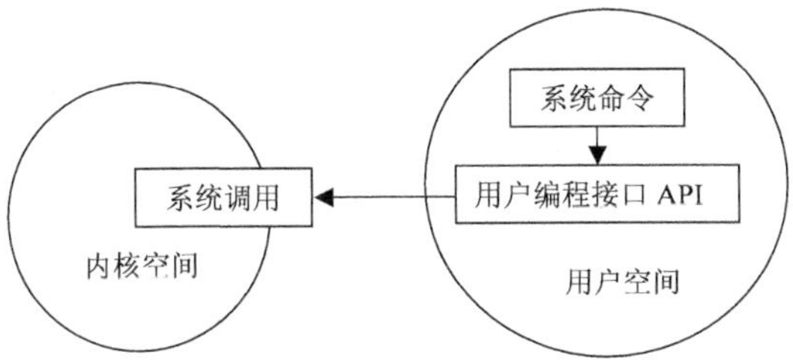

图 9.1 系统调用、API 及系统命令之间的关系

9.2 ARM Linux 文件 I/O 系统概述

9.2.1 虚拟文件系统（VFS）

Linux 系统成功的关键因素之一就是具有与其他操作系统和谐共存的能力。Linux 的文件系统由两层结构构建。第一层是虚拟文件系统（VFS），第二层是各种不同的具体的文件系统。

VFS 就是把各种具体的文件系统的公共部分抽取出来，形成一个抽象层，是系统内核的一部分。它位于用户程序和具体的文件系统之间。它对用户程序提供了标准的文件系统调用接口，对具体的文件系统，它通过一系列的对不同文件系统公用的函数指针来实际调用具体的文件系统函数，完成实际的各有差异的操作。任何使用文件系统的程序必须经过这层接口来使用它。通过这样的方式，VFS 就对用户屏蔽了底层文件系统的实现细节和差异。

VFS 不仅可以对具体文件系统的数据结构进行抽象，以一种统一的数据结构进行管理，并且还可以接受用户层的系统调用，例如：write、open、stat、link 等。此外，它还支持多种具体文件系统之间的相互访问，接受内核其他子系统的操作请求，例如内存管理和进程调度。

vfs 在 Linux 内核中的位置如图 9.2 所示。

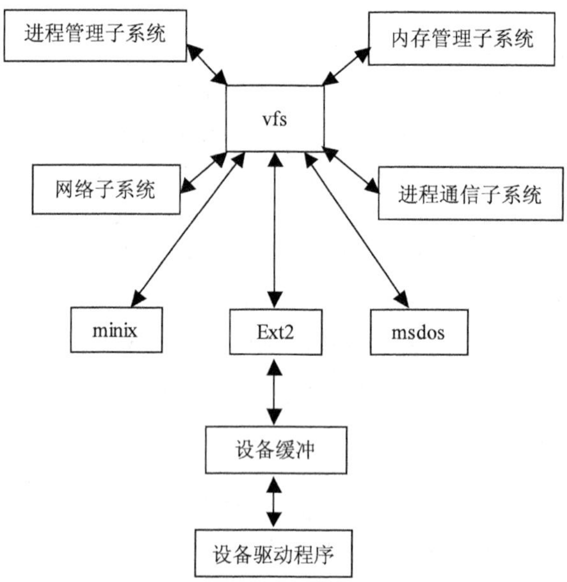

图 9.2 vfs 在 Linux 内核中的位置

例如，用户可以使用如下常见的命令将位于/floppy 下的文件 my 复制到/tmp 目录下的文件 my。

```
# cp /floppy/my /tmp/my
```

这里的/floppy 是 Windows 磁盘的一个安装点，而/tmp 是一个标准的第二扩展文件系统（Ext2）的目录，如图 9.3 所示。

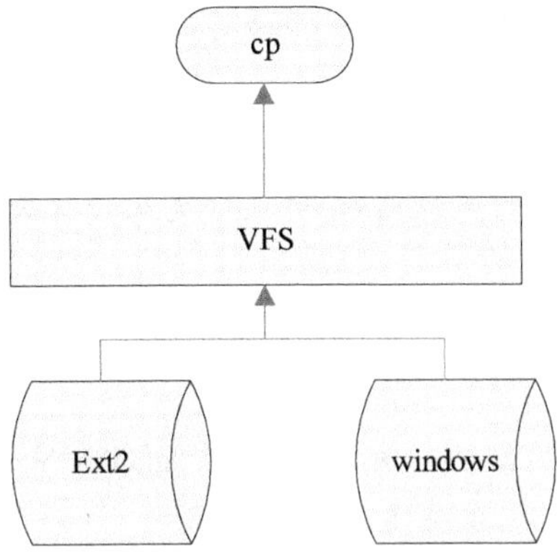

图 9.3 cp 命令实质

读者还可以通过以下命令查看系统中支持哪些文件系统：

```
[root@ft ~ ]# cat /proc/filesystems
nodev   sysfs
nodev   rootfs
nodev   bdev
nodev   proc
nodev   sockfs
nodev   binfmt_misc
nodev   usbfs
nodev   usbdevfs
nodev   futexfs
nodev   tmpfs
nodev   pipefs
nodev   eventpollfs
nodev   devpts
        ext2
nodev   ramfs
nodev   hugetlbfs
        iso9660
nodev   mqueue
nodev   selinuxfs
        ext3
nodev   rpc_pipefs
nodev   autofs
```

9.2.2 通用文件模型

VFS 文件所引入的主要思想在于引入了一个通用的文件模型（common file model），这个模型的核心是 4 个对象类型，即超级块对象（superblock object）、索引节点对象（inode object）、文件对象（file object）和目录项对象（dentry object），它们都是内核空间中的数据结构，是 VFS 的核心，不管各种文件系统的具体格式是什么样的，它们的数据结构在内存中的映像都要和 VFS 的通用文件模型相交互。

通用文件模型有下列对象组成。

➢ 超级块：super block，存放系统中已安装文件系统的有关信息，对于磁盘的文件系统，这类对象对应存放磁盘上的文件系统控制块，也就是说每个文件系统对应一个超级块对象。

➢ 索引节点：inode，对于具体文件系统，这类对象对应于存放在磁盘上的文件控制块

（pcb），也就是说，每个文件对应一个索引节点，每一个索引节点又有一个索引节点号，这个号用于惟一标识某个文件系统地指定文件。

➢ 目录项：dentry，存放目录项与对应文件链接的信息。

➢ 文件：file，存放打开文件与进程之间进行交互的有关信息，进程与文件系统的桥梁。

它们之间的关系如图 9.4 所示。

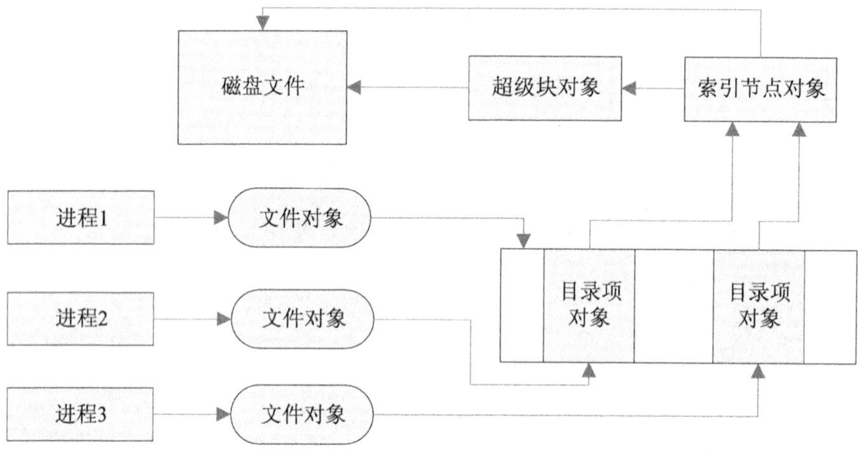

图 9.4　通用文件模型关系

1. 超级块对象

超级块对象是用来描述整个文件系统的信息。VFS 超级块是由各种具体的文件系统在安装时建立的，只存在于内存中。

（1）超级块对象结构体

超级对象块由 super_block 结构体表示，定义在文件<linux/fs.h>中，下面给出了该结构体以及各个域的描述：

```
    struct super_block{
    /*描述具体文件系统整体信息的域*/
            kde_t s_dev;  /*包含该具体文件系统的块设备标识符对于/dev/hda1，其设备标识符为
0x301*/
            unsigned long s_blocksize;           /*该具体文件系统中的数据块大小*/
            unsigned char s_blocksize_bite;      /*块大小的值占用的位数*/
            unsigned long long s_maxbytes;       /*文件的最大长度*/
            unsigned long s_flags;               /* 安装标志
            unsigned long a_magic;               /* 魔数，具体文件系统的标识*/
    /*用于管理超级块的域*/
            struct list_head list;               /*指向超级块连标的指针*/
            struct semaphore s_lock;             /*锁标志位*/
            struct rw_semaphore s_umount;        /*对超级块的读写是否同步*/
            struct dentry *s_root;               /*该具体文件系统的安装目录项*/
            unsigned char s_dirt;                /*脏位，超级块是否被修改*/
            int s_count ;                        /*使用计数*/
            atomic_t s_active;/*
            struct list_head s_dirty;            /*已经修改的索引节点*/
            struct list_head s_locked_inodes;    /*需要同步的索引节点的集合*/
            struct list_head s_files;            /*被分配的文件链表*/
```

```
/*和具体文件系统相关联的域*/
        struct file_system_type;/* 指向文件系统 file_system_type 数据结构的指针*/
        struct super_operation *s_op;        /*超级块操作函数的集合*/
        u;/*联合域*/
}
```

超级块对象通过 alloc_super()函数创建并初始化。在文件系统安装时，内核会调用该函数以便从磁盘读取文件系统超级块，并且将其信息填充到内存的超级块对象中。

（2）超级块对象操作

超级块对象中有一个重要的域就是 s_op，它指向超级块的操作函数表。超级块操作函数由 super_operations 结构体表示，定义在文件<linux/fs.h>中，其形式如下所示：

```
struct super_operations {
        /*创建和初始化一个新的索引节点对象*/
        struct inode *(*alloc_inode)(struct super_block *sb);
        /*释放给定的索引节点*/
        void (*destroy_inode)(struct inode *);
        /*从磁盘上读取索引节点*/
        void (*read_inode) (struct inode *);
        /*VFS 在索引节点上被修改时会调用此函数，日志文件系统执行此函数进行日志更新*/
        void (*dirty_inode) (struct inode *);
        /*将给定的索引节点写入磁盘*/
        int (*write_inode) (struct inode *, int);
        /*释放索引节点*/
        void (*put_inode) (struct inode *);
        /*在最后一个索引节点的引用被释放时，VFS 会调用此函数*/
        void (*drop_inode) (struct inode *);
        /*从磁盘上删除索引节点*/
        void (*delete_inode) (struct inode *);
        /*该函数在卸载文件系统时由 VFS 调用，用来释放超级块*/
        void (*put_super) (struct super_block *);
        /*用给定的超级块更新磁盘上的超级块*/
        void (*write_super) (struct super_block *);
        /*使文件系统的数据元与磁盘上的文件系统同步，wait 参数指定操作是否同步*/
        int (*sync_fs)(struct super_block *sb, int wait);
        ......
};
```

注意　读者可以结合本书所讲解函数指针的相关内容考虑一下这里为什么要使用函数指针？

2. 索引节点对象

（1）索引节点对象结构体

文件系统处理文件所需要的信息都放在索引节点的数据结构当中，文件名可以随时更改，但是索引节点是惟一的，一般索引节点有 3 种类型。

➢ 磁盘文件：狭义的磁盘上存储的文件、数据文件、进程文件。

➢ 设备文件：同样有组织管理的信息、目录项信息，不一定有数据块（文件内容），主要是文件操作。

➢ 特殊节点：一般和存储介质没有关系，它们可能是由 cpu 在内存中动态生成的。

索引节点对象由 inode 结构体表示，定义在文件<linux/fs.h>中。由于 inode 结构体相当庞大，因此在这里就简要介绍 inode 的结构体成员。

每一个 inode 有一个索引节点号 i_ino。在同一个文件系统中，每一个索引节点号是惟一的。此外，每一个文件都有个文件主，它是指这个文件的创造者，是可以改变的。每一个用户都有一个用户组，因此 inode 结构中就有相应的 i_uid、i_gid，用以指明文件主的身份，也用与权限管理。

inode 中还有两个设备号 i_dev 和 i_rdev，分别代表主设备号和从设备号，比如系统的第一个硬盘的第一个分区。每当一个文件被访问时，系统都要在这个文件的 inode 中记下时间标记以及和时间相关的几个域。

索引节点的管理：每一个索引节点必然位于下列循环双向链表的某一个中。

- 没有使用索引节点的链表：用变量 inode_unused 来表示，这个链表用作内存高速缓存。
- 使用索引节点的链表。
- 脏（被修改过的）索引节点列表：Hash 表。

（2）索引节点对象操作

与超级块对象类似，所以节点对象中也有成员"i_op"用于指向索引节点的操作。索引节点操作是由 inode_operations 定义的，这里的函数指针由文件系统实现。这里包括读者常见的 mkdir、rmdir、mknod 等，如下所示：

```
    struct inode_operations {
            int (*create) (struct inode *,struct dentry *,int, struct nameidata *);
            struct dentry * (*lookup) (struct inode *,struct dentry *, struct namei_
data *);
            int (*link) (struct dentry *,struct inode *,struct dentry *);
            int (*unlink) (struct inode *,struct dentry *);
            int (*symlink) (struct inode *,struct dentry *,const char *);
            int (*mkdir) (struct inode *,struct dentry *,int);
            int (*rmdir) (struct inode *,struct dentry *);
            int (*mknod) (struct inode *,struct dentry *,int,dev_t);
            int (*rename) (struct inode *, struct dentry *,
                    struct inode *, struct dentry *);
            int (*readlink) (struct dentry *, char __user *,int);
            void * (*follow_link) (struct dentry *, struct nameidata *);
            void (*put_link) (struct dentry *, struct nameidata *, void *);
            void (*truncate) (struct inode *);
            int (*permission) (struct inode *, int, struct nameidata *);
            int (*setattr) (struct dentry *, struct iattr *);
            int (*getattr) (struct vfsmount *mnt, struct dentry *, struct kstat *);
            int (*setxattr) (struct dentry *, const char *,const void *,size_t,int);
            ssize_t (*getxattr) (struct dentry *, const char *, void *, size_t);
            ssize_t (*listxattr) (struct dentry *, char *, size_t);
            int (*removexattr) (struct dentry *, const char *);
    };
```

3. 目录项对象

在 VFS 中，目录也都属于文件，所以在路径 bin/vi 中，bin 和 vi 都属于文件——bin，是特殊的目录文件，而 vi 是普通文件，路径中的每个组成部分都由一个索引节点对象表示。虽然它们可以统一由索引节点表示，但是 VFS 经常需要执行目录相关的操作，比如路径名查找等。

因此，为了方便查找操作，VFS 引入了目录项的概念。每个 dentry 代表路径中的一个特定部分。对前一个例子来说，/、bin 和 vi 都属于目录项对象。前两个是目录，最后一个是普通文件。

每一个文件除了有一个索引节点对象外，还有一个目录项 dentry 结构。dentry 结构描述的是逻辑意义上的文件，描述其逻辑意义上的属性，因此目录项对象在磁盘上并没有对应的映像。

目录项对象由 dentry 结构体表示，定义在文件<linux/dcache.h>中，下面给出了该结构体其中各项的描述。

```
struct dentry{
        atomic_t d_count ;                          /*目录项引用计数*/
        unsigned int d_flags;                       /*目录项标志*/
        struct inode *d_inode;                      /*与文件名相关联的索引节点*/
        struct dentry *d_parent;                    /*父目录的目录项*/
        struct list_head d_hash;                    /*HASH 链表*/
        struct list_head d_lru;                     /*没使用的 lru 链表*/
        struct list_head d_child;                   /*父目录项的子目录项形成的链表*/
        strcut list_head d_suddirs;                 /* 子目录项形成的链表*/
        struct list_head d_alias;                   /*索引节点的别名链表*/
        int d_mounted;                              /*目录项的安装点*/
        struct qstr d_name;                         /*目录项名，快速查找*/
        unsigned long d_time;                       /*重新生效时间*/
        struct dentry_operation *d_op;              /*目录项的函数集合*/
        struct super_block *d_sb;                   /*目录项树的根（文件的超级块）*/
        unsigned long d_vfs_flags;                  /*目录项缓存标志*/
        void *d_fsdata;                             /*具体文件的数据*/
        unsigned char d_iname[DNAME_INLINE_LEN]; /*短文件名*/
        }
```

4．文件对象

VFS 中的最后一个主要对象是文件对象，它用于表示进程已打开的文件。读者可以站在用户空间的角度来看待 VFS，文件对象将会首先进入我们的视野。进程直接处理的是文件，而不是超级块、索引节点或目录项。

因此，在文件对象中包含用户非常熟悉的信息（如访问模式、偏移等），这些将会在本章的后续部分详细进行讲解。从这里，读者可以清楚地看到系统调用和用户编程接口之间的关系。

（1）文件对象结构体

文件对象是由 file 结构体表示的，其定义在<linux/fs.h>中，如下所示：

```
struct file {
        struct list_head f_list;                    /*文件对象链表*/
        struct dentry           *f_dentry;          /*相关目录项对象*/
        struct vfsmount           *f_vfsmnt;        /*相关的安装文件系统*/
        struct file_operations    *f_op;            /*文件操作表*/
        atomic_t      f_count;                      /*文件对象的使用计数*/
        unsigned int          f_flags;              /*当打开文件时所指定的标志*/
        mode_t            f_mode;                   /*文件的访问模式*/
        loff_t            f_pos;                    /*文件当前的偏移量*/
        struct fown_struct    f_owner;              /*通过信号进行一步 I/O 数据的传送*/
        unsigned int      f_uid, f_gid;             /*用户的 UID 和 GID*/
        struct file_ra_state f_ra;                  /*预读状态*/
......
};
```

（2）文件对象操作

同其他几个对象相类似，文件对象也有如下的操作结构体 file_operation。

```
struct file_operations {
        struct module *owner;
        loff_t (*llseek) (struct file *, loff_t, int);
        ssize_t (*read) (struct file *, char __user *, size_t, loff_t *);
        ssize_t (*aio_read) (struct kiocb *, char __user *, size_t, loff_t);
        ssize_t (*write) (struct file *, const char __user *, size_t, loff_t *);
        int (*ioctl) (struct inode *, struct file *, unsigned int, unsigned long);
        int (*open) (struct inode *, struct file *);
……
};
```

这里面的一些重要的用户空间接口在本章的后面部分会详细讲述。

9.2.3 ARM Linux 的设备文件

Linux 操作系统都是基于文件概念的。文件是以字符序列而构成的信息载体。根据这一点，可以把 I/O 设备当作文件来处理。因此，与磁盘上的普通文件进行交互所用的同一系统调用可以直接用于 I/O 设备。

例如，用同一 write()系统调用既可以向普通文件写入数据，也可以通过向/dev/lp0 设备文件中写入数据从而把数据发往打印机。

在 Linux 操作系统下有两类主要的设备文件：一类是字符设备，另一类则是块设备。

字符设备是以字节为单位逐个进行 I/O 操作的设备，在对字符设备发出读写请求时，实际的硬件 I/O 紧接着就发生了，一般来说字符设备中的缓存是可有可无的，而且也不支持随机访问。

块设备则是利用一块系统内存作为缓冲区，当用户进程对设备进行读写请求时，驱动程序先查看缓冲区中的内容，如果缓冲区中的数据能满足用户的要求就返回相应的数据，否则就调用相应的请求函数来进行实际的 I/O 操作。

块设备主要是针对磁盘等慢速设备设计的，其目的是避免耗费过多的 CPU 时间来等待操作的完成。

9.3 文件 I/O 操作

9.3.1 不带缓存的文件 I/O 操作

1. 文件描述符

在文件 I/O 操作中，最重要的一个概念是文件描述符。对于内核而言，所有打开的文件都通过文件描述符引用，文件描述符是一个非负整数。当打开一个现有文件或创建一个新文件时，内核向进程返回一个文件描述符。当读或写一个文件时，使用 open 等函数返回的文件描述符标识该文件，并将其作为参数传递给 read 和 write。

2. open 和 close

（1）函数说明

open 函数用于打开或创建文件，在打开或创建文件时可以指定文件的属性及用户的权限等各种参数。

close 函数用于关闭一个打开文件。当一个进程终止时，它已打开的所有文件都由内核自动关闭，很多程序都使用这一功能从而不显示地关闭一个文件。

（2）函数格式

open 函数的语法格式如下所示。

➢ 头文件

```
#include <sys/types.h>                // 提供类型 pid_t 的定义
#include <sys/stat.h>
#include <fcntl.h>
```

➢ 函数原型

```
int open(const char *pathname,        /*被打开的文件名（可包括路径名）*/
         const char flags             /*文件打开的方式*/
         ,int perms)                  /*被打开文件的存取权限，为八进制表示法*/
```

这里的 flags 有不同的选择（如表 9.1 所示），用户可以根据不同的需求来进行选择。

表 9.1　　flag 取值含义

flag	含　义
O_RDONLY	只读方式打开文件
O_WRONLY	可写方式打开文件
O_RDWR	读写方式打开文件
O_CREAT	如果该文件不存在，就创建一个新的文件，并用第 3 个参数为其设置权限
O_EXCL	如果使用 O_CREAT 时文件存在，则可返回错误消息。这一参数可测试文件是否存在
O_NOCTTY	使用本参数时，如文件为终端，那么终端不可以作为调用 open()系统调用的那个进程的控制终端
O_TRUNC:	如文件已经存在，并且以只读或只写成功打开，那么会先全部删除文件中原有数据
O_APPEND	以添加方式打开文件，在打开文件的同时，文件指针指向文件的末尾

在对文件的权限设置中的数值与 chmod 命令的权限数值是一致的，如表 9.2 所示。

表 9.2　　文件权限设置

转换后 8 进制数	对 应 权 限	转换后 8 进制数	对 应 权 限
0	没有任何权限	1	只能执行
2	只写	3	只写和执行
4	只读	5	只读和执行
6	读和写	7	读、写和执行

➢ 函数返回值：

```
成功：返回文件描述符
失败：-1
```

close 函数的语法格式如下所示。

➢ 头文件

```
#include <unistd.h>
```

➢ 函数原型

```
int close(int fd)/*fd为文件描述符*/
```

➢ 函数返回值

```
0: 成功
-1: 出错
```

（3）函数调用示例

调用该函数时，一般首先定义一个整型量，如 fd，用于判断该函数的返回值是否成功。在 open 函数中，flag 参数可通过“|”组合构成，但前 3 个参数不能相互组合。如下例中，open 函数带有 3 个 flag 参数：O_CREAT、O_TRUNC 和 O_WRONLY，这样就可以对不同的情况指定相应的处理方法。另外，这里对该文件的权限设置为 0600。

```
int fd = open("/tmp/hello.c", O_CREAT | O_TRUNC | O_WRONLY , 0600 );
close(fd);
```

3．read、write 和 lseek

（1）read、write 和 lseek 函数作用

read 函数用于从指定的文件描述符中读出数据。当从终端设备文件中读出数据时，通常一次最多读一行。

write 函数用于向打开的文件写数据，写操作从文件的当前位移量处开始。若磁盘已满或超出该文件的长度，则 write 函数返回失败。

lseek 函数用于在指定的文件描述符中将文件指针定位到相应的位置。

（2）read、write 和 lseek 函数格式

read 和 write 函数的语法格式如下所示。

➢ 头文件

```
#include <unistd.h>
```

➢ 函数原型

```
ssize_t read/write (int fd,          /*文件描述符*/
                    void *buf,       /*指定存储器读出数据或写入数据的缓冲区*/
                    size_t count)    /*指定读出或写入的字节数*/
```

➢ 函数返回值

```
成功: 读到或写入的字节数
0: 已到达文件尾（读文件时存在此情况，这时返回的字节数会小于希望读出的字节数）
-1: 出错
```

注意　read 函数有多种情况会使实际读到的字节数少于要求读的字节数，如读普通文件时，在读到要求字节数之前已经到达文件的尾端。

lseek 函数的语法格式如下所示。

➢ 头文件

```
#include <unistd.h>
#include <sys/types.h>
```

➢ 函数原型

```
off_t lseek(int fd,              /*文件描述符*/
            off_t offset,        /*偏移量，每一个读写操作所需要移动的距离，单位是字
节的数量，可正可负（向前移，向后移）*/
            int whence)          /*文件当前位置的基点*/
```

这里的 whence 由以下几种选择方式，如表 9.3 所示：

表 9.3 whence 取值含义

whence	含 义
SEEK_SET	当前位置为文件的开头，新位置为偏移量的大小
SEEK_CUR	当前位置为文件指针的位置，新位置为当前位置加上偏移量
SEEK_END	当前位置为文件的结尾，新位置为文件的大小加上偏移量的大小

➢ 函数返回值

```
成功：文件的当前位移
-1：出错
```

注意 通常文件的当前偏移应当是一个非负整数，但是，某些设备也可能允许负的偏移量。但对于普通文件，则其偏移量必须是非负值。因为偏移量可能为负值，所以在比较 lseek 的返回值时应当谨慎，不要测试它是否小于 0，而要测试它是否为－1。

（3）函数调用实例

在使用这 3 个函数时，程序中应已经使用 open 函数将指定的文件打开，并且设置了正确的权限。这 3 个函数均要使用 open 函数返回的文件描述符，如下所示：

```
char buf_write[] = "abcdedfg";
char buf_read[10];
int fd = open("/tmp/hello.c", O_CREAT | O_TRUNC | O_RDWR,0666 );
int size = write( fd, buf, len))
/*调用 lseek 函数将文件指针移到文件起始*/
lseek( fd, 0, SEEK_SET );
/*读出文件中的字节*/
size = read( fd, buf_read, 10);
```

注意 在写普通文件时，写操作从文件的当前位移处开始。因此，若需要调整文件的当前位移需要使用函数 lseek。

4．fcntl

（1）fcntl 函数说明

fcntl 有非常强大的功能，它能够复制一个现有的描述符、获得/设置文件描述符标记、获得/设置文件状态标记、获得/设置异步 I/O 所有权以及获得/设置记录锁。在本节将详细讲解 fcntl 函数获得/设置记录锁的情况。

前面的这 5 个基本函数实现了文件的打开、读写等基本操作，这一节将讨论的是，在文件已经共享的情况下如何操作，也就是当多个用户共同使用、操作一个文件的情况，这时，Linux 通常采用的方法是给文件上锁，来避免共享的资源产生竞争的状态。

文件锁包括建议性锁和强制性锁。

建议性锁要求每个上锁文件的进程都要检查是否有锁存在，并且尊重已有的锁，在一般情况下，内核和系统都不使用建议性锁。

强制性锁是由内核执行的锁，当一个文件被上锁进行写入操作的时候，内核将阻止其他任何文件对其进行读写操作。采用强制性锁对性能的影响很大，每次读写操作都必须检查是否有锁存在。

在 Linux 中，实现文件上锁的函数有 lock 和 fcntl，其中 lock 用于对文件施加建议性锁，而 fcntl 不仅可以施加建议性锁，还可以施加强制锁。同时，fcntl 还能对文件的某一记录进行上锁，也就是记录锁。

记录锁又可分为读取锁和写入锁，其中读取锁又称为共享锁，它能够使多个进程都能在文件的同一部分建立读取锁。而写入锁又称为排斥锁，在任何时刻只能有一个进程在文件的某个部分上建立写入锁。当然，在文件的同一部分不能同时建立读取锁和写入锁。

（2）fcntl 函数格式

用于建立记录锁的 fcntl 函数格式如下所示。

➢ 头文件

```
#include <sys/types.h>
#include <unistd.h>
#include <fcntl.h>
```

➢ 函数原型

```
int fcntl (int fd,                          /*文件描述符*/
              int cmd,                      /*不同的命令*/
               struct flock *lock)          /*设置记录锁的具体状态*/
```

这里的 cmd 有不同的选择（如表 9.4 所示），其中加粗的部分是与记录锁有关的选项。

表 9.4 **cmd 取值含义**

cmd	含　义
F_DUPFD	复制文件描述符
F_GETFD	获得 fd 的 close-on-exec 标志，若标志未设置，则文件经过 exec 函数之后仍保持打开状态
F_SETFD	设置 close-on-exec 标志，该标志以参数 arg 的 FD_CLOEXEC 位决定
F_GETFL	得到 open 设置的标志
F_SETFL	将文件状态标志设置为第 3 个参数的值（取为整数值），其取值同 open 状态位设置的标志
F_SETFL	设置 lock 描述的文件锁
F_GETLK	测试该锁是否会被另外一把锁排斥（阻塞）
F_SETLKW	这是 F_SETLK 的阻塞版本（命令名中的 W 表示等待（wait））。如果存在其他锁，则调用进程睡眠，如果捕捉到信号则睡眠中断
F_GETOWN	检索将收到 SIGIO 和 SIGURG 信号的进程号或进程组号
F_SETOWN	设置进程号或进程组号

这里，lock 的结构如下所示：

```
struct flock{
short l_type;
```

```
off_t l_start;
short l_whence;
off_t l_len;
pid_t l_pid;
}
```

表 9.5 详细说明了该结构中每个变量的取值含义。

表 9.5 **lock 结构变量取值**

<table>
<tr><td rowspan="3">l_type</td><td>F_RDLCK：读取锁（共享锁）</td></tr>
<tr><td>F_WRLCK：写入锁（排斥锁）</td></tr>
<tr><td>F_UNLCK：解锁</td></tr>
<tr><td>l_stat</td><td>相对位移量（字节）</td></tr>
<tr><td rowspan="3">l_whence：相对位移量的起点（同 lseek 的 whence）</td><td>SEEK_SET：当前位置为文件的开头，新位置为偏移量的大小</td></tr>
<tr><td>SEEK_CUR：当前位置为文件指针的位置，新位置为当前位置加上偏移量</td></tr>
<tr><td>SEEK_END：当前位置为文件的结尾，新位置为文件的大小加上偏移量的大小</td></tr>
<tr><td>l_len</td><td>加锁区域的长度</td></tr>
</table>

➢ 函数返回值

```
成功：0
-1：出错
```

小技巧 加锁整个文件通常的方法是将 l_start 说明为 0，l_whence 说明为 SEEK_SET，l_len 说明为 0。

（3）fcntl 函数调用实例

在使用 fcntl 给文件上锁时，可以首先测试该锁是否会被已存在的锁阻止，接下来就可以使用 F_SETFL 给文件上锁。在给文件上锁时，关键是给 flock 结构体赋予相应的变量，再将 flock 传入给 fcntl 即可。

下面的程序给出了使用 fcntl 函数给文件上锁、接锁的完整实例，用户可以选择给文件上读取锁或写入锁，如下所示：

```
#include <unistd.h>
#include <sys/file.h>
#include <sys/types.h>
#include <sys/stat.h>
#include <stdio.h>
#include <stdlib.h>
#include <string.h>
void lock_set(int fd,int type);
int lock_reg(int fd, int cmd, int type, off_t offset, int whence, off_t len);
int main(int argc, char *argv[])
{
    int fd,nwrite,nread,len, c;
    char reply;
    char buff[100];
    char buf_r[100];
    /*打开文件*/
    fd=open("hello",O_RDWR | O_CREAT, 0666);
```

```
    if(fd < 0){
                perror("open");
                exit(1);
        }
    /*使用 getopt 函数获取客户端选项*/
    while ((c = getopt(argc, argv, "w:r")) != -1)
    switch(c)
    {
            /*加上写入锁*/
            case 'w':
                    strcpy(buff, optarg);
                    lock_set(fd, F_WRLCK);
                    len = sizeof(buff);
                    if((nwrite=write(fd,buff,len))>0){
                                    printf("write success\n");
                    }
                    while(1)
                    {
                            printf("want to unlock?(Y/N)\n");
                            scanf("%c",&reply);
                            /*给文件上锁*/
                            if((reply == 'Y') || (reply == 'y'))
                            {
                                    lock_set(fd, F_UNLCK);
                                    break;
                            }
                            else
                            {
                                    sleep(2);
                                    continue;
                            }
                    }
                    break;
            /*加入读取锁*/
            case 'r':
                    lock_set(fd, F_RDLCK);
                    lseek(fd,0,SEEK_SET);
                    if((nread=read(fd,buf_r,100)) > 0){
                                    printf("read:%s\n",buf_r);
                    }
                    while(1)
                    {
                            printf("want to unlock?(Y/N)\n");
                            scanf("%c",&reply);
                            /*给文件上锁*/
                            if((reply == 'Y') || (reply == 'y'))
                            {
                                    lock_set(fd, F_UNLCK);
                                    break;
                            }
                            else
                            {
                                    sleep(2);
                                    continue;
                            }
```

```
				}
				break;
			default:
				printf("prog [-w+content] [-r]\n");
				break;
		}
		close(fd);
		exit(0);
}
/*测试锁例子*/
lock_test(int fd, int type, off_t offset, int whence, off_t len)
{
		struct flock lock;
		lock.l_type = type; /*可以为 F_RDLCK 或者 F_WRLCK*/
		lock.l_start = offset;
		lock.l_whence = whence;
		lock.l_len = len;
		if(fcntl(fd, F_GETLK, &lock) < 0)
			perror("fcntl");
		if(lock.l_type == F_UNLCK)
			return(0);
		return(lock.l_pid);
}
/*给文件加锁解锁例子*/
int lock_reg(int fd, int cmd, int type, off_t offset, int whence, off_t len)
{
		struct flock lock;
		lock.l_type = type; /*F_RDLCK, F_WRICK, F_UNLCK*/
		lock.l_start = offset;
		lock.l_whence = whence;
		lock.l_len = len;
		return(fcntl(fd, cmd, &lock))
}
```

该程序可以通过交叉编译下载到开发板上进行实验，为了实验的方便，读者也可以在宿主机中观察文件读取锁、写入锁的特性。此时可以打开两个终端，分别运行该程序。当使用写入锁时，如下所示。

终端一：

```
# ./lock -r
read lock set by 22938
read:why
want to unlock?(Y/N)
Y
release lock by 22938
```

终端二：

```
# ./lock -r
read lock set by 22872
read:why
want to unlock?(Y/N)
Y
release lock by 22872
```

可以看到，此时两个进程都可以为该文件上读取锁。但是若想为文件上写入锁，如下所示。

终端一：

```
# ./lock -w hello
write lock set by 22939
write success
want to unlock?(Y/N)
```

终端二：

```
# ./lock -w hello2
write lock already set by 22939
```

可以看到，此时终端二不能为该文件上写入锁了。

5. select

（1）select 函数说明

前面的 fcntl 函数解决了文件的共享问题，接下来该处理 I/O 复用的情况了。

总的来说，I/O 处理的模型有 5 种：

➢ 阻塞 I/O 模型：在这种模型下，若所调用的 I/O 函数没有完全相关的功能，则会使进程挂起，直到相关数据到才会出错才返回。如常见对管道设备、终端设备和网络设备进行读写时经常会出现这种情况。

➢ 非阻塞模型：在这种模型下，当请求的 I/O 操作不能完成时，不让进程睡眠，而应返回一个错误。非阻塞 I/O 使用户可以调用不会永远阻塞的 I/O 操作，如 open、write 和 read。如果该操作不能完成，则会立即出错返回，表示该 I/O 如果该操作继续执行就会阻塞。

➢ I/O 多路转接模型：在这种模型下，如果请求的 I/O 操作阻塞，它不是真正阻塞 I/O，而是让其中的一个函数等待，在这其间，I/O 还能进行其他操作，如 select 函数和 poll 函数，就是属于这种模型。

➢ 信号驱动 I/O 模型：在这种模型下，通过安装一个信号处理程序，系统可以自动捕获特定信号的到来，从而启动 I/O，这是由内核通知用户何时可以启动一个 I/O 操作。

➢ 异步 I/O 模型：在这种模型下，当一个描述符已准备好，可以启动 I/O 时，进程会通知内核。现在，并不是所有的系统都支持这种模型。

可以看到，select 的 I/O 多路转接模型是处理 I/O 复用的一个高效的方法。它可以具体设置每一个所关心的文件描述符的条件、希望等待的时间等，从 select 函数返回时，内核会通知用户已准备好的文件描述符的数量、已准备好的条件等。通过使用 select 返回值，就可以调用相应的 I/O 处理函数了。

（2）select 函数格式

select 函数的语法格式如下所示。

➢ 头文件

```
#include <sys/types.h>
#include <sys/time.h>
#include <unistd.h>
```

➢ 函数原型

```
int select(int numfds,                  /*需要检查的号码最高的文件描述符加 1*/
           fd_set *readfds,             /*由 select()监视的读文件描述符集合*/
           fd_set *writefds,            /*由 select()监视的写文件描述符集合*/
```

```
            fd_set *exeptfds,           /*由 select()监视的异常处理文件描述符集合*/
            struct timeval *timeout)    /*等待的时间*/
```

这里的 timeout 有 3 种取值方式，如表 9.6 所示。

表 9.6　　timeout 3 种取值方式

timeout	含　义
NULL	永远等待，直到捕捉到信号或文件描述符已准备好为止
具体值	struct timeval 类型的指针，若等待 timeout 时间还没有文件描符准备好，就立即返回
0	从不等待，测试所有指定的描述符并立即返回

➢ 函数返回值

```
成功：准备好的文件描述符
-1：出错
```

> **注意**　请读者考虑一下如何确定最高的文件描述符。

可以看到，select 函数根据希望进行的文件操作对文件描述符进行了分类处理，这里，对文件描述符的处理主要涉及 4 个宏函数，如表 9.7 所示。

表 9.7　　select 文件描述符处理函数

FD_ZERO(fd_set *set)	清除一个文件描述符集
FD_SET(int fd,fd_set *set)	将一个文件描述符加入文件描述符集中
FD_CLR(int fd,fd_set *set)	将一个文件描述符从文件描述符集中清除
FD_ISSET(int fd,fd_set *set)	测试该集中的一个给定位是否有变化

一般来说，在使用 select 函数之前，首先使用 FD_ZERO 和 FD_SET 来初始化文件描述符集，在使用了 select 函数时，可循环使用 FD_ISSET 测试描述符集，在执行完对相关后文件描述符后，使用 FD_CLR 来清除描述符集。

另外，select 函数中的 timeout 是一个 struct timeval 类型的指针，该结构体如下所示：

```
struct timeval {
        long tv_sec;                    /* second */
        long tv_unsec;                  /* and microseconds*/
}
```

可以看到，这个时间结构体的精确度可以设置到 ms 级，这对于大多数的应用而言都已经足够了。

（3）函数调用实例

由于 select 函数多用于 I/O 操作可能会阻塞的情况下，如阻塞 I/O 的管道、网络编程。在使用该函数时，首先需要通过 FD_ZERO 和 FD_SET 初始化设置读集及写集，然后调用 select 函数设置等待的时间等，最后调用 FD_ISSET，用以测试相关的读写集是否有变化并进行相应的操作。

```
    fd_set inset1, inset2;
    int fds_read = open ("/tmp/read", O_RDWR|O_CREAT,0666);
    int fds_write = open ("/tmp/write", O_RDWR|O_CREAT,0666);
/*取出两个文件描述符中的较大者*/
```

```
    maxfd = fds_read>fds_write ? fds_read : fds_write;
/*初始化读集合 inset1，并在读集合中加入相应的描述集*/
    FD_ZERO(&inset1);
    FD_SET(fds_read,&inset1);
/*初始化写集合 inset2，并在写集合中加入相应的描述集*/
    FD_ZERO(&inset2);
    FD_SET(fds_write,&inset2);
/*循环测试该文件描述符是否准备就绪，并调用 select 函数对相关文件描述符做对应操作*/
    while(FD_ISSET(fds[0],&inset1)||FD_ISSET(fds[1],&inset2)){
        if(select(maxfd+1,&inset1,&inset2,NULL,NULL)<0)
              perror("select");
        else{
              if(FD_ISSET(fds_read,&inset1)){
                   ...... /*对读集的操作*/
              }
              if(FD_ISSET(fds_write,&inset2)){
                   ....../*对写集的操作*/
              }
        }
    }
```

9.3.2 标准 I/O 开发

本章前面几节所述的文件及 I/O 读写都是基于文件描述符的。这些都是基本的 I/O 控制，是不带缓存的。而本节所要讨论的 I/O 操作都是基于流缓冲的，它是符合 ANSI C 的标准 I/O 处理，这里有很多函数读者已经非常熟悉了（如 printf、scantf 函数等），因此本节中仅简要介绍最主要的函数。

标准 I/O 提供流缓冲的目的是尽可能减少使用 read 和 write 调用的数量。标准 I/O 提供了 3 种类型的缓冲存储。

➢ 全缓冲。在这种情况下，当填满标准 I/O 缓存后才进行实际 I/O 操作。驻在磁盘上的文件通常是由标准 I/O 库实施全缓冲的。在一个流上执行第一次 I/O 操作时，通常调用 malloc 就是使用全缓冲。

➢ 行缓冲。在这种情况下，当在输入和输出中遇到新行符时，标准 I/O 库执行 I/O 操作，这允许我们一次输出一个字符（如 fputc 函数），但只有写了一行之后才进行实际 I/O 操作。当流涉及一个终端时（例如标准输入和标准输出），典型地使用行缓冲。

➢ 不带缓冲。标准 I/O 库不对字符进行缓冲。如果用标准 I/O 函数写若干字符到不带缓冲的流中，则相当于用 write 系统调用将这些字符写到打开的文件上。标准出错况 stderr 通常是不带缓存的，这就使得出错信息可以尽快显示出来。

在下面讨论具体函数时，请读者注意区分这 3 种不同的情况。

1. 打开文件

（1）函数说明

打开文件有 3 个标准函数，分别为：fopen、fdopen 和 freopen。它们可以以不同的模式打开，但都返回一个指向 FILE 的指针，该指针以将对应的 I/O 流相绑定了，此后，对文件的读写都是通过这个 FILE 指针来进行。

其中 fopen 可以指定打开文件的路径和模式，fdopen 可以指定打开的文件描述符和模式，而 freopen 除可指定打开的文件、模式外，还可指定特定的 I/O 流。

> 注意 这 3 个函数与上一节中不带缓冲的文件 I/O 操作的返回值不同，open 函数的返回值是一个文件描述符（整型数据），而此处返回的是文件指针。

（2）函数格式定义

fopen 函数格式如下所示。

➢ 头文件

```
#include <stdio.h>
```

➢ 函数原型

```
FILE * fopen (const char * path,           /*包含要打开的文件路径及文件名*/
                 const char * mode)         /*文件打开状态*/
FILE * fdopen(int fd,                       /*要打开的文件描述符*/
                  const char * mode)        /*文件打开状态*/
FILE * freopen(const char *path,            /*包含要打开的文件路径及文件名*/
                  const char * mode,        /*文件打开状态*/
                  FILE * stream)            /*已打开的文件指针*/
```

这里的 mode 类似于 open 中的 flag，可以定义打开文件的具体权限等，表 9.8 说明了 fopen 中 mode 的各种取值。

表 9.8 mode 取值说明

r 或 rb	打开只读文件，该文件必须存在
r+或 r+b	打开可读写的文件，该文件必须存在
w 或 wb	打开只写文件，若文件存在则文件长度清为 0，即会擦写文件以前内容，若文件不存在则建立该文件
w+或 w+b	打开可读写文件，若文件存在则文件长度清为 0，即会擦写文件以前内容，若文件不存在则建立该文件
a 或 ab	以附加的方式打开只写文件。若文件不存在，则会建立该文件。如果文件存在，写入的数据会被加到文件尾，即文件原先的内容会被保留
a+或 a+b	以附加方式打开可读写的文件。若文件不存在，则会建立该文件。如果文件存在，写入的数据会被加到文件尾后，即文件原先的内容会被保留

> 注意 在每个选项中加入 b 字符用来告诉函数库打开的文件为二进制文件，而非纯文字文件。不过在 Linux 系统中会自动识别不同类型的文件而将此符号忽略。

➢ 函数返回值

```
成功：指向 FILE 的指针
失败：NULL
```

（3）函数调用实例

标准 I/O 的打开文件最常用的是 fopen，该函数的使用类似 open 函数，如下所示：

```
fp=fopen("stream","w")
```

2．关闭文件

（1）函数说明

关闭标准流文件的函数为 fclose，这时缓冲区内的数据写入文件中，并释放系统所提供的文件资源。

（2）函数格式说明

freopen 函数格式如下所示。

➢ 头文件

```
#include <stdio.h>
```

➢ 函数原型

```
int fclose(FILE * stream)                /*已打开的文件指针*/
```

➢ 函数返回值

```
成功：0
失败：EOF
```

（3）函数调用实例

fclose 函数调用非常简单，只需传入 fopen 函数中返回的文件描述符指针即可，如下所示：

```
fclose(fp);
```

3．读/写文件

（1）函数说明

在文件流打开之后，可对文件流进行读写等操作，其中读操作的函数为 fread，写文件的函数为 fwrite。

（2）函数格式

fread/fwrite 函数格式如下所示：

➢ 头文件

```
#include <stdio.h>
```

➢ 函数原型

```
size_t fread/fwrite(void * ptr,          /*存放读取/写入记录的缓冲区*/
                    size_t size,         /*读取/写入的记录大小*/
                    size_t nmemb,        /*读取/写入的记录数*/
                    FILE * stream)       /*要读取/写入的文件流*/
```

➢ 函数返回值

```
成功：返回实际读取/写入的 nmemb 数目
失败：EOF
```

（3）函数调用实例

标准 I/O 函数的使用和不带缓存的文件 I/O 函数的使用很类似，这里最主要的区别在于此处文件描述符为指针而不是整数，如下所示：

```
FILE *stream;
/*首先使用 fopen 打开文件，之后再调用 fwrite 写入文件*/
stream=fopen("what","w");
i=fwrite(s,sizeof(char),nmemb,stream);
fclose(stream);
```

9.4 嵌入式 Linux 串口应用开发

9.4.1 串口概述

用户常见的数据通信的基本方式可分为并行通信与串行通信两种。

- 并行通信是指利用多条数据传输线将一个资料的各位同时传送。它的特点是传输速度快，适用于短距离通信、但传输速度要求较高的应用场合。
- 串行通信是指利用一条传输线将资料一位位地顺序传送。特点是通信线路简单，利用简单的线缆就可实现通信，降低成本，适用于远距离通信、对传输速度要求不高的应用场合。

串口是计算机的一种常用接口，常用的串口有 RS-232-C 接口。它是于 1970 年由美国电子工业协会（EIA）联合贝尔系统、调制解调器厂家及计算机终端生产厂家共同制定的用于串行通讯的标准，它的全称是数据终端设备（DTE）和数据通讯设备（DCE）之间串行二进制数据交换接口技术标准。

该标准规定采用一个 DB25 芯引脚的连接器或 9 芯引脚的连接器，其中 25 芯引脚的连接器如图 9.5 所示。

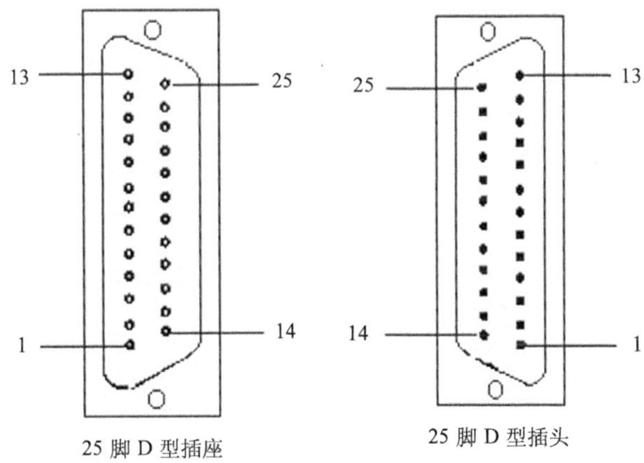

图 9.5 25 引脚串行接口图

S3C2410X 内部具有两个独立的 UART 控制器，每个控制器都可以工作在 Interrupt（中断）模式或者 DMA（直接内存访问）模式。同时，每个 UART 均具有 16 字节的 FIFO（先入先出寄存器），支持的最高数据传输率可达到 230.4kbit/s。

UART 的操作主要可分为以下几个部分：资料发送、资料接收、产生中断、产生数据传输率、Loopback 模式、红外模式以及自动流控模式。

读者在配置超级终端和 minicom 时已经接触到过串口参数的配置，一般包括数据传输率、起始位数量、数据位数量、停止位数量和流控协议。在此，可以将其配置位数据传输率 115200、起始位 1b、数据位 8b、停止位 1b 和无流控协议。

在 Linux 中，所有的设备文件一般都位于/dev 下，其中串口一、串口二对应的设备名依次为/dev/ttyS0、/dev/ttyS1，可以查看/dev 下的文件以确认。

在本章中已经提到过，在 Linux 下对设备的操作方法与对文件的操作方法是一样的，因此，对串口的读写就可以使用简单的 read，write 函数来完成，所不同的是只是需要对串口的其他参数另做配置，下面就来详细讲解串口应用开发的步骤。

9.4.2 串口设置详解

本节主要讲解设置串口的主要方法。

如前所述，设置串口中的数据传输率、效验位和停止位，串口的设置主要是设置 struct termios 结构体的各成员值，如下所示。

```
#include<termios.h>
struct termio
{       unsigned short   c_iflag;          /* 输入模式标志 */
        unsigned short   c_oflag;          /* 输出模式标志 */
        unsigned short   c_cflag;          /* 控制模式标志*/
        unsigned short   c_lflag;          /*本地模式标志 */
        unsigned char    c_line;           /*行标识*/
        unsigned char    c_cc[NCC];        /*控制字符*/
};
```

在这里结构中最为重要的是 c_cflag，通过对它的赋值，用户可以设置数据传输率、字符大小、数据位、停止位、奇偶校验位和硬件流控等。另外 c_iflag 和 c_cc 也是比较常用的标志。在此主要对这 3 个成员进行详细说明。

表 9.9 列出了所有 c_cflag 支持的常量名称，其中设置数据传输率为相应的数据传输率前加上“B”，由于数值较多，本表没有全部列出。

表 9.9　　c_cflag 支持的常量名称

CBAUD	数据传输率的位掩码
B0	0 波特（放弃 DTR）
…	…
B1800	1800 波特
B2400	2400 波特
B4800	4800 波特
B9600	9600 波特
B19200	19200 波特
B38400	38400 波特
B57600	57600 波特
B115200	115200 波特
EXTA	外部时钟率
EXTB	外部时钟率
CSIZE	数据位的位掩码

续表

CBAUD	数据传输率的位掩码
CS5	5 个数据位
CS6	6 个数据位
CS7	7 个数据位
CS8	8 个数据位
CSTOPB	2 个停止位（不设则是 1 个停止位）
CREAD	接收使能
PARENB PARODD	校验位使能 使用奇校验而不使用偶校验
HUPCL	最后关闭时挂线（放弃 DTR）
CLOCAL	本地连接（不改变端口所有者）
LOBLK	块作业控制输出
CNET_CTSRTS	硬件流控制使能

在这里，c_cflag 成员不能直接对其初始化，而要将其通过与、或操作使用其中的某些选项。

输入模式 c_iflag 成员控制端口接收端的字符输入处理，表 9.10 列出了 c_iflag 支持的变量名称，如下所示。

表 9.10 c_iflag 支持的常量名称

INPCK	奇偶校验使能
IGNPAR	忽略奇偶校验错误
PARMRK	奇偶校验错误掩码
ISTRIP	除去奇偶校验位
IXON	启动出口硬件流控
IXOFF	启动入口软件流控
IXANY	允许字符重新启动流控
IGNBRK	忽略中断情况
BRKINT	当发生终端时发送 SIGINT 信号
INLCR	将 NL 映射到 CR
IGNCR	忽略 CR
ICRNL	将 CR 映射到 NL
IUCLC	将高位情况映射到低位情况
IMAXBEL	当输入太长时回复 ECHO

c_cc 包含了超时参数和控制字符的定义，表 9.11 列出了 c_cc 所支持的常用变量名称，

如下所示：

表 9.11 c_cc 支持的常量名称

VINTR	中断控制，对应键为 CTRL-C
VQUIT	退出操作，对应键为 CRTL-Z
VERASE	删除操作，对应键为 Backspace（BS）
VKILL	删除行，对应键为 CTRL-U
VEOF	位于文件结尾，对应键为 CTRL-D
VEOL	位于行尾，对应键为 Carriage return（CR）
VEOL2	位于第二行尾，对应键为 Line feed（LF）
VMIN	指定了最少读取的字符数
VTIME	指定了读取每个字符的等待时间

设置串口属性主要就是配置 termios 结构体中的各个变量，其主要流程包含以下几个步骤。

- 使用函数 tcgetattr 保存原串口属性。
- 通过位掩码的方式激活本地连接和接受使能选项：CLOCAL 和 CREAD。
- 使用函数 cfsetispeed 和 cfsetospeed 设置数据传输率。
- 通过位掩码设置字符大小。
- 设置奇偶校验位需要用到两个 termio 中的成员：c_cflag 和 c_iflag。首先要激活 c_cflag 中的校验位使能标志 PARENB 和是否要进行偶校验，同时还要激活 c_iflag 中的奇偶校验使能。
- 激活 c_cflag 中的 CSTOPB 设置停止位。若停止位为 1，则清除 CSTOPB。若停止位为 0，则激活 CSTOPB。
- 设置最少字符和等待时间，在对接收字符和等待时间没有特别要求的情况下，可以将其设置为 0。
- 调用函数 tcflush（fd，queue_selector）来处理要写入引用的对象，queue_selector 可能的取值有以下几种。

TCIFLUSH：刷新收到的数据但是不读。

TCOFLUSH：刷新写入的数据但是不传送。

TCIOFLUSH：同时刷新收到的数据但是不读，并且刷新写入的数据但是不传送。

下面给出了串口配置的完整的函数。通常，为了函数的通用性，通常将常用的选项都在函数中列出，这样可以大大方便以后用户的调试使用，该设置函数如下所示：

```
int set_opt(int fd,int nSpeed, int nBits, char nEvent, int nStop)
{
        struct termios newtio,oldtio;
/*保存测试现有串口参数设置，在这里如果串口号等出错，会有相关的出错信息*/
        if  ( tcgetattr( fd,&oldtio)  !=  0) {
              perror("SetupSerial 1");
              return -1;
        }
        bzero( &newtio, sizeof( newtio ) );
```

```
/*步骤一，设置字符大小*/
        newtio.c_cflag  |= CLOCAL | CREAD;
        newtio.c_cflag &= ~ CSIZE;
/*设置停止位*/
        switch( nBits )
        {
        case 7:
               newtio.c_cflag |= CS7;
               break;
        case 8:
               newtio.c_cflag |= CS8;
               break;
        }
/*设置奇偶校验位*/
        switch( nEvent )
        {
        case 'O': //奇数
               newtio.c_cflag |= PARENB;
               newtio.c_cflag |= PARODD;
               newtio.c_iflag |= (INPCK | ISTRIP);
               break;
        case 'E': //偶数
               newtio.c_iflag |= (INPCK | ISTRIP);
               newtio.c_cflag |= PARENB;
               newtio.c_cflag &= ~ PARODD;
               break;
        case 'N':  //无奇偶校验位
               newtio.c_cflag &= ~ PARENB;
               break;
        }
/*设置数据传输率*/
switch( nSpeed )
        {
        case 2400:
               cfsetispeed(&newtio, B2400);
               cfsetospeed(&newtio, B2400);
               break;
        case 4800:
               cfsetispeed(&newtio, B4800);
               cfsetospeed(&newtio, B4800);
               break;
        case 9600:
               cfsetispeed(&newtio, B9600);
               cfsetospeed(&newtio, B9600);
               break;
        case 115200:
               cfsetispeed(&newtio, B115200);
               cfsetospeed(&newtio, B115200);
               break;
        case 460800:
               cfsetispeed(&newtio, B460800);
               cfsetospeed(&newtio, B460800);
               break;
        default:
               cfsetispeed(&newtio, B9600);
```

```
                cfsetospeed(&newtio, B9600);
                break;
            }
    /*设置停止位*/
            if( nStop == 1 )
                newtio.c_cflag &=  ~ CSTOPB;
            else if ( nStop == 2 )
                newtio.c_cflag |=  CSTOPB;
    /*设置等待时间和最小接收字符*/
            newtio.c_cc[VTIME]  = 0;
            newtio.c_cc[VMIN] = 0;
    /*处理未接收字符*/
            tcflush(fd,TCIFLUSH);
    /*激活新配置*/
            if((tcsetattr(fd,TCSANOW,&newtio))!=0)
            {
                perror("com set error");
                return -1;
            }
            printf("set done!\n");
            return 0;
    }
```

9.4.3 串口使用详解

在配置完串口的相关属性后，就可以对串口进行打开、读写操作了。它所使用的函数和普通文件读写的函数一样，都是 open、write 和 read，由于串口是一个终端设备，因此在函数的具体参数的选择时会有一些区别。另外，这里会用到一些附加的函数，用于测试终端设备的连接情况等，下面将对其进行具体讲解。

1. 打开串口

打开串口和打开普通文件一样，使用的函数同打开普通文件一样，都是 open 函数，如下所示：

```
fd = open( "/dev/ttyS0", O_RDWR|O_NOCTTY|O_NDELAY);
```

可以看到，这里除了普通的读写参数外，还有两个参数 O_NOCTTY 和 O_NDELAY。

➢ O_NOCTTY 标志用于通知 Linux 系统这个程序不会成为对应这个端口的控制终端。如果没有指定这个标志，那么任何一个输入（诸如键盘中止信号等）都将影响用户的进程。

➢ O_NDELAY 标志通知 Linux 系统这个程序不关心 DCD 信号线所处的状态（端口的另一端是否激活或者停止）。如果用户指定了这个标志，则进程将会一直处在睡眠态，直到 DCD 信号线被激活。

接下来可恢复串口的状态为阻塞状态，用于等待串口数据的读入，可用 fcntl 函数实现，如下所示：

```
fcntl(fd, F_SETFL, 0);
```

再接着可以测试打开文件描述符是否引用一个终端设备，以进一步确认串口是否正确打开，如下所示：

```
isatty(STDIN_FILENO);
```

该函数调用成功则返回 0，若失败则返回-1。

这时，一个串口就已经成功打开了。接下来就可以对这个串口进行读、写操作。

下面给出了一个完整的打开串口的函数，同样写考虑到了各种不同的情况，程序如下所示：

```
/*打开串口函数*/
int open_port(int fd,int comport)
{
      char *dev[]={"/dev/ttyS0","/dev/ttyS1","/dev/ttyS2"};
      long  vdisable;
      if (comport==1)//串口 1
      {      fd = open( "/dev/ttyS0", O_RDWR|O_NOCTTY|O_NDELAY);
             if (-1 == fd){
                    perror("Can't Open Serial Port");
                    return(-1);
             }
      }
       else if(comport==2)//串口 2
       {      fd = open( "/dev/ttyS1", O_RDWR|O_NOCTTY|O_NDELAY);
              if (-1 == fd){
                     perror("Can't Open Serial Port");
                     return(-1);
              }
       }
       else if (comport==3)//串口 3
       {
              fd = open( "/dev/ttyS2", O_RDWR|O_NOCTTY|O_NDELAY);
              if (-1 == fd){
                     perror("Can't Open Serial Port");
                     return(-1);
              }
       }
/*恢复串口为阻塞状态*/
       if(fcntl(fd, F_SETFL, 0)<0)
              printf("fcntl failed!\n");
       else
              printf("fcntl=%d\n",fcntl(fd, F_SETFL,0));
/*测试是否为终端设备*/
       if(isatty(STDIN_FILENO)==0)
              printf("standard input is not a terminal device\n");
       else
              printf("isatty success!\n");
       printf("fd-open=%d\n",fd);
       return fd;
}
```

2. 读写串口

读写串口操作和读写普通文件一样，使用 read、write 函数即可，如下所示：

```
write(fd,buff,8);
read(fd,buff,8);
```

下面两个实例给出了串口读和写的两个程序的 main 函数部分，这里用到的函数有前面讲述到的 open_port 和 set_opt 函数。

```
/*写串口程序*/
#include <stdio.h>
#include <string.h>
#include <sys/types.h>
#include <errno.h>
#include <sys/stat.h>
#include <fcntl.h>
#include <unistd.h>
#include <termios.h>
#include <stdlib.h>
/*读串口程序*/
int main(void)
{
     int fd;
     int nread,i;
     char buff[]="Hello\n";

     if((fd=open_port(fd,1))<0){                    //打开串口
           perror("open_port error");
           return;
     }
     if((i=set_opt(fd,115200,8,'N',1))<0){ //设置串口
           perror("set_opt error");
           return;
      }
      printf("fd=%d\n",fd);
      nread=read(fd,buff,8);//读串口
       printf("nread=%d,%s\n",nread,buff);
       close(fd);
       return;
}
```

这里的读串口程序使用 select 函数实现多路复用式串口读写。读者在这里可以进一步了解 select 函数的使用方法。

```
/*读串口*/
#include <stdio.h>
#include <string.h>
#include <sys/types.h>
#include <errno.h>
#include <sys/stat.h>
#include <fcntl.h>
#include <unistd.h>
#include <termios.h>
#include <stdlib.h>
int main(void)
{
     int fd;
     int nread,nwrite,i;
     char buff[8];
     fd_set rd;
/*打开串口*/
     if((fd=open_port(fd,1))<0){
            perror("open_port error");
            return;
     }
```

```
/*设置串口*/
    if((i=set_opt(fd,115200,8,'N',1))<0){
        perror("set_opt error");
        return;
    }
/*利用 select 函数来实现多个串口的读写*/
    FD_ZERO(&rd);
    FD_SET(fd,&rd);
    while(FD_ISSET(fd,&rd)){
    if(select(fd+1,&rd,NULL,NULL,NULL)<0)
            perror("select");
    else{
        while((nread = read(fd, buff, 8))>0)
        {
            printf("nread=%d,%s\n",nread,buff);
        }
    }
    close(fd);
    return;
}
```

读者可以将该程序在宿主机上运行，然后用串口线将目标板和宿主机连接起来，之后将目标板上电，就可以看到宿主机上有目标板的串口输出。

```
[root@(none) 1]# ./write
fcntl=0
isatty success!
fd-open=3
set done
fd=3
```

本章小结

本章首先介绍了 ARM Linux 文件 I/O 的原理，以及不带缓存的文件 I/O 操作相关 API 函数的使用。

使用 API 函数实际上就是进行函数调用，读者要掌握的是相关函数的参数类型以及如何传递相应类型的参数，另外，还要掌握一些常见的参数选项。

接下来，本章介绍了标准 I/O 开发的相关 API 函数。标准 I/O 开发的相关 API 函数是很常用的，请读者务必掌握。

本章最后介绍了嵌入式 Linux 串口应用开发。

动手练练

1．将实例中串口读写函数用标准 I/O 函数来实现，查看结果有什么区别？

2．更改串口实例中 select 函数的参数，查看结果有什么不同？

第10章　ARM Linux进程线程开发实例

本章目标

文件是 Linux 中最常见最基础的操作对象，而进程则是系统调度的单元，在上一章学习了文件 I/0 控制之后，本章主要讲解进程线程控制开发，通过本章的学习，读者将会掌握以下内容：

- 进程相关的基本概念
- ARM Linux 的进程描述符、任务结构以及文件描述符的概念
- ARM Linux 中线程的实现
- Linux 进程创建的相关 API
- Linux 进程执行的相关 API
- Linux 进程退出的相关 API
- Linux 进程等待的相关 API
- Linux 进程间通信的几种常见方法：如管道、信号、共享内存、消息队列等
- Linux 中线程创建和退出的相关 API
- Linux 中修改线程属性的方法
- Linux 中对线程的控制访问
- Linux 中多任务管理器的实现
- 守护进程的编写

10.1　ARM Linux 进程线程管理

10.1.1　进程描述符及任务结构

1．进程概念

进程的概念首先在 20 世纪 60 年代初期由 MIT 的 Multics 系统和 IBM 的 TSS/360 系统中引入的。经过了 40 多年的发展，人们对进程有过多种多样的定义，现列举较为著名的几种。

（1）进程是一个独立的可调度的活动（E.Cohen，D.Jofferson）。

（2）进程是一个抽象实体，当它执行某个任务时，将要分配和释放各种资源（P.Denning）。

（3）进程是可以并行执行的计算部分（S.E.Madnick，J.T.Donovan）。

以上进程的概念都不尽相同，但其本质是一样的，也就是指出进程是一个程序的一次执行的过程。

它和程序是有本质区别的：程序是静态的，它是一些保存在磁盘上的指令的有序集合，没有任何执行的概念；而进程是一个动态的概念，它是程序执行的过程，包括了动态创建、调度和消亡的整个过程，它是程序执行和资源管理的最小单位。因此，当用户在系统中键入命令执行一个程序的时候，对系统而言，它将启动一个进程。

2. Linux 中进程描述符

Linux 系统中包括下面几种类型的进程。

- 交互进程：该进程是由 shell 控制和运行的，它既可以在前台运行，也可以在后台运行。
- 批处理进程：该进程不属于某个终端，它被提交到一个队列中以便顺序执行。
- 守护进程：该进程只有在需要时才被唤起在后台运行，它一般在 Linux 启动时开始执行。

进程不但包括程序的指令和数据，而且包括程序计数器和 CPU 的所有寄存器以及存储临时数据的进程堆栈。所以，正在执行的进程包括处理器当前的一切活动。Linux 是一个多进程的操作系统，所以，其他的进程必须等到正在运行的进程空闲 CPU 后才能运行。

当正在运行的进程等待其他的系统资源时，Linux 内核将取得 CPU 的控制权，并将 CPU 分配给其他正在等待的进程。内核中的调度算法决定将 CPU 分配给哪一个进程。

内核把进程存放在任务队列（task list）的双向循环链表中，其中链表的每一项都是类型为 task_struct，成为进程描述符的结构，该结构定义在<include/linux/sched.h>文件中。task_struct 结构比较大，它包含的数据能完整地描述一个正在执行的程序，如打开的文件、进程的地址空间、挂起的型号、进程的状态等，如图 10.1 所示。

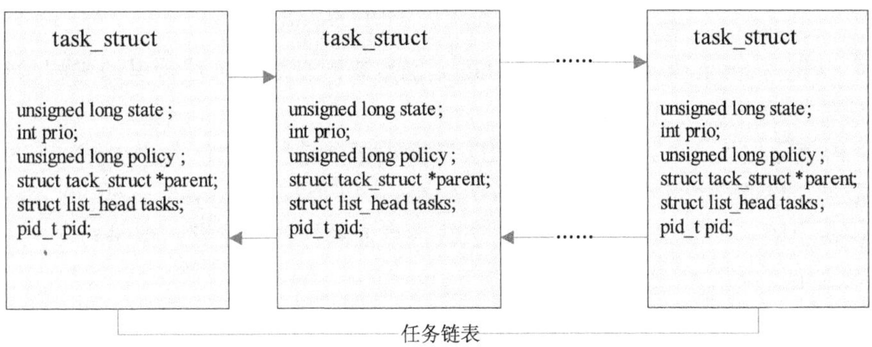

图 10.1 Linux 内核中的任务队列

Linux 通过 slab 分配器分配 task_struct 结构，它实际上是一个栈，其栈顶（向上增长的栈）或栈底（向下增长的栈）中有一个 thread info 结构，其中的 task 指针指向 task_struct。

下面详细讲解 task_struct 结构中最为重要的两个域：state 和 pid。

（1）进程状态

Linux 中的进程有以下几种状态。

➢ 运行（TASK_RUNNING）：一般指就绪状态，也就是指进程随时可以投入运行和运行状态。

➢ 可中断（TASK_INTERUPTIBLE）：在这个状态时进程停止运行，直到它获得满足它继续运行的条件。

➢ 不可中断（TASK_UNINTERUPTIBLE）：在这个状态时进程也是停止运行，但是，即便它获得满足它继续运行的条件，它也不会马上被激活。

➢ 僵死（TASK_ZOMBIE）：进程运行结束，等待父进程销毁它。

➢ 停止（TASK_STOPPED）：进程停止运行，当进程收到 SIGSTOP、SIGTSTP、SIGTTIN、SIGTTOU 等信号，就会停止。在调试期间，进程收到任何信号，也会停止运行。

它们之间的转换关系如图 10.2 所示。

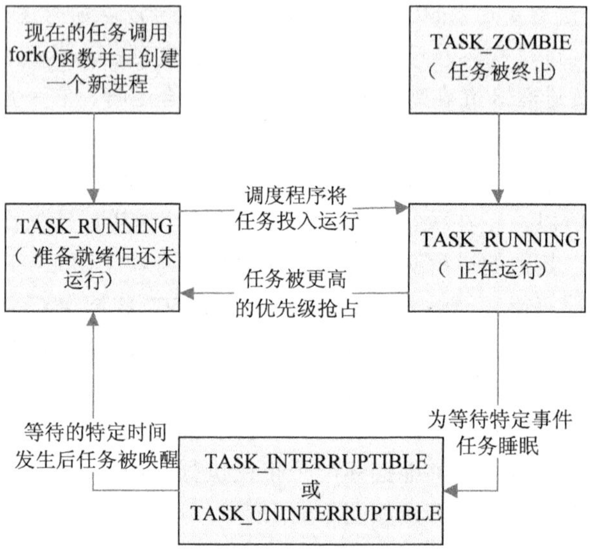

图 10.2 进程状态转换关系图

读者可以使用 set_task_state（task，state）函数来改变进程描述符里的进程状态 state。

（2）任务标识

Linux 内核通过惟一的进程标识值 PID 来标识每个进程。PID 是一个数，它实际上是一个短整型数据，也就是说它最大值为 32767，读者可以查看/proc/sys/kernel/pid_max 来确定该系统的进程数上限。一般来说，32767 对于很多桌面系统已经足够，但是对于大型服务器，就必须修改这个上限。

这样，当系统启动后，内核通常作为某一个进程的代表。一个指向 task_struct 的全局指针变量 current 用来记录正在运行的进程。变量 current 只能由 kernel/sched.c 中的进程调度改变。

当系统需要查看所有的进程时，则调用 for_each_task，这将比系统搜索数组的速度要快得多。某一个进程只能运行在用户方式（user mode）或内核方式（kernel mode）下。用户程序运行在用户方式下，而系统调用运行在内核方式下。

在这两种方式下所用的堆栈不一样：用户方式下用的是一般的堆栈，而内核方式下用的是固定大小的堆栈（一般为一个内存页的大小）。

3．进程的创建、执行和终止

（1）进程的创建和执行

许多操作系统都提供的是产生进程的机制，也就是首先在新的地址空间里创建进程、读入可执行文件，最后再开始执行。

Linux 中进程的创建很特别，它把上述步骤分解到两个单独的函数中取执行：fork()和 exec()。

首先，fork()通过拷贝当前进程创建一个子进程，子进程与父进程的区别仅仅在于不同的 PID、PPID 和某些资源及统计量。exec 函数负责读取可执行文件并将其载入地址空间开始运行。

要注意的是，Linux 中的 fork()使用的是写时拷贝页的技术，也就是内核在创建进行时，其资源并没有被复制过来，资源的赋值仅仅只有在需要写入数据的时候才发生，在此之前只是以只读的方式共享数据。写时拷贝技术可以使 Linux 拥有快速执行的能力，因此这个优化是非常重要的。

（2）进程的终止

进程终结也需要做很多繁琐的收尾工作，系统必须保证进程所占用的资源回收，并通知父进程。

Linux 首先把终止的进程设置为僵死状态，这个时候，进程无法投入运行了，它的存在只为父进程提供信息，申请死亡。父进程得到信息后，开始调用 wait4()，最终赐死子进程，子进程占用的所有资源被全部释放。

10.1.2 进程的调度

1．Linux 中进程调度概述

进程调度是指确定 CPU 当前执行哪个进程。Linux 进程调度策略是以优先级调度为基础的，即优先运行优先级最高的进程。在优先级调度的基础上，通过被分配的优先级的范围，又可以把进程分为实时进程（这里的实时是软实时）和一般进程。实时进程优先于一般进程，并由特殊的调度策略来保证它们的（软）实时性。

在 Linux 系统中所有进程的优先级都在 0～MAX_PRIO-1 之间，数值越低优先级越高。其中，实时进程的优先级范围在 0～MAX_RT_PRIO-1，一般进程的优先级在 MAX_RT_PRIO～MAX_PRIO 之间。

当前内核中的默认配置是：进程优先级在 0～139，其中实时进程占用 0～99，一般进程占用 100～139。

实时进程的优先级从创立之初便已固定，不会改变，以保证给定优先级别的实时进程总能抢占优先级比它低的进程。与此相对地，一般进程的优先级分为静态和动态两方面。静态优先级在进程产生的时候确定，而动态优先级则会在运行时会随着进程状态而动态变化。

为了制订调度策略，Linux 把进程分为活跃进程和过期进程：

对于实时进程，所有处于 TASK_RUNNING 的实时进程都是活跃进程。

对于一般进程，每个进程都拥有一定的时间片，优先级越高时间片越长。进程的运行会消耗时间片。处于 TASK_RUNNING 状态并且时间片没有用完的一般进程是活跃进程，而那些处于 TASK_RUNNING 状态但已经用完时间片的进程称为过期进程。

从上面可以看出，无论活跃进程还是过期进程都是处于 TASK_RUNNING 状态的进程，而那些不处于此状态的进程由于当前无法执行自然也不需要被调度。

对于所有处于 TASK_RUNNING 的进程，Linux 按照优先级将它们分组，每一个优先级对应一个进程组。在调度时，系统总是首先选取具有最高优先级的并且拥有活跃进程的进程组，然后进行相同优先级下的进程调度。

2．Linux 中进程调度算法

Linux 2.6 内核中实现了一个 O（1）的调度算法，也就是说每一次调度所需要的时间与该 CPU 内的总进程数无关。相比于以前的 Linux 内核调度算法最坏情况 O（n）的复杂度要高效、精巧许多，而且由此也可以使得实时进程的实时性得到更加充分的保证。

设想一个实时进程被调度前恰巧 schedule 函数在重新计算时间片从而需要 O（n）的时间才能完成，系统中又有许多过期进程从而 n 很大，那么实时进程运行时可能已经过了比较长的时间了。而现在每次调度所花的时间几乎相同，实时进程一旦有需要会很快得到调度并投入运行。

Linux 中为每个运行队列都有两个优先级数组，一个活跃的和一个过期的。优先级数组在 kernel/sched.c 中被定义，它是 prio_array 类型的结构体。

```
struct prio_array {
      unsigned int nr_active;               /* 当前活跃的进程总数 */
      unsigned long bitmap[BITMAP_SIZE];    /* 活跃进程的位图 */
      struct list_head queue[MAX_PRIO];     /* 各个优先级队列的头指针组成的数组*/
};
```

这其中 MAX_PRIO 定义了系统拥有的优先级个数，默认为 140。每个优先级都有一个 struct list_head 的优先级队列。读者可以回忆本书在第 8 章中讲解 ARM Linux 内核链表的实例中可以看到，list_head 就是一个双向的链表。BITMAP_SIZE 是优先级位图的数组大小，它的每一位都代表一个优先级，因此 140 个优先级需要 5 个长整型才能表示。

这个结构体中的 bitmap 是该算法的关键：bitmap 首先被初始化为全 0，此后，当 bi 为 1 时，表示优先级 i 的队列 queue 中存在活跃进程。因此，第一个使得 bi 为 1 的 i 便对应当前活跃进程中的最高优先级。可以看出，系统查找优先级只需找到在 bitmap 中的第一个 1 即可，由于 bitmap 是定长的，因此查找的时间与系统中进程数量无关，也就是实现了 O（1）的查找性能。

10.1.3　Linux 中的线程

线程机制是现代编程技术中常用的一种抽象，该机制提供了在同一程序内共享内存地址空间运行的一组线程。这些线程可以共享打开的文件和其他资源等。

Linux 中实现线程的机制非常独特。从内核的角度来说，它并没有线程这个概念。Linux

把线程都当作进程来实现，仅仅将其视为使用某些共享资源的进程。每个线程都用有惟一隶属于自己的 task_struct，所以在内核中，它看起来就像一个普通的进程（只是该进程和其他一些进程共享某些资源，如地址空间等）。

读者已经知道了进程是一个程序的一次执行的过程。这里所说的进程一般是指运行在用户态的进程，而由于处于用户态的不同进程之间是彼此隔离的，就像处于不同城市的人们，它们必须通过某种方式来提供通信，例如人们现在广泛使用的手机等方式。本章就是讲解如何建立这些不同的通话方式，就像人们有多种通信方式一样。

10.1.4 Linux 中进程间通信

Linux 下的进程通信手段基本上是从 Unix 平台上的进程通信手段继承而来的。而对 Unix 发展做出重大贡献的两大主力 AT&T 的贝尔实验室及 BSD（加州大学伯克利分校的伯克利软件发布中心）在进程间的通信方面的侧重点有所不同。

前者是对 Unix 早期的进程间通信手段进行了系统的改进和扩充，形成了“System V IPC”，其通信进程主要局限在单个计算机内；后者则跳过了该限制，形成了基于套接口（socket）的进程间通信机制。而 Linux 则把两者的优势都继承了下来，如图 10.3 所示。

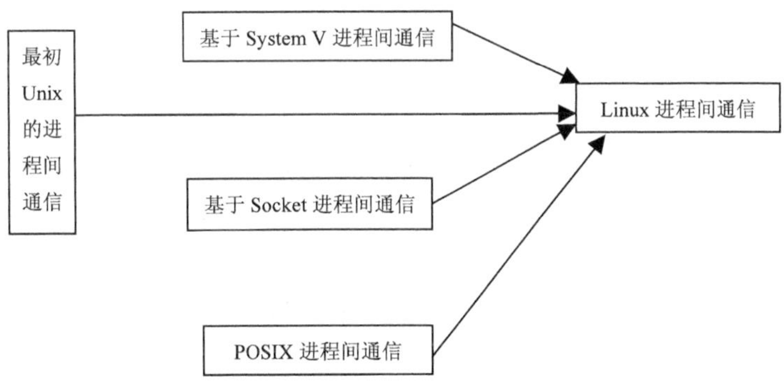

图 10.3 进程间通信发展历程

- Unix 进程间通信（IPC）方式包括管道、FIFO、信号。
- System V 进程间通信（IPC）包括 System V 消息队列、System V 信号灯、System V 共享内存区。
- Posix 进程间通信（IPC）包括 Posix 消息队列、Posix 信号灯、Posix 共享内存区。

现在在 Linux 中使用较多的进程间通信方式主要有以下几种。

（1）管道（Pipe）及有名管道（named pipe）

管道可用于具有亲缘关系进程间的通信；有名管道，除具有管道所具有的功能外，它还允许无亲缘关系进程间的通信。

（2）信号（Signal）

信号是在软件层次上对中断机制的一种模拟，它是比较复杂的通信方式，用于通知接受进程有某事件发生，一个进程收到一个信号与处理器收到一个中断请求效果上可以说是一样的。

（3）消息队列

消息队列是消息的链接表，包括 Posix 消息队列 SystemV 消息队列。它克服了前两种通信方式中信息量有限的缺点，具有写权限的进程可以向消息队列中按照一定的规则添加新消息；对消息队列有读权限的进程则可以从消息队列中读取消息。

（4）共享内存

可以说这是最有用的进程间通信方式。它使得多个进程可以访问同一块内存空间，不同进程可以及时看到对方进程中对共享内存中数据的更新。这种通信方式需要依靠某种同步机制，如互斥锁和信号量等。

（5）信号量

主要作为进程间以及同一进程不同线程之间的同步手段。

（6）套接字（Socket）

这是一种更为一般的进程间通信机制，它可用于不同机器之间的进程间通信，应用非常广泛。

10.2 ARM Linux 进程控制相关 API

进程的创建

1．fork

（1）fork 函数说明

在 Linux 中创建一个新进程的惟一方法是使用 fork 函数。fork 函数是 Linux 中一个非常重要的函数，和读者以往遇到的函数也有很大的区别，它执行一次却返回两个值。

fork 函数用于从已存在进程中创建一个新进程。新进程称为子进程，而原进程称为父进程。这两个分别带回它们各自的返回值，其中父进程的返回值是子进程的进程号，而子进程则返回 0。因此，可以通过返回值来判定该进程是父进程还是子进程。

（2）fork 函数语法

fork 函数的语法格式如下所示。

头文件

```
#include <sys/types.h> // 提供类型 pid_t 的定义
#include <unistd.h>
```

函数原型

```
pid_t fork(void)
```

函数返回值

```
0: 子进程
子进程 ID（大于 0 的整数）: 父进程
-1: 出错
```

（3）fork 函数调用实例

```
/*调用 fork 函数，其返回值为 result*/
int result = fork();
/*通过 result 的值来判断 fork 函数的返回情况，首先进行出错处理*/
if(result == -1){
     perror("fork");
```

```
        exit;
    }
    /*返回值为0代表子进程*/
    else if(result == 0){
        ....../*子进程相关语句*/
    }
    /*返回值大于0代表父进程*/
    else{
        ....../*父进程相关语句*/
    }
```

注意　fork函数使用一次就创建一个进程，所以若把fork函数放在了if...else判断语句中则要小心，不能多次使用fork函数。

2．exec函数族

（1）exec函数族说明

fork函数是用于创建一个子进程，该子进程几乎拷贝了父进程的全部内容。但是，这个新创建的进程如何执行呢？

exec函数族就提供了一个在进程中启动另一个程序执行的方法。它可以根据指定的文件名或目录名找到可执行文件，并用它来取代原调用进程的数据段、代码段和堆栈段，在执行完之后，原调用进程的内容除了进程号外，其他全部被新的进程替换了。另外，这里的可执行文件既可以是二进制文件，也可以是Linux下任何可执行的脚本文件。

在Linux中使用exec函数族主要有两种情况。

➢ 当进程认为自己不能再为系统和用户做出任何贡献时，就可以调用任何exec函数族让自己重生；

➢ 如果一个进程想执行另一个程序，那么它就可以调用fork函数新建一个进程，然后调用任何一个exec，这样看起来就好像通过执行应用程序而产生了一个新进程（这种情况非常普遍）。

（2）exec函数族语法

实际上，在Linux中并没有exec（）函数，而是有6个以exec开头的函数族，它们之间语法有细微差别，本书在下面会详细讲解。

exec函数族语法格式如下所示。

➢ 头文件

```
#include <unistd.h>
```

➢ 函数原型

```
int execl(const char *path, const char *arg, ...)
int execv(const char *path, char *const argv[])
int execle(const char *path, const char *arg, ..., char *const envp[])
int execve(const char *path, char *const argv[], char *const envp[])
int execlp(const char *file, const char *arg, ...)
int execvp(const char *file, char *const argv[])
```

函数返回值

```
-1: 出错
成功: 不返回值
```

这6个函数在函数名和使用语法的规则上都有细微的区别，下面就可执行文件查找方式、参数表传递方式及环境变量这几个方面进行比较。

➢ 查找方式

读者可以注意到，这里前 4 个函数的查找方式都是完整的文件目录路径，而最后两个函数（也就是以 p 结尾的两个函数）可以只给出文件名，系统就会自动从环境变量$PATH 所指出的路径中进行查找。

➢ 参数传递方式

exec 函数族的参数传递有两种方式：一种是逐个列举的方式，而另一种则是将所有参数整体构造指针数组进行传递。

在这里是以函数名的第 5 位字母来区分的，字母为 l（list）的表示逐个列举的方式，其语法为 char *arg；字母为 v（vertor）的表示将所有参数整体构造指针数组传递，其语法为*const argv[]。读者可以观察 execl、execle、execlp 的语法与 execv、execve、execvp 的区别。它们具体的用法在后面的实例讲解中会举例说明。

这里的参数实际上就是用户在使用这个可执行文件时所需的全部命令选项字符串（包括该可执行程序命令本身）。要注意的是，这些参数必须以 NULL 表示结束，如果使用逐个列举方式，那么要把它强制转化成一个字符指针，否则 exec 将会把它解释为一个整型参数，如果一个整型数的长度与 char *的长度不同，那么 exec 函数就会报错。

➢ 环境变量

exec 函数族可以默认系统的环境变量，也可以传入指定的环境变量。这里以 e（Enviromen）结尾的两个函数 execle、execve 就可以在 envp[]中指定当前进程所使用的环境变量。

表 10.1 对这 4 个函数中函数名和对应语法做了总结，主要指出了函数名中每一位所表明的含义，希望读者结合此表加以记忆。

表 10.1 **exec 函数名对应含义**

前 4 位	统一为：exec	
第 5 位	l：参数传递为逐个列举方式	execl、execle、execlp
	v：参数传递为构造指针数组方式	execv、execve、execvp
第 6 位	e：可传递新进程环境变量	execle、execve
	p：可执行文件查找方式为文件名	execlp、execvp

（3）exec 函数组调用实例

使用 exec 函数族大多数情况下是首先使用 fork 函数创建子进程，在子进程中调用的。下面的例子中使用 execlp 函数，该函数的参数是采用逐个列举方式，并且使用系统默认的环境变量。

这里的参数列表就是在 shell 中使用的命令名和选项，并且使用文件名的方式在系统默认的环境变量 PATH 查找该可执行文件。

```
if(fork()==0){
/*调用 execlp 函数，这里相当于调用了“ls -l”命令*/
    if(execlp("ls","ls","-l",NULL)<0)
          perror("execlp error!");
}
```

使用 execl 函数时需要给出完整的文件目录来查找对应的可执行文件。注意目录必须以"/"开头，否则将其视为文件名。

```
/*调用 execl 函数，注意这里要给出 ps 程序所在的完整路径*/
if(execl("/bin/ls","ls","-l",NULL)<0)
      perror("execl error!");
```

使用 execle 时可以将环境变量添加到新建的子进程中去，这里先把环境变量构造成指针数组的方式来进行传递，如下所示：

```
/*命令参数列表，必须以 NULL 结尾*/
char *envp[]={"PATH=/tmp","USER=sunq",NULL};
/*调用 execle 函数，注意这里也要指出 env 的完整路径*/
if(execle("/bin/env","env",NULL,envp)<0)
      perror("execle error!");
```

使用 execve 函数时，通过构造指针数组的方式来传递参数，注意参数列表一定要以 NULL 作为结尾标识符，如下所示：

```
/*命令参数列表，必须以 NULL 结尾*/
char *arg[]={"env",NULL};
char *envp[]={"PATH=/tmp","USER=sunq",NULL};
if(execve("/bin/env",arg,,envp)<0)
      perror("execve error!");
```

> 注意　在使用 exec 函数族时，一定要加上错误判断语句，因为 exec 很容易执行失败。事实上，这 6 个函数中真正的系统调用只有 execve，其他 5 个都是库函数，它们最终都会调用 execve 这个系统调用。

3．exit 和_exit

（1）exit 和_exit 函数说明

exit 和_exit 函数都是用来终止进程的。当程序执行到 exit 或_exit 时，进程会无条件地停止剩下的所有操作，清除包括 PCB 在内的各种数据结构，并终止本进程的运行。

这两个函数还是有区别的：exit()函数与_exit()函数最大的区别就在于 exit()函数在调用 exit 系统之前要检查文件的打开情况，把文件缓冲区中的内容写回文件。

由于在 Linux 的标准函数库中，有一种被称作缓冲 I/O（buffered I/O）的操作，其特征就是对应每一个打开的文件，在内存中都有一片缓冲区。每次读文件时，会连续读出若干条记录，这样在下次读文件时就可以直接从内存的缓冲区中读取；同样，每次写文件的时候，也仅仅是写入内存中的缓冲区，等满足了一定的条件（如达到一定数量或遇到特定字符等），再将缓冲区中的内容一次性写入文件。

这种技术大大增加了文件读写的速度，但也为编程带来了一点麻烦。比如有一些数据，认为已经写入了文件，实际上因为没有满足特定的条件，它们还只是保存在缓冲区内，这时用_exit()函数直接将进程关闭，缓冲区中的数据就会丢失。因此，若想保证数据的完整性，就一定要使用 exit()函数。

（2）exit 和_exit 函数语法

exit 和_exit 函数的语法如下所示。

➢ 头文件

```
exit: #include <stdlib.h>
_exit: #include <unistd.h>
```

➢ 函数原型

```
void exit/_exit(int status); /*利用该参数传递进程结束时的状态。一般来说，0 表示正常
结束；其他的数值表示出现了错误，进程非正常结束*/
```

（3）exit 和_exit 使用实例

exit 和_exit 函数的调用很简单，就输入状态参数即可，如下所示：

```
exit(0);
_exit(-1);
```

4．wait 和 waitpid

（1）wait 和 waitpid 函数说明

wait 函数是用于使父进程（也就是调用 wait 的进程）阻塞，直到一个子进程结束或者该进程接到了一个指定的信号为止。如果该父进程没有子进程或者他的子进程已经结束，则 wait 就会立即返回。

waitpid 的作用和 wait 一样，但它并不一定要等待第一个终止的子进程，它还有若干选项，如可提供一个非阻塞版本的 wait 功能，也能支持作业控制。实际上 wait 函数只是 waitpid 函数的一个特例，在 Linux 内部实现 wait 函数时直接调用的就是 waitpid 函数。

（2）wait 和 waitpid 函数格式说明

wait 函数的语法规范如下所示。

➢ 头文件

```
#include <sys/types.h>
#include <sys/wait.h>
```

➢ 函数原型

```
pid_t wait(int *status) /*表示子进程退出时的状态*/
pid_t waitpid( pid_t pid, /*等待结束的进程类型*/
               int *status, /*同 wait*/
               int options) /*选项*/
```

这里的 status 若为空，则代表任意状态结束的子进程；status 若不为空，则代表指定状态结束的子进程。

这里的 pid 有如表 10.2 所示的几种可选情况。

表 10.2　　pid 的几种可选情况

pid	含　义
>0	只等待进程 ID 等于 pid 的子进程，不管已经有其他子进程运行结束退出了，只要指定的子进程还没有结束，waitpid 就会一直等下去
-1	等待任何一个子进程退出，此时和 wait 作用一样
=0	等待其组 ID 等于调用进程的组 ID 的任一子进程
<-1	等待其组 ID 等于 pid 的绝对值的任一子进程

这里的 option 有如表 10.3 所示的几种可选情况。

表 10.3 option 的几种可选情况

option	含 义
WNOHANG	若由 pid 指定的子进程并不立即可用，则 waitpid 不阻塞，此时返回值为 0
WUNTRACED	若实现支持作业控制，则由 pid 指定的任一子进程状态已暂停，且其状态自暂停以来还未报告过，则返回其状态
0	同 wait，阻塞父进程，等待子进程退出

➢ 函数返回值

```
成功：子进程的进程号，0（调用成功子进程还未退出）
失败：-1
```

（3）waitpid 使用实例

wait 函数的使用非常简单，只需要在父进程处调用即可，这时父进程就会阻塞自己，直到有相应的子进程退出为止。waitpid 函数使用也较为简单，可以通过指定 WNOHANG 使父进程不再阻塞自己，其调用过程如下所示：

```
/*调用 waitpid，且父进程不阻塞*/
pr=waitpid(pc,NULL,WNOHANG);
```

5. 避免僵死进程实例

当一个进程已经终止、但是其父进程尚未对其进行善后处理（获得终止子进程的有关信息，释放它占用的资源）的进程被称为僵死进程。

如果一个进程使用 fork 函数创建了一个子进程，但不要它等待子进程终止，也不希望子进程处于僵死状态直到父进程终止，实现这一要求的方法就是两次调用 fork 函数。

源代码如下所示：

```
#include <sys/types.h>
#include <unistd.h>
#include <sys/wait.h>

int main()
{
    pid_t pid;
    if((pid = fork()) < 0){
        perror("fork");
    /*子进程 1*/
    }else if(pid == 0){
        if((pid = fork()) < 0)
            perror("fork");
        /*子进程 2 退出*/
        else if(pid > 0)
            exit(0);
        /*等待两秒，以确保在打印父进程 ID 时第一个子进程已终止*/
        sleep(2);
        /*打印子进程的父进程号*/
        printf("second child, parent pid = %d\n", getppid());
        exit(0);
```

```
        }else{
        /*在父进程中等待子进程退出*/
        if(waitpid(pid, NULL, 0) != pid)
            perror("waitpid");
        exit(0);
        }
}
```

该程序运行后，第二个子进程的父进程变为 init 进程。其运行结果如下所示：

```
#./zombie
#.second child, parent pid = 1
```

10.3 ARM Linux 进程间通信 API

10.3.1 管道通信

1．管道概述

管道是 Linux 中进程间通信的一种方式，它把一个程序的输出直接连接到另一个程序的输入。Linux 的管道主要包括两种：无名管道和有名管道。

（1）无名管道

无名管道是 Linux 中管道通信的一种原始方法，如图 10.4 所示，它具有如下特点。

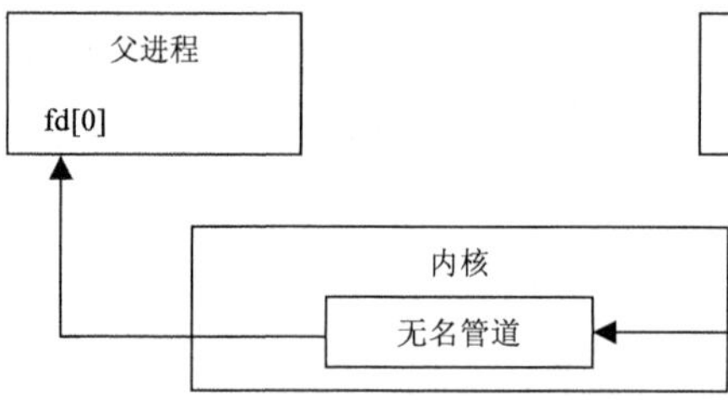

图 10.4　无名管道

➢ 它只能用于具有亲缘关系的进程之间的通信（也就是父子进程或者兄弟进程之间）。

➢ 它是一个半双工的通信模式，具有固定的读端和写端。

➢ 管道也可以看成是一种特殊的文件，对于它的读写也可以使用普通的 read、write 等函数。但是它不是普通的文件，并不属于其他任何文件系统，并且只存在于内存中。

（2）有名管道（FIFO）

有名管道是对无名管道的一种改进，如图 10.5 所示，它具有如下特点：

➢ 它可以使互不相关的两个进程实现彼此通信。

➢ 该管道可以通过路径名来指出，并且在文件系统中是可见的。在建立了管道之后，两个进程就可以把它当作普通文件一样进行读写操作，使用非常方便。

➢ FIFO 严格地遵循先进先出规则，对管道及 FIFO 的读总是从开始处返回数据，对它们的写则把数据添加到末尾，它们不支持如 lseek()等文件定位操作。

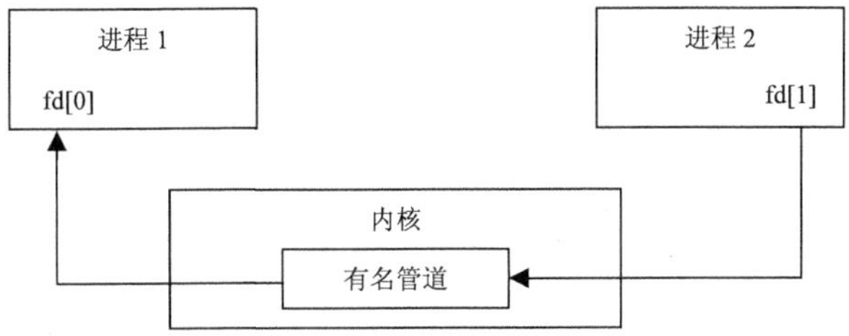

图 10.5 有名管道

2. 有名管道的创建

（1）函数说明

有名管道的创建可以使用函数 mkfifo，该函数类似文件中的 open 操作，可以指定管道的路径和打开的模式。

小知识 用户还可以在命令行使用 “mknod 管道名 p” 来创建有名管道。

在创建管道成功之后，就可以使用 open、read、write 这些函数了。与普通文件的开发设置一样，对于为读而打开的管道可在 open 中设置 O_RDONLY，对于为写而打开的管道可在 open 中设置 O_WRONLY，在这里与普通文件不同的是阻塞问题。

由于普通文件的读写时不会出现阻塞问题，而在管道的读写中却有阻塞的可能，这里的非阻塞标志可以在 open 函数中设定为 O_NONBLOCK。下面分别对阻塞打开和非阻塞打开的读写进行一定的讨论。

① 对于读进程

➢ 若该管道是阻塞打开，且当前 FIFO 内没有数据，则对读进程而言将一直阻塞直到有数据写入。

➢ 若该管道是非阻塞打开，则不论 FIFO 内是否有数据，读进程都会立即执行读操作。

② 对于写进程

➢ 若该管道是阻塞打开，则写进程将一直阻塞直到有读进程读出数据。

➢ 若该管道是非阻塞打开，则当前 FIFO 内没有读操作，写进程都会立即执行读操作。

（2）函数格式定义

mkfifo 函数格式如下所示：

➢ 头文件

```
#include <sys/types.h>
#include <sys/state.h>
```

➢ 函数原型

```
int mkfifo( const char *filename,/* 要创建的管道*/
        mode_t mode)/*管道创建的类型*/
```

这里的 mode 类似于 open 中的 flag，可以有如表 10.4 所示各种取值。

表 10.4 **mode 取值说明**

mode	含 义
O_RDONLY	读管道
O_WRONLY	写管道

续表

mode	含　义
O_RDWR	读写管道
O_NONBLOCK	非阻塞
O_CREAT	如果该文件不存在，那么就创建一个新的文件，并用第3个参数为其设置权限
O_EXCL	如果使用O_CREAT时文件存在，那么可返回错误消息，这一参数可测试文件是否存在

➢ 函数返回值

```
成功: 0
出错: -1
```

（3）函数调用实例

若要使用有名管道的方式来进行进程间通信，则必须首先调用mkfifo函数创建管道，创建后用户可以分别调用函数open、read、write来实现对管道的读写，如下所示：

```
/*创建有名管道，并设置相应的权限*/
mkfifo(FIFO,O_CREAT|O_EXCL);
/*打开有名管道，并设置非阻塞标志*/
fd=open(FIFO,O_RDONLY|O_NONBLOCK,0);
```

注意　mkfifo函数仅仅创建了管道，并没有打开管道。

10.3.2　信号通信

1．信号概述

信号是在软件层次上对中断机制的一种模拟。在原理上，一个进程收到一个信号与处理器收到一个中断请求可以说是一样的。信号是异步的，一个进程不必通过任何操作来等待信号的到达，事实上，进程也不知道信号到底什么时候到达。

信号是进程间通信机制中惟一的异步通信机制，可以看作是异步通知，通知接收信号的进程有哪些事情发生了。信号机制经过POSIX实时扩展后，功能更加强大，除了基本通知功能外，还可以传递附加信息。

信号事件的发生有两个来源：硬件来源（比如我们按下了键盘或者其他硬件故障）；软件来源，最常用发送信号的系统函数是kill、raise、alarm、setitimer和sigqueue函数，软件来源还包括一些非法运算等操作。

进程可以通过3种方式来响应一个信号。

（1）忽略信号

即对信号不做任何处理，其中，有两个信号不能忽略：SIGKILL及SIGSTOP。

（2）捕捉信号

定义信号处理函数，当信号发生时，执行相应的处理函数。

（3）执行缺省操作

Linux对每种信号都规定了默认操作，如表10.5所示。

表 10.5　　常见信号的含义及其默认操作

信号名	含义	默认操作
SIGHUP	该信号在用户终端连接（正常或非正常）结束时发出，通常是在终端的控制进程结束时，通知同一会话内的各个作业与控制终端不再关联	终止
SIGINT	该信号在用户键入 INTR 字符（通常是 Ctrl-C）时发出，终端驱动程序发送此信号并送到前台进程中的每一个进程	终止
SIGQUIT	该信号和 SIGINT 类似，但由 QUIT 字符（通常是 Ctrl-\）来控制	终止
SIGILL	该信号在一个进程企图执行一条非法指令时（可执行文件本身出现错误，或者试图执行数据段、堆栈溢出时）发出	终止
SIGFPE	该信号在发生致命的算术运算错误时发出。这里不仅包括浮点运算错误，还包括溢出及除数为 0 等其他所有的算术的错误	终止
SIGKILL	该信号用来立即结束程序的运行，并且不能被阻塞、处理和忽略	终止
SIGALRM	该信号当一个定时器到时的时候发出	终止
SIGSTOP	该信号用于暂停一个进程，且不能被阻塞、处理或忽略	暂停进程
SIGTSTP	该信号用于交互停止进程，用户可键入 SUSP 字符时（通常是 Ctrl+Z）发出这个信号	停止进程
SIGCHLD	子进程改变状态时，父进程会收到这个信号	忽略

一个完整的信号生命周期可以分为 3 个重要阶段，这 3 个阶段由 4 个重要事件来刻画的：信号产生、信号在进程中注册、信号在进程中注销、执行信号处理函数，如图 10.6 所示。

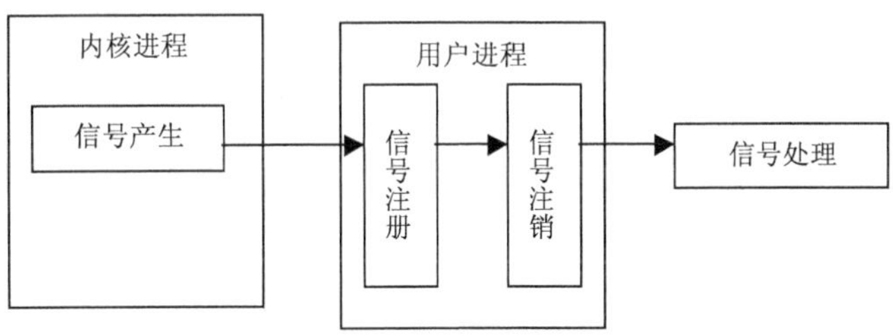

图 10.6　信号生命周期

相邻两个事件的时间间隔构成信号生命周期的一个阶段。要注意这里的信号处理有多种方式，一般是由内核完成的，当然也可以由用户进程来完成，故在此没有明确画出。

> **注意**　这里信号的产生、注册、注销等是指信号的内部实现机制，而不是信号的函数实现。因此，信号注册与否与本节后面讲到的发送信号函数（如 kill ( ) 等）以及信号安装函数（如 signal ( ) 等）无关，只与信号值有关。

Linux 中的大多数信号是提供给内核的，表 10.5 列出了 Linux 中最为常见信号的含义及其默认操作。

信号的处理包括信号的发送、捕获以及信号的处理，它们各自相对应的常见函数有

发送信号的函数：kill()、raise()。

捕获信号的函数：alarm()、pause()。

处理信号的函数：signal()。

2．kill()和 raise()

（1）函数说明

kill 函数可以发送信号给进程或进程组，它不仅可以中止进程，也可以向进程发送其他信号。与 kill 函数所不同的是，raise 函数允许进程向自身发送信号。

（2）函数格式

kill 和 raise 函数的语法要点如下所示。

➢ 头文件

```
#include <signal.h>
#include <sys/types.h>
```

➢ 函数原型

```
int kill(   pid_t pid,/*指明要发送信号的进程号*/
            int sig) /*信号，表 10.5 中的数值*/
int raise(int sig) /*信号，表 10.5 中的数值*/
```

kill 函数中的 pid 有如表 10.6 所示的 3 种情况。

表 10.6　　mode 取值说明

pid	含　义
正数	要发送信号的进程号
0	信号被发送到所有和 pid 进程在同一个进程组的进程
-1	信号发给所有的进程表中的进程（除了进程号最大的进程外）

函数返回值

```
成功：0
出错：-1
```

（3）函数调用实例

这两个函数的调用都比较简单，如下所示：

```
raise(SIGSTOP);
kill(pid,SIGKILL);
```

3．alarm()和 pause()

（1）函数说明

alarm 也称为闹钟函数，它可以在进程中设置一个定时器，当定时器指定的时间到时，它就向进程发送 SIGALARM 信号。要注意的是，一个进程只能有一个闹钟时间，如果在调用 alarm 之前已设置过闹钟时间，则任何以前的闹钟时间都被新值所代替。

pause 函数是用于将调用进程挂起直至捕捉到信号为止。这个函数很常用，通常可以用于判断信号是否已到。

（2）函数格式

alarm 和 pause 函数的语法要点如下所示。

➢ 头文件

```
#include <unistd.h>
```

➢ 函数原型

```
unsigned int alarm(unsigned int seconds) /*指定秒数*/
int pause(void)
```

➢ 函数返回值

```
成功：如果调用此 alarm ( ) 前，进程中已经设置了闹钟时间，则返回上一个闹钟时间的剩余时间，否则返回 0。
出错：-1，并且把 error 值设为 EINTR
```

（3）函数调用实例

这两个函数的调用很简单，如下所示：

```
ret=alarm(5);
pause();
```

这时，由于 SIGALARM 默认的系统动作为终止该进程，因此在调用 pause 之后程序就终止了。

4．signal()

（1）函数说明

在了解了信号的产生与捕获之后，接下来就要对信号进行具体的操作了。从前面的信号概述中读者也可以看到，特定的信号是与一定的进程相联系的。也就是说，一个进程可以决定在该进程中需要对哪些信号进行什么样的处理。

例如，一个进程可以选择忽略某些信号而只处理其他一些信号，另外，一个进程还可以选择如何处理信号。总之，这些都是与特定的进程相联系的。因此，首先就要建立其信号与进程之间的对应关系，这就是信号的处理。

使用 signal 函数处理时，只需把要处理的信号和处理函数列出即可，它主要是用于前 32 种非实时信号的处理，不支持信号传递信息，但是由于使用简单、易于理解，因此也受到很多程序员的欢迎。

（2）函数格式

signal 函数的语法要点如下所示。

➢ 头文件

```
#include <signal.h>
```

➢ 函数原型

```
void ( *signal(int signum, /*指定信号*/
       void (*handler))(int)))(int) /*对信号的处理*/
```

这里需要对这个函数原型进行说明，这个函数原型非常复杂，可先用如下的 typedef 进行替换说明：

```
typedef void sign(int);
sign *signal(int, handler *);
```

可见，首先该函数原型整体指向一个无返回值带一个整型参数的函数指针，也就是信号的原始配置函数。接着该原型又带有两个参数，其中的第二个参数可以是用户自定义的信号处理函数的函数指针。

这里的 handler 有如表 10.7 所示的几种选择方式。

表 10.7 handler 取值说明

handler	含　义
SIG_IGN	忽略该信号
SIG_DFL	采用系统默认方式处理信号
其他	自定义的信号处理函数指针

➢ 函数返回值

```
成功：以前的信号处理配置
出错：-1
```

（3）使用实例

使用 signal 函数时通常用于自定义信号处理函数时使用（handler 的第 3 种情况）。例如首先自定义了信号处理函数，接着再使用 signal 函数处理相应的信号。

```
/*这里的my_func是自定义信号处理函数*/
signal(SIGINT, my_func);
signal(SIGQUIT, my_func);
```

5．具有超时限制的 read 调用

通常的 read 函数并没有超时限制的功能。如果读取的设备是一个低速设备，可能需要等待一段时间才会读取成功。这里通过使用 alarm 定时函数来给 read 函数设置超时时限（10s）。若 alarm 函数返回时，就会向 signal 函数发送 SIGALRM 信号，从而调用函数 sig_alrm，其源代码如下所示：

```
#include <signal.h>
#include <stdio.h>
#include <stdlib.h>
#include <unistd.h>
static void sig_alrm(int);
#define MAXLINE 4096
int main(void)
{
     int n;
     char line[MAXLINE];
     /*设定超时时限*/
     alarm(10);
     /*信号注册函数*/
     if(signal(SIGALRM, sig_alrm) == SIG_ERR)
            perror("signal");
     if((n = read(STDIN_FILENO, line, MAXLINE)) < 0)
            perror("read");
     alarm(0);

     write(STDOUT_FILENO, line, n);
     exit(0);
}
```

```
static void sig_alrm(int signo)
{
        printf("in here alarm\n");
}
```

在开发板上运行该程序，读者可以看到若在 10s 内有输入，则程序正常返回，若没有输入，程序就进入 sgig_alrm 函数，如下所示：

```
#./alarm_read
#in here alarm
```

10.3.3 共享内存

1. 共享内存概述

共享内存允许两个或更多进程共享一给定的存储区。因为数据不需要在各个进程之间复制，所以这是最快的一种进程间通信方式。使用共享内存时的关键点在于如何在多个进程之间对一给定的存储区进行同步访问。

例如若一个进程正在将数据放入共享内存区，则在它做完这一操作之前，其他进程不应该去取这些数据。通常，信号量被用来实现对共享内存访问的同步，其原理示意图如图 10.7 所示。

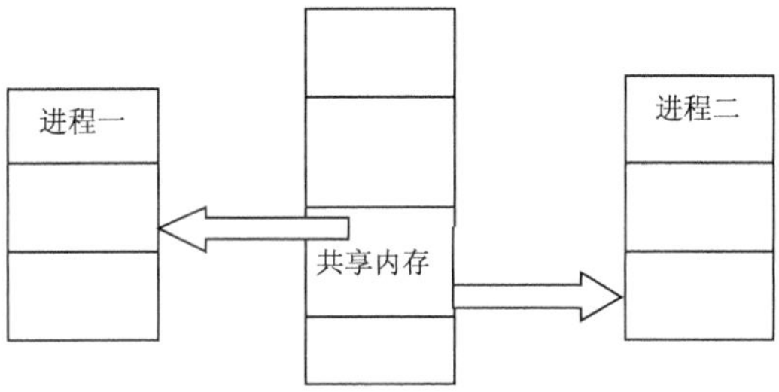

图 10.7 共享内存原理示意图

2. 函数说明

共享内存的实现分为 3 个步骤。

第一步是创建共享内存，这里用到的函数是 shmget，也就是从内存中获得一段共享内存区域。

第二步映射共享内存，也就是把这段创建的共享内存映射到具体的进程空间去，这里使用的函数是 shmat。到这里，就可以使用这段共享内存了，也就是可以使用不带缓冲的 I/O 读写命令对其进行操作。

第三步是撤销映射的操作，其函数为 shmdt。

这里就主要介绍这 3 个函数。

3. 函数格式

这里函数的头文件都是如下所示。

```
#include <sys/types.h>
#include <sys/ipc.h>
#include <sys/shm.h>
```

shmget 函数的语法要点如下所示。

➢ 函数原型

```
int shmget( key_t key, /*IPC_PRIVATE */
            int size, /*共享内存区大小*/
            int shmflg) /*同 open 函数的权限位，也可以用 8 进制表示法*/
```

➢ 函数返回值

```
成功：共享内存段标识符
出错：-1
```

shmat 函数的语法要点如下所示。

➢ 函数原型

```
char *shmat(    int shmid, /*要映射的共享内存区标识符*/
                const void *shmaddr, /*将共享内存映射到指定位置（若为 0 则表示把该
段共享内存映射到调用进程的地址空间）*/
                int shmflg) /*SHM_RDONLY：共享内存只读，默认 0，共享内存可读写*/
```

➢ 函数返回值

```
成功：被映射的段地址
出错：-1
```

shmdt 函数的语法如下所示。

➢ 函数原型

```
int shmdt(const void *shmaddr) /*被映射的共享内存段地址*/
```

➢ 函数返回值

```
成功：0
出错：-1
```

4．使用实例

在使用这 3 个函数时，往往首先使用 shmget 函数，首先创建一个共享内存区，之后将其映射到本进程中，最后再解除这种映射关系。

这里要介绍的一个命令是 ipcs，这是用于报告进程间通信机制状态的命令，它可以查看共享内存、消息队列等各种进程间通信机制的情况，这里使用了 system 函数用于调用 shell 命令 ipcs，函数调用如下所示：

```
/*创建共享内存*/
shmget(IPC_PRIVATE,BUFSZ,0666);
/*映射共享内存*/
shmat(shmid,0,0));
/*删除共享内存*/
shmdt(shmadd);
```

10.3.4 消息队列

1．消息队列概述

消息队列就是一个消息的链表。用户可以把消息看作一个记录，具有特定的格式以及特定的优先级。对消息队列有写权限的进程可以向中按照一定的规则添加新消息；对消息队列有读权限的进程则可以从消息队列中读走消息，消息队列是随内核持续的。

2．消息队列实现说明

消息队列的实现包括创建或打开消息队列、添加消息、读取消息和控制消息队列这 4 种操作。

➢ 创建或打开消息队列

使用函数 msgget，这里创建的消息队列的数量会受到系统消息队列数量的限制。

➢ 添加到消息队列

使用函数 msgsnd，它把消息添加到已打开的消息队列末尾。

➢ 读取消息队列内容

使用函数 msgrcv，它把消息从消息队列中取走，与 FIFO 不同的是，这里可以指定取走某一条消息。

➢ 控制消息队列

使用函数 msgctl，它可以完成多项功能。

3．函数格式

这里的函数都用到了同样的头文件，如下所示：

```
#include <sys/types.h>
#include <sys/ipc.h>
#include <sys/shm.h>
```

msgget 函数的语法要点如下所示。

➢ 函数原型

```
int msgget(key_t key, /*返回新的或已有队列的队列 ID、IPC_PRIVATE */
           int flag)
```

➢ 函数返回值

```
成功：消息队列 ID
出错：-1
```

msgsnd 函数的语法要点如下所示。

➢ 函数原型

```
int msgsnd(int msqid, /*消息队列的队列 ID */
           const void *prt, /*指向消息结构的指针*/
           size_t size, /*消息的字节数，不要以 NULL 结尾*/
           int flag)/*有两种取值情况：IPC_NOWAIT 若消息并没有立即发送而调用进程会立
即返回。0: msgsnd 调用阻塞直到条件满足为止*/
```

这里 prt 消息的结构如下所示：

```
struct msgbuf{
long mtype;//消息类型
char mtext[1];//消息正文
}
```

➢ 函数返回值

```
成功：0
出错：-1
```

msgrcv 函数的语法要点如下所示。

➢ 函数原型

```
int msgrcv(int msgid, /*消息队列的队列 ID */
           struct msgbuf *msgp,/* 消息缓冲区*/
           int size, /*消息的字节数，不要以 NULL 结尾*/
```

```
            long msgtype, /*接收的消息类型*/
            int flag) /*类型符*/
```

这里的msgtype有如表10.8所示的几种取值情况。

表10.8　　**msgtype**取值说明

0	接收消息队列中第一个消息
大于0	接收消息队列中第一个类型为msgtyp的消息
小于0	接收消息队列中第一个类型值不小于msgtyp绝对值且类型值又最小的消息

这里的flag有如表10.9所示的几种取值情况。

表10.9　　**flag**取值说明

flag	含　义
MSG_NOERROR	若返回的消息比size字节多，则消息就会截短到size字节，且不通知消息发送进程
IPC_NOWAIT	若消息并没有立即发送而调用进程会立即返回
0	msgsnd调用阻塞直到条件满足为止

➢　函数返回值

```
成功: 0
出错: -1
```

msgctl函数的语法要点如下所示。

➢　函数原型

```
int msgctl(int msgqid, /*消息队列的队列ID*/
            int cmd, /*消息队列控制选项*/
            struct msqid_ds *buf ) /*消息队列缓冲区*/
```

这里，cmd参数有如表10.10所示的几种选择情况。

表10.10　　**cmd**取值说明

cmd	含　义
IPC_STAT	读取消息队列的数据结构msqid_ds，并将其存储在buf指定的地址中
IPC_SET	设置消息队列的数据结构msqid_ds中的ipc_perm元素的值，这个值取自buf参数
IPC_RMID	从系统内核中移走消息队列

➢　函数返回值

```
成功: 0
出错: -1
```

4．使用实例

在使用消息队列前，可以先使用函数fork，根据不同的路径和关键表示产生标准的key，之后使用msgget等函数对消息队列进行操作，如下所示：

```
/*自定义消息格式*/
struct message msg;
```

```
/*创建消息队列*/
msgget(key,IPC_CREAT|0666);
/*添加消息到消息队列*/
msgsnd(qid,&msg,len,0);
/*读取消息队列*/
msgrcv(qid,&msg,BUFSZ,0,0);
/*从系统内核中移走消息队列。*/
msgctl(qid,IPC_RMID,NULL);
```

10.4 ARM Linux 线程相关 API

本节详细讲解用户空间线程的操作。在嵌入式 Linux 中，Pthread 线程库是一套通用的线程库，由 POSIX 提出，具有很好的可移植性。

1. 线程创建和退出

（1）函数说明

使用线程主要包括以下几个步骤。

➢ 创建线程

这个步骤实际上就是确定调用该线程函数的入口点，这里通常使用的函数是 pthread_ create。

➢ 调用相关线程函数

在线程创建以后，就开始运行相关的线程函数。

➢ 线程退出

在线程调用函数运行完之后，该线程也就退出了，这也是线程退出一种方法。另一种退出线程的方法是使用函数 pthread_exit，这是线程的主动行为。

> 注意　在使用线程函数时，不能随意使用 exit 退出函数进行出错处理，由于 exit 的作用是使调用进程终止，往往一个进程包含多个线程，因此，在使用 exit 之后，该进程中的所有线程都终止了。因此，在线程中就可以使用 pthread_exit 来代替进程中的 exit。

➢ 线程资源回收

由于一个进程中的多个线程是共享数据段的，因此通常在线程退出之后，退出线程所占用的资源并不会随着线程的终止而得到释放。正如进程之间可以用 wait( )系统调用来同步终止并释放资源一样，线程之间也有类似机制，那就是 pthread_join( )函数。

pthread_join 可以用于将当前线程挂起，等待线程的结束。这个函数是一个线程阻塞的函数，调用它的函数将一直等待到被等待的线程结束为止，当函数返回时，被等待线程的资源就被收回。

（2）函数格式

这几个函数都使用如下头文件：

```
#include <pthread.h>
```

pthread_create 函数的语法要点如下所示。

➢ 函数原型

```
int pthread_create((  pthread_t *thread, /*线程标识符*/
    p                 thread_attr_t *attr, /*线程属性设置，默认为 NULL，可以使用
```

```
其他函数来设置*/
                         void *(*start_routine)(void *),/*线程函数的起始地址*/
                          void *arg)) /*传递给 start_routine 的参数*/
```

➢ 函数返回值

```
成功: 0
出错: -1
```

pthread_exit 函数的语法要点如下所示。

➢ 函数原型

```
void pthread_exit(void *retval)/*pthread_exit()调用者线程的返回值，可由其他函数
如 pthread_join 来检索获取*/
```

➢ 函数返回值

```
成功: 0
出错: -1
```

pthread_join 函数的语法要点如下所示。

➢ 函数原型

```
int pthread_join((pthread_t th, /*等待线程的标识符*/
                  void **thread_return)) /*用户定义的指针，用来存储被等待线程的返
回值（不为 NULL 时）*/
```

➢ 函数返回值

```
成功: 0
出错: -1
```

（3）函数调用实例

在使用 pthread_create 函数时，通常可以将所要传递给线程函数的参数写成一个结构体，传入到该函数中。pthread_join 函数则使用 pthread_create 函数的 id 等待线程退出，该函数调用源码如下所示：

```
void thread(void)
{/*具体线程函数*/
}
/*主函数中创建线程*/
ret=pthread_create(&id,NULL,(void *) thread,NULL);
/*等待线程结束*/
pthread_join(id,NULL);
```

2. mutex 线程访问控制

由于线程共享进程的资源和地址空间，因此在对这些资源进行操作时，必须考虑到线程间资源访问的惟一性问题，POSIX 中线程同步的方法主要有互斥锁和信号量的方式。

下面介绍 mutex 线程访问控制。

（1）mutex 互斥锁函数说明

mutex 是一种简单的加锁的方法来控制对共享资源的存取。这个互斥锁只有两种状态，也就是上锁和解锁，可以把互斥锁看作某种意义上的全局变量。

在同一时刻只能有一个线程掌握某个互斥上的锁，拥有上锁状态的线程能够对共享资源进行操作。若其他线程希望上锁一个已经上锁了的互斥锁，则该线程就会挂起，直到上锁的线程释放掉互斥锁为止。这把互斥锁使得共享资源按序在各个线程中操作。

互斥锁可以分为快速互斥锁、递归互斥锁和检错互斥锁，这3种锁的区别主要在于其他未占有互斥锁的线程在希望得到互斥锁时的是否需要阻塞等待。

快速锁是指调用线程会阻塞直至拥有互斥锁的线程解锁为止。

递归互斥锁能够成功地返回并且增加调用线程在互斥上加锁的次数。

检错互斥锁则为快速互斥锁的非阻塞版本，它会立即返回并返回一个错误信息。

互斥锁的操作主要包括以下几个步骤。

- 互斥锁初始化：pthread_mutex_init。
- 互斥锁上锁：pthread_mutex_lock。
- 互斥锁判断上锁：pthread_mutex_trylock。
- 互斥锁接锁：pthread_mutex_unlock。
- 消除互斥锁：pthread_mutex_destroy。

（2）函数格式

这几个函数都需要包含同样的头文件，如下所示：

```
#include <pthread.h>
```

pthread_mutex_init函数的语法要点如下所示。

- 函数原型

```
int pthread_mutex_init(pthread_mutex_t *mutex,        /*互斥锁*/
                        const pthread_mutexattr_t*mutexattr) /*创建互斥锁的方法*/
int pthread_mutex_lock(pthread_mutex_t *mutex)        /*互斥锁*/
int pthread_mutex_trylock(pthread_mutex_t *mutex)     /*互斥锁*/
int pthread_mutex_unlock(pthread_mutex_t *mutex)      /*互斥锁*/
int pthread_mutex_destroy(pthread_mutex_t *mutex)     /*互斥锁*/
```

这里的mutexattr有如表10.11所示的几种可能情况。

表10.11　cmd取值说明

cmd	含　义
PTHREAD_MUTEX_INITIALIZER	创建快速互斥锁
PTHREAD_RECURSIVE_MUTEX_INITIALIZER_NP	创建递归互斥锁
PTHREAD_ERRORCHECK_MUTEX_INITIALIZER_NP	创建检错互斥锁

- 函数返回值

```
成功：0
出错：-1
```

（3）使用实例

在使用互斥锁时，通常首先pthread_mutex_lock上锁，然后执行需要原子操作的代码，最后再使用pthread_mutex_unlock解锁。

```
/*互斥锁上锁*/
pthread_mutex_lock(&mutex);
/*需原子操作的代码*/
......
/*互斥锁接锁*/
pthread_mutex_unlock(&mutex);
```

3. 信号量线程控制

（1）信号量说明

信号量也就是操作系统中所用到的 PV 原语，它广泛用于进程或线程间的同步与互斥。信号量本质上是一个非负的整数计数器，它被用来控制对公共资源的访问。这里先来简单复习一下 PV 原语的工作原理。

PV 原语是对整数计数器信号量 sem 的操作。一次 P 操作使 sem 减一，而一次 V 操作使 sem 加一。进程（或线程）根据信号量的值来判断是否对公共资源具有访问权限。

当信号量 sem 的值大于等于 0 时，该进程（或线程）具有公共资源的访问权限；相反，当信号量 sem 的值小于 0 时，该进程（或线程）就将阻塞直到信号量 sem 的值大于等于 0 为止。

PV 原语主要用于进程或线程间的同步和互斥这两种典型情况。若用于互斥，几个进程（或线程）往往只设置一个信号量 sem，它们的操作流程如图 10.8 所示。

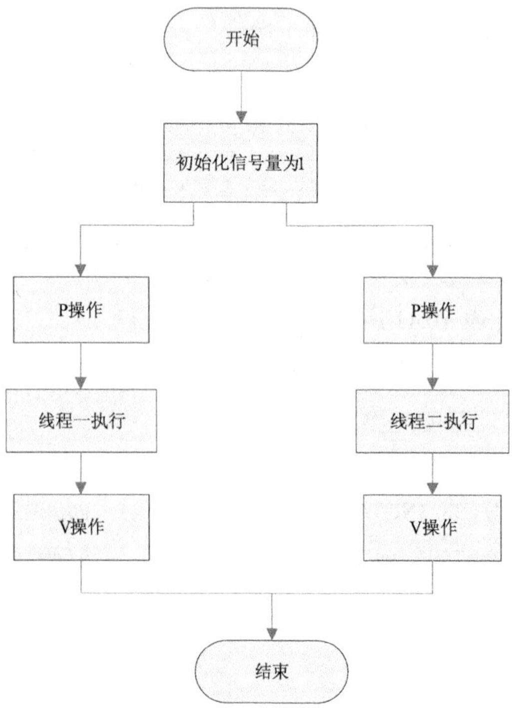

图 10.8 信号量互斥操作

当信号量用于同步操作时，往往会设置多个信号量，并安排不同的初始值来实现它们之间的顺序执行，它们的操作流程如图 10.9 所示。

（2）函数说明

Linux 实现了 POSIX 的无名信号量，主要用于线程间的互斥同步。这里主要介绍几个常见函数。

➢ sem_init 用于创建一个信号量，并能初始化它的值。

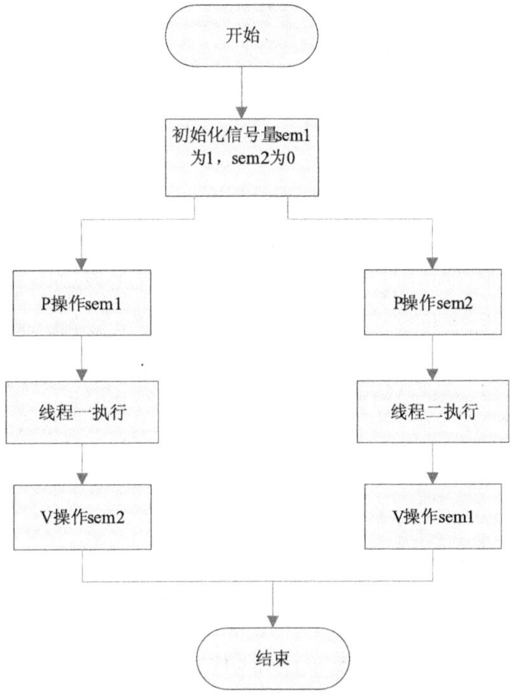

图 10.9 信号量同步操作

➢ sem_wait 和 sem_trywait 相当于 P 操作，它们都能将信号量的值减一，两者的区别在于若信号量小于 0 时，sem_wait 将会阻塞进程，而 sem_trywait 则会立即返回。

➢ sem_post 相当于 V 操作，它将信号量的值加一同时发出信号唤醒等待的进程。

➢ sem_getvalue 用于得到信号量的值。

➢ sem_destroy 用于删除信号量。

（3）函数格式

sem_init 函数的语法要点如下所示。

➢ 头文件

```
#include <semaphore.h>
```

➢ 函数原型

```
int sem_init(sem_t *sem, /*信号量*/
            int pshared, /*决定信号量能否在几个进程间共享。由于目前 Linux 还没有实现
进程间共享信号量，所以这个值只能够取 0*/
            unsigned int value) /*信号量初始化值*/
```

sem_wait 等函数的语法要点如下所示。

➢ 头文件

```
#include <pthread.h>
```

➢ 函数原型

```
int sem_wait(sem_t *sem) /*信号量*/
int sem_trywait(sem_t *sem) /*信号量*/
int sem_post(sem_t *sem) /*信号量*/
```

```
int sem_getvalue(sem_t *sem) /*信号量*/
int sem_destroy(sem_t *sem) /*信号量*/
```

➢ 函数返回值

```
成功：0
出错：-1
```

（4）使用实例

```
/*信号量减一，P操作*/
sem_wait(&sem);
/*需要互斥的代码*/
......
/*信号量加一，V操作*/
sem_post(&sem);
```

10.5 Linux守护进程

10.5.1 守护进程概述

守护进程，也就是通常所说的Daemon进程，是Linux中的后台服务进程。它是一个生存期较长的进程，通常独立于控制终端并且周期性地执行某种任务或等待处理某些发生的事件。守护进程常常在系统引导装入时启动，在系统关闭时终止。

Linux系统有很多守护进程，大多数服务都是通过守护进程实现的，如本书在第2章中讲到的系统服务都是守护进程。同时，守护进程还能完成许多系统任务，例如，作业规划进程crond、打印进程lqd等（这里的结尾字母d就是Daemon的意思）。

由于在Linux中，每一个系统与用户进行交流的界面称为终端，每一个从此终端开始运行的进程都会依附于这个终端，这个终端就称为这些进程的控制终端，当控制终端被关闭时，相应的进程都会自动关闭。

但是守护进程却能够突破这种限制，它从被执行开始运转，直到整个系统关闭时才会退出。如果想让某个进程不因为用户或终端或其他的变化而受到影响，那么就必须把这个进程变成一个守护进程。可见，守护进程是非常重要的。

10.5.2 编写规则

编写守护进程看似复杂，但实际上也是遵循一个特定的流程。只要将此流程掌握了，就能很方便地编写出用户自己的守护进程。下面就分4个步骤来讲解怎样创建一个简单的守护进程。在讲解的同时，会配合介绍与创建守护进程相关的几个系统函数，希望读者能很好地掌握。

1. 创建子进程，父进程退出

这是编写守护进程的第一步。由于守护进程是脱离控制终端的，因此，完成第一步后就会在Shell终端里造成一程序已经运行完毕的假象。之后的所有工作都在子进程中完成，而用户在Shell终端里则可以执行其他的命令，从而在形式上做到了与控制终端的脱离。

到这里，有心的读者可能会问，父进程创建了子进程，而父进程又退出之后，此时该子进程不就没有父进程了吗？守护进程中确实会出现这么一个有趣的现象，由于父进程已经先于子进程退出，会造成子进程没有父进程，从而变成一个孤儿进程。在 Linux 中，每当系统发现一个孤儿进程，就会自动由 1 号进程（也就是 init 进程）收养它，这样，原先的子进程就会变成 init 进程的子进程了。

2. 在子进程中创建新会话

这个步骤是创建守护进程中最重要的一步，虽然它的实现非常简单，但它的意义却非常重大。在这里使用的是系统函数 setsid，在具体介绍 setsid 之前，读者首先要了解两个概念：进程组和会话期。

➢ 进程组

进程组是一个或多个进程的集合。进程组由进程组 ID 来惟一标识。除了进程号（PID）之外，进程组 ID 也一个进程的必备属性。

每个进程组都有一个组长进程，其组长进程的进程号等于进程组 ID。且该进程 ID 不会因组长进程的退出而受到影响。

➢ 会话期

会话组是一个或多个进程组的集合。通常，一个会话开始于用户登录，终止于用户退出，在此期间该用户运行的所有进程都属于这个会话期，它们之间的关系如图 10.10 所示。

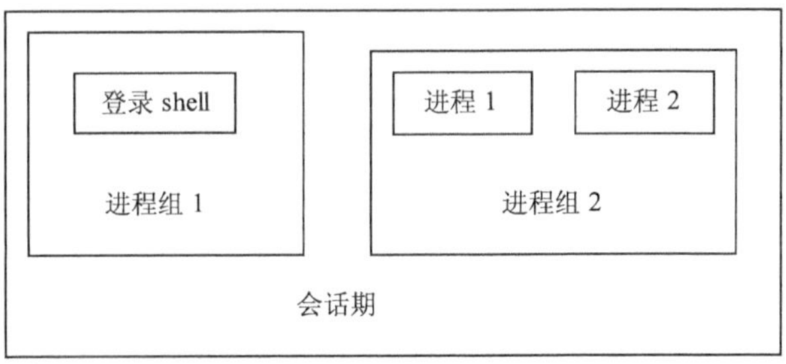

图 10.10 进程组、会话期关系图

setsid 函数就是用于创建一个新的会话，并担任该会话组的组长，调用 setsid 有下面的 3 个作用。

➢ 让进程摆脱原会话的控制。
➢ 让进程摆脱原进程组的控制。
➢ 让进程摆脱原控制终端的控制。

那么，在创建守护进程时为什么要调用 setsid 函数呢？读者可以回忆一下创建守护进程的第一步，在那里调用了 fork 函数来创建子进程再将父进程退出。由于在调用 fork 函数时，子进程全盘拷贝了父进程的进会话期、进程组、控制终端等，虽然父进程退出了，但原先的会话期、进程组、控制终端等并没有改变，因此，还不是真正意义上独立开来，而 setsid 函数能够使进程完全独立出来，从而脱离所有其他进程的控制。

3. 改变当前目录为根目录

这一步也是必要的步骤。使用 fork 创建的子进程继承了父进程的当前工作目录。由于在进程运行过程中，当前目录所在的文件系统（比如/mnt/usb 等）是不能卸载的，这对以后的使用会造成诸多的麻烦（比如系统由于某种原因要进入单用户模式）。

因此，通常的做法是让“/”作为守护进程的当前工作目录，这样就可以避免上述的问题。当然，如有特殊需要，也可以把当前工作目录换成其他的路径，如/tmp。改变工作目录的常见函数是 chdir。

4．重设文件权限掩码

文件权限掩码是指屏蔽掉文件权限中的对应位。比如，有一个文件权限掩码是 050，它就屏蔽了文件组拥有者的可读与可执行权限。由于使用 fork 函数新建的子进程继承了父进程的文件权限掩码，这就给该子进程使用文件带来了诸多的麻烦。

因此，把文件权限掩码设置为 0，可以大大增强该守护进程的灵活性。设置文件权限掩码的函数是 umask。在这里，通常的使用方法为 umask(0)。

5．关闭文件描述符

同文件权限掩码一样，用 fork 函数新建的子进程会从父进程那里继承一些已经打开了的文件。这些被打开的文件可能永远不会被守护进程读或写，但它们一样消耗系统资源，而且可能导致所在的文件系统无法卸下。

在上面的第二步之后，守护进程已经与所属的控制终端失去了联系。因此从终端输入的字符不可能达到守护进程，守护进程中用常规方法（如 printf）输出的字符也不可能在终端上显示出来。所以，文件描述符为 0、1 和 2 的 3 个文件（常说的输入、输出和报错这 3 个文件）已经失去了存在的价值，也应被关闭。

10.5.3 守护进程实例

该实例首先建立了一个守护进程，然后让该守护进程每隔 5s 在/tmp/dameon.log 中写入一句话。

```
/*dameon.c 创建守护进程实例*/
#include<stdio.h>
#include<stdlib.h>
#include<string.h>
#include<fcntl.h>
#include<sys/types.h>
#include<unistd.h>
#include<sys/wait.h>
#define MAXFILE 65535
int main()
{
     pid_t pc;
     int i,fd,len;
     char *buf="This is a Dameon\n";
     len =strlen(buf);
     /*父进程退出*/
     pc=fork();
     if(pc<0){
           printf("error fork\n");
           exit(1);
     }else if(pc>0)
```

```
        exit(0);
        /*在子进程中创建*/
        setsid();
        /*改变当前目录为根目录*/
        chdir("/");
        /*重设文件权限掩码*/
        umask(0);
        /*关闭文件描述符*/
        for(i=0;i<MAXFILE;i++)
              close(i);
        /*这时创建完守护进程，以下开始正式进入守护进程工作*/
        while(1){
   if((fd=open("/tmp/dameon.log",O_CREAT|O_WRONLY|O_APPEND,0600))     <0){
                    perror("open");
                    exit(1);
                    }
               write(fd, buf, len+1);
               close(fd);
               sleep(5);
        }
   }
```

将该程序下载到开发板中，可以看到该程序每隔 5s 就会在对应的文件中输入相关内容，并且使用 ps 可以看到该进程在后台运行，如下所示：

```
[root@(none) 1]# tail -f /tmp/dameon.log
This is a Dameon
This is a Dameon
This is a Dameon
This is a Dameon
…
[root@(none) 1]# ps -ef|grep daemon
    76         root       1272   S   ./daemon
    85         root       1520   S   grep daemon
```

本章小结

本章介绍了 ARM-Linux 进程线程开发的相关内容。

首先，本章介绍了 ARM Linux 中进程线程的处理机制，对于这部分的内容读者了解即可。

接下来，本章详细介绍了进程控制相关的 API 函数。在这部分，读者要着重掌握 fork、exec 函数族、exit、wait 和 waitpid 函数的使用，尤其要理解 fork 函数和以往常见函数的区别（调用一次返回两个值）。

再接下来，本章详细介绍了 ARM Linux 进程间通信的 API 函数，包括管道通信、信号通信、共享内存以及消息队列。各种通信方式都有各自的使用范围，读者要着重掌握各种通信方式的异同点。

接下来，本章介绍了 ARM Linux 线程相关的 API 函数的使用。对于线程的使用读者尤其需要掌握的是线程间的互斥访问。

最后，本章介绍了守护进程的编写方式，这是一种特殊的进程，也有其特定的流程。

动手练练

1．请读者尝试使用printf输出一些内容，再调用exit和_exit观察结果有什么区别。

2．建立一个守护进程，然后在该守护进程中新建一个子进程，该子进程暂停10s，然后自动退出，并由守护进程收集子进程退出的消息。

3．利用共享内存实现文件的打开、读写操作。

第 11 章　ARM Linux 网络开发实例

本章目标

本章主要介绍嵌入式 Linux 网络编程的基础知识。由于网络在嵌入式中的应用非常广泛，基本上常见的应用都会与网络有关，因此，掌握这一部分的内容是非常重要的。经过本章的学习，读者将会掌握以下内容：

- TCP/IP 协议的基触知识
- 嵌入式 Linux 基础网络编程
- 嵌入式 Linux 高级网络编程
- 能够独立编写 Web 服务器
- 能够独立编写客户端、服务器端的通信程序
- traceroute 程序

11.1　TCP/IP 协议简介

11.1.1　TCP/IP 的分层模型

TCP/IP 协议是一个复制的协议，是由一组专业化协议组成的。这些协议包括 IP、TCP、UDP、ARP、ICMP 以及其他的一些被称为子协议的协议。TCP/IP 协议的前身是由美国国防部在 20 世纪 60 年代末期为其远景研究规划署网络（ARPAnet）而开发的。

由于低成本以及在多个不同平台通信的可靠性，TCP/IP 迅速发展并开始流行。它实际上是一个关于因特网的标准，迅速成为局域网的首选协议。

广泛地讲，TCP/IP 协议组可以分为 5 层，建立在第 5 层（即物理硬件层）上的 4 个软件层是重点研究的对象。图 11.1 所示为 TCP/IP 协议组分层示意图。

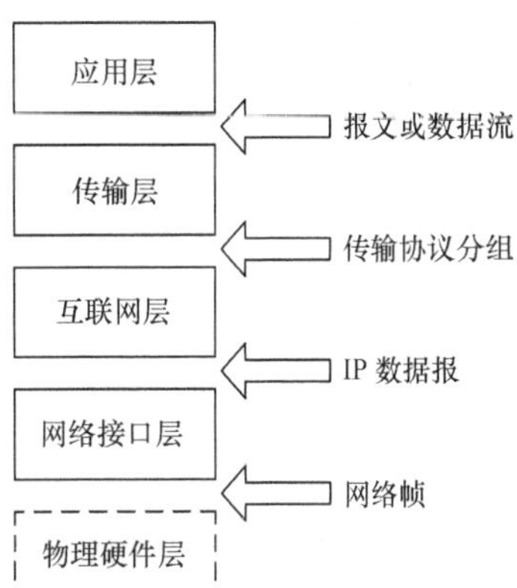

图 11.1　TCP/IP 协议分层模型

下面具体讲解各层在 TCP/IP 整体架构中的作用。

1．网络接口层（Network Interface Layer）

网络接口层是 TCP/IP 协议软件的最底层，负责接收 IP 数据报并把数据报通过选定的网络发送出去。网络接口层包括一个设备驱动程序，也可能包括一个复杂的子系统，使用自己的数据链路协议。

2．互联网层（Internet Layer）

互联网层负责处理主机之间的通信问题。当互联网层接收到传输层的请求后，传输某个具有目的地址信息的分组。该层把分组封装在 IP 数据报中，填入数据报的首部，使用选路算法来确定是直接交付数据报，还是把它传递给路由器，然后把数据报交给适当的网络接口进行传输。

互联网层还要负责处理传入的数据报，检验其有效性，使用选路算法来决定应该对数据报进行本地处理还是应该转发。

如果数据报的目的机处于本机所在的网络，该层软件就会除去数据报的首部，再选择适当的运输层协议来处理这个分组。最后，互联网层还要根据需要发出和接收 ICMP（Internet 控制报文协议）差错和控制报文。

3．传输层（Transport Layer）

传输层负责提供应用程序之间的通信服务。这种通信又称为端到端通信。传输层要系统地管理信息的流动，还要提供可靠的传输服务，以确保数据到达无差错、无乱序。为了达到这个目的，传输层协议软件要进行协商，让接收方回送确认信息及让发送方重发丢失的分组。传输层协议软件把要传输的数据流划分为分组，把每个分组连同目的地址交给互联网层去发送。

4．应用层（Application Layer）

应用层是分层模型的最高层，在这个最高层中，用户调用应用程序通过 TCP/IP 互联网来访问可以的服务。与各个传输层协议交互的应用程序负责接收和发送数据。每个应用程序选择适当的传输服务类型。应用程序把数据按照传输层的格式要求组织好向下次传输。

综上可知，TCP/IP 分层模型每一层负责不同的通信功能，整体联动合作，就可以完成互联网的大部分传输要求。

11.1.2 TCP/IP 分层模型特点

TCP/IP 是目前 Internet 上最成功、使用最频繁的互联协议。虽然现在已有很多协议都适用于互联网，但 TCP/IP 的使用最广泛。下面讲解一下 TCP/IP 的特点。

1．TCP/IP 模型边界特性

TCP/IP 分层模型中有两大边界特性：一个是地址边界特性，它将 IP 逻辑地址与底层网络

的硬件地址分开；一个是操作系统边界特性，它将网络应用与协议软件分开，如图 11.2 所示。

TCP/IP 分层模型边界特性是指在模型中存在一个地址上的边界，它将底层网络的物理地址与互联网层的 IP 地址分开。该边界出现在互联网层与网络接口层之间。

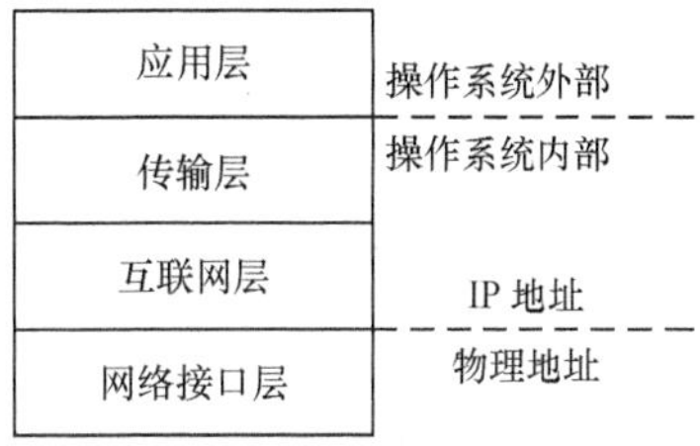

图 11.2 TCP/IP 分层模型边界特性

互联网层和其上的各层均使用 IP 地址，网络接口层则使用物理地址，即底层网络的硬件地址。TCP/IP 提供在两种地址之间进行映射的功能。划分地址边界的目的是为了屏蔽底层物理网络的地址细节，以便使互联网软件地址上易于实现和理解。

TCP/IP 软件在操作系统内具体的位置和 TCP/IP 的实现有关，但大部分实现都类似于图 11.2 所示情况。影响操作系统边界划分的最重要因素是协议的效率问题，在操作系统内部实现的协议软件，其数据传递的效率明显要高。

2. IP 层特性

IP 层作为通信子网的最高层，提供无连接的数据报传输机制，但 IP 协议并不能保证 IP 报文传递的可靠性，IP 的机制是点到点的。用 IP 进行通信的主机或路由器位于同一物理网络，对等机器之间拥有直接的物理连接。

TCP/IP 设计原则之一是为包容各种物理网络技术，包容性主要体现在 IP 层中。各种物理网络技术在帧或报文格式、地址格式等方面差别很大，TCP/IP 的重要思想之一就是通过 IP 将各种底层网络技术统一起来，达到屏蔽底层细节，提供统一虚拟网的目的。

IP 向上层提供统一的 IP 报文，使得各种网络帧或报文格式的差异性对高层协议不复存在。IP 层是 TCP/IP 实现异构网互联最关键的一层。

3. TCP/IP 的可靠性特性

在 TCP/IP 网络中，IP 采用无连接的数据报机制，对数据进行"尽力而为"的传递机制，即只管将报文尽力传送到目的主机，无论传输正确与否，不做验证，不发确认，也不保证报文的顺序。TCP/IP 的可靠性体现在传输层协议之一的 TCP 协议。TCP 协议提供面向连接的服务，因为传输层是端到端的，所以 TCP/IP 的可靠性被称为端到端可靠性。

综上可知，TCP/IP 的特点就是将不同的底层物理网络、拓扑结构隐藏起来，向用户和应用程序提供通用、统一的网络服务。这样，从用户的角度看，整个 TCP/IP 互联网就是一个统一的整体，它独立于具体的各种物理网络技术，能够向用户提供一个通用的网络服务。

TCP/IP 网络完全撇开了底层物理网络的特性，是一个高度抽象的概念，正是由于这个原因，其为 TCP/IP 网络赋予了巨大的灵活性和通用性。

11.1.3 TCP/IP 核心协议

在 TCP/IP 协议族中，有很多中协议，如图 11.3 所示。

TCP/IP 协议群中的核心协议被设计运行在互联网层和传输层，它们为网络中的各主机提供通信服务，也为模型的最高层——应用层中的协议提供服务。

在此主要介绍在网络编程中涉及的传输层 TCP 和 UDP 协议。

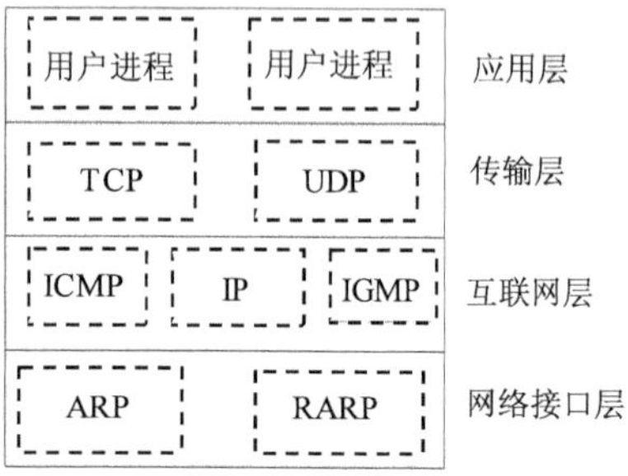

图 11.3　TCP/IP 协议族不同分层中的协议

1. TCP

（1）概述

TCP 的上一层是应用层，TCP 向应用层提供服务，TCP 数据传输实现了从一个应用程序到另一个应用程序的数据传递。应用程序通过编程调用 TCP 并使用 TCP 服务，提供需要准备发送的数据，用来区分接收数据应用的目的地址和端口号。

通常应用程序通过打开一个 socket 来使用 TCP 服务，TCP 管理到其他 socket 的数据传递。可以说，通过 IP 的源/目的可以惟一地区分网络中两个设备的关联，通过 socket 的源/目的可以惟一地区分网络中两个应用程序的关联。

（2）3 次握手协议

TCP 对话通过 3 次握手来初始化，使数据段的发送和接收同步，确定其一次可接收的数据量，并建立虚连接。

下面描述了这 3 次握手的简单过程。

- 初始化主机通过一个同步标志置位的数据段发出会话请求。
- 接收主机发回具有以下项目的数据段表示回复：同步标志置位、即将发送的数据段的起始字节的顺序号、应答并带有将收到的下一个数据段的字节顺序号。
- 请求主机再回送一个数据段，并带有确认顺序号和确认号。

图 11.4 就是这个流程的简单示意图。

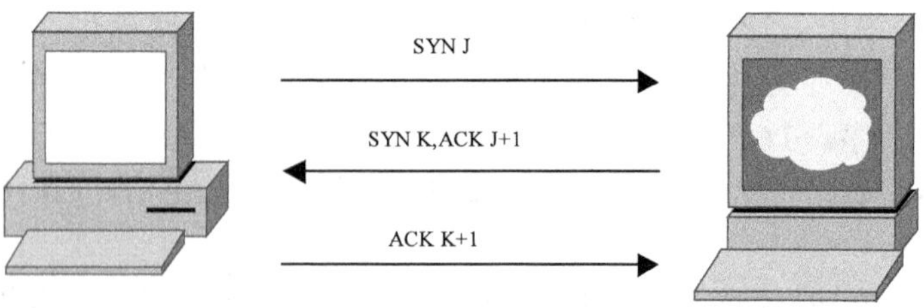

图 11.4　TCP3 次握手协议

TCP 实体所采用的基本协议是滑动窗口协议。当发送方传送一个数据报时，它将启动计时器。当该数据报到达目的地后，接收方的 TCP 实体向回发送一个数据报，其中包含有一个确认序号，它意思是希望收到的下一个数据报的顺序号。如果发送方的定时器在确认信息到达之前超时，那么发送方会重发该数据报。

（3）TCP 数据报头

图 11.5 为 TCP 数据报头的格式。

TCP 数据报头的含义如下所示。

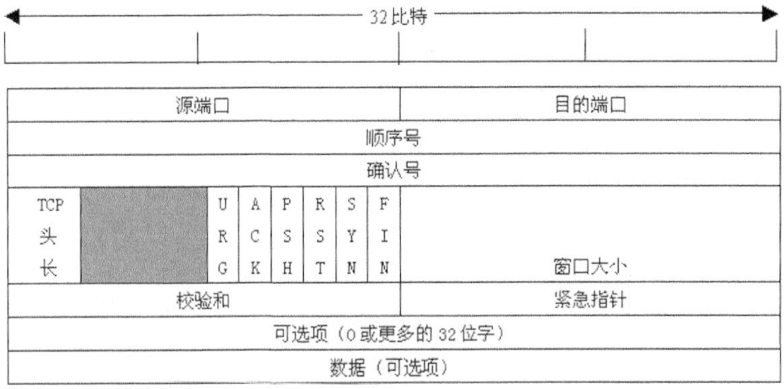

图 11.5　TCP 数据报头的格式

- 源端口、目的端口：16 位长，标识出远端和本地的端口号。
- 序号：32 位长，标识发送的数据报的顺序。
- 确认号：32 位长，希望收到的下一个数据报的序列号。
- TCP 头长：4 位长，表明 TCP 头中包含多少个 32 位字。
- 6 位未用。
- ACK：ACK 位置 1 表明确认号是合法的；如果 ACK 为 0，那么数据报不包含确认信息，确认字段被省略。
- PSH：表示是带有 PUSH 标志的数据。因此请求数据报一到接收方便可送往应用程序而不必等到缓冲区装满时才传送。
- RST：用于复位由于主机崩溃或其他原因而出现的错误的连接，还可以用于拒绝非法的数据报或拒绝连接请求。
- SYN：用于建立连接。
- FIN：用于释放连接。
- 窗口大小：16 位长，窗口大小字段表示在确认了字节之后还可以发送多少个字节。
- 校验和：16 位长，是为了确保高可靠性而设置的，它校验头部、数据和伪 TCP 头部之和。
- 可选项：0 个或多个 32 位字，包括最大 TCP 载荷、窗口比例、选择重发数据报等选项。

2. UDP

（1）概述

UDP 即用户数据报协议，是一种无连接协议，不需要通过 3 次握手来建立一个连接，同时，一个 UDP 应用可同时作为应用的客户或服务器方。

由于 UDP 协议并不需要建立一个明确的连接，因此建立 UDP 应用要比建立 TCP 应用简单得多。UDP 比 TCP 协议更为高效，也能更好地解决实时性的问题，如今，包括网络视频会议系统在内的众多的客户/服务器模式的网络应用都使用 UDP 协议。

（2）UDP 数据包头

UDP 数据包头如图 11.6 所示。

➢ 源地址、目的地址：16 位长，标识出远端和本地的端口号。

➢ 数据报的长度是指包括报头和数据部分在内的总的字节数。因为报头的长度是固定的，所以该域主要用来计算可变长度的数据部分（又称为数据负载）。

```
0        7 8      15 16     23 24     31
+--------+--------+--------+--------+
源地址    源地址                       |
+--------+--------+--------+--------+
目的地址  目的地址                     |
+--------+--------+--------+--------+
协议     || UDP 长度  UDP 长度         |
+--------+--------+--------+--------+
```

图 11.6 UDP 数据包头

3．协议的选择

协议的选择应该考虑到数据可靠性、应用的实时性和网络的可靠性。

➢ 对数据可靠性要求高的应用需选择 TCP 协议，而对数据的可靠性要求不那么高的应用可选择 UDP 传送。

➢ TCP 协议中的 3 次握手、重传确认等手段可以保证数据传输的可靠性，但使用 TCP 协议会有较大的时延，因此不适合对实时性要求较高的应用；而 UDP 协议则有很好的实时性。

➢ 网络状况不是很好的情况下需选用 TCP 协议（如在广域网等情况），网络状况很好的情况下选择 UDP 协议可以减少网络负荷。

11.2 网络基础编程

11.2.1 socket 概述

1．socket 定义

人们常说的 socket 接口是一种特殊的 I/O，它也是一种文件描述符。每一个 socket 都用一个半相关描述{协议，本地地址、本地端口}来表示；一个完整的套接字则用一个相关描述{协议，本地地址、本地端口、远程地址、远程端口}。在 Linux 系统下，用户通过 socket 接口进行网络编程操作。

socket 也有一个类似于打开文件的函数调用，该函数返回一个整型的 socket 描述符，随后的连接建立、数据传输等操作都是通过 socket 来实现的。

2．socket 类型

常见的 socket 有流式 socket 、数据报 socket 和原始 socket 3 种类型，详细讲解如下。

➢ 流式套接字（SOCK_STREAM）提供可靠的、面向连接的通信流，它使用 TCP 协议，从而保证了数据传输的正确性和顺序性。

➢ 数据报套接字（SOCK_DGRAM）定义了一种无连接的服务，数据通过相互独立的报文进行传输，是无序的，并且不保证是可靠、无差错的，它使用数据报协议 UDP。

➢ 原始套接字允许对底层协议如 IP 或 ICMP 进行直接访问，它功能强大但使用较为不便，主要用于一些协议的开发。

11.2.2 地址及顺序处理

1. 地址结构相关处理

（1）数据结构介绍

sockaddr 和 sockaddr_in 是两个重要的数据类型，这两个结构类型都是用来保存 socket 信息的，如下所示：

```
struct sockaddr {
    unsigned short sa_family; /*地址族*/
    char sa_data[14]; /*14 字节的协议地址，包含该 socket 的 IP 地址和端口号*/
};
struct sockaddr_in {
    short int sa_family; /*地址族*/
    unsigned short int sin_port; /*端口号*/
    struct in_addr sin_addr; /*IP 地址*/
    unsigned char sin_zero[8]; /*填充 0 以保持与 struct sockaddr 同样大小*/
};
```

这两个数据类型是等效的，可以相互转化，通常 sockaddr_in 数据类型使用更为方便。在建立 socketadd 或 sockaddr_in 后，就可以对该 socket 进行适当的操作了。

（2）结构字段

表 11.1 列出了该结构 sa_family 字段可选的常见值。

表 11.1　sa_family 字段可选值

结构定义头文件	#include <netinet/in.h>
Sa_family	AF_INET：IPv4 协议
	AF_INET6：IPv6 协议
	AF_LOCAL：Unix 域协议
	AF_LINK：链路地址协议
	AF_KEY：密钥套接字（socket）

对了解 sockaddr_in 其他字段的含义非常清楚，具体的设置涉及其他函数，在后面会有详细讲解。

2. 数据存储优先顺序

（1）函数说明

计算机数据存储有两种字节优先顺序：高位字节优先和低位字节优先。Internet 上数据以高位字节优先顺序在网络上传输，因此在有些情况下，需要对这两个字节存储优先顺序进行相互转化。

这里用到了 4 个函数：htons、ntohs、htonl、ntohl。这 4 个函数分别实现网络字节序和主机字节序的转化，这里的 h 代表 host，n 代表 network，s 代表 short，l 代表 long。通常 16 位的 IP 端口号用 s 代表，而 IP 地址用 l 来代表。

（2）函数格式说明

这 4 个函数的语法格式如下所示。

➢ 头文件

```
#include <netinet/in.h>
```

➢ 函数原型

```
uint16_t htons(unit16_t host16bit) /*主机字节序的 16bit 数据*/
uint32_t htonl(unit32_t host32bit) /*网络字节序的 32bit 数据*/
uint16_t ntohs(unit16_t net16bit) /*网络字节序的 16bit 数据*/
uint32_t ntohs(unit32_t net32bit) /*网络字节序的 32bit 数据*/
```

➢ 函数返回值:

```
成功: 返回要转换的字节序
出错: -1
```

注意　调用该函数只是使其得到相应的字节序，用户不需清楚该系统的主机字节序和网络字节序是否真正相等。如果是相同不需要转换的话，该系统的这些函数会定义成空宏。

3. 地址格式转化

（1）函数说明

用户在表达地址时通常采用点分十进制表示的数值（或者是以冒号分开的十进制 IPv6 地址），而在通常使用的 socket 编程中所使用的则是二进制值，这就需要将这两个数值进行转换。

这里在 IPv4 中用到的函数有 inet_aton、inet_addr 和 inet_ntoa，而 IPv4 和 IPv6 兼容的函数有 inet_pton 和 inet_ntop。由于 IPv6 是下一代互联网的标准协议，因此，本书讲解的函数都能够同时兼容 IPv4 和 IPv6，但在具体举例时仍以 IPv4 为例。

inet_pton 函数是将点分十进制地址映射为二进制地址，inet_ntop 是将二进制地址映射为点分十进制地址。

（2）函数格式

inet_pton 和 inet_ntop 函数的语法要点如下所示。

➢ 头文件

```
#include <arpa/inet.h>
```

➢ 函数原型

```
int inet_pton( int family, /*协议类型*/
               const char *strptr, /*要转化的值*/
               void *addrptr) /*转化后的地址*/
int inet_ntop( int family, /*协议族，AF_INET */
               void *addrptr, /*转化后的地址*/
               char *strptr, /*要转化的值*/
               size_t len) /*转化后值的大小*/
```

➢ 函数返回值

```
成功: 0
出错: -1
```

4. 名字地址转化

（1）函数说明

在 Linux 中有一些函数可以实现主机名和地址的转化，如 gethostbyname、gethostbyaddr、getaddrinfo 等，它们都可以实现 IPv4 和 IPv6 的地址和主机名之间的转化。

其中 gethostbyname 是将主机名转化为 IP 地址，gethostbyaddr 则是逆操作，是将 IP 地址转化为主机名，另外 getaddrinfo 还能实现自动识别 IPv4 地址和 IPv6 地址。

gethostbyname 和 gethostbyaddr 都涉及一个 hostent 的结构体，如下所示：

```
Struct hostent{
      char *h_name;/*正式主机名*/
      char **h_aliases;/*主机别名*/
      int h_addrtype;/*地址类型*/
      int h_length;/*地址长度*/
      char **h_addr_list;/*指向 IPv4 或 IPv6 的地址指针数组*/
}
```

调用该函数后就能返回 hostent 结构体的相关信息。

getaddrinfo 函数涉及一个 addrinfo 的结构体，如下所示：

```
struct addrinfo{
       int ai_flags;/*AI_PASSIVE,AI_CANONNAME;*/
       int ai_family;/*地址族*/
       int ai_socktype;/*socket 类型*/
       int ai_protocol;/*协议类型*/
       size_t ai_addrlen;/*地址长度*/
       char *ai_canoname;/*主机名*/
       struct sockaddr *ai_addr;/*socket 结构体*/
       struct addrinfo *ai_next;/*下一个指针链表*/
}
```

hostent 结构体而言，addrinfo 结构体包含更多的信息。

（2）函数格式

gethostbyname 函数的语法要点如下所示。

➢ 头文件

```
#include <netdb.h>
```

➢ 函数原型

```
struct hostent *gethostbyname(const char *hostname) /*主机名*/
```

➢ 函数返回值

```
成功: hostent 类型指针
出错: -1
```

调用该函数时可以首先对 addrinfo 结构体中的 h_addrtype 和 h_length 进行设置，若为 IPv4 可设置为 AF_INET 和 4；若为 IPv6 可设置为 AF_INET6 和 16；若不设置则默认为 IPv4 地址类型。

getaddrinfo 函数的语法要点如下所示。

➢ 头文件

```
#include <netdb.h>
```

➢ 函数原型

```
Int getaddrinfo( const char *hostname, /*主机名*/
                 const char *service, /*服务名或十进制的串口号字符串*/
                 const struct addrinfo *hints, /*服务线索*/
                 struct addrinfo **result) /*返回结果*/
```

➢ 函数返回值

```
成功: 0
出错: -1
```

在调用之前，首先要对 hints 服务线索进行设置。它是一个 addrinfo 结构体，表 11.2 列举了该结构体常见的选项值。

表 11.2　　addrinfo 结构体常见选项值

结构体头文件	#include <netdb.h>
ai_flags	AI_PASSIVE：该套接口是用作被动地打开
	AI_CANONNAME：通知 getaddrinfo 函数返回主机的名字
family	AF_INET：IPv4 协议
	AF_INET6：IPv6 协议
	AF_UNSPE：IPv4 或 IPv6 均可
ai_socktype	SOCK_STREAM：字节流套接字 socket（TCP）
	SOCK_DGRAM：数据报套接字 socket（UDP）
ai_protocol	IPPROTO_IP：IP 协议
	IPPROTO_IPV4：IPv4 协议
	IPPROTO_IPV6：IPv6 协议
	IPPROTO_UDP：UDP
	IPPROTO_TCP：TCP

注意

➢ 通常服务器端在调用 getaddrinfo 之前，ai_flags 设置 AI_PASSIVE，用于 bind 函数（用于端口和地址的绑定后面会讲到），主机名 nodename 通常会设置为 NULL。

➢ 客户端调用 getaddrinfo 时，ai_flags 一般不设置 AI_PASSIVE，但是主机名 nodename 和服务名 servname（端口）则应该不为空。

➢ 即使不设置 ai_flags 为 AI_PASSIVE，取出的地址也并非不可以被 bind，很多程序中 ai_flags 直接设置为 0，即 3 个标志位都不设置，这种情况下只要 hostname 和 servname 设置的没有问题就可以正确 bind。

（3）使用实例

下面的实例给出了 getaddrinfo 函数用法的示例，在后面小节中会给出 gethostbyname 函数用法的例子。

```
    struct addrinfo hints,*res=NULL;
    int rc;
    memset(&hints,0,sizeof(hints));
/*设置 addrinfo 结构体中各参数*/
    hints.ai_family=PF_UNSPEC;
    hints.ai_socktype=SOCK_DGRAM;
    hints.ai_protocol=IPPROTO_UDP;
/*调用 getaddinfo 函数*/
    rc=getaddrinfo("127.0.0.1","123",&hints,&res);
```

```
    if(rc!= 0) {
        perror("getaddrinfo");
        exit(1);
    }
```

11.2.3 socket 基础编程

1. 流程说明

进行 socket 编程的基本函数有 socket、bind、listen、accept、send、sendto、recv、recvfrom，其中对于客户端和服务器端以及 TCP 和 UDP 的操作流程都有所区别，这里先对每个函数进行一定的说明，再给出不同情况下使用的流程图。

- socket: 该函数用于建立一个 socket 连接，可指定 socket 类型等信息。在建立了 socket 连接之后，可对 socketadd 或 sockaddr_in 进行初始化，以保存所建立的 socket 信息。
- bind: 该函数是用于将本地 IP 地址绑定端口号的，若绑定其他地址则不能成功。另外，它主要用于 TCP 的连接，而在 UDP 的连接中则无必要。
- connect: 该函数在 TCP 中是用于 bind 的之后的 client 端，用于与服务器端建立连接，而在 UDP 中由于没有了 bind 函数，因此用 connect 有点类似 bind 函数的作用。
- send 和 recv: 这两个函数用于接收和发送数据，可以用在 TCP 中，也可以用在 UDP 中。当用在 UDP 时，可以在 connect 函数建立连接之后再用。
- sendto 和 recvfrom: 这两个函数的作用与 send 和 recv 函数类似，也可以用在 TCP 和 UDP 中。当用在 TCP 时，后面的几个与地址有关参数不起作用，函数作用等同于 send 和 recv；当用在 UDP 时，可以用在之前没有使用 connect 的情况时，这两个函数可以自动寻找制定地址并进行连接。

图 11.7 为服务器端和客户端使用 TCP 协议的流程图。

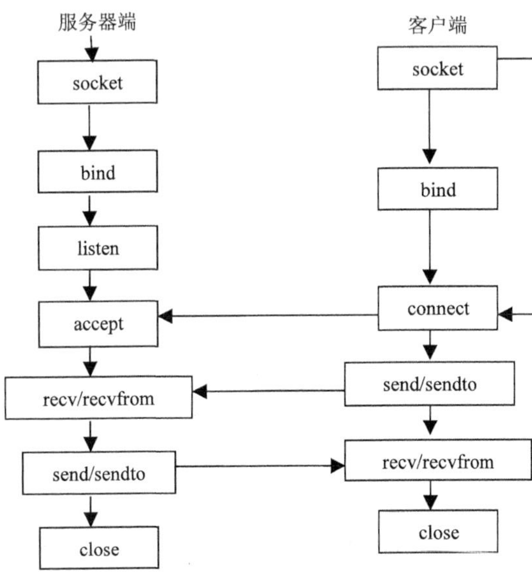

图 11.7　使用 TCP 协议 socket 编程流程

图 11.8 为服务器端和客户端使用 UDP 协议的流程图。

2. 函数介绍

socket 函数的语法要点如下所示。

➢ 头文件

```
#include <sys/socket.h>
```

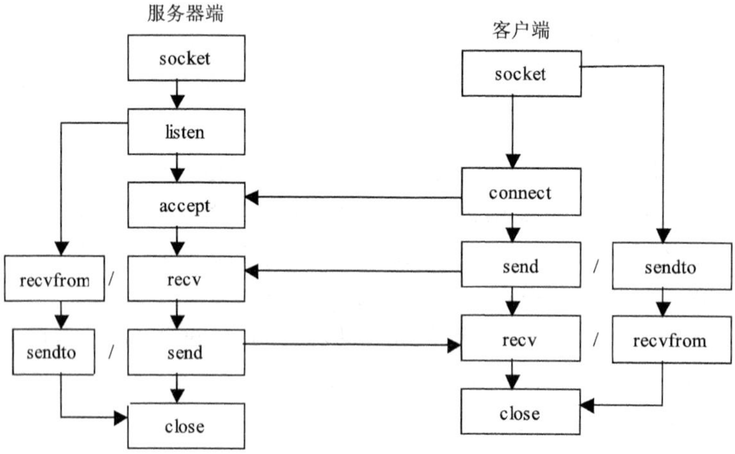

图 11.8 使用 UDP 协议 socket 编程流程

➢ 函数原型

```
int socket( int family,    /*协议族*/
            int type,      /*套接字类型*/
            int protocol)  /*0（原始套接字除外）*/
```

这里的 family 有如表 11.3 所示的几种选择情况。

表 11.3　family 取值含义

family	含　义
AF_INET	IPv4 协议
AF_INET6	IPv6 协议
AF_LOCAL	UNIX 域协议
AF_ROUTE	路由套接字（socket）
AF_KEY	密钥套接字（socket）

这里的 protocol 有如表 11.4 所示的几种选择情况。

表 11.4　protocol 取值含义

family	含　义
SOCK_STREAM	字节流套接字 socket
SOCK_DGRAM	数据报套接字 socket
SOCK_RAW	原始套接字 socket

➢ 函数返回值

```
成功: 非负套接字描述符
出错: -1
```

bind 函数的语法要点如下所示。

➢ 头文件

```
#include <sys/socket.h>
```

➢ 函数原型

```
int bind(   int sockfd, /*套接字描述符*/
            struct sockaddr *my_addr, /*本地地址*/
            int addrlen) /*地址长度*/
```

➢ 函数返回值

```
成功: 0
出错: -1
```

注意 端口号和地址在 my_addr 中给出了，若不指定地址，则内核随意分配一个临时端口给该应用程序。

listen 函数的语法要点如下所示。

➢ 头文件

```
#include <sys/socket.h>
```

➢ 函数原型

```
int listen( int sockfd, /*套接字描述符*/
            int backlog) /*请求队列中允许的最大请求数，大多数系统缺省值为 20*/
```

➢ 函数返回值

```
成功: 0
出错: -1
```

accept 函数的语法要点如下所示。

➢ 头文件

```
#include <sys/socket.h>
```

➢ 函数原型

```
int accept( int sockfd, /*套接字描述符*/
            struct sockaddr *addr, /*客户端地址*/
            socklen_t *addrlen) /*地址长度*/
```

➢ 函数返回值

```
成功: 0
出错: -1
```

connect 函数的语法要点如下所示。

➢ 头文件

```
#include <sys/socket.h>
```

➢ 函数原型

```
int connect(int sockfd, /*套接字描述符*/
```

```
                    struct sockaddr *serv_addr, /*服务器端地址*/
                    int addrlen) /*地址长度*/
```

➢ 函数返回值

```
成功：0
出错：-1
```

send 函数的语法要点如下所示。

➢ 头文件

```
#include <sys/socket.h>
```

➢ 函数原型

```
int send(   int sockfd, /*套接字描述符*/
            const void *msg, /*指向要发送数据的指针*/
            int len, /*数据长度*/
            int flags) /*一般为 0*/
```

➢ 函数返回值

```
成功：发送的字节数
出错：-1
```

recv 函数的语法要点如下所示。

➢ 头文件

```
#include <sys/socket.h>
```

➢ 函数原型

```
int recv(   int sockfd, /*套接字描述符*/
            void *buf, /*存放接收数据的缓冲区*/
            int len, /*数据长度*/
            unsigned int flags) /*一般为 0*/
```

➢ 函数返回值

```
成功：发送的字节数
出错：-1
```

sendto 函数的语法要点如下所示。

➢ 头文件

```
#include <sys/socket.h>
```

➢ 函数原型

```
int sendto( int sockfd, /*套接字描述符*/
            const void *msg, /*指向要发送数据的指针*/
            int len, /*数据长度*/
            unsigned int flags, /*一般为 0*/
            const struct sockaddr *to, /*目地机的 IP 地址和端口号信息*/
            int tolen) /*地址长度*/
```

➢ 函数返回值

```
成功：发送的字节数
出错：-1
```

recvfrom 函数的语法要点如下所示。

➢ 头文件

```
#include <sys/socket.h>
```

➢ 函数原型

```
int recvfrom(   int sockfd, /*套接字描述符*/
                void *buf, /*存放接收数据的缓冲区*/
                int len, /*数据长度*/
                unsigned int flags, /*一般为 0*/
                struct sockaddr *from, /*源机的 IP 地址和端口号信息*/
                int *tolen) /*地址长度*/
```

➢ 函数返回值

```
成功：接收的字节数
出错：-1
```

3. 使用实例

该实例分为客户端和服务器端，其中服务器端首先建立起 socket，然后调用本地端口的绑定，接着就开始与客户端建立联系，并接收客户端发送的消息。客户端则在建立 socket 之后调用 connect 函数来建立连接。

源代码如下所示：

```
/*server.c*/
#include <sys/types.h>
#include <sys/socket.h>
#include <stdio.h>
#include <stdlib.h>
#include <errno.h>
#include <string.h>
#include <unistd.h>
#include <netinet/in.h>
#define SERVPORT 3333
#define BACKLOG 10
#define MAX_CONNECTED_NO 10
#define MAXDATASIZE 5

int main()
{
     struct sockaddr_in server_sockaddr,client_sockaddr;
     int sin_size,recvbytes;
     int sockfd,client_fd;
     char buf[MAXDATASIZE];
/*建立 socket 连接*/
     if((sockfd = socket(AF_INET,SOCK_STREAM,0))==-1){
           perror("socket");
           exit(1);
     }
     printf("socket success!,sockfd=%d\n",sockfd);
/*设置 sockaddr_in 结构体中相关参数*/
     server_sockaddr.sin_family=AF_INET;
     server_sockaddr.sin_port=htons(SERVPORT);
     server_sockaddr.sin_addr.s_addr=INADDR_ANY;
     bzero(&(server_sockaddr.sin_zero),8);
/*绑定函数 bind*/
     if(bind(sockfd,(struct sockaddr*)&server_sockaddr,sizeof(struct sockaddr))
==-1){
```

```
            perror("bind");
            exit(1);
        }
        printf("bind success!\n");
    /*调用 listen 函数*/
        if(listen(sockfd,BACKLOG)==-1){
                perror("listen");
                exit(1);
        }
        printf("listening....\n");
    /*调用 accept 函数，等待客户端的连接*/
        if((client_fd=accept(sockfd,(struct sockaddr*)&client_sockad dr, &sin_
size))==-1){
                perror("accept");
                exit(1);
        }
    /*调用 recv 函数接收客户端的请求*/
        if((recvbytes=recv(client_fd,buf,MAXDATASIZE,0))==-1){
              perror("recv");
              exit(1);
        }
         printf("received a connection :%s\n",buf);
        close(sockfd);
    }

    /*client.c*/
    #include <stdio.h>
    #include <stdlib.h>
    #include <errno.h>
    #include <string.h>
    #include <netdb.h>
    #include <sys/types.h>
    #include <netinet/in.h>
    #include <sys/socket.h>
    #define SERVPORT 3333
    #define MAXDATASIZE 100
    main(int argc,char *argv[]){
        int sockfd,sendbytes;
        char buf[MAXDATASIZE];
        struct hostent *host;
        struct sockaddr_in serv_addr;
        if(argc < 2){
              fprintf(stderr,"Please enter the server's hostname!\n");
              exit(1);
        }
    /*地址解析函数*/
        if((host=gethostbyname(argv[1]))==NULL){
              perror("gethostbyname");
              exit(1);
        }
    /*创建 socket*/
       if((sockfd=socket(AF_INET,SOCK_STREAM,0))==-1){
             perror("socket");
             exit(1);
        }
```

```
    /*设置 sockaddr_in 结构体中相关参数*/
        serv_addr.sin_family=AF_INET;
        serv_addr.sin_port=htons(SERVPORT);
        serv_addr.sin_addr=*((struct in_addr *)host->h_addr);
        bzero(&(serv_addr.sin_zero),8);
    /*调用 connect 函数主动发起对服务器端的连接*/
        if(connect(sockfd,(struct sockaddr *)&serv_addr,\
            sizeof(struct sockaddr))==-1){
            perror("connect");
            exit(1);
        }
    /*发送消息给服务器端*/
        if((sendbytes=send(sockfd,"hello",5,0))==-1){
            perror("send");
            exit(1);
        }
    close(sockfd);
    }
```

在运行时需要先启动服务器端，再启动客户端。这里可以把服务器端下载到开发板上，客户端在宿主机上运行，然后配置双方的 IP 地址，确保在双方可以通信（如使用 ping 命令验证）的情况下运行该程序即可。

```
[root@(none) tmp]# ./server
socket success!,sockfd=3
bind success!
listening....
received a connection :hello
[root@www yul]# ./client 59.64.128.1
```

11.3 Web 服务器

到此为止，读者已经学习了编写 Web 服务器的必备知识。Web 服务器实际上是一个目录服务器的扩展，通过 HTTP 协议读取服务器相关目录上的内容。下面，将详细讲解 Web 服务器的实现。

11.3.1 Web 服务器功能

Web 服务器通常需要具备 3 种用户操作：列举目录信息、显示文件内容和运行相关程序，如图 11.9 所示。

Web 服务器通过基于流的 socket 连接为客户提供上述 3 种操作。用户连接到服务器后，发送请求，然后服务器返回客户请求的信息，其具体过程如图 11.10 所示。

从以上的流程图可以看出，编写 Web 服务器实际上就是建立起客户端和服务器端的 socket 连接，服务器端读取客户端的请求，并进行相应的操作；客户端读取服务器端的应答请求，并将其解析、绘图并加以运行。

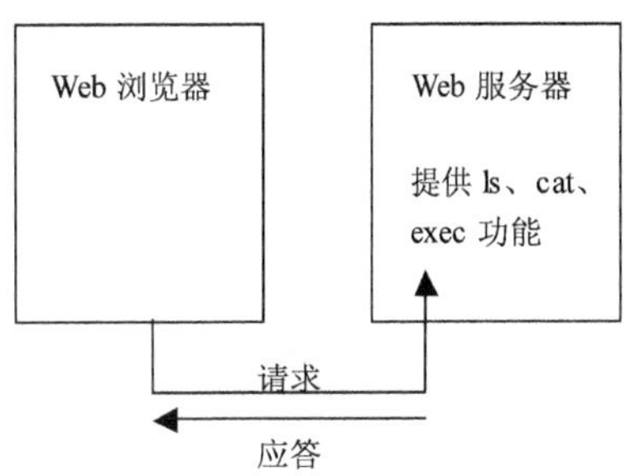

图 11.9　Web 服务器的功能

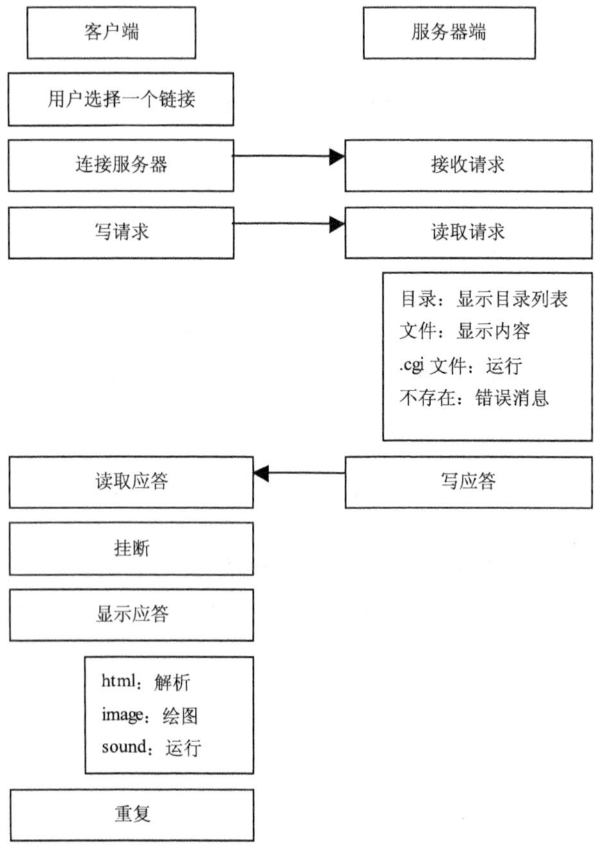

图 11.10 Web 服务器工作流程

11.3.2 Web 服务器协议

客户端（浏览器）与 Web 服务器之间的交互主要包含客户的请求和服务器的应答。请求和应答的格式在超文本传输协议（HTTP）中有定义。

HTTP（HyperTextTransferProtocol）是超文本传输协议的缩写，它用于传送 WWW 方式的数据。

HTTP 协议采用了请求/响应模型。客户端向服务器发送一个请求，请求头包含请求的方法、URI、协议版本，以及包含请求修饰符、客户信息和内容的类似于 MIME 的消息结构。服务器以一个状态行作为响应，相应的内容包括消息协议的版本，成功或者错误编码加上包含服务器信息，实体元信息以及可能的实体内容。

通常 HTTP 消息包括客户机向服务器的请求消息和服务器向客户机的响应消息。这两种类型的消息由一个起始行，一个或者多个头域，一个只是头域结束的空行和可选的消息体组成。

HTTP 的头域包括通用头、请求头、响应头和实体头 4 个部分。每个头域由一个域名、冒号“:”和域值 3 部分组成。域名是大小写无关的，域值前可以添加任何数量的空格符，头域可以被扩展为多行，在每行开始处，使用至少一个空格或制表符。

HTTP 的请求应答细节如下所示。

1. HTTP 请求：GET

Web 服务器接受连接请求，并创建一个基于 socket 的从客户端的键盘到 Web 服务进程的数据通道。一个 HTTP 请求包含 3 个字符串，如下所示：

```
GET /index.html HTTP/1.0
```

这里的第一个字符串是命令，第二个是参数，第 3 个是所用协议的版本号。在上面的例子中，使用了 GET 命令，以 index、html 作为参数，使用了 HTTP 版本 1.0。

HTTP 还包含几个其他的命令，大部分 Web 请求使用 GET，因为大部分时间中用户是单击链接来获取网页的。GET 命令可以跟几行参数，这里使用了简单的请求，以一个空行来表示参数的结束。

2. HTTP 应答：OK

Web 服务器读取请求，检查请求，然后返回一个请求。这里的应答有两部分：头部和内容。头部以状态行起始，如下所示：

```
HTTP/1.1 200 OK
```

状态行含有两个或更多的字符串。第一个字符串是协议的版本，第二个字符串是返回码，这里是 200，其文本的解释是 OK。如这里请求的文件为/info.html，而服务器给出次应答就表示可以得到该文件，若服务器中没有所请求的文件名，则返回码 404，其解释为“未找到”。

头部的其余部分是关于应答的附加信息。在该例子中，附加信息包含服务器名、应答时间、服务器所发送数据类型以及应答的连接类型。一个应答头部可以包含有多条信息，以空行表示结束，空行位于“Connection：close”后面。

应答的其余部分是返回的具体内容。

3. HTTP 小结

客户端和 Web 服务器交互的基本结构如下所示。

（1）客户发送请求

```
GET filename HTTP/version
可选参数
空行
```

（2）服务器发送应答

```
HTTP /version status-code status-message
附加信息
空行
内容
```

11.3.3 Web 服务器协议

本节中的 Web 服务器只支持 GET 命令，只接收请求行，跳过其余参数，然后处理请求和发送应答，主要循环如下：

```
while(1)
{
```

```
        fd = accept(sock, NULL, NULL); /*接收请求*/
        fpin = fdopen(fd, "r");
        fgets(fpin, request, LEN); /*读取客户端的请求*/
        read_until_crnl(fpin); /*跳过其他命令*/
        process_rq(request, fd); /*接收客户端的请求*/
        fclose(fpin);
}
```

为了简洁起见，这里忽略了出错检查。

（1）建立客户端与服务器端的通信

服务器端建立基于流的 socket 一般需要如下 3 个步骤。

- 创建一个 socket

```
socket = socket(PF_INET, SOCK_STREAM, 0)
```

- 给 socket 绑定一个地址

```
bind(sock, &addr, sizeof(addr))
```

- 监听接入请求

```
listen(sock, queue_size)
```

下面这个函数实现了服务器端建立 socket 的过程。

```
int make_server_socket(int portnum)
{
        return make_server_socket_q(portnum, BACKLOG);
}
int make_server_socket_q(int portnum, int backlog)
{
        struct sockaddr_in saddr;
        struct hostent *hp;
        char hostname[HOSTLEN];
        int sock_id;
        /*建立 socket*/
        sock_id = socket(PF_INET, SOCK_STREAM, 0);
        if(sock_id == -1)
                return -1;
        /*建立地址和 socket 的绑定*/
        bzero((void *)&saddr, sizeof(saddr));
        gethostname(hostname, HOSTLEN);
        saddr.sin_port = htons(portnum);
        saddr.sin_family = AF_INET;
        if(bind(sock_id, (struct sockaddr *)&saddr, sizeof(saddr)) != 0)
                return -1;
        /*调用 listen 函数监听*/
        if(listen(sock_id, backlog) != 0)
                 return -1;
        return sock_id;
}
```

（2）处理请求

处理请求包含识别命令和根据参数进行处理。

```
void process_rq(char *rq, int fd)
{
        char cmd[BUFSIZ], arg[BUFSIZ];
```

```
    if(fork() != 0)    /*如果是子进程，继续执行*/
        return;  /*如果是父进程则返回*/
    strcpy(arg, "./");
    if(sscanf(rq, "%s %s", cmd, arg+2) != 2)
        return;
    if(strcmp(cmd, "GET") != 0)     /*检查命令*/
        cannot_do(fd);
    else if(not_exist(arg))         /*如果这个命令不存在*/
        do_404(arg,fd);             /*则调用出错处理*/
    else if(isadir(arg))            /*如果这是一个目录*/
        do_ls(arg, fd);             /*则显示该目录*/
    else if(ends_in_cgi(arg))       /*文件名为 ".cgi" */
        do_exec(arg, fd);           /*执行*/
    else
        do_cat(arg, fd);            /*显示这些内容*/
}
```

服务器为每个请求创建一个新的进程来处理，子进程将请求分割成命令和参数。如果命令不是 GET，其应答 HTTP 返回码表示未实现的命令；如果命令是 GET，服务器将期望得到目录名，一个以“.cgi”结尾的可执行程序或文件名。如果没有该目录或指定的文件名，服务器就报错。这里用到的子函数如下所示：

```
/*未处理 HTTP 命令*/
void cannot_do(int fd)
{
    FILE *fp = fdopen(fd, "w");
    fprintf(fp, "HTTP/1.0 501 Not Implemented\r\n");
    fprintf(fp, "Content-type: text/plain\r\n");
    fprintf(fp, "\r\n");
    fprintf(fp, "That command is not yet implemented\r\n");
    fclose(fp);
}
```

这个函数在 HTTP 命令未处理时使用，这时打印一些出错信息以提示用户相关出错情况。

```
int not_exist(char *f)
{
    struct stat info;
    return (stat(f, &info) == -1);
}
```

该函数用于提示此命令不存在，这里的 stat 函数是用于获取相关文件的属性。

```
void do_404(char *item, int fd)
{
    FILE *fp = fdopen(fd, "w");

    fprintf(fp, "HTTP/1.0 404 Not Found\r\n");
    fprintf(fp, "Content-type: text/plain\r\n");
    fprintf(fp, "\r\n");
    fprintf(fp, "The item you requested: %s\r\nis not found\r\n", item);
    fclose(fp);
}
```

该函数用于当命令不存在时显示相应出错信息。

```
int isadir(char *f)
{
```

```
        struct stat info;
        return (stat(f, &info) != -1 && S_ISDIR(info.st_mode));
}
```

该函数用于判断相应的字符串是否是目录信息。

```
int ends_in_cgi(char *f)
{
     return (strcmp(file_type(f), "cgi") == 0);
}
```

该函数用于判断该文件是否是“.cig”文件。

（3）目录列表函数

以下 do_ls 函数处理列出目录信息的请求：

```
int do_ls(char *dir, int fd)
{
      FILE *fp;
      fp = fdopen(fd, "w");                       /*绑定 socket*/
      header(fp, "text/plain");                   /*发送 HTTP 回复包*/
      fprintf(fp, "\r\n");
      fflush(fp);

      dup2(fd, 1);                                /*把 socket 绑定到标准输出*/
      dup2(fd, 2);                                /*把 socket 绑定到标准出错*/
      close(fd);
      execlp("ls", "ls", "-l", dir, NULL); /*执行“ls -l”*/
      perror(dir);
      exit(1);                                    /*子进程退出*/
}
```

这里使用 ls 命令来执行。

该 web 服务器用到的其他函数如下所示：

```
/*跳过所有命令*/
void read_til_crnl(FILE *fp)
{
      char buf[BUFSIZ];
      while(fgets(buf, BUFSIZ, fp) != NULL && strcmp(buf,"\r\n") != 0);
}
/*判断文件扩展名*/
char *file_type(char *f)
{
      char *cp;
      if((cp = strrchr(f, '.')) != NULL)
             return cp+1;
}
int ends_in_cgi(char *f)
{
      return (strcmp(file_type(f), "cgi") == 0);
}
/*运行相应的命令*/
int do_exec(char *prog, int fd)
{
      FILE *fp;
```

```
        fp = fdopen(fd, "w");
        header(fp, NULL);
        fflush(fp);
        dup2(fd,1);
        dup2(fd,2);
        close(fd);
        /*调用 execl 函数运行*/
        execl(prog, prog, NULL);
        perror(prog);
}
/*查看相应文件夹下的内容*/
int do_cat(char *f, int fd)
{
        char *extension = file_type(f);
        char *content = "text/plain";
        FILE *fpsock, *fpfile;
        int c;
        if(strcmp(extension, "html") == 0)
                content = "text/html";
        else if(strcmp(extension, "gif") == 0)
                content = "image/gif";
        else if(strcmp(extension, "jpg") == 0)
                content = "image/jpg";
        else if(strcmp(extension, "jpeg") == 0)
                content = "image/jpeg";
        fpsock = fdopen(fd, "w");
        fpfile = fopen(f, "r");
        if(fpsock != NULL && fpfile != NULL)
        {
                header(fpsock, content);
                fprintf(fpsock, "\r\n");
                while((c = getc(fpfile)) != EOF)
                        putc(c, fpsock);
                fclose(fpfile);
                fclose(fpsock);
        }
        exit(0);
}
/*主函数*/
int main(int ac, char *av[])
{
        int sock, fd;
        FILE *fpin;
        char request[BUFSIZ];
        if(ac== 1){
                fprintf(stderr, "usage: ws portnum\n");
                exit(1);
        }
        /*建立 socket 连接，开始监听客户端请求*/
        sock = make_server_socket(atoi(av[1]));
        if(sock == -1) exit(2);

        while(1){
               fd = accept(sock, NULL, NULL);
               fpin = fdopen(fd, "r");
```

```
            /*判断请求内容*/
            fgets(request, BUFSIZ, fpin);
            printf("got a call: request = %s", request);
            read_til_crnl(fpin);
            process_rq(request, fd);
            fclose(fpin);
        }
}
```

11.3.4 运行 Web 服务器

读者可以编译该程序，在某个端口运行它，如下所示：

```
# gcc webserv.c socklib.c -o webserv
# ./webserv 12345
```

现在读者可以访问 Web 服务器，网址为 http://yourhostname:12345/，将 html 文件放到该目录中并且用 http://yourhostname:12345/filename.html 来打开它，创建下面的 shell 脚本：

```
# !/bin/sh
# hello.cgi-a cheery cig.page
printf "Content-type:text/plain\n\n";
```

将它命令为 hello.cgi，用 chmod 改变权限为 755，然后用浏览器调用该程序：http://yourhostname:12345/hello.cgi。

11.4 traceroute 程序实例

11.4.1 traceroute 原理简介

Traceroute（路由追踪）是一个非常有用的网络工具。在命令行提示符下，输入 tracert 即可使用这个工具。使用 Traceroute，可探测出到达网络中任何一台目标主机、中途需要经过哪些路由器以及每个路由器的信息，比如 IP 地址等。在网络中进行多播通信或者遇到路由问题时，Traceroute 获得的信息就非常有用。

Traceroute 的设计原理是向目的地址发送一个 UDP 数据包，并重复递增 IP 的 TTL 值（生存时间）。

最初，TTL 值为 1，当 UDP 数据包到达路途中第一个路由器的时候，TTL 值会减 1 变成 0，数据包被丢弃。这时，路由器会返回一个 ICMP 超时数据包到源主机。随后，源主机再发送一个 UDP 数据包，其中 TTL 值递增 1，以便使数据包可到达下一个路由器再被丢弃，再次生成的 ICMP 超时包经过第一个路由器返回。

依此类推，将返回的每一条 ICMP 超时消息都收集下来，便能知道中途都经过哪些路由器，直到最后到达目标主机。当 TTL 值递增的足够大，可达到达目标主机的时候，便会返回一条 ICMP“端口无法访问”的消息，因为目标主机没有在相应的端口等待的进程。至此，Traceroute 整个流程便完成了。

实现 Traceroute 程序时可以采取一个简便的方法。只需将封装好的 ICMP 数据包发送到目标主机，TTL 值初始化为 1，此后每次发包都递增 1。在 TTL 值减为 0 超时的时候，也会返回一条 ICMP 错误消息。程序中只需要一个 ICMP 类型的原始套接字即可实现。

11.4.2 traceroute 实例与分析

在本小节中，将具体讲解 Traceroute 程序，程序段中对程序进行了详细分析，读者可以根据实例和分析对 Traceroute 程序的过程和路由器有更加直观而深刻的理解。

Traceroute 程序 tracert.c 代码如下：

```
#include <stdio.h>
#include <stdlib.h>
#include <errno.h>
#include <string.h>
#include <sys/un.h>
#include <sys/time.h>
#include <sys/ioctl.h>
#include <unistd.h>
#include <netinet/in.h>
/*定义 ICMP 信息类型*/
#define ICMP_ECHOREPLY          0       // 回应答复
#define ICMP_DESTUNREACH        3       // 目标机无法到达
#define ICMP_ECHO               8       // 回应请求
#define ICMP_TIMEOUT            11      // 超时消息
#define MAX_HOPS                30      // 默认的最大跳数
#define ICMP_PACKET_MIN         8       // 最小的 ICMP 包长度
#define ICMP_PACKET_SIZE        32      // ICMP 数据包大小
#define MAX_PACKET_SIZE         1024    // 最大的数据包大小
```

上面的程序中，主要定义了一些 ICMP 消息类型。在进行路由探测的时候，发送的是回应请求消息，可能收到的消息类型有目标机无法到达、超时消息和回应答复。在没有指定探测的最大跳数时，使用默认的跳数 MAX_HOPS。

```
/*定义 IP 首部格式*/
typedef struct _IPHeader
{
     unsigned char    VIHL;            // 版本和首部长度
     unsigned char      ToS;           // 服务类型
     unsigned short TotalLen;          // 总长度
     unsigned short ID;                // 标识号
     unsigned short Frag_Flags;        // 段偏移量
     unsigned char  TTL;               // 生存时间
     unsigned char  Protocol;          // 协议
     unsigned short Checksum;          // 首部校验和
     struct in_addr SrcIP;             // 源 IP 地址
     struct in_addr DestIP;            // 目的地址
} IPHeader;
/*定义 ICMP 首部格式*/
typedef struct _ICMPHeader
{
    unsigned char   Type;              // 类型
    unsigned char   Code;              // 代码
    unsigned short  Checksum;          // 首部校验和
    unsigned short  ID;                // 标识
    unsigned short  Seq;               // 序列号
    unsigned long Timestamp;           // 时间戳
} ICMPHeader;
```

上面的程序主要定义了 IP 首部格式和 ICMP 首部格式的结构体。

```
/*计算校验和*/
unsigned short checksum(u_short *buffer, int len)
{
     register int nleft = len;
     register unsigned short *w = buffer;
     register unsigned short answer;
     register int sum = 0;
    /*使用 32bit 的累加器，进行 16bit 的反馈计算*/
     while( nleft > 1 )  {
          sum += *w++;
          nleft -= 2;
     }
     /*补全奇数位*/
     if(nleft == 1 ) {
           unsigned short   u = 0;
           *(unsigned char *)(&u) = *(unsigned char *)w ;
           sum += u;
     }
    /*将反馈的 16bit 从高位移至地位*/
     sum = (sum >> 16) + (sum & 0xffff);
     sum += (sum >> 16);
     answer = ~sum;
     return (answer);
}
```

上面的程序实现了计算校验和的函数。

```
/*设置套接字 TTL 值*/
int SetTTL(int s, int nTTL)
{
     int    ret;
     ret = setsockopt(s, IPPROTO_IP, IP_TTL, &nTTL,sizeof(int));
     if(ret <0)
     {
          perror("setsockopt in setttl");
          return 0;
     }
     return 1;
}
```

上面的程序实现了设置套接字 TTL 值的功能，设置 TTL 可以控制 ICMP 数据包可以发送第几个路由器，使用递推的方法就可以遍历路途中所有的路由器。设置套接字特性应该调用 setsockopt 函数。

函数的第一个参数是要设置的套接字；第二个参数表示定义在哪个层上，IPPROTO_IP 表示定义在 IP 层；第三个参数表示要设定的项，IP_TTL 表示要设置 TTL 值；第四个参数表示设置的值；第五个参数表示设定的项缓冲区的大小。

```
/*解析回应数据包*/
int ParseResp(char *buf, int bytes, struct sockaddr_in *src, int ttl)
{
     IPHeader       *iphdr = NULL;
     ICMPHeader     *icmphdr = NULL;
     unsigned short  iphdrlen;
```

```
        struct hostent *lpHostent = NULL;
        struct in_addr  inaddr = src->sin_addr;
        /*提取 ICMP 包*/
        icmphdr = (ICMPHeader*)(buf + sizeof(IPHeader));
        /*判断 ICMP 数据包类型*/
        switch (icmphdr->Type)
        {
            case ICMP_ECHOREPLY:     // 得到回应
                lpHostent=gethostbyaddr((const char*)&src->sin_addr,AF_INET,
sizeof(struct in_addr));
                if(lpHostent != NULL)
                    perror("gethostbyaddr");
                  return 1;
                break;
            caseICMP_TIMEOUT:      // 得到路由器超时信息
                printf("%2d  %s\n", ttl, inet_ntoa(inaddr));
                return 0;
                break;
            caseICMP_DESTUNREACH:  // 不能到达目的地址
                printf("%2d  %s  reports: Host is unreachable\n", ttl,
                    inet_ntoa(inaddr));
                return 1;
                break;
            default:
                printf("non-echo type %d recvd\n", icmphdr->Type);
                return 1;
                break;
        }
        return 0;
    } }
```

上面的程序主要实现解析路由器或者目标主机返回的数据包的功能。程序首先从接收到的数据包中提取出 ICMP 部分放到变量 icmphdr 中，然后判断 ICMP 数据类型（icmphdr->Type），如果返回的类型是 ECHOREPLY，说明已经到达目标主机；如果是 ICMP_TIMEOUT，说明是路由器返回的超时消息；如果是 ICMP_DESTUNREACH，说明不能到达目标主机。

```
    /*填充 ICMP 包*/
    void FillIMCPData(char * icmp_data, int datasize)
    {
        ICMPHeader *icmp_hdr;
        char      *datapart;
        icmp_hdr = (ICMPHeader*)icmp_data;
        /*设置 ICMP 包*/
        icmp_hdr->Type = ICMP_ECHO; // 设置 ICMP 类型为回应请求
        icmp_hdr->Code = 0;
        icmp_hdr->Checksum = 0;
        icmp_hdr->Seq = 0;
         datapart = icmp_data + sizeof(ICMPHeader);
        /*在数据区域随便填写一些内容*/
        memset(datapart,'A', datasize - sizeof(ICMPHeader));
    }
```

上面的程序主要实现填充 ICMP 数据包的功能。由于 Traceroute 每次发送的都是 ICMP 回应请求类型数据包，所以设置 ICMP 类型为 ICMP_ECHO。代码、校验和、序列号都初始化为 0；ICMP 数据包数据区域按照大小要求随便填写一些数据即可。

```
int main(int argc, char **argv)
{
    int      sockRaw;
    struct hostent    *hp = NULL;
    struct sockaddr_in  destAddr; // 源地址
    struct sockaddr_in   srcAddr;  // 目标机地址
    int          ret;
    int          datasize;
    int          srclen = sizeof(srcAddr);
    int          timeout; // 超时时间
    int          done=0; // 标识是否探测完毕
    int          maxhops; // 最大跳数
    int          ttl = 1;
    char         *icmp_data;
    char         *recvbuf;
    char          bOpt;
    unsigned short     seq_no = 0;
    if(argc < 2)
          printf("usage: tracert host-name [max-hops]\n");
    if(argc == 3)
         maxhops = atoi(argv[2]);
    else
         maxhops = MAX_HOPS;
   /*创建 ICMP 类型的原始套接字*/
    sockRaw = socket(AF_INET, SOCK_RAW, IPPROTO_RAW);
   if (sockRaw < 0)
   {
         perror("socket");
            exit(-1);
   }
```

上面的程序是实现 Traceroute 的主函数。首先定义相关变量，然后调用 socket 函数创建 ICMP 类型的原始套接字。

```
/*设置发送和接收的超时时间*/
    timeout = 1000;
    ret = setsockopt(sockRaw, SOL_SOCKET, SO_RCVTIMEO,
              (char *)&timeout, sizeof(timeout));
    if (ret < 0)
    {
          perror("setsockopt in main1");
          return -1;
    }
    timeout = 1000;
    ret = setsockopt(sockRaw, SOL_SOCKET, SO_SNDTIMEO,
          (char *)&timeout, sizeof(timeout));
    if (ret < 0)
    {
         perror("setsockopt in main2");
          return -1;
    }
```

上面的程序调用 setsockopt 函数设置发送和接收数据包的超时时间。参数 SO_RCVTIMEO 和 SO_SNDTIMEO 表示要对接收和发送的超时时间进行设置。

```
/*解析主机 IP 地址，判断是否有效*/
memset(&destAddr,0,sizeof(destAddr));
    destAddr.sin_family = AF_INET;
    if ((destAddr.sin_addr.s_addr = inet_addr(argv[1])) == INADDR_NONE)
    {
          hp = gethostbyname(argv[1]);
          if (hp)
               memcpy(&(destAddr.sin_addr), hp->h_addr, hp->h_length);
           {}
           else
           {
                printf("Unable to resolve %s\n",argv[1]);
                exit(-1);
           }
    }
```

上面的程序主要负责解析主机 IP 地址。函数 gethostbyname 功能是解析主机名称，返回的是 hostent 结构。此结构体中含有详细的主机信息，字段 h_addr 表示主机的 IP 地址，字段 h_length 表示地址长度，通过 memcpy 函数将字段 h_addr 信息复制到目标地址结构 destAddr.sin_addr 中。如果解析不成功则输出错误信息。

```
    /*设置发送的包大小*/
    datasize = ICMP_PACKET_SIZE;
    datasize += sizeof(ICMPHeader);
    /*分配缓冲区空间*/
    icmp_data = malloc(MAX_PACKET_SIZE*sizeof(char));
    recvbuf = malloc(MAX_PACKET_SIZE*sizeof(char));
    /*设置套接字不路由，指示位于基层的网络堆栈，忽略路由表的存在*/
    bOpt = 1;
    if (setsockopt(sockRaw, SOL_SOCKET, SO_DONTROUTE,(char *)&bOpt,
            sizeof(char)) < 0)
         perror("setsockopt");
    /*填充 ICMP 首部*/
    memset(icmp_data, 0, MAX_PACKET_SIZE);
    FillIMCPData(icmp_data, datasize);
```

上面的程序首先设置发送数据包的大小，分配发送缓冲区和接收缓冲区的内存空间。然后调用 setsockopt 函数设置套接字，第 3 个参数 SO_DONTROUTE 表示不路由，即指示位于基层的网络堆栈，忽略路由表的存在，通过套接字绑定的接口直接将数据传送出去。

一般默认情况下，数据包会经过一个路由过程到达目标地址，但将第 4 个参数设为 TRUE，便可使数据包从绑定的接口上直接发送到目的主机。程序最后调用 FillIMCPData 函数填充 ICMP 数据包，这样就做好了发送数据包前的所有工作。

```
    /*开始循环探测路由*/
    for(ttl = 1; ((ttl < maxhops) && (!done)); ttl++)
    {
          SetTTL(sockRaw, ttl);  // 设置套接字的 TTL 值
          /*设置 ICMP 首部数据段*/
          ((ICMPHeader*)icmp_data)->Checksum = 0;
          ((ICMPHeader*)icmp_data)->Seq = seq_no++;
          ((ICMPHeader*)icmp_data)->Checksum = checksum((u_short*)icmp_data,
              datasize);
          ret=sendto(sockRaw, icmp_data, datasize, 0,
```

```
            (struct sockaddr *)&destAddr, sizeof(destAddr)); // 发送 ICMP 数
据包到目标主机
        if (ret < 0)
        {
              perror("sendto");
            return -1;
        }
        ret = recvfrom(sockRaw, recvbuf, MAX_PACKET_SIZE, 0,
              (struct sockaddr*)&srcAddr, &srclen); // 接收从目标机或路由返回
的数据
        if (ret < 0)
        {
             perror("recvfrom");
             return -1;
        }
        /*解析返回的响应*/
        done = ParseResp(recvbuf, ret, &srcAddr, ttl);
        sleep(1000);
    }
    free(recvbuf);
    free(icmp_data);
    return 0;
}
```

上面的程序主要完成探测路由的过程。循环从 TTL=1 开始，每次循环 TTL 值加 1。

首先调用 SetTTL 函数设置套接字的 TTL 值，再填充 ICMP 数据包。接着，调用 sendto 函数把 ICMP 数据包发送到目标主机，同时对返回值进行判断，如果返回的是 WSAETIMEDOUT，则说明发送超时。

调用 recvfrom 函数接收路由器或目标主机返回的信息，如果接收返回值正确，则调用 ParseResp 函数解析返回的消息，如果解析出目标主机返回消息，则表明探测完毕，退出循环。注意，最后需要调用 delete 释放申请的内存空间。至此，整个 Traceroute 流程结束，完成了探测路由的功能。

11.4.3 traceroute 实例运行结果

本实例的测试地址是 forum.byr.edu.cn，可以看到，Traceroute 程序首先解析网站地址为 IP 地址 211.68.71.66，然后开始进行路由探测，每探测出一个路由器，则输出路由器的 IP 地址，最终经过 3 跳达到目的主机。

```
#tracert forum.byr.edu.cn
Tracing route to forum.byr.edu.cn [211.68.71.66] over a maximum of 30 hops:
1 59.64.208.1
2 10.2.1.1
3 10.0.20.2
4 forum.bupt.edu.cn [211.68.71.66]
```

本章小结

本章讲解了嵌入式 Linux 网络开发的相关 API 函数。网络开发几乎已成为当今嵌入式

Linux 应用开发必不可少的一部分，因此，希望读者能够切实掌握。

本章首先介绍了 TCP/IP 层次模型的基本知识，并介绍了其中的重要协议，这些都是非常必要的基础知识。

接下来，介绍了网络基础编程的相关 API 函数，并介绍了常见的开发流程，希望读者能够认真学习这部分的内容，并通过实践，切实掌握。

再接下来，详细讲解了两个综合实例，其一是 NTP 协议的实现。本章对协议的实现做了一定的简化，仅实现了其中的网络通信部分，而对时间计算的部分不予处理。通过这一协议的实现，读者可以清楚地了解到网络通信协议是如何构建的，其关键部分就在于发送相应格式的数据并实现网络通信。

第二个综合实例是 traceroute 工具的简易实现。这里，主要体现的是如何封装好的 ICMP 数据包并发往目的端口，读者也可以自行实验。

动手练练

1. 请读者查阅资料，使用在文件 I/O 中讲解的 select 函数实现多个客户端与服务器的通信。
2. 使用多线程来设计实现 Web 服务器。

第 12 章　嵌入式 Linux 设备驱动开发

本章目标

本章将进入到 Linux 的内核空间，初步介绍嵌入式 Linux 设备驱动的开发。驱动的开发流程相对于应用程序的开发是全新的，与读者以前的编程习惯完全不同，希望读者能尽快地熟悉现在环境。经过本章的学习，读者将会掌握以下内容:

- 设备驱动的基本概念
- 设备驱动程序的基本功能
- 设备驱动的运作过程
- 常见设备驱动接口函数
- 简单的 skull 驱动的编写过程
- LCD 设备驱动程序编写步骤

12.1　设备驱动概述

12.1.1　设备驱动简介

系统调用是操作系统内核和应用程序之间的接口，设备驱动程序是操作系统内核和机器硬件之间的接口。设备驱动程序为应用程序屏蔽了硬件的细节，这样在应用程序看来，硬件设备只是一个设备文件，应用程序可以像操作普通文件一样对硬件设备进行操作。

设备驱动程序是内核的一部分，它完成以下的功能。

- 对设备初始化和释放。
- 把数据从内核传送到硬件、从硬件读取数据。
- 读取应用程序传送给设备文件的数据和回送应用程序请求的数据。
- 检测和处理设备出现的错误。

在 Linux 操作系统下有两类主要的设备文件：一种是字符设备，另一种是块设备。

字符设备和块设备的主要区别在于：在对字符设备发出读/写请求时，实际的硬件 I/O 一般就紧接着发生了；而块设备则不然，它利用一块系统内存作缓冲区，如果用户进程对设备请求能满足用户的要求，就返回请求的数据，如果不能，就调用请求函数来进行实际的 I/O 操作。块设备是主要针对磁盘等慢速设备设计的，以免耗费过多的 CPU 时间来等待。

用户进程是通过设备文件来与实际的硬件打交道。每个设备文件都有其文件属性（c/b），如表示是字符设备还是块设备。另外每个文件都有两个设备号，第一个是主设备号，用于标识驱动程序；第二个是从设备号，用于标识使用同一个设备驱动程序的不同的硬件设备。设备文件的的主设备号必须与设备驱动程序在登记时申请的主设备号一致，否则用户进程将无法访问到驱动程序。

最后，在用户进程调用驱动程序时系统进入核心态，这时不再是抢先式调度，也就是说，系统必须在完成当前驱动程序的子函数返回后才能进行其他的工作。设备驱动程序是内核的一部分，硬件驱动程序是操作系统最基本的组成部分，在 Linux 内核源程序中占有 60%以上，因此，熟悉驱动的编写是很重要的。

12.1.2 设备驱动程序的特点

综上所述，Linux 中的设备驱动程序有如下特点。

1. 内核代码

设备驱动程序是内核的一部分，如果驱动程序出错，则可能导致系统崩溃。

2. 内核接口

设备驱动程序必须为内核或者其子系统提供一个标准接口。比如，一个终端驱动程序必须为内核提供一个文件 I/O 接口；一个 SCSI 设备驱动程序应该为 SCSI 子系统提供一个 SCSI 设备接口，同时 SCSI 子系统也必须为内核提供文件的 I/O 接口及缓冲区。

3. 内核机制和服务

设备驱动程序使用一些标准的内核服务，如内存分配等。

4. 可装载

大多数的 Linux 操作系统设备驱动程序都可以在需要时装载进内核，在不需要时从内核中卸载。

5. 可设置

Linux 操作系统设备驱动程序可以集成为内核的一部分，并可以根据需要把其中的某一部分集成到内核中，这只需要在系统编译时进行相应的设置即可。

6. 动态性

在系统启动且各个设备驱动程序初始化后，驱动程序将维护其控制的设备。如果该设备驱动程序控制的设备不存在也不影响系统的运行，那么此时的设备驱动程序只是多占用了一点系统内存。

12.2 模块编程

12.2.1 模块编程简介

Linux 内核中采用可加载的模块化设计（LKMs，Loadable Kernel Modules），一般情况下编译的 Linux 内核是支持可插入式模块的，也就是将最基本的核心代码编译在内核中，其他的代码可以选择在内核中或者编译为内核的模块文件。

Linux 设备驱动属于内核的一部分，Linux 内核的一个模块可以以两种方式被编译和加载。

- 直接编译进 Linux 内核，随同 Linux 启动时加载；
- 编译成一个可加载和删除的模块，使用 insmod 加载（modprobe 和 insmod 命令类似，但依赖于相关的配置文件）、rmmod 删除。这种方式控制了内核的大小，而模块一旦被插入内核，它就和内核其他部分一样。

常见的驱动程序也是作为内核模块动态加载的，比如声卡驱动和网卡驱动等，而 Linux 最基础的驱动，如 CPU、PCI 总线、TCP/IP 协议、APM（高级电源管理）、VFS 等驱动程序则直接编译在内核文件中。

有时也把内核模块叫做驱动程序，只不过驱动的内容不一定是硬件罢了，比如 ext3 文件系统的驱动。因此，加载驱动时就是加载内核模块。

12.2.2 模块相关命令

- lsmod 列出当前系统中加载的模块，其中左边第一列是模块名，第二列是该模块大小，第三列则是该模块使用的数量，如下所示：

```
[root@www root]# lsmod
Module                Size  Used by
autofs                12068   0    (autoclean)  (unused)
eepro100              18128   1
iptable_nat           19252   0    (autoclean)  (unused)
ip_conntrack          18540   1    (autoclean)  [iptable_nat]
iptable_mangle        2272    0    (autoclean)  (unused)
iptable_filter        2272    0    (autoclean)  (unused)
ip_tables             11936   5    [iptable_nat iptable_mangle iptable_filter]
usb-ohci              19328   0    (unused)
usbcore               54528   1    [usb-ohci]
ext3                  67728   2
jbd                   44480   2    [ext3]
aic7xxx               114704  3
sd_mod                11584   3
scsi_mod              98512   2    [aic7xxx sd_mod]
```

- rmmod 是用于将当前模块卸载。
- insmod 和 modprobe 用于加载当前模块，但 insmod 不会自动解决依存关系，而 modprobe 则可以根据模块间依存关系以及/etc/modules.conf 文件中的内容自动插入模块。
- mknod 用于创建相关模块。

12.2.3　模块编程流程

1．代码编程

内核空间模块编程的流程与用户空间的流程有很大的区别。在用户空间，应用程序都是从读者熟知的 main 函数处入口的，而内核空间的模块编程则不同，它以 module_init 作为模块加载时的入口，以 module_exit 作为模块卸载时的出口。

下面为模块编程中最简单的“Hello，world”实例，读者可以从中看到模块编程的流程，如下所示：

```
#include <linux/init.h>
#include <linux/module.h>
MODULE_LICENSE("Dual BSD/GPL");
static int hello_init(void)
{
        printk(KERN_ALERT "Hello, world\n");
        return 0;
}
static void hello_exit(void)
{
        printk(KERN_ALERT "Goodbye, cruel world\n");
}
module_init(hello_init);
module_exit(hello_exit);
```

2．模块编译

模块的编译和应用程序的编译也有很大的区别。在 Linux2.6 内核下，模块编译的 Makefile 与 2.4 内核下有较大的区别。由于这里使用的时 make 的扩展语法，读者可能不是很熟悉，这里就先给出该 Makefile 的形式。

```
ifeq ($(KERNELRELEASE),)
KERNELDIR ?= /lib/modules/$(shell uname -r)/build
PWD := $(shell pwd)
modules:
    $(MAKE) -C $(KERNELDIR) M=$(PWD) modules
modules_install:
    $(MAKE) -C $(KERNELDIR) M=$(PWD) modules_install
clean:
     rm -rf *.o *~ core .depend .*.cmd *.ko *.mod.c .tmp_versions
.PHONY: modules modules_install clean
else
    obj-m := hello.o
endif
```

接下来，运行 make，如下所示：

```
[root@FT2 hello]# make
make -C /lib/modules/2.6.9-5.EL/build M=/home/sunq/12/hello modules
make[1]: Entering directory `/usr/src/kernels/2.6.9-5.EL-i686'
  CC [M]  /home/sunq/12/hello/hello.o
  Building modules, stage 2.
```

```
  MODPOST
  CC      /home/sunq/12/hello/hello.mod.o
  LD [M]  /home/sunq/12/hello/hello.ko
make[1]: Leaving directory `/usr/src/kernels/2.6.9-5.EL-i686'
```

3. 模块加载

接下来就可以使用上述的命令加载模块了，如下所示：

```
[root@FT2 hello]# insmod hello.ko
```

这时系统就会显示“Hello, world”字样。读者可以使用命令“rmmod hello.ko”卸载模块。

> 注意　由于模块编程是属于内核空间，因此不能调用诸如 printf 之类用户空间的 API 函数，而只能使用如 printk 之类的内核函数，printk 函数的语法要点如下所示。

- 头文件

```
#include <linux/kernel>
```

- 函数原型

```
int printk(const char * fmt, /*日志级别*/
           …) /*如printf一样的格式说明*/
```

fmt 的日志级别有如表 12.1 所示的几种情况。

表 12.1　fmt 日志级别

flag	含　义
KERN_EMERG	紧急时间消息
KERN_ALERT	需要立即采取动作的情况
KERN_CRIT	临界状态，通常涉及严重的硬件或软件操作失败
KERN_ERR	错误报告
KERN_WARNING	对可能出现的问题提出警告
KERN_INFO	有必要进行提示的正常情况
KERN_DEBUG	调试信息

这些不同优先级的信息可以输出到控制台和/var/log/messages。其中，输出给控制台的信息有一个特定的优先级 console_loglevel。优先级小于这个整数值时，则消息才能显示到控制台上，否则，消息会显示在/var/log/messages 里。若不加任何优先级选项，则消息默认输出到/var/log/messages 文件中。

> 注意　要开启 klogd 和 syslogd 服务，消息才能正常输出。

12.3 字符设备驱动编写

1. 流程说明

在上一节中已经提到，设备驱动程序可以使用模块的方式动态加载到内核中去。加载模块的方式与以往的应用程序开发有很大的不同。

以往在开发应用程序时都有一个 main 函数作为程序的入口点，而在驱动开发时却没有 main 函数，模块在调用 insmod 命令时被加载，此时的入口点是 module_init 函数，通常在该函数中完成设备的注册。同样，模块在调用 rmmod 函数时被卸载，此时的入口点是 module_exit 函数，在该函数中完成设备的卸载。

在设备完成注册加载之后，用户的应用程序就可以对该设备进行一定的操作，如 read、write 等，而驱动程序就是用于实现这些操作，在用户应用程序调用相应入口函数时执行相关的操作，init_module 入口点函数则不需要完成其他如 read、write 之类的功能。

它们之间的关系如图 12.1 所示。

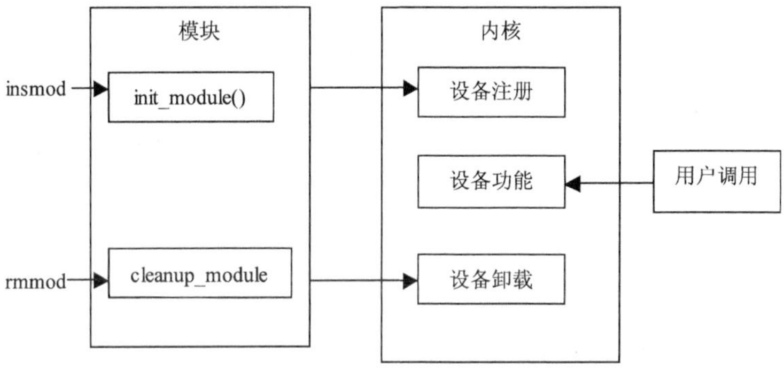

图 12.1　设备驱动程序流程

2．设备编号

（1）设备编号说明

对字符设备的访问是通过文件系统内的设备名称进行的，那些名称被称为特殊文件或设备文件，通常位于/dev 目录下。读者可以使用“ls -l”命令查看设备文件，其中第一列的 c 表示该设备为字符设备。

在 Linux 内核中，dev_t 类型用来保存主设备号和次设备号。dev_t 是一个 32 位的数，其中的 12 位用于表示主设备号，而其余的 20 位用于表示次设备号。当然，对于编写驱动程序的人员来说并不需要关心这些位的分配。在 Linux2.6 内核中，通过 dev_t 获得主设备号可以使用以下宏。

➢ 头文件

```
#include <linux/kdev.h>
```

➢ 宏原型

```
MAJOR(dev_t dev); /*获得主设备号*/
MINOR(dev_t dev); /*获得次设备号*/
```

相反，若要将主设备号和次设备号转换为 dev_t 类型可使用以下宏。

➢ 头文件

```
#include <linux/kdev.h>
```

➢ 宏原型

```
MKDEV(int major, int minor);
```

以上的 3 个宏函数主要是在 dev_t 和主设备号、次设备号之间进行转换，但是驱动程序如何获得设备编号呢？

在 Linux 中可以采用动态分配和静态分配设备号的方式。若用户提前知道所需要的设备编号，则可使用 register_chrdev_region 函数，如果用户并不确知设备编号，则可使用 alloc_chrdev_region 函数动态分配。

无论采用哪种方式分配设备编号，在系统使用完设备时都需要使用函数 unregister_chrdev_region 释放这些设备编号。

register_chrdev_region 函数的格式如下所示。

➢ 头文件

```
#include <linux/fs.h>
```

➢ 函数原型

```
int register_chrdev_region( dev_t first, /*要分配设备编号范围的起始值*/
                            unsigned int conut, /*所请求的连续设备编号的个数*/
                            char *name) /*和该范围关联的设备名称*/
```

➢ 函数返回值

```
成功：0
失败：-EFAULT
```

alloc_chrdev_region 函数的格式如下所示。

➢ 头文件

```
#include <linux/fs.h>
```

➢ 函数原型

```
int alloc_chrdev_region(dev_t *dev, /*仅用于输出的参数，在成功完成调用后将保存已分配范围的第一个编号*/
                        unsigned int first, /*要使用的被请求的第一个次设备号，通常为 0*/
                        unsigned int conut, /*所请求的连续设备编号的个数*/
                        char *name) /*和该范围关联的设备名称*/
```

➢ 函数返回值

```
成功：0
失败：-EFAULT
```

unregister_chrdev_region 函数的格式如下所示。

➢ 头文件

```
#include <linux/fs.h>
```

➢ 函数原型

```
void unregister_chrdev_region(dev_t first, unsigned int count)/*参数含义同前*/
```

（2）获取设备编号实例

在实际应用中，主设备号是一个全局变量，程序可以通过判断主设备号来确定动态分配或手动分配。

若采用手动分配，首先调用 MKDEV 宏来获得设备的 dev_t 结构，其次再调用 register_chrdev_region 函数注册设备，在这个函数调用成功后，用户就可以在/proc/devices 里看到名为 name（用户在函数中定义）的设备了。

若采用自动分配，用户直接调用函数 alloc_chrdev_region 即可，该函数调用成功后用户就可以在/proc/devices 里看到相应的设备，具体的程序如下所示：

```
if(scull_major){
    dev_t dev = MKDEV(scull_major, scull_minor);
    result = register_chrdev_region(dev, scull_num_devs, "scull");
}else{
    result = alloc_chrdev_region(&dev, 0, scull_num_devs, "scull")
    scull_major = MAJOR(dev);
}
```

3. 重要数据结构

注册设备编号是驱动程序的首要任务，但接下来，驱动程序还需要完成很多其他的任务。在 Linux 驱动程序中，最重要涉及 3 个重要的内核数据结构，分别是 file_operation、file 和 inode。

在 Linux 中 inode 结构用于表示文件，而 file 结构则表示打开的文件描述符，因为对于单个文件而言可能会有许多个表示打开的文件描述符，因此就可能会对应有多个 file 结构，但它们都指向单个 inode 结构。

此外，每个 file 结构都与一组函数相关联，这组函数是用过 file_operations 结构来指示的，它们之间的关系如图 12.2 所示。

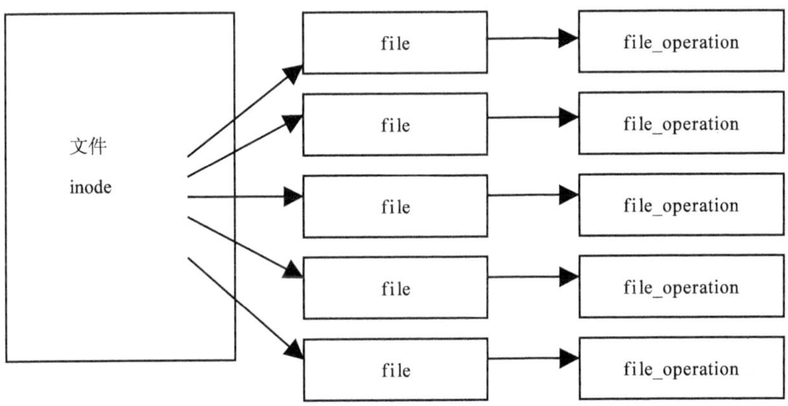

图 12.2 关键数据结构关系图

file_operations 是 Linux 驱动程序中最为重要的一个结构，它包括了一组常见函数，这类结构的指针通常被称为 fops。这个结构中的每一个字段都必须指向驱动程序中实现特定操作的函数。

file_operations 中的每一个字段都必须指向驱动程序中实现特定的操作，对于不支持的操作对应的字段可设置为 NULL 值，其结构如下所示。

```
struct file_operations {
loff_t (*llseek) (struct file *, loff_t, int);
ssize_t (*read) (struct file *filp, char *buff, size_t count, loff_t *offp);
ssize_t (*write) (struct file *filp, const char *buff, size_t count, loff_t *offp);
int (*readdir) (struct file *, void *, filldir_t);
unsigned int (*poll) (struct file *, struct poll_table_struct *);
int (*ioctl) (struct inode *, struct file *, unsigned int, unsigned
```

```
long);
int (*mmap) (struct file *, struct vm_area_struct *);
int (*open) (struct inode *, struct file *);
int (*flush) (struct file *);
int (*release) (struct inode *, struct file *);
int (*fsync) (struct file *, struct dentry *);
int (*fasync) (int, struct file *, int);
int (*check_media_change) (kdev_t dev);
int (*revalidate) (kdev_t dev);
int (*lock) (struct file *, int, struct file_lock *);
};
```

这里定义的很多函数读者在第 6 章中已经见到过了，当时我们学习调用这些函数，而在这里我们将学习如何实现这些函数。当然，每个设备的驱动程序不一定要实现其中所有的函数操作，若不需要定义实现时，则只需将其设为 NULL 即可。

struct file 提供关于被打开的文件信息，主要供与文件系统对应的设备驱动程序使用。struct file 较为重要，这里列出了它的定义：

```
struct file {
mode_t f_mode;    /*标识文件是否可读或可写，FMODE_READ 或 FMODE_WRITE*/
dev_t f_rdev;     /* 用于/dev/tty */
off_t f_pos;      /* 当前文件位移 */
unsigned short f_flags; /* 文件标志，如 O_RDONLY、O_NONBLOCK 和 O_SYNC */
unsigned short f_count;          /* 打开的文件数目 */
unsigned short f_reada;
struct inode *f_inode;           /*指向 inode 的结构指针 */
struct file_operations *f_op;    /* 文件索引指针 */
};
```

4．基本操作——open 和 release

（1）open 函数说明

open 函数是 file_operation 中重要的方法，其原型如下所示：

```
int (*open) (struct inode *, struct file *);
```

它主要提供驱动程序初始化的能力，从而为以后的操作完成初始化做准备。在大部分驱动程序中，open 完成如下工作。

- 检查设备特定的错误（诸如设备未就绪或类似的硬件问题）。
- 如果设备初次打开，则对其进行初始化。
- 如有必要，更新 f_op 指针。
- 分配并填写至于 filp->private_data 里的数据结构。

这里，通常需要用到的宏函数是 container_of，该函数可以返回包含 cdev 结构的结构体，其宏函数的格式如下所示。

- 头文件

```
#include <linux/kernel.h>
```

- 函数原型

（2）open 函数实例

在实现 open 函数时通常先调用 container_of 宏函数找到相应的设备，之后再填写 filp 中的相关数据结构。

```
int scullp_open (struct inode *inode, struct file *filp)
{
      struct scullp_dev *dev;                  /*设备信息*/

      /*找到设备*/
      dev = container_of(inode->i_cdev, struct scullp_dev, cdev);

      /*如果设备是只写，就把设备长度设为 0*/
      if((filp->f_flags & O_ACCMODE) == O_WRONLY) {
           scullp_trim(dev); /* ignore errors */
      }
      /* and use filp->private_data to point to the device data */
      filp->private_data = dev;
      return 0;          /*成功*/
}
```

注意 虽然这是对设备文件执行的第一个操作，但却不是驱动程序一定要声明的操作。若这个函数的入口为 NULL，那么设备的打开操作将永远成功，但系统不会通知驱动程序。

（3）释放设备

释放设备的接口函数是 release。要注意释放设备和关闭设备是完全不同的。当一个进程释放设备时，其他进程还能继续使用该设备，只是该进程暂时停止对该设备的使用。而当一个进程关闭设备时，其他进程必须重新打开此设备才能使用。

释放设备时要完成的工作如下所示。

➢ 递减计数器 MOD_DEC_USE_COUNT。

➢ 在最后一次释放设备操作时关闭设备。

5. 基本操作——read 和 write

读写设备的主要任务就是把内核空间的数据复制到用户空间，或者从用户空间复制到内核空间，也就是将内核空间缓冲区里的数据复制到用户空间的缓冲区中或者相反。这里首先解释 read 和 write 函数的入口函数，如下所示。

➢ 头文件

```
#include <linux/fs.h>
```

➢ 函数原型

```
ssize_t (*read)( struct file *filp, /*文件指针*/
                 char *buff, /*指向用户缓冲区*/
                 size_t count, /*传入的数据长度*/
                 loff_t *offp) /*用户在文件中的位置*/
```

➢ 函数返回值

```
成功：写入的数据长度
```

虽然这个过程看起来很简单，但是内核空间地址和应用空间地址是有很大区别的，其中之一就是用户空间的内存是可以被换出的，因此可能会出现页面失效等情况。所以就不能使用诸如 memcpy 之类的函数来完成这样的操作。

在这里就要使用 copy_to_user 或 copy_from_user 函数，它们的作用就是实现用户空间和内核空间的数据交换的。

copy_to_user 和 copy_from_user 的格式如下所示。

➢ 头文件

```
#include <asm/uaccess.h>
```

➢ 函数原型

```
unsigned long copy_to_user/from( void *to, /*数据目的缓冲区*/
                                 const void *from, /*数据源缓冲区*/
                                 unsigned long count) /*数据长度*/
```

➢ 函数返回值

```
成功：写入的数据长度
失败：-EFAULT
```

注意 这两个函数不仅实现了用户空间和内核空间的数据转换，而且还会检查用户空间指针的有效性。如果指针无效，那么就不进行复制。

在应用程序中获取内存通常使用函数 malloc，但在设备驱动程序中动态开辟内存有基于内存地址和基于页面两类。其中，基于内存地址的函数有 kmalloc，注意的是，kmalloc 函数返回的是物理地址，而 malloc 等返回的是线性地址，因此在驱动程序中不能使用 malloc 函数。

与 malloc()不同，kmalloc()申请空间有大小限制，长度是 2 的整次方，并且不会对所获取的内存空间清 0。

基于页为单位的内存有函数族有如下几个。

➢ get_zeroed_page：获得一个已清 0 页面。
➢ get_free_page：获得一个或几个连续页面。
➢ get_dma_pages：获得用于 DMA 传输的页面。

与之相对应的释放内存用也有 kfree 或 free_pages 函数族。

kmalloc 函数的语法格式如下所示。

➢ 头文件

```
#include <linux/malloc.h>
```

➢ 函数原型

```
void *kmalloc( unsigned int len, /*希望申请的字节数*/
               int flags) /*标志位*/
```

flag 的不同取值如下表 12.2 所示。

表 12.2　flag 的不同取值

flag	含　义
GFP_KERNEL	内核内存的通常分配方法，可能引起睡眠
GFP_BUFFER	用于管理缓冲区高速缓存
GFP_ATOMIC	为中断处理程序或其他运行于进程上下文之外的代码分配内存，且不会引起睡眠
GFP_USER	用户分配内存，可能引起睡眠

续表

flag	含　义
GFP_HIGHUSER	优先高端内存分配
__GFP_DMA	DMA 数据传输请求内存
__GFP_HIGHMEN	请求高端内存

kfree 函数的语法格式如下。

➢ 头文件

```
#include <linux/malloc.h>
```

➢ 函数原型

```
void kfree(void * obj) /*要释放的内存指针*/
```

➢ 函数返回值

```
成功: 写入的数据长度
失败: -EFAULT
```

基于页的分配函数 get_free_page 族函数的语法格式如下。

➢ 头文件

```
#include <linux/malloc.h>
```

➢ 函数原型

```
unsigned long get_zeroed_page(int flags) /*同 kmalloc */
unsigned long __get_free_page(int flags) /*同 kmalloc */
unsigned long __get_free_page(int flags,unsigned long order) /*order:要请求的页面数，以 2 为底的对数*/
unsigned long __get_dma_page(int flags,unsigned long order) /*order:要请求的页面数，以 2 为底的对数*/
```

➢ 函数返回值

```
成功: 写入的数据长度
失败: -EFAULT
```

基于页的内存释放函数 free_page 族函数的语法格式如下。

➢ 头文件

```
#include <linux/malloc.h>
```

➢ 函数原型

```
unsigned long free_page(unsigned long addr)
unsigned long free_page(unsigned long addr)
```

6. proc 文件系统

/proc 文件系统是一种内核和内核模块用来向进程发送信息的机制，是一个伪文件系统，可以让用户和内核内部数据结构进行交互，获取有关进程的有用信息，在运行时通过改变内核参数改变设置。

proc 存在于内存之中而不是硬盘上，读者可以通过 ls 查看 proc 文件系统的内容。

表 12.3 列出了 proc 文件系统的主要目录内容。

表 12.3　　　　　　　　　　　proc 文件系统主要目录内容

目 录 名 称	目 录 内 容
apm	高级电源管理信息
cmdline	内核命令行
cpuinfo	关于 CPU 信息
devices	设备信息（块设备/字符设备）
dma	使用的 DMA 通道
filesystems	支持的文件系统
interrupts	中断的使用
ioports	I/O 端口的使用
kcore	内核核心印象
kmsg	内核消息
ksyms	内核符号表
loadavg	负载均衡
locks	内核锁
meminfo	内存信息
misc	杂项
modules	加载模块列表
mounts	加载的文件系统
partitions	系统识别的分区表
rtc	实时时钟
slabinfo Slab	池信息
stat	全面统计状态表
swaps	对换空间的利用情况
version	内核版本
uptime	系统正常运行时间

除此之外，还有一些是以数字命名的目录，它们是进程目录。系统中当前运行的每一个进程都有对应的一个目录在/proc 下，以进程的 PID 号为目录名，它们是读取进程信息的接口，进程目录的结构如表 12.4 所示。

表 12.4　　　　　　　　　　　/proc 中进程目录结构

目 录 名 称	目 录 内 容
cmdline	命令行参数
environ	环境变量值

续表

目录名称	目录内容
fd	一个包含所有文件描述符的目录
mem	进程的内存被利用情况
stat	进程状态
status	进程当前状态，以可读的方式显示出来
cwd	当前工作目录的链接
exe	指向该进程的执行命令文件
maps	内存映像
statm	进程内存状态信息
root	链接此进程的 root 目录

用户可以使用 cat 命令来查看其中的内容。

可以看到，/proc 文件系统体现了内核及进程运行的内容，在加载模块成功后，读者可以使用查看/proc/device 文件获得相关设备的主设备号。

12.4 块设备驱动编写

12.4.1 块设备驱动程序描述符

块设备通常指一些需要以块（如 512 字节）的方式写入的设备，如 IDE 硬盘、SCSI 硬盘、光驱等。

块设备驱动程序描述符是一个包含在<linux/blkdev.h>中的 blk_dev_struct 类型的数据结构，其定义如下所示：

```
struct blk_dev_struct {
        request_queue_t  request_queue;
        queue_proc   *queue;
        void  *date;
};
```

在这个结构中，请求队列 request_queue 是主体，包含了初始化之后的 I/O 请求队列。对于函数指针 queue，当其为非 0 时，就调用这个函数来找到具体设备的请求队列，这是为具有同一主设备号的多种同类设备而设的一个域，该指针也在初始化时就设置好。指针 data 是辅助 queue 函数找到特定设备的请求队列，保存一些私有的数据。

所有块设备的描述符都存放在 blk_dev 表 struct blk_dev_struct blk_dev[MAX_BLKDEV]中，每个块设备都对应着数组中的一项，可以使用主设备号进行检索。

每当用户进程对一个块设备发出一个读写请求时，首先调用块设备所公用的函数 generic_file_read()和 generic_file_write()。如果数据存在且缓冲区中或缓冲区还可以存放数据，那么就同缓冲区进行数据交换，否则，系统会将相应的请求队列结构添加到其对应项的

blk_dev_struct 中，如图 12.3 所示。

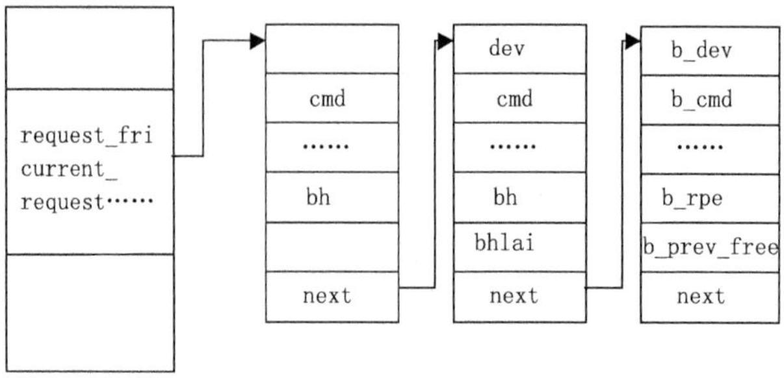

图 12.3　块设备请求队列

12.4.2　块设备驱动编写流程

1．流程说明

块设备驱动程序可分为注册和使用两部分，块设备驱动程序包括一个 request 请求队列。它是当内核安排一次数据传输时在列表中的一个请求队列，以最大化系统性能为原则进行排序。

图 12.4 为块设备驱动程序的流程图，请注意其与字符设备驱动程序的区别。

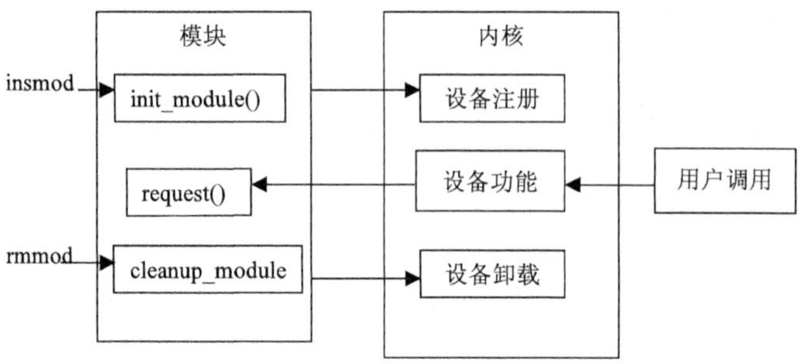

图 12.4　块设备驱动程序流程

2．重要数据结构

大部分块设备驱动程序与设备无关的，内核的开发者一般把相同的代码放在头文件<linux/blk.h>中，通过这种方式可以简化驱动程序的代码，所以每个块设备驱动程序都必须包含这个头文件。

下面先给出块设备驱动程序要用到的数据结构定义：

```
struct device_struct {
        const char *name;
        struct file_operations *chops;
};
static struct device_struct blkdevs[MAX_BLKDEV];
struct sbull_dev {
        void **data;
        int quantum;                          //当前的大小
```

```
        int qset;                           //当前数组大小
        unsigned long size;
        unsigned int access_key;            //由 sbulluid 和 sbullpriv 使用
        unsigned int usage;                 //给设备上锁
        unsigned int new_msg;
        struct sbull_dev *next;             //下一个链表
};
```

与字符设备驱动程序一样，块设备驱动程序也包含一个 file_operation 结构，其结构定义一般如下所示：

```
struct file_operation blk_fops = {
        NULL, //seek
        block_read,         //内核函数
        block_write,        //内核函数
        NULL,               //readdir 函数入口
        NULL,               //poll 函数入口
        sbull_ioctl,        // ioctl 函数入口
        NULL,               //mmap 函数入口
        sbull_open,         //open 函数入口
        NULL,               //flush 函数入口
        sbull_release,      //release 函数入口
        block_fsync,        //内核函数
        NULL,               //fasync 函数入口
        sbull_check_media_change,
        NULL,               //revalidate 函数入口
        NULL,               //lock 函数入口
 };
```

从上面结构中可以看出，所有的块驱动程序都调用内核函数 block_read()、block_write() 和 block_fsync()，所以在块设备驱动程序入口中不包含这些函数，只需包括 ioctl()、open()和 release()即可。

（1）设备初始化

和字符驱动程序一样，内核使用主设备号来标识块驱动程序，但块主设备号和字符主设备号是互不相干的。一个主设备号为 32 的块设备可以和具有相同主设备号的字符设备同时存在，因为它们具有各自独立的主设备号分配空间。

用来注册和注销块设备驱动程序的函数，与用于字符设备的函数看起来很类似，如下所示：

```
if(register_blkdev(sbull_MAJOR, "sbull", &sbull_fops)) {
      printk("Registering block device major: %d failed\n", sbull_MAJOR);
      return  EIO;
};
```

上述函数中的参数意义和字符设备相同，而且可以通过一样的方式动态赋予主设备号。因此，注册 sbull 设备时所使用的方法几乎和 scull 设备一模一样：

```
result = register_blkdev(sbull_major, "sbull", &sbull_bdops);
if (result < 0) {
printk(KERN_WARNING "sbull: can't get major %d\n",sbull_major);
return result;
}
if (sbull_major == 0) sbull_major = result; /* dynamic */
major = sbull_major; /* Use `major' later on to save typing */
```

然而，类似之处到此为止。读者已经看到了一个明显的不同：register_chrdev 使用一个指向 file_operations 结构的指针，而 register_blkdev 则使用 block_device_operations 结构的指针。在一些块驱动程序中，该接口有时仍然被称为 fops，该结构的定义如下：

```
struct block_device_operations {
        int (*open) (struct inode *inode, struct file *filp);
        int (*release) (struct inode *inode, struct file *filp);
        int (*ioctl) (struct inode *inode, struct file *filp,
        unsigned command, unsigned long argument);
        int (*check_media_change) (kdev_t dev);
        int (*revalidate) (kdev_t dev);
};
```

（2）request 操作

块驱动程序中最重要的函数就是 request 函数，该函数执行数据读写相关的底层操作。

request 操作涉及一个重要的数据结构如下：

```
struct request {
        kdev_t rq_dev;
        int cmd;    // 读或写
        int errors;
        unsigned long sector;
        char *buffer;
        struct request *next;
};
```

在内核安排一次数据传输时，它首先在一个表中对该请求排队，并以最大化系统性能为原则进行排序，然后，请求队列被传递到驱动程序的 request 函数，该函数的原型如下：

```
void request_fn(request_queue_t *queue);
```

request 函数就队列中的每个请求执行如下任务。

➢ 测试请求的有效性。

该测试通过定义在 blk.h 中的 INIT_REQUEST 完成，用来检查系统的请求队列处理当中是否出现问题。

➢ 执行实际的数据传输。

CURRENT 变量（实际是一个宏）可用来检索当前请求的细节信息。CURRENT 是指向 struct request 结构的指针，我们将在下一小节当中描述该结构的成员。

➢ 清除已经处理过的请求。

该操作由 end_request 函数执行，该函数是一个静态函数，代码位于 blk.h 文件中。end_request 管理请求队列并唤醒等待 I/O 操作的进程。

该函数同时管理 CURRENT 变量，确保它指向下一个未处理的请求。驱动程序只给该函数传递一个参数，成功时为 1，失败时为 0。当 end_request 在参数为 0 时调用，则会向系统日志（使用 printk 函数）递交一条“I/O error”消息。

➢ 返回开头，开始处理下一条请求。

对于具体的块设备，函数指针 request_fn 当然是不同的。块设备的读写操作都是由 request() 函数完成，所有的读写请求都存储在 request 结构的链表中，request()函数利用 CURRENT 宏检查当前的请求：

```
#define CURRENT (blk_dev[MAJOR_NR].current_request)
//接下来看一看 sbull_request 的具体使用
extern struct request *CURRENT;
void sbull_request(void) {
    unsigned long offset, total;
Begin:
    INIT_REQUEST:
        offset = CURRENT -> sector * sbull_hard;
        total = CURRENT -> current_nr_sectors * sbull_hard;
/*超出设备的边界*/
    if(total + offset > sbull_size * 1024) {
/*请求错误*/
        end_request(0);
        goto Begin;
    }
    if(CURRENT -> cmd == READ) {
        memcpy(CURRENT -> buffer, sbull_storage + offset, total);
    }
    elseif(CURRENT -> cmd == WRITE) {
        memcpy(sbull_storage + offset, CURRENT -> buffer, total);
        }
        else {
            end_request(0);
        }
/*成功*/
    end_request(1);
/*当请求做完时让 INIT_REQUEST 返回*/
    goto Begin;
}
```

（3）打开操作

打开操作的流程如图 12.5 所示。

典型实现代码如下所示：

```
int sbull_open(struct inode *inode, struct file *filp) {
    int num = MINOR(inode -> i_rdev);
    if(num >= sbull -> size)
        return_ENODEV;
    sbull -> size = sbull -> size + num;
    if(!sbull -> usage) {
        check_disk_change(inode -> i_rdev);
        if(!*(sbull -> data))
            return_ENOMEM;
        }
    sbull -> usage++;
    MOD_INC_USE_COUNT;
    return 0;
}
```

（4）释放设备操作

释放设备操作的流程如图 12.6 所示。

典型实现代码如下所示：

```
void sbull_release(struct inode *inode, struct file *filp) {
    sbull -> size = sbull -> size + MINOR(inode -> i_rdev);
```

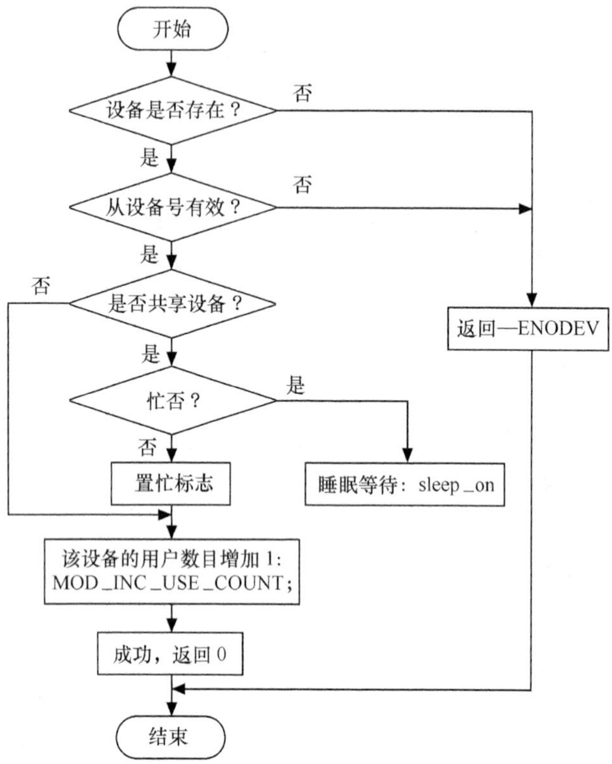

图 12.5　块设备打开操作流程

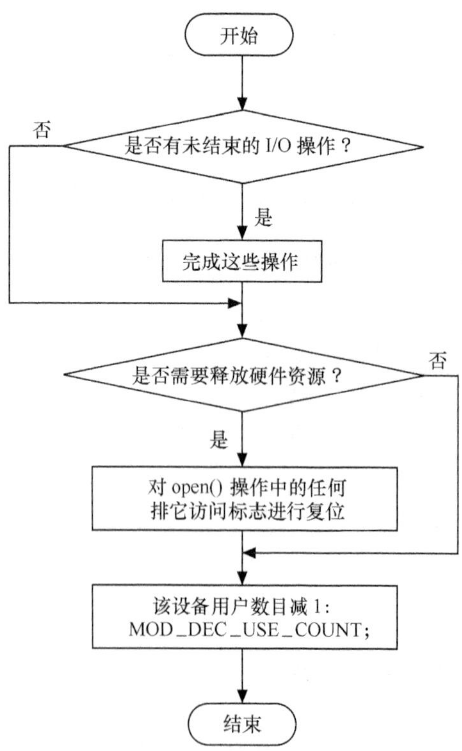

图 12.6　释放设备操作流程

```
        sbull -> usage--;
        MOD_DEC_USE_COUNT;
        printk("This blkdev is in release!\n");
        return 0;
    }
```

（5）ioctl 操作

ioctl 操作的流程如图 12.7 所示。

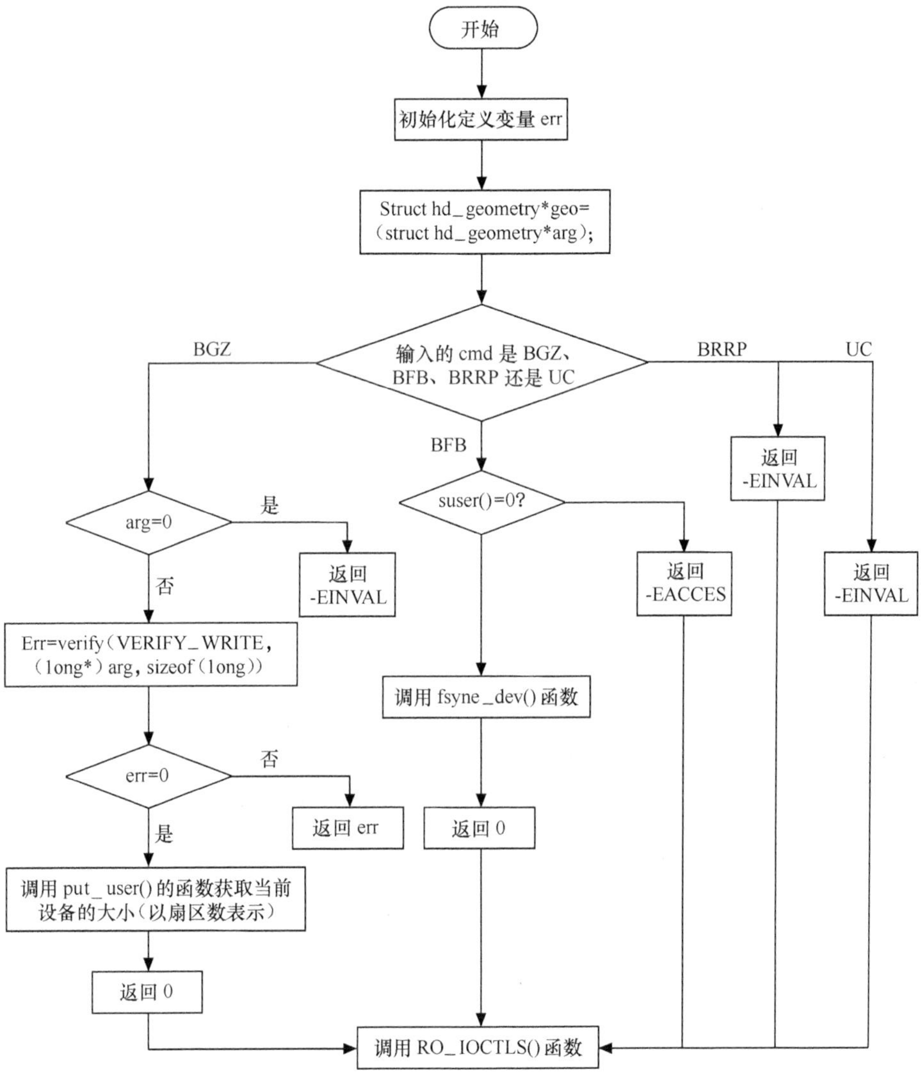

图 12.7 ioctl 操作流程

其典型实现代码如下所示：

```
    #include <linux/ioctl.h>
    #include <linux/fs.h>
    int  sbull_ioctl(struct inode *inode, struct file *filp, unsigned int cmd,
unsigned long arg) {
    int err;
    struct hd_geometry *geo = (struct hd_geometry *)arg;
```

```
    PDEBUG("ioctl  0x%x  0x%lx\n", cmd, arg);
    switch(cmd) {
         case  BLKGETSIZE:
    / *返回设备大小*/
         if(!arg)
              return -EINVAL;
         err = verify_area(VERIFY_WRITE, (long *)arg, sizeof(long));
         if(err)
         return err;
         put_user(1024*sbull_sizes[MINOR(inode -> i_rdev)/sbull_hardsects[MINOR
(inode -> i_rdev)], (long*)arg];
         return 0;
         case  BLKFLSBUF:              //刷新
         if(!suser())
              return -EACCES;          //只有 root 用户才能使用
         fsync_dev(inode -> i_rdev);
              return 0;
         case  BLKRRPART:              //重读分区表
              return -EINVAL;
         RO_IOCTLS(inode -> i_rdev, arg);
    // the default RO operations, 宏 RO_IOCTLS(kdev_t dev, unsigned long where)
在 blk.h 中定义
         }
    return -EINVAL;                    //未知操作
    }
```

12.5 简单的 skull 驱动实例

12.5.1 驱动简介

skull 驱动是最为简单的驱动程序，这里的设备也就是一段内存，实现简单的读写功能。通过完整的 skull 驱动的编写，读者可以了解到整个驱动的编写流程。

12.5.2 驱动编写流程

skull 驱动主要完成的是对一段内存的读写，驱动程序仅实现了简单的 read、write、open、release 等功能，下面依次分析这些代码。

1．源代码分析

（1）头文件及主要数据结构

skull 驱动的 file_operations 结构中定义了该驱动所要实现的几个函数，其头文件及主要数据结构如下所示：

```
    #include <linux/module.h>
    #include <linux/init.h>
    #include <linux/fs.h>
    #include <linux/kernel.h>
    #include <linux/malloc.h>
```

```
#include <asm/uaccess.h>
#include <linux/errno.h>
/*全局变量*/
unsigned int fs_major =0;
static char *data;
/*关键数据类型，注意每行结尾是逗号*/
static struct file_operations chr_fops={
            read:   test_read,
            write:  test_write,
            open:   test_open,
            release:  test_release,
};
```

（2）驱动程序入口

驱动程序的入口是 init_module 函数，它的主要功能是注册设备驱动程序、获取设备驱动程序的设备号等，其代码如下所示：

```
/*模块注册入口*/
int init_module(void)
{
          int res;
          res=register_chrdev(0,"fs",&chr_fops);
          if(res<0)
          {
                    printk("can't get major name!\n");
                    return res;
          }
          if(fs_major == 0)
                    fs_major = res;
          return 0;
}
```

（3）注销设备驱程序

设备驱动程序的注销调用的是 cleanup_module 函数，在该函数中主要是通过调用 unregister_chrdev 函数来实现驱动程序的注销功能。

```
void cleanup_module(void)
{
      unregister_chrdev(fs_major,"fs");
}
```

（4）打开函数

skull 的打开函数很简单，主要就是将计数器加一，其代码如下所示：

```
/*打开函数*/
static int test_open(struct inode *inode, struct file *file)
{
          MOD_INC_USE_COUNT;
          printk("This is open\n");
          return 0;
}
```

（5）释放函数

skull 的释放与打开函数相对应，将计数器减一即可，其代码如下所示：

```
/*释放函数*/
static int test_release(struct inode *inode,struct file *file)
{
          MOD_DEC_USE_COUNT;
          printk("this is released\n");
          return 0;
}
```

（6）读取函数

skull 的读取主要调用 copy_to_user 来实现对内存的读取，其代码如下所示：

```
/*读函数*/
static ssize_t test_read(struct file *file, char *buf, size_t count, loff_t *f_pos)
{
          int len;
          if(count<0)
                 return -EINVAL;
          len = strlen(data);
          if(len < count)
                 count = len;
          copy_to_user(buf,data,count+1);
          return count;
}
```

（7）写入函数

skull 的写入与读取是相对应的，主要使用的是 copy_from_user 函数，如下所示：

```
/*写函数*/
static ssize_t test_write(struct file *file,const char *buffer, size_t count,
loff_t *f_pos)
{
          if(count < 0)
                 return -EINVAL;
          kfree(data);
          data=(char*)kmalloc(sizeof(char)*(count +1),GFP_KERNEL);
          if(!data)
                 return -ENOMEM;
          copy_from_user(data,buffer,count+1);
          return count;
}
```

2. 编译代码

要注意在此处要加上-DMODULE -D__KERNEL__选项，如下所示：

```
arm-linux-gcc -DMODULE -D__KERNEL__ -c kernel.c
```

3. 加载模块

```
insmod ./kernel.o
```

4. 查看设备号

```
vi /proc/device
```

5. 映射为设备文件

接下来就要将相应的设备映射为设备文件，这里可以使用命令 mknod，如下所示：

```
mknod /dev/fs c 254 0
```

这里的/dev/fs 就是相应的设备文件，c 代表字符文件，254 代表主设备号（与/proc/devices 中一样），0 为次设备号。

6．编写测试代码

最后一步是编写测试代码，也就是用户空间的程序，该程序调用设备驱动来测试驱动的正确性。上面的实例只实现了简单的读写功能，测试代码如下所示：

```
#include <stdio.h>
#include <stdlib.h>
#include <sys/stat.h>
#include <sys/types.h>
#include <unistd.h>
#include <fcntl.h>
#include <linux/ioctl.h>
int main()
{
        int fd,i,nwrite,nread;
        char *buf ="hello\n";
        char read_buf[6]={0};
        fd=open("/dev/fs",O_RDWR);
        if(fd<=0)
        {
                perror("open");
                exit(1);
        }
        else
                printf("open success\n");
        nwrite = write(fd,buf,strlen(buf));
        if(nwrite<0)
        {
                perror("write");
                exit(1);
        }
        nread = read(fd,read_buf,6);
        if(nread<0)
        {
                perror("read");
                exit(1);
        }
        else
                printf("read is %s\n",read_buf);
        close(fd);
        exit(0);
}
```

12.5.3 结果分析

在加载模块后可以查看/var/log/messages 是否有程序中相应的信息输出：

```
Feb 21 09:49:10  kernel: This is open
```

查看设备号时有类似如下信息：

```
254 fs
```

这代表 fs 设备的主设备号是 254。

最后运行测试程序，结果如下所示：

```
[root@(none) tmp]# ./testing
open success
read is hello
```

查看/var/log/messages，有输出信息如下所示：

```
Feb 21 12:57:06 kernel: This is open
Feb 21 12:57:06 kernel: this is released
Feb 21 09:43:40 kernel: Goodbye world
```

12.6 LCD 驱动编写实例

12.6.1 LCD 工作原理

LCD 的横截面很像是很多层三明治叠在一起。每面最外一层是透明的玻璃基体，玻璃基体中间就是薄膜电晶体。颜色过滤器和液晶层可以给显示出红、蓝和绿 3 种最基本的颜色。通常，LCD 后面都有照明灯以显示画面。

一般只要电流不变动，液晶都在非结晶状态，这时液晶允许任何光线通过。液晶层受到电压变化的影响后，液晶只允许一定数量的光线通过。光线的反射角度按照液晶控制，当液晶的供应电压变动时，液晶就会产生变形，因而光线的折射角度就会不同，从而产生色彩的变化。

一个完整的 TFT 显示屏由很多像素构成，每个像素像一个可以开关的晶体管。这样就可以控制 TFT 显示屏的分辨率。如果一台 LCD 的分辨率可以达到 1024×768 像素（SVGA），它就有那么多像素可以显示。

S3C2410 提供 LCD 控制器，将系统内存中的显示数据传送到 LCD 驱动器。该控制器支持单色、4 灰度、16 灰度单色 LCD，256 色的彩色 LCD。它可以通过修改寄存器配置来适应不同的横纵向点数、不同的数据线宽度、不同的接口时序以及不同的刷新频率，它的主要特点如下。

- 支持单色、多灰度、彩色 LCD。
- 支持 4 比特双扫描、4 比特单扫描、8 比特单扫描 LCD。
- 支持虚拟屏幕显示，支持水平和垂直滚动。
- 使用系统内存作为显示内存。
- 专用的 DMA 通道，将数据传送到接口。
- 支持多种分辨率，如 640 × 480 像素、320 × 640 像素、160 × 160 像素。
- 支持节点模式。

其内部结构如图 12.8 所示。

这里，外部总线定义如下所示。

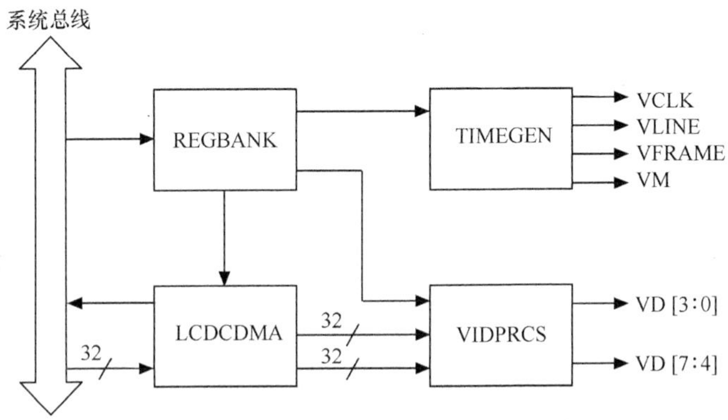

图 12.8　LCD 控制器内部结构图

➢ VFRAME: LCD 控制器和 LCD 驱动器之间的帧同步信号，它用来通知 LCD 数据帧的开始。

➢ VLINE: 水平行同步信号，LCD 驱动器在 VLINE 有效时，将水平行数据驱动到 LCD 上。

➢ VCLK: 数据时钟，LCD 控制器在 VCLK 的上升沿发送数据，LCD 驱动器在该时钟的下降沿采样数据。

➢ VM: 该信号是模拟信号，LCD 控制器使用该信号改变行列电压的极性，这样可以点亮和熄灭该点。

➢ VD[0 ~ 7]: 显示数据输出。

图 12.9 为 8 比特单扫描的接口时序图。

从上图读者可以看到控制器使能 VFRAME 信号，通知 LCD 驱动器新 FRAME 的开始；VLINE 信号的使能通知 LCD 驱动器，一个水平行的数据传送完毕，可以显示该行，这一小段延时用 WDLY 表示；显示数据在 VCLK 的上升沿发出。

图 12.10 所示为比特单扫描时，显示数据与水平行的对应关系。

LCD 控制器配置主要由 VFRAME 和 VLINE 的生成 LCDCON2 寄存器中 LINEVAL 和 HOZVAL 决定，公式如下。

➢ HOZVAL

```
单色: HOZVAL = (水平行点数/有效数据线宽度) - 1
彩色: HOZVAL = ( 水平行点数 × 3 /有效数据线宽度 ) - 1
```

➢ LINEVAL

```
单扫描: LINEVAL = 垂直点数 - 1
双扫描: LINEVAL = ( 垂直点数/ 2 ) - 1
```

VCLK 信号的频率由 LCDCON1 中的 CLKVAL 决定，公式如下：

```
VCLK = MCLK/ ( CLKVAL × 2 )
```

VFRAM 信号的频率计算公式如下：

```
    frame_rate(Hz)  = 1/[((1/VCLK) × (HOZVAL+1)+(1/MCLK)  × (WLH+WDLY+ LINEBLANK)) ×
(LINEVAL+1)]
    VCLK(Hz)=(HOZVAL+1)/[(1/(frame_rate × (LINEVAL+1)))-((WLH+WDLY+LINEBLANK) /MCLK)
```

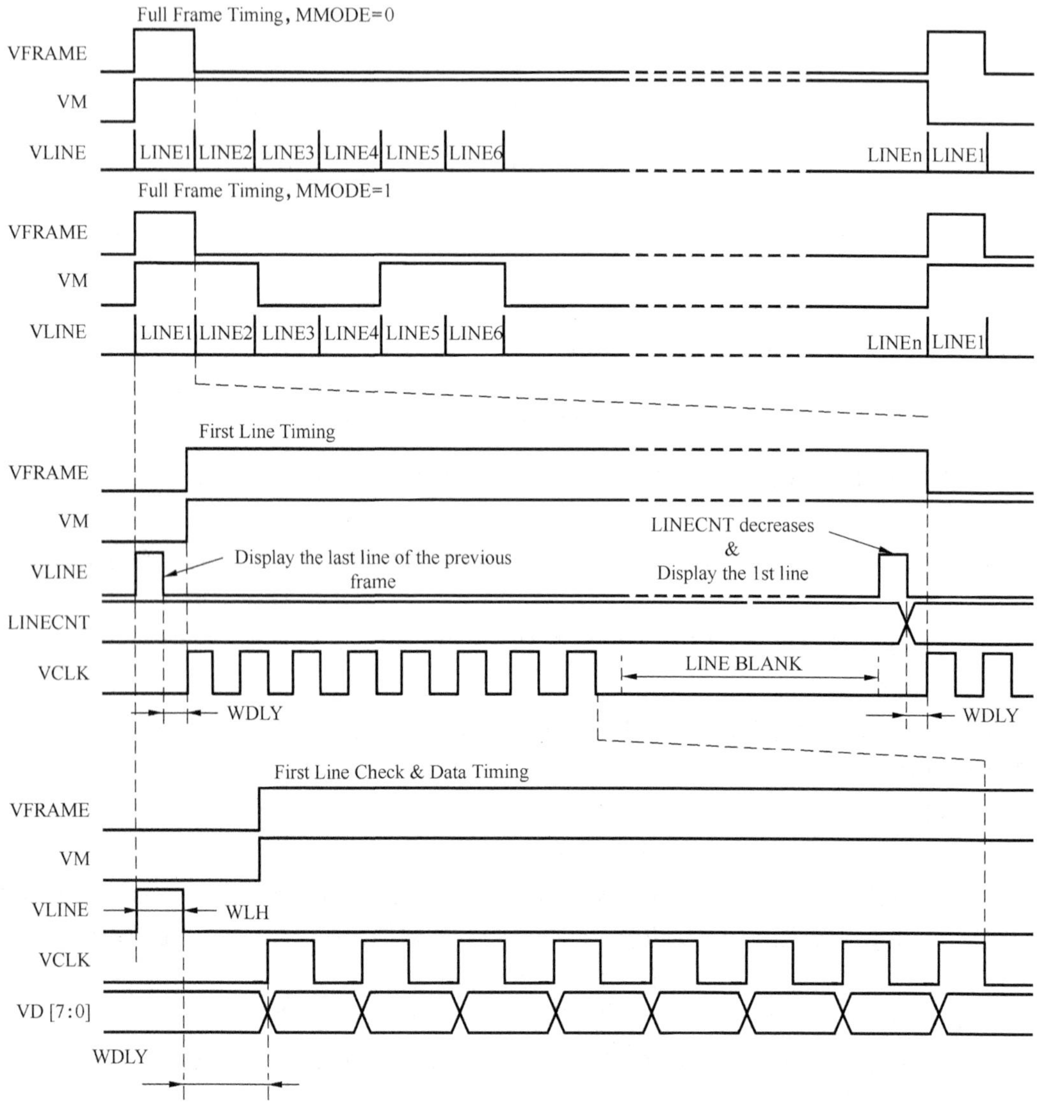

图 12.9　8 比特单扫描接口时序图

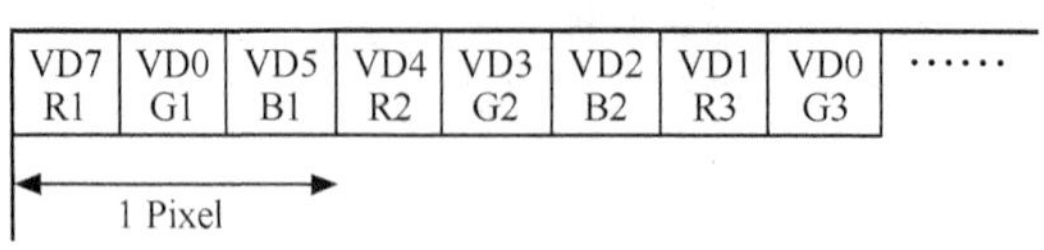

图 12.10　显示数据与水平行的对应关系

12.6.2　LCD 驱动实例

1．Framebuffer

嵌入式 Linux 工作在保护模式下，所以用户态进程是无法像 DOS 那样使用显卡 BIOS 里提供的中断调用来实现直接写屏，嵌入式 Linux 抽象出 FrameBuffer 这个设备来供用户态进程实现直接写屏。

Framebuffer 机制模仿显卡的功能，将显卡硬件结构抽象掉，可以通过 Framebuffer 的读写直接对显存进行操作。用户可以将 Framebuffer 看成是显示内存的一个映像，将其映射到进程地址空间之后，就可以直接进行读写操作，而写操作可以立即反映在屏幕上。

这种操作是抽象的、统一的。用户不必关心物理显存的位置、换页机制等具体细节，这些都是由 Framebuffer 设备驱动来完成的。

但 Framebuffer 本身不具备任何运算数据的能力，就只好比是一个暂时存放水的水池，CPU 将运算后的结果放到这个水池，水池再将结果流到显示器，中间不会对数据做处理。应用程序也可以直接读写这个水池的内容，在这种机制下，尽管 Framebuffer 需要真正的显卡驱动的支持，但所有显示任务都由 CPU 完成，因此 CPU 负担很重。

Framebuffer 的设备文件一般是/dev/fb0、/dev/fb1 等。

在应用程序中，一般通过将 FrameBuffer 设备映射到进程地址空间的方式来使用，比如下面的程序将打开/dev/fb0 设备，并通过 mmap 系统调用进行地址映射，随后用 memset 将屏幕清空（这里假设显示模式是 1024×768－8 位色模式，线性内存模式）。

```
intfb;
unsigned char*fb_mem;
fb=open("/dev/fb0",O_RDWR);
fb_mem=mmap(NULL,1024*768,PROT_READ|PROT_WRITE,MAP_SHARED,fb,0);
memset(fb_mem,0,1024*768);
```

FrameBuffer 设备还提供了若干 ioctl 命令，通过这些命令，可以获得显示设备的一些固定信息（比如显示内存大小）、与显示模式相关的可变信息（比如分辨率、像素结构、每扫描线的字节宽度）以及伪彩色模式下的调色板信息等。

通过 FrameBuffer 设备，还可以获得当前内核所支持的加速显示卡的类型（通过固定信息得到），这种类型通常是和特定显示芯片相关的。

在获得了加速芯片类型之后，应用程序就可以将 PCI 设备的内存 I/O（memio）映射到进程的地址空间。这些 memio 用来控制显示卡的寄存器，通过对这些寄存器的操作，应用程序就可以控制特定显卡的加速功能。

当然，因为不同的显示芯片具有不同的加速能力，对 memio 的使用和定义也各自不同，这时，就需要针对加速芯片的不同类型来编写实现不同的加速功能。比如大多数芯片都提供了对矩形填充的硬件加速支持，但不同的芯片实现方式不同，这时，就需要针对不同的芯片类型编写不同的用来完成填充矩形的函数。

2. 关键数据结构

Framebuffer 相关的主要数据结构在</drivers/video/fb.h>中。

（1）fb_var_screeninfo

这个结构描述了显示卡的特性：

```
struct fb_var_screeninfo {
        __u32 xres;                  /*x 轴分辨率*/
        __u32 yres;                  /*y 轴分辨率*/
        __u32 xres_virtual;
```

```
        __u32 yres_virtual;
        __u32 xoffset;              /* x 轴偏移值*/
        __u32 yoffset;              /* y 轴偏移值*/

        __u32 bits_per_pixel; /* 每个像素所表示的位数*/
        __u32 grayscale;
        struct fb_bitfield red;  /* 在 Frame buffer 中的比特位 */
        struct fb_bitfield green;
        struct fb_bitfield blue;
        struct fb_bitfield transp;

        __u32 nonstd;

        __u32 activate;             /* see FB_ACTIVATE_*         */

        __u32 height;               /* 在内存中的图片高度*/
        __u32 width;                /*在内存中的图片宽度*/

        __u32 accel_flags;

        __u32 pixclock;
        __u32 left_margin;          /* 同步到图片的时间*/
        __u32 right_margin;         /* 从图片进行同步的时间*/
        __u32 upper_margin;
        __u32 lower_margin;
        __u32 hsync_len;            /* 水平长度的同步时间*/
        __u32 vsync_len;            /* 垂直长度的同步时间*/
        __u32 sync;
        __u32 vmode;
        __u32 rotate;               /* 顺时针旋转的角度*/
        __u32 reserved[5];          /* 保留*/
};
```

（2）fb_fix_screeninfon

这个结构在显卡被设定模式后创建，它描述显示卡的属性，并且系统运行时不能被修改。它依赖于被设定的模式，当一个模式被设定后，内存信息由显示卡硬件给出，内存的位置等信息就不可以修改。

```
struct fb_fix_screeninfo {
        char id[16];
        unsigned long smem_start;     /* frame buffer 的内存起始物理地址*/
        __u32 smem_len;               /*frame buffer 的内存长度*/
        __u32 type;
        __u32 type_aux;
        __u32 visual;
        __u16 xpanstep;               /* 如果没有硬件映射，取值为 0*/
        __u16 ypanstep;
        __u16 ywrapstep;
        __u32 line_length;
        unsigned long mmio_start;     /*内存 I/O 映射的起始物理地址*/
        __u32 mmio_len;               /* I/O 内存映射长度*/
        __u32 accel;

        __u16 reserved[3];            /* 保留位*/
};
```

（3）fb_cmap

描述设备无关的颜色映射信息，可以通过 FBIOGETCMAP 和 FBIOPUTCMAP 对应的 ioctl 操作设定或获取颜色映射信息。

```
struct fb_cmap {
        __u32 start;            /*入口起始点*/
        __u32 len;              /*入口条目 */
        __u16 *red;             /* 红色值*/
        __u16 *green;
        __u16 *blue;
        __u16 *transp;          /* 透明值*/
};
```

（4）fb_info

定义当显卡的当前状态，fb_info 结构仅在内核中可见，在这个结构中有一个 fb_ops 指针，指向驱动设备工作所需的函数集。

```
struct fb_info {
        int node;
        int flags;
        struct fb_var_screeninfo var;    /* 当前变量*/
        struct fb_fix_screeninfo fix;    /* 当前值*/
        struct fb_monspecs monspecs;     /* 当前监视器像素*/
        struct work_struct queue;        /* Framebuffer 事件列表*/
        struct fb_pixmap pixmap;
        struct fb_pixmap sprite;
        struct fb_cmap cmap;
        struct list_head modelist;       /* 模式列表 */
        struct fb_videomode *mode;       /* 当前模式 */
        struct fb_ops *fbops;
        struct device *device;
        struct class_device *class_device; /* 每个设备的文件系统属性*/
#ifdef CONFIG_FB_TILEBLITTING
        struct fb_tile_ops *tileops;
#endif
        char __iomem *screen_base;       /*虚拟地址*/
        unsigned long screen_size;
        void *pseudo_palette;
#define FBINFO_STATE_RUNNING    0
#define FBINFO_STATE_SUSPENDED  1
        u32 state;                       硬件状态列表
        void *fbcon_par;
        void *par;
};
```

（5）struct fb_ops

用户应用可以使用 ioctl()系统调用来操作设备，这个结构就是用于支持 ioctl()的这些操作的。

```
static struct file_operations fb_fops = {
        .owner = THIS_MODULE,
        .read =  fb_read,
        .write = fb_write,
        .ioctl = fb_ioctl,
        .mmap =  fb_mmap,
        .open =  fb_open,
```

```
        .release =   fb_release,
};
```

3．LCD 驱动实现

LCD 驱动的设备结构如下所示：

```
struct s3c2410fb_info {
        struct fb_info   fb;
        struct device    *dev;
        dma_addr_t       map_dma;    /* 物理地址 */
        u_char *         map_cpu;    /* 虚拟地址 */
        u_int        map_size;
        u_char *         screen_cpu; /*frame buffer 中的虚拟地址*/
        dma_addr_t       screen_dma; /* frame buffer 中的物理地址*/
        u32 pseudo_pal[16];
};
```

LCD 驱动的文件结构体如下所示：

```
static struct device_driver s3c2410fb_driver = {
        .name           = "s3c2410-lcd",
        .bus            = &platform_bus_type,
        .probe          = s3c2410fb_probe,
        .suspend        = s3c2410fb_suspend,
        .resume         = s3c2410fb_resume,
};
```

从这个结构体中可以看出，LCD 驱动的文件主要定义了 probe、suspend 和 resume 函数指针。

接下来，讲解 LCD 驱动中的主要函数。

（1）s3c2410fb_init

这个函数是 LCD 驱动的初始化函数，也是设备注册时所调用的函数。这里的 driver_register 就是设备注册函数，如下所示：

```
int s3c2410fb_init(void)
{
      return driver_register(&s3c2410fb_driver);
}
```

（2）s3c2410fb_cleanup

这个函数完成 LCD 设备的注销，这里调用了 framebuffer 的注销函数，并且调用 release_mem_region 函数释放 I/O 端口。

```
static void __exit s3c2410fb_cleanup(void)
{
        s3c2410fb_stop_lcd();
        msleep(1);
        if (lcd_clock) {
              clk_disable(lcd_clock);
              clk_unuse(lcd_clock);
              clk_put(lcd_clock);
              lcd_clock = NULL;
        }
        unregister_framebuffer(&info.fb);
        release_mem_region(S3C2410_VA_LCD, S3C2410_SZ_LCD);
}
```

（3）s3c2410fb_probe

这个函数是 LCD 设备探测函数，这里的 info 是一个 s3c2410fb_info 的全局静态变量，本函数为该结构体赋相应的值，并初始化物理内存、初始化寄存器、创建设备文件等。

```
int __init s3c2410fb_probe(struct device *dev)
{
      char driver_name[]="s3c2410fb";
      int ret;
      mach_info = dev->platform_data;
      if (mach_info == NULL)
      {
           printk(KERN_ERR "no platform data for lcd, cannot attach\n");
           return -EINVAL;
      }
      s3c2410fb_lcd_power(1);
      dprintk("devinit\n");
      strcpy(info.fb.fix.id, driver_name);
      info.fb.fix.type     = FB_TYPE_PACKED_PIXELS;
      info.fb.fix.type_aux     = 0;
      info.fb.fix.xpanstep     = 0;
      info.fb.fix.ypanstep     = 0;
      info.fb.fix.ywrapstep    = 0;
      info.fb.fix.accel    = FB_ACCEL_NONE;
      info.fb.var.nonstd       = 0;
      info.fb.var.activate     = FB_ACTIVATE_NOW;
      ......
      /*申请物理地址*/
      if (!request_mem_region(S3C2410_VA_LCD, SZ_1M, "s3c2410-lcd"))
         return -EBUSY;
      dprintk("got LCD region\n");
       lcd_clock = clk_get(NULL, "lcd");
      if (!lcd_clock) {
             printk(KERN_ERR "failed to get lcd clock source\n");
             return -ENOENT;
      }
      clk_use(lcd_clock);
      clk_enable(lcd_clock);
      dprintk("got and enabled clock\n");
      msleep(10);
      /* 初始化物理内存*/
      ret = s3c2410fb_map_video_memory(&info);
      if (ret){
             printk( KERN_ERR "Failed to allocate video RAM: %d\n", ret);
             ret = -ENOMEM;
             goto failed;
      }
      dprintk("got video memory\n");
      /*初始化寄存器*/
      ret = s3c2410fb_init_registers(&info);
      s3c2410fb_lcd_power(1);
      /*检查变量值*/
      ret = s3c2410fb_check_var(&info.fb.var, &info.fb);
      ret = register_framebuffer(&info.fb);
      if (ret < 0) {
```

```
                printk(KERN_ERR "Failed to register framebuffer device: %d\n", ret);
                goto failed;
        }

        /*创建设备文件 */
        device_create_file(dev, &dev_attr_debug);
        device_create_file(dev, &dev_attr_lcd_power);
        printk(KERN_INFO "fb%d: %s frame buffer device\n",
            info.fb.node, info.fb.fix.id);
        return 0;
failed:
        release_mem_region(S3C2410_VA_LCD, S3C2410_SZ_LCD);
        return ret;
}
```

（4）s3c2410fb_suspend

s3c2410fb_suspend 函数负责将 LCD 设备挂起，这里主要调用了 s3c2410fb_stop_lcd()函数，如下所示：

```
static int s3c2410fb_suspend(struct device *dev, u32 state, u32 level)
{
if (level == SUSPEND_DISABLE || level == SUSPEND_POWER_DOWN) {
                s3c2410fb_stop_lcd();
                if (mach_info != NULL) {
                        if (mach_info->lcd_power)
                                (mach_info->lcd_power)(0);
                }
                msleep(1);
                clk_disable(lcd_clock);
        }
        return 0;
}
```

s3c2410fb_stop_lcd 函数中屏蔽了一些中断寄存器，获取重映射空间的资源信息。

```
static void s3c2410fb_stop_lcd(void)
{
        unsigned long flags;
        unsigned long tmp;
        local_irq_save(flags);
        tmp = readl(S3C2410_LCDCON1);
        writel(tmp & ~S3C2410_LCDCON1_ENVID, S3C2410_LCDCON1);
        local_irq_restore(flags);
}
```

（5）s3c2410fb_resume

s3c2410fb_resume 函数主要用于重启 LCD 驱动器，该函数调用了 s3c2410fb_init_registers 初始化寄存器。

```
static int s3c2410fb_resume(struct device *dev, u32 level)
{
        if (level == RESUME_ENABLE) {
                clk_enable(lcd_clock);
                msleep(1);
                s3c2410fb_init_registers(&info);
        }
```

```
        return 0;
}
```

通过与前例同样的方式加载驱动模块后，读者可以将重新编译的内核下载到开发板上运行使用。控制屏幕可以通过 dd 命令来完成，如下所示：

```
dd if=/dev/zero of=/dev/fb/0 bs=1024 count=256
```

这样就完成了 LCD 屏幕的清除。

本章小结

本章讲解了嵌入式 Linux 设备驱动开发的基本知识。设备驱动开发是嵌入式 Linux 程序开发中的难点，在这里，读者需要着重掌握设备驱动开发与应用程序开发的区别，掌握模块编程的要点。

本章接下来讲解了字符设备驱动程序的编写过程，包括主要函数的实验要点。字符设备驱动程序是设备驱动程序中最为基础的一类，希望读者能够认真掌握。再接下来，本章讲解了块设备驱动程序的编写要领。

本章最后，笔者讲解了两个驱动程序实例，其一是最为简单的 skull 驱动程序，希望读者能够亲自实践其中的每一步；其二是 LCD 驱动程序的编写，也希望读者能够认真阅读。

动手练练

1. 请读者查阅资料，实现可同步的字符驱动程序。
2. 请读者查阅资料，实现简单的 LED 驱动程序。

第 13 章 视频监控系统

本章目标

本书从第 8 章到第 12 章详细讲解了嵌入式 Linux 应用程序的开发，以及驱动开发的要点。本章将会介绍一个综合的实例——视频监控系统。经过本章的学习，读者将会掌握以下内容：

- 视频监控系统的系统组成
- 音视频服务器的主要功能、工作流程
- 音视频客户端的主要功能
- 通信控制协议的设计及协议规则
- 传输控制功能的实现方法
- 用户检验功能的实现方法
- 控制命令处理功能的实现方法
- 云台转动控制的实现方法
- 线程相关的实现方法

13.1 视频监控系统概述

13.1.1 系统组成

视频监控系统是一款综合的系统软件，从功能上分主要包括 3 大部分：视频服务器部分、客户端部分以及服务器与客户端的通信部分。

服务器的功能是进行音视频采集、音视频编码，为用户提供控制服务器的各个界面和 API 函数。音视频服务器是整个监控系统的核心部分，这部分可根据不同的开发板进行实际操作，分为软硬件编解码两部分。

客户端的功能主要是接受服务器传送过来的音视频数据并进行解码，此外还需要提供一个远程控制界面，用来远程登录服务器进行服务器的配置等操作，以方便用户使用。

通信部分主要的功能是连接服务器与客户端，这也是本章的重点所在，双方的通信协议在这个模块中将被完整、详细的定义。

客户端发送指定格式的信息到服务器端，服务器端解析这些信息，并完成相关的功能。在本章中，将详细介绍服务器端的传输控制、用户检验、控制命令处理、云台转动控制以及线程相关的功能实现。

该视频监控系统的系统功能如图 13.1 所示。

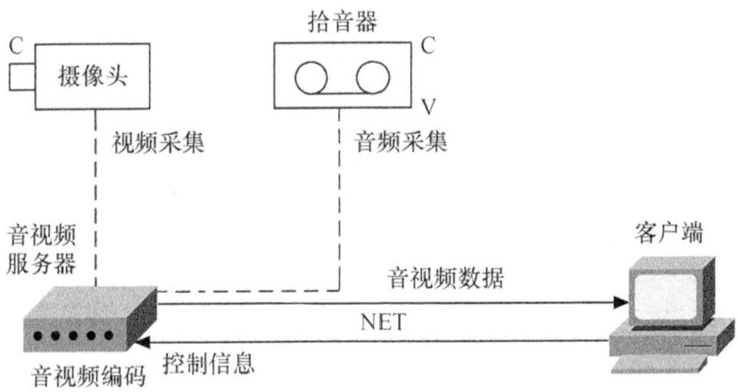

图 13.1 视频监控系统系统功能图

13.1.2 音视频服务器

音视频服务器部分按功能划分主要包括 4 个模块：音视频编码模块、服务器与云台控制模块、数据分发模块、安全模块。

音视频编码部分只做一件事，就是将摄像头和拾音器采集来的数据进行编码，编码的参数设定参考配置文件相关参数。

服务器与云台的控制是音视频服务器软件的主要部分，这部分主要有以下功能。

- 文件存储，包括存储策略的制定与实施。
- 文件索引与下载。
- 字幕叠加的配置，包括字符格式、位置、大小等。
- 恢复默认设置。
- 云台的转动控制。
- 摄像头的变焦和变光圈。
- 亮度、对比度、色度、饱和度的获取和设置。
- 分辨率的获取和修改。
- 实时截图。
- 码率的获取和设置。
- Frame rate 的获取和设置。
- 主动注册。
- 系统日志。
- 移动侦测。
- 遮挡。

服务器端的工作流程如图 13.2 所示。

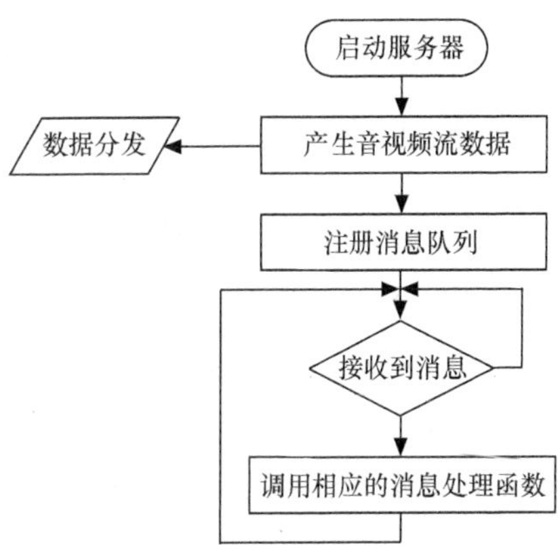

图 13.2 服务器端工作流程

13.1.3 音视频客户端

客户端部分的设计包括播放器与控制界面两大部分的内容。客户端的设计在 PC 机上完成，用户界面登录后可立即获取服务器的现有参数；界面提供随时从服务器手动获取参数的功能，可向服务器发出各种单项指令，也可发出多项指令的组合。

客户端的工作流程如图 13.3 所示。

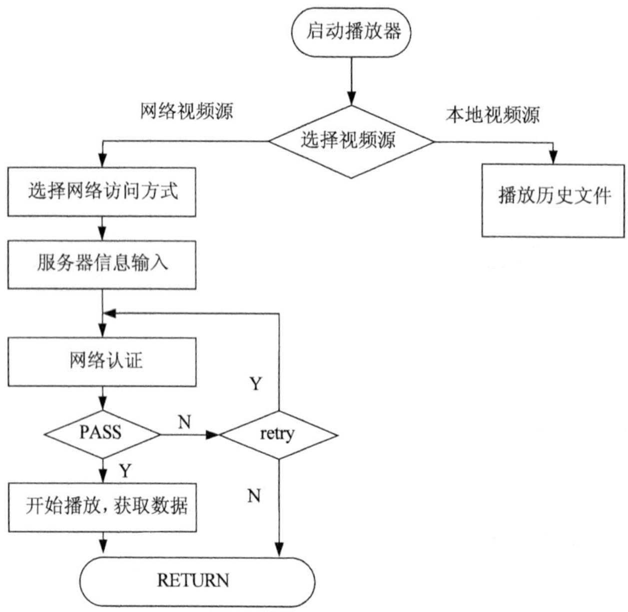

图 13.3 客户端工作流程

13.1.4 通信传输控制协议

通信传输控制协议主要用于处理网络视频监控系统的服务器端与客户端的通信控制，定义了视频监控系统中数据传输的标准格式，其目的是允许服务器端和客户端能够以一个标准的过程进行交互，有利于系统的稳定性及可扩展性。

1. 数据包格式

通信传输控制协议是一套完整明确的控制命令及数据传输的打包与解析的协议。该协议覆盖所有需要远程控制的选项，并为单独的命令或者复合命令提供统一的数据打包方式，其数据包的结构如表 13.1 所示。

表 13.1　　　　数据包的结构

包头标识	返回命令参数

考虑到实例的简易性，将命令参数设置为一个 8 位的数据。根据这个定义，读者可以设计出相应的数据包结构体，如下所示：

```
struct reply_msg {
    ctl_hdr head;
```

```
    char  data;
};
```

这里，ctl_hdr 是包头标识的结构体，这个结构体的具体形式需要根据之后的协议再进行定义；data 是返回的命令参数，根据客户端不同的需求来确定返回值。

2．包头标识格式

包头标识就是上述数据包的包头部分，这个标识是客户端和服务器端通信的关键，主要通过解析客户端的命令来进行相应的操作。

包头标识的格式如下所示：

```
  0 1 2 3 4 5 6 7 8 9 A B C D E F 0 1 2 3 4 5 6 7 8 9 A B C D E F
+-+-+-+-+-+-+-+-+-+-+-+-+-+-+-+-+-+-+-+-+-+-+-+-+-+-+-+-+-+-+-+-+
  |LEN                            |EN     |MO     |TTL
  |KI1           |
+-+-+-+-+-+-+-+-+-+-+-+-+-+-+-+-+-+-+-+-+-+-+-+-+-+-+-+-+-+-+-+-+
```

根据定义，读者可以设计出相应的包头标识结构体，如下所示：

```
struct _control_data_header {
       uint16_t len;
       unsigned int type:4;
       unsigned int mo:4;
       uint8_t  ttl;
       uint8_t  ki;
};

typedef struct _control_data_header ctl_hdr;
```

这里的 LEN 是一个 16 位的无符号整型数值，用于标识该数据包的总长度，其结构如下表 13.2 所示。

表 13.2　　LEN 结构

LEN	数据包总长度

EN 是一个 4bit 的整型数值，用于定义加密方式。其中，EN 为 0 时是明文传输，不进行加密；EN 为 1 时用 rc 算法进行加密；另外 2 和 3 预留给今后的扩充升级，其结构如表 13.3 所示：

表 13.3　　EN 结构

EN	加密方式	0	不加密 EN_NOENCRYPT
		1	rc 加密 EN_RC4
		2～3	预留

MO 是一个 4bit 的整型数值，用于定义用户状态，分为 server、client 和 broadcast 方式，其中，broadcast 方式适用于心跳这类功能，即在局域网内进行广播，其结构如表 13.4 所示：

表 13.4　　MO 结构

MO	用户状态	0	Server MO_SERVER
		1	Client MO_CLIENT
		2	Broadcast MO_BROADCAST

续表

MO	用户状态	3	Control_set MO_CTRL_SET
		4	Control_get MO_CTRL_GET
		5	Ctrl_replay MO_CTRL_REPLAY

新增加的消息用于控制报文类型是设置、查询还是返回消息，在这个过程中不考虑这个字段，使用 KI 值来控制报文类型。

TTL 是一个 8 位的整型数值，用于标识该控制命令的生存时间，其结构如表 13.5 所示。

表 13.5　　TTL 结构

TTL	生存时间	默认为 256s

KI 是一个 8bit 的整型数值，用于定义各个不同的客户端控制命令，此处的控制命令可以单个输入，其结构如表 13.6 所示。

表 13.6　　KI 结构

KI	控制类型	100	接入方式选择
		101	IP 设置
		102	码率设置
		103	帧率设置
		104	视频分辨率设置
		105	字幕设置
		106	存储策略周期设置
		107	云台控制
		108	摄像头变焦、变光圈设置
		109	查看系统日志
		110	文件查找
		111	文件下载
		112	复位控制
		113	实时服务器视频控制
		114	历史服务器视频控制
		115	报警控制
		116	应答处理
		117	主动注册
		118	被动注册
		119	获得文件列表
		120	获取文件
		121	删除文件
		其他	预留

13.2 基本数据结构

为了保持较好的可移植性和程序的通用性，首先为各种不同的数据类型定义统一的格式，如下所示：

```
/*types.h*/
#ifndef __TYPE_H__
#define __TYPE_H__

typedef int                 BOOL;
typedef long int            LONG;
typedef short int           SHORT;
typedef char                CHAR;

typedef unsigned long int  DWORD;
typedef unsigned short     WORD;
typedef unsigned char      BYTE;
typedef unsigned int       UINT;
typedef long long          INT64;
typedef unsigned long long UINT64;

typedef void*              LPVOID;
typedef int                HANDLE;        //指向文件描述符的指针

#ifndef TRUE
       #define TRUE 1
#endif

#ifndef FALSE
       #define FALSE 0
#endif

#ifndef INVALID_HANDLE_VALUE
       #define INVALID_HANDLE_VALUE -1
#endif
#endif
```

接下来，根据通信传输控制协议定义通信数据的格式，如下所示：

```
/*define.h*/
#ifndef BLX_DEFINE_H
#define BLX_DEFINE_H

#include "types.h"
struct_control_data_header {
      uint16_t  len;
      unsigned int  type:4;
      unsigned int  mo:4;
      uint8_t   ttl;
      uint8_t   ki;
};
```

```
typedef struct _control_data_header ctl_hdr;

/类型
#define TYPE_SET    1
#define TYPE_QUERY  2
#define TYPE_REPLY  4

//user state option 4 bits
#define MO_SERVER        0
#define MO_CLIENT        1
#define MO_BROADCAST     2
#define MO_CTRL_SET      3
#define MO_CTRL_GET      4
#define MO_CTRL_REPLAY  5

//KI 数据格式，具体定义的对应项请参照表 13.6
#define KI_ACCESS_MOD          100
#define KI_IP_SET              101
#define KI_RATE_SET            102
#define KI_FRAME_SET           103
#define KI_RESOLUTION_SET      104
#define KI_CAPTION_SET         105
#define KI_BCSH_SET            106
#define KI_YUNTAI              107
#define KI_SAVE_POLICY_SET     108
#define KI_SYSLOG              109
#define KI_FILE_SEARCH         110
#define KI_FILE_DOWNLOAD       111
#define KI_CONFIG_RESET        112
#define KI_SPEAK_CTRL          113
#define KI_HISTORYVIDEO_CTRL 114
#define KI_HEARTBEAT           115
#define KI_REGISTER            116
#define KI_ALERT               117
#define KI_REPLY               118
#define KI_GET_FILELIST        119
#define KI_GET_FILE            120
#define KI_DEL_FILE            121
#define KI_VIDEO_CTRL          122
#define KI_MOTION_DETECTOR_SET  124
#define KI_MOTION_DETECTOR_STOP 125
#define KI_GOP_STRUCTURE_SET    126
#define KI_SNAPSHOT            127
#define KI_START               128
#define KI_STOP                129
#define KI_SETTING_END         130
#define KI_QUIT                'Q'


//云台相关定义
#define YT_STOP          0 //云台转动停止
#define YT_UP            1 //云台向上转动
#define YT_DOWN          2 //云台向下转动
#define YT_LEFT          3 //云台向左转动
```

```
#define YT_RIGHT        4 //云台向右转动
#define YT_IRIS_P       5 //增加光圈
#define YT_IRIS_M       6 //减小光圈
#define YT_ZOOM_P       7 //增加景深
#define YT_ZOOM_M       8 //减少景深
#define YT_FOCUS_P      9 //增大焦距
#define YT_FOCUS_M      10 //减小焦距
#define YT_AUTOSCAN_P   11 //增加自动扫描
#define YT_AUTOSCAN_M   12 //减小自动扫描

//返回消息，主要用于定义各种出错类型
#define RPL_OK          0
#define RPL_SYS_ERR     1
#define RPL_NOSIGNAL    2
#define RPL_NOSPACE     3
#define RPL_SYNTAX_ERR  4
#define RPL_ARG_ERR     5
#define RPL_QUERY_ERR   6
#define RPL_READ_ERR    7
#define RPL_WRITE_ERR   8
#define RPL_DEV_NOMOV   9
#define RPL_NOFILE      10

#define RPL_AUTH_PASSED 11
#define RPL_AUTH_FAILED 12
#define RPL_NOT_IMPLEMENT 254
#define RPL_UNKOWN_ERR    255

#define RPL_RUNNING       253
#define RPL_DEV_BUSY    'B'

#define SPEAK_START     '1' //喊话开始
#define SPEAK_STOP      '2' //喊话结束

#endif
```

13.3 功能实现

13.3.1 传输控制

服务器端的传输控制部分主要完成服务器端和客户端的通信过程，解析客户端所发送的信息，并调用相关的操作函数。

首先，服务器端和客户端先建立起 TCP 连接，服务器端调用 socket 函数，并指定其中的参数为 SOCK_STREAM（字节流套接字），之后服务器端再依次调用 bind 函数和 listen 函数来侦听客户端的连接请求。其中，若 bind 函数首次调用失败，则会等待 5s 再次调用尝试。

服务器端 TCP 初始化函数如下所示：

```
int init_tcp (char ip[16],int port) {
      int fd;
      struct sockaddr_in addr;
```

```
	int addr_len = sizeof(struct sockaddr_in);
	int optval = 1;
	/*调用 socket 函数，指定参数为 IPv4，TCP 连接*/
	if((fd=socket(AF_INET,SOCK_STREAM,0))<0) {
		perror("socket");
		return -1;
	}
	printf("listen sock:%d\n",fd);
	bzero(&addr,sizeof(addr));
	/*设置 sockaddr_in 结构体中的相关参数*/
	addr.sin_family = AF_INET;
	addr.sin_port = htons(port);
	addr.sin_addr.s_addr = INADDR_ANY;
	/*超时重传设置函数*/
	setsockopt(fd,SOL_SOCKET,SO_REUSEADDR,&optval,sizeof(optval));
	/*调用 bind 函数绑定端口*/
	if(bind(fd,(struct sockaddr *)&addr,sizeof(addr)) < 0) {
		sleep(5);
		if (bind(fd,(struct sockaddr *)&addr,sizeof(addr)) < 0) {
		perror("bind");
		return -1;
	}
}
	/*调用 listen 函数接收客户端的连接信息，其中客户端的最大连接数为 10 个*/
	if(listen (fd,MAX_CONNECTED) < 0) {
		perror("listen");
		return -1;
	}
	return fd;
};
```

在建立起服务器端和客户端的连接之后，服务器端就可以解析多个客户端的命令了。在本系统中设置了客户端的最大连接数为 10 个。服务器端通过设置多个线程来处理这些不同的客户端请求，他们之间的关系如下所示：

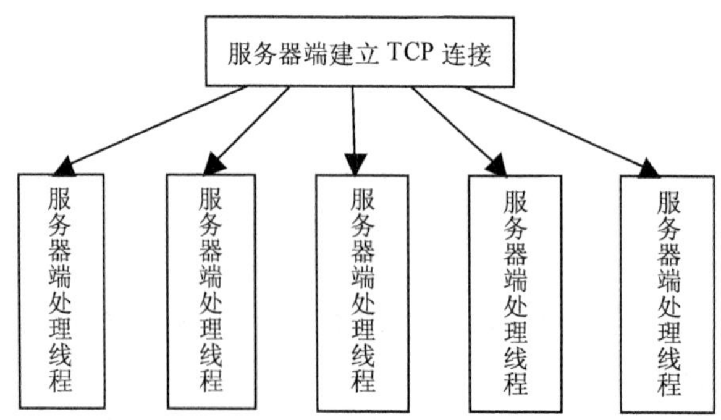

为了记录这些客户端单独的处理线程，服务器端设置了一个全局数组变量用于记录各个 socket 的连接情况，如下所示：

```
int is_connected[25 +MAX_CONNECTED_NO];
```

这里，为了保持程序更好的扩展性，故将该数组的维数设置地较大一些。在实际操作中，只使用数组的后面 MAX_CONNECTED_NO 的元素。该数组的元素可设置为以下 3 种情况。

- 0：未连接。
- 1：已连接。
- 2：非法连接。

下面的宏 IS_CONNECTED_CTRL(a)用于取得数组中后面 MAX_CONNECTED_NO 的某一位。

```
#define IS_CONNECTED_CTRL(a) is_connected[25 +a]
```

接下来，服务器端就使用 select 函数来判断相应的 socket 是否有变化。在使用 select 函数前，首先将数组的对应的 socket 设置为 1，其他 socket 设置为 0，并设置相应的读写集。

```
void ctrl_s(void *args){
int newsockfd,fd,i=0,sockfd;
fd_set readfds,exceptfds;
struct sockaddr_in addr;
socklen_t addr_len = sizeof(struct sockaddr_in);
char buffer[256];
char res[7];
struct timeval timeout;
timeout.tv_sec = 3;
timeout.tv_usec =0;
sockfd = *((int*)args);
/*将 socket 计数数组清 0*/
for(fd=0;fd<MAX_CONNECTED;fd++) {
     IS_CONNECTED_CTRL(fd)=0;
}
/*将对应 socket 计数数组置一*/
IS_CONNECTED_CTRL(sockfd)=1;
ThreadStruct ctrl_socket_thd_struct;
while(1) {
     nap(3);
     /*设置读写集*/
     FD_ZERO(&readfds);
     FD_ZERO(&exceptfds);
     /*由于 fd 为 1 和 2 分别表示标准输入和标准输出，因此从 fd 为 3 开始*/
     for(fd=3;fd<MAX_CONNECTED;fd++)
     {
          if (IS_CONNECTED_CTRL(fd)) {
               FD_SET(fd,&readfds);
               FD_SET(fd,&exceptfds);
          }
     }
```

这个程序的后半部分开始调用 select 函数监听的客户端请求。

```
/*调用 select 函数监听*/
if(select(MAX_CONNECTED,&readfds,NULL,&exceptfds,&timeout)<0) {
      perror("select");
      continue;
}
/*监听不同的集合*/
for (fd=3;fd<MAX_CONNECTED_NO;fd++) {
      /*对于异常集的处理，将相应的连接标明为 0（未连接）*/
      if(FD_ISSET(fd,&exceptfds)) {
           if (sockfd!=fd) {
```

```
                printf("exceptfds connection closed \n");
                close(fd);
                IS_CONNECTED_CTRL(fd)=0;
            }
        }
        /*对于读集的处理*/
        if(FD_ISSET(fd,&readfds)) {
            /*判断是否是指定的连接*/
            if (sockfd==fd) {
            /*接受客户端的呼叫，并将相应的fd标明为1（已连接）*/
                if ((newsockfd=accept(sockfd,(struct sockaddr *)&addr,&addr_
len))<0) {
                perror("accept");
                }
                else{
                    if(newsockfd<MAX_CONNECTED_NO) {
                        IS_CONNECTED_CTRL(newsockfd)=1;
                    }
                    else
                        close(newsockfd);
                }
            }
            else{
                bzero(buffer,sizeof(buffer));
                int recv_len=0;
                /*判断连接的合法性*/
                if (IS_CONNECTED_CTRL(fd)==2) {
                    printf("readfds connection closed .\n");
                    close(fd);
                    IS_CONNECTED_CTRL(fd)=0;
                }
                /*接受客户端的请求*/
                else{
                    recv_len =  recv(fd,buffer,sizeof(buffer),0);
                    if(recv_len>0){
                        bzero(buffer_out,sizeof(buffer_out));
                        if(check_user(buffer)!=RPL_AUTH_PASSED) {
    sprintf(res,"%c%c%c%c%c%c%c",0x06,0x62,0x63,0x64,
    KI_REPLY,RPL_AUTH_PASSED,0);
                            send(fd,res,7,0);
                            printf("check user successful\n");
                            IS_CONNECTED_CTRL(fd)=2;
    init_active_handle(ctrl_socket_thd_struct.hActive);
    start_thread(ctrl_socket_thd_struct,&fd,&ctrl_msg_proc);
                                        break;
                                }
                            else{
    sprintf(res,"%c%c%c%c%c%c%c",0x06,0x68,0x69,0x67,
    KI_REPLY,RPL_AUTH_FAILED,0);
                            send(fd,res,7,0);
                            tcp_close(fd);
                            IS_CONNECTED_CTRL(fd)=0;
                        }
                    }
                }
```

```
            }
        }
    }
    }
    /*监听结束*/
    for(fd=0;fd<MAX_CONNECTED_NO;fd++) {
        IS_CONNECTED_CTRL(fd)=0;
    }
    tcp_close(sockfd);
    nap(5);

    printf("listen thread finish! \n");
    return 0;
    }
```

13.3.2 用户检验

在该系统中，用户检验的部分是通过核对用户名、密码来实现的。在服务器端保留了一个用户名、密码的列表，这些内容是用户在注册时添加的。之后，当需要检验用户的合法性时，该系统就会依次核对用户名、密码是否与服务器端存在的列表相同。若相同，则返回用户名、密码，检验通过；若不相同，则返回失败。

在这里，用到了 C 语言中两个重要的 I/O 处理函数 feof 和 strtok。其中，feok 测试文件指针是否到了文件结束的位置，如果文件指针到了 EOF 或者出错时则返回 TRUE，否则返回一个错误（包括 socket 超时），其他情况则返回 FALSE，其函数原型如下所示：

```
int feof( FILE *stream);
```

strtok 用于分解字符串为一组标记串。其函数原型如下所示：

```
char *strtok(char *s, char *delim);
```

这里的 s 为要分解的字符串，delim 为分隔符字符串。首次调用时，s 必须指向要分解的字符串，随后调用要把 s 设成 NULL。strtok 在 s 中查找包含在 delim 中的字符并用 NULL（'\0'）来替换，直到找遍整个字符串，并返回指向下一个标记串，当没有标记串时则返回空字符 NULL。

用户检验的函数如下所示：

```
unsigned char check_user(char * buf){
    if(buf==NULL) {
        return  RPL_UNKOWN_ERR;
    }
    char
user_conf[MAX_CONNECTED][128],passwd_conf[MAX_CONNECTED][128];
    int user_conf_num = 0;
    FILE *file_user = NULL;
    /*打开服务器端用户名、密码配置文件*/
    file_user = fopen("/etc/tcp_user.conf","r");
    if(file_user == NULL) {
        printf("tcp user configuration file doesn't exist!!");
        return 0;
    }
    //读入用户名、密码，将其存在数组中
    while(!feof(file_user) && user_conf_num < MAX_CONNECTED) {
```

```
        if(!feof(file_user))
            fscanf(file_user,"%s",user_conf[user_conf_num]);
        else
            break;
        if(!feof(file_user))
            fscanf(file_user,"%s",passwd_conf[user_conf_num]);
        else
            break;
        user_conf_num++;
    }
    fclose(file_user);
    //比较输入的用户名、密码与配置文件中的用户名、密码是否相同
    char user_name[128],user_passwd[128];
    char *delim=":\012";
    char *p = NULL;
    p=strtok(buf,delim);
    if(p==NULL) {
        return RPL_AUTH_FAILED;
    }
    strcpy(user_name,p);
    p=strtok(NULL,delim);
    if(p==NULL) {
        return RPL_AUTH_FAILED;
    }
    strcpy(user_passwd,p);
    int i;
    for(i=0;i<user_conf_num;i++) {
        if(!strcmp(user_name,user_conf[i]) && !strcmp(user_passwd,passwd_
conf[i])) {
            printf("user : %s auth passed\n",user_name);
            return RPL_AUTH_PASSED ;
        }
    }
    return RPL_AUTH_FAILED;
}
```

13.3.3 控制命令处理

控制命令处理是服务器端根据通信传输控制协议解析客户端的控制命令。由于服务器端采用多线程处理，因此在这里采用了消息队列的通信方式。以下只列出了部分控制命令中的部分代码，其他功能读者可以自行添加。

```
unsigned char proc_cmd(const void * buf,const int fd,int * is_me){
    int msqid;
    struct ArgsMsgContent_t msgp;
    /*打开消息队列*/
    msqid = msgget(ARGS_MSG_KEY,IPC_CREAT|0600);
    ctl_hdr *hdr;
    int data_len=0;
    char *data;
    int hdr_len=sizeof(ctl_hdr);
    unsigned char  ret;
    hdr=(ctl_hdr*)buf;
    data=(char*)buf+5;
```

```
    data_len=(int)hdr->len;
    /*对消息分不同的情况进行相应的处理*/
    switch(hdr->ki) {
    case KI_START:{
        printf("get command: KI start\n");
        if(g_is_running) {
            return RPL_RUNNING;
        }else
        {
            unsigned short port;
            memcpy(&port,data,2);
            msgp.nType = TCP_CMD;
            sprintf(msgp.nContent,"%d%s%d",2,"127.0.0.1",port);
            /*把消息添加到已有的消息队列*/
            msgsnd(msqid,&msgp,ARGS_MSG_SIZE,IPC_NOWAIT);
            g_is_running =1;
            ret=RPL_OK;
            }
        }
        break;
    case KI_YUNTAI:{
        /*云台转动控制*/
        printf("get command: control yuntai\n");
        CHECK_DEV;
        uint16_t direction;
        memcpy(&direction,data,1);
        control_yuntai(direction);
                    }
        break;
    /*其他处理*/
    ……
    default:
        ret = RPL_SYNTAX_ERR;
        break;
    }//end switch
    return ret;
}
```

13.3.4 云台转动控制

云台的转动控制是通过串口的读写来实现的。不同的云台都有一些自定义的命令格式，只需要向云台发送特定的命令就可以了。下面的程序是串口通信的程序，在发送数据部分需要按照特定的格式来发送。

control_yuntai 函数是用于选择输入云台设备的控制参数，主要是数据传输率、奇偶校验位、停止位、数据位，这里缺省情况下为“115200,8,N,1”。

```
void control_yuntai(uint16_t action)
{
    int fd;
    char *set="115200,8,N,1";
    /*打开端口*/
    if(open_port(&fd,set,3)<0){
        perror("set options error");
        return;
```

```
        }
        /*输入相应的 action*/
         control_device(0,action,fd,"u2",0);
         close(fd);
         if(open_port(&fd,set,3)<0){
              perror("set options error");
              return;
        }
        /*云台转动停止*/
         control_device(0,0,fd,"",0);
         close(fd);
         return;
 }
```

open_port 函数是根据相应的云台设备的控制参数打开设备文件，这个函数还要负责解析相应的控制参数命令。

```
/*打开云台设备*/
int open_port(const char * com_Properity, int comport)
{
       /*根据传入数据选择打开的设备文件*/
       if(comport==1)
       {
             /*打开/dev/ttyS0*/
             fd = open( "/dev/ttyS0", O_RDWR);
             if(-1== fd){
                  /* can't open com1*/
                  return(-1);
             }
             //break;
       }
       /*打开/dev/ttyS1*/
       else
       {
             fd = open( "/dev/ttyS1", O_RDWR);
             if(-1==fd){
                  /* can't open com2*/
                  return(-1);
             }
             //break;
       }
       /*提取云台转动控制的相关参数*/
       if( com_Properity )
       {
          char buf[40];
          int nSpeed,nBits,nStop;
          char nEvent;
          int i=0;
          char *p_data = (char *)com_Properity;
          while( *p_data  )
          {
               if(*p_data == ',' )
               {
                     buf[i] = '\0';
                     p_data++;
                     break;
```

```
            }
            buf[i++] = *p_data++;
        }
        nSpeed = atoi( buf );
        i = 0;
        while( *p_data  )
        {
            if(*p_data == ',' )
            {
                buf[i] = '\0';
                p_data++;
                break;
            }
            buf[i++] = *p_data++;
        }
        nBits = atoi( buf );
        i = 0;
        while( *p_data  )
        {
            if(*p_data == ',' )
            {
                buf[i] = '\0';
                p_data++;
                break;
            }
            buf[i++] = *p_data++;
        }
        nEvent = buf[0];
        i = 0;
        while(*p_data )
            buf[i++] = *p_data++;
        buf[i] = '\0';
        nStop = atoi( buf );
        return set_opt( nSpeed, nBits, nEvent, nStop );
    }
    else
        return set_opt( 2400, 8, 'E', 1 );
}
```

control_device 是根据云台控制协议，依据一定的动作信息设置写入串口的数据格式。这里的 action 是用户数据的数据，该函数将控制命令转化为 char 数组写入串口，这样云台就能做出相应的动作了。

```
/*根据云台控制的相关协议，确定读写串口的格式*/
int control_device( int camera_no, uint16_t action, int com_handle,const char
* add_data, size_t length )
{
 char ch[7] = {0xff,camera_no + 1,0,0,0,0,0};
 int i;
 switch(action)
 {
  case 0://停止
    ch[2] = 0;
    ch[3] = 0;
    ch[4] = 0;
```

```
        ch[5] = 0;
        break;
    case 1://向上转
        ch[2] = 0;
        ch[3] = 0x08;
        ch[4] = 0;
        ch[5] = 0x2f;
        printf("action:up\n");
      break;
    case 2://向下转
        printf("case 2!\n");
        ch[2] = 0;
        ch[3] = 0x10;
        ch[4] = 0;
        ch[5] = 0x2f;
        printf("action:down\n");
      break;
    case 3://向左转
        ch[2] = 0;
        ch[3] = 0x04;
        ch[4] = 0x2f;
        ch[5] = 0;
        printf("action:left\n");
      break;
    case 4://向右转
        ch[2] = 0;
        ch[3] = 0x02;
        ch[4] = 0x2f;
        ch[5] = 0;
        printf("action:right\n");
      break;
    case 5://增加焦距
        ch[2] = 0x02;
        ch[3] = 0;
        ch[4] = 0;
        ch[5] = 0;
        printf("action:iris +\n");
      break;
    case 6://减小焦距
        ch[2] = 0x04;
        ch[3] = 0;
        ch[4] = 0;
        ch[5] = 0;
        printf("action:iris -\n");
      break;
……
    default: //不支持
      return -1;
   }
   /*填充最后的几位*/
   ch[6] = eight_bit_add(ch,1,5);
   /*向串口写入数据*/
   write(com_handle, ch, 7);
   usleep(500000);
   return 0;
```

```
}
static int eight_bit_add(char *ch, int startx, int endx)
{
 int count = 0;
 int i;
 for(i = startx ; i <= endx; ++ i )
   {  count += ch[i];
   }
 return count % 256;
}
```

13.3.5　线程相关

由于服务器端要处理多个客户端的请求，因此，在本系统中使用了多线程的处理技术。为了保持更好地通用性，这里为服务器端设置了几个较好的线程封装函数，这些函数中包括设置线程的属性、优先级等。

```
/*线程安装函数*/
void start_thread(ThreadStruct &thread_param,LPVOID app_param_struct, thread_function_fp thread_loop)
{
      /*线程初始化*/
      pthread_attr_init(&thread_param.hThreadAttr);
      /*设置线程属性*/
      pthread_attr_setscope(&thread_param.hThreadAttr,PTHREAD_SCOPE_ SYSTEM);
      /*创建线程*/
      pthread_create(&thread_param.hThread,&thread_param.hThreadAttr,  thread_loop, app_param_struct);
   }
/*设置线程优先级*/
void set_thread_priority(ThreadStruct &thread_param, int nPriority)
{
      pthread_getschedparam(thread_param.hThread,&thread_param.policy,  &thread_param.hThreadPrior);
      thread_param.policy = SCHED_RR;    // SCHED_FIFO is another option
      thread_param.hThreadPrior.sched_priority = nPriority;
      pthread_setschedparam(thread_param.hThread, thread_param.policy, &thread_param.hThreadPrior);
}
```

服务器端的主函数调用实例如下所示：

```
int main(){
      int fd;
      fd=init_tcp("210.25.137.234",8101);
      ThreadStruct ctrl_socket_thread;
      init_active_handle(ctrl_socket_thread.hActive);
      start_thread(ctrl_socket_thread,&fd,&ctrl_s);
      while (1) {
           sleep(1000);
      }
      return 0;
}
```

当客户端和服务器端建立起正常的连接后，读者可以看到如下运行结果：

```
[root@(none) tmp]]# listen socket 3
check user successful
get command: control yuntai
done
get command …
```

本章小结

本章介绍了一个视频监控系统的综合实例，该实例综合了文件 I/O 操作、进程线程控制、串口通信、网络通信等各方面的应用。读者还可以了解设计通信协议的基本过程。在学习本章的过程中，希望读者能够实际动手操作，熟练掌握这些常见的 API 函数。

动手练练

1．根据通信传输控制协议编写客户端代码。
2．实现服务器端的文件存储功能。